普通高等教育“十三五”规划教材

普通高等院校数学精品教材

# 概率论与数理统计

## （第三版）


主　编　刘次华

参　编　万建平　李楚进　刘继成

王湘君　胡吉卉　刘小茂

李　萍　胡晓山　叶　鹰

周晓阳　吴　娟

华中科技大学出版社

中国·武汉

**图书在版编目(CIP)数据**

概率论与数理统计/刘次华主编. —3 版. —武汉：华中科技大学出版社，2017.8（2021.11重印）
普通高等院校数学精品教材
ISBN 978-7-5680-3185-1

Ⅰ.①概… Ⅱ.①刘… Ⅲ.①概率论-高等学校-教材 ②数理统计-高等学校-教材 Ⅳ.①O21
②TP312

中国版本图书馆 CIP 数据核字(2017)第 174236 号

**概率论与数理统计(第三版)** 刘次华 主编
Gailülun yu Shulitongji

策划编辑：周芬娜
责任编辑：周芬娜
封面设计：潘 群
责任校对：张会军
责任监印：周治超
出版发行：华中科技大学出版社(中国·武汉) 电话：(027)81321913
武汉市东湖新技术开发区华工科技园 邮编：430223
录 排：华中科技大学惠友文印中心
印 刷：武汉科源印刷设计有限公司
开 本：787mm×1092mm 1/16
印 张：14.5
字 数：379 千字
版 次：2021 年 11月第 3 版第 6 次印刷
定 价：39.00 元

# 第二版序

概率论与数理统计是研究随机现象统计规律性的数学科学，它是工程数学的重要分支，是一门重要的基础理论课。

概率论从数量上研究随机现象的统计规律性，它是本课程的理论基础；数理统计研究处理随机数据，建立有效的统计方法进行统计推断。本书的第一章至第五章是概率论的基本理论，第六章至第九章是数理统计的基本内容，第十章是概率统计实验的入门介绍。

本书将概率统计实验内容写入教材，不仅给学生一个提高和加深对本学科理解的机会，也给教师一种根据需要对讲授内容进行选择的余地，是一种新的教学改革模式。

本书编写中力求突出重点、深入浅出，注重对基本概念、重要公式和定理的实际意义的解释说明；力求在循序渐进的过程中，使读者逐步掌握概率论与数理统计的基本方法。

本书是华中科技大学概率统计系积累几十年教学成果的结晶。本书的作者由经验丰富的主讲教授组成。各章作者依次为万建平、刘继成、王湘君、胡吉卉、刘小茂、王湘君、李萍、胡晓山、叶鹰、周晓阳，最后由刘次华教授定稿。

本书的编写自始至终得到华中科技大学教务处及出版社的大力支持，也得到华中科技大学概率统计系全体教师的协助与鼓励。对此，我们一并表示衷心的感谢。

刘次华

2011年7月于武汉

# 第三版前言

本书是在2012年出版的第二版基础上修订,可作为高等学校理工科学生学习概率论与数理统计课程的教材,也可供工程技术人员参考。

本书自2010年第一版出版后,经过多年的教学实践,我们积累了不少经验,在吸取广大读者的意见基础上,对第二版进行修订,修订的主要内容如下。

1. 在选材上,更加注重联系实际与应用。我们对本书的第十章进行全面改动,应用Excel软件来描述统计方法和模型,激发学生学习兴趣,培养学生在实际问题中处理大数据的统计分析与计算能力。该章的主要内容包括:数据描述的统计分析、常见概率分布的计算、蒙特卡罗随机模拟、随机抽样、参数估计、假设检验、方差分析、回归分析等,由吴娟副教授编写。

2. 修改了第二版中存在的不当之处,提高了教材质量。

3. 对概念的叙述力图更加清晰易懂,便于教学。

4. 新增了一定数量的应用广泛的例题和习题,提高学生分析与解决实际问题的能力。

由于编者水平有限,书中不妥之处在所难免,请各位专家、读者批评、指正。

刘次华

2017年6月

# 目　　录

# 第一章 随机事件与概率

随机事件对概率论的研究具有重要意义，随机事件的等价表示是概率建模的重要技巧，公理化概率定义下涉及的概率计算公式就是针对随机事件及其运算而设计的.条件概率公式、全概率公式、贝叶斯公式在概率论中的科学地位可与微积分中的分部积分、变量代换媲美，它们构成了分析与应用概率的最常规、最有效工具.

## 1.1 随机试验与随机事件

掌握随机现象统计规律性的重要手段是重复观测，但在许多场合下这种观测是需要成本的.这些成本可能是时间或其他资源，即人们的这些重复观测是受到约束的.解决这些问题的一条出路就是通过精心设计的随机试验对这种观测进行模型化和简化.随机试验是人们敲开随机现象规律性大门的巧妙工具.例如，人们可通过反复投掷硬币观测正、反两面出现的统计规律来解释人类生育过程中男女性别之比的统计规律.掌握一些经典的随机试验案例及构造设计一些随机试验，对于研究概率论是很有意义的.随着科学研究向深度与广度的发展，我们鼓励读者在生活和工作中，总结经验，设计出一些新的随机试验来更有效地研究随机现象规律性.

### 1.1.1 随机试验

**定义 1.1** 设有试验 $E$，若 $E$ 满足：

(1) 试验之前可知试验的一切可能结果，

(2) 每次试验之前不能确定此次试验的结果，

(3) 试验在相同条件下可以重复进行，

则称试验 $E$ 为随机试验.

**例 1.1** 表 1.1 中数据记载了几位数学家抛硬币试验的结果.

**表 1.1**

| 实　验　者 | 抛硬币次数 $n$ | 出现正面次数 $n_{正}$ | 出现正面频率 $\frac{n_{正}}{n}$ |
|---|---|---|---|
| Buffon | 4040 | 2048 | 0.5069 |
| Pearson | 12000 | 6019 | 0.5016 |
| Pearson | 24000 | 12012 | 0.5005 |

观测上述数据可以发现，当 $n$ 越来越大时，$\frac{n_{正}}{n}$ 有向 $\frac{1}{2}$ 集中的趋势.思考这本质上是一种什么样的趋势.

**例 1.2**(投针问题) 设平面上画着一族平行线，它们之间的间距相等且都等于 $a$，向此平

面任投一长度为 $l(l\leqslant a)$ 的针，观测在这种反复的投掷过程中针与平行线相交的次数. 表 1.2 给出了几位数学家实验数据的记录(设 $a=1$).

**表 1.2**

| 实 验 者 | 针 长 | 投掷次数 | 相交次数 |
| --- | --- | --- | --- |
| Wolf | 0.8 | 5000 | 2532 |
| Smith | 0.6 | 3204 | 1218.5 |
| De Morgan. C | 1.0 | 600 | 382.5 |
| Fox | 0.75 | 1030 | 1489 |
| Lazzerini | 0.88 | 3408 | 1808 |
| Reina | 0.5419 | 2520 | 859 |

有趣的是，通过对针与平行线相交概率的计算得到了一个关于 $\pi$ 的统计估计方法，由此思路出发诞生了 Monte Carlo 随机模拟方法. Monte Carlo 随机模拟是现代统计计算的重要基础.

**例 1.3**(高尔顿板) 设板上钉有图 1.1 所示排列的钉子，自上端放入一小球，使其任意自由下落，下落过程中当小球碰到钉子后，它以向左边或向右边相等的机会落下，碰到下一排钉子时情形也是如此. 在底部设有如图所示的格子，进行大量试验后观测各个格子中落入的球的堆积情况. 这样的试验表明各个格子中球的堆积曲线在进行这样的反复试验中形状几乎是一样的. 读者可设想通过这种试验可解释哪些随机现象呢?

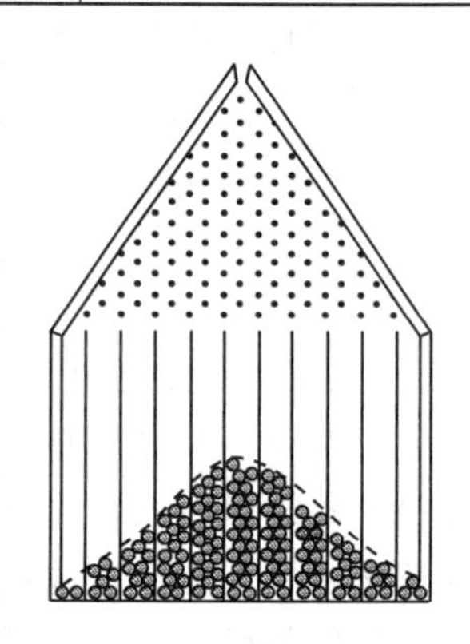

图 1.1

**例 1.4** 设想某人在平面上从零点出发，其规则是他手持分别标有 1、2、3、4 的一个均匀四面体，他随意抛出后，若标有 1 的面贴地，则他向东走一个单位长度，若标有 2 的面贴地，他向南走一个单位长度，标有 3 的面贴地对应他向西走一个单位长度，标有 4 的面贴地对应他向北走一个单位长度. 若干次后，观测他走过的路线的轨迹. 由此你有什么联想呢?

## 1.1.2 随机事件与样本空间

**定义 1.2** 随机试验的每一个可能结果称为一个随机事件，简称事件. 事件一般用 $A$、$B$、$C$ 等表示. 不可能再分解的事件称为基本事件，由若干个基本事件组成的事件称为复合事件. 基本事件与复合事件的区分是相对的.

**例 1.5** 随意向桌面掷一颗骰子，观察出现的点数，一般情形下基本事件为{1}，{2}，{3}，{4}，{5}，{6}；而出现的点数为偶数{2,4,6}的事件则为复合事件. 若试验人员关心的仅仅是出现点数的奇偶性，则出现点数为偶数{2,4,6}的事件的基本条件.

**定义 1.3** 随机试验 $E$ 产生的所有可能的基本事件的集合称为样本空间，记为 $\Omega$.

样本空间的任一子集即为一个事件，其中必然事件记为 $\Omega$，不可能事件记为 $\varnothing$.

**例 1.6** 设随机试验 $E$ 为记录两支排球队在一局比赛中某球队的净输球数，则 $\Omega=\{2,3,4,\cdots,25\}$.

**例 1.7** 设随机试验 $E$ 为任取某地区某年的年降雨量记录，则 $\Omega=\{x:x\geqslant 0, x$ 的单位为 mL，表示该地区年降雨总量$\}$.

# 1.2　随机事件的关系、运算及其性质

一个随机试验所涉及的事件往往是非常丰富的.正确地将一个随机试验所产生的所有事件表示出来是有意义的.这种表示的基础是要建立事件之间的关系及引入一些有意义的事件的运算,为了更好地研究随机事件之间的关系及相关的运算,对这些运算所涉及的性质的研究也是有价值的.

## 1.2.1　事件的关系及其运算

**定义 1.4**　设 $A,B$ 表示两个事件,若 $A$ 发生必导致 $B$ 发生,则称 $A$ 包含于 $B$ 或称 $B$ 包含 $A$,记为 $A\subset B$ 或 $B\supset A$.

**例 1.8**　$A$ 表示某国家某地区在某年发生了地震,$B$ 表示该国家在该年发生了地震,则有 $A\subset B$.

**定义 1.5**　若 $A\subset B$ 和 $B\subset A$ 同时成立,则称 $A$ 与 $B$ 相等或称之为等价,记为 $A=B$.

将一个事件有目的地进行等价表示通常是概率论理论研究与实际应用的关键步骤.

**定义 1.6**　若 $A,B$ 至少一个发生,则称之为 $A$ 与 $B$ 之和(并),记为 $A\cup B$.

求事件和的运算可推广到可列无限多个事件的场合(一个集合称为可列无限是指该集合中的元素可与自然数集建立一一对应的关系).设 $A_1,A_2,\cdots$ 为一列事件,则 $\bigcup\limits_{i=1}^{\infty}A_i$ 表示 $A_1$,$A_2$,…至少有一个事件发生.

**定义 1.7**　若 $A$ 与 $B$ 同时发生,则称之为 $A$ 与 $B$ 之积(交),记为 $A\cap B$,简记为 $AB$.

同理,$\bigcap\limits_{i=1}^{\infty}A_i$ 表示 $A_1,A_2,\cdots$ 同时发生.

**定义 1.8**　若 $AB=\varnothing$,称 $A$ 与 $B$ 互不相容或互斥.若 $A\cap B=\varnothing$,$A\cup B=\Omega$,则称 $A$ 与 $B$ 互为逆事件,记 $B=\overline{A}$.

显然 $A$ 与 $B$ 互逆,则 $A$ 与 $B$ 必互不相容,但反之不然.若 $A$ 与 $B$ 互斥,则 $A$ 与 $B$ 之和也记为 $A+B$.

**定义 1.9**　若 $A$ 发生而 $B$ 不发生,则称之为 $A$ 与 $B$ 之差,记为 $A-B$.

**定义 1.10**　$A\triangle B=(A-B)\cup(B-A)$ 称为 $A$ 与 $B$ 的对称差.

在建立了上述概念的基础上为了定义概率,有必要引入如下 $\sigma$ 域的定义.

**定义 1.11**　设 $\mathscr{F}$ 是由 $\Omega$ 中的一些子集组成的集合,具有性质:

(1) $\Omega\in\mathscr{F}$,

(2) 若 $A\in\mathscr{F}$,则 $\overline{A}=\Omega-A\in\mathscr{F}$,

(3) 若 $A_n\in\mathscr{F},n=1,2,\cdots$,则 $\bigcup\limits_{n=1}^{\infty}A_n\in\mathscr{F}$,

则称 $\mathscr{F}$ 是 $\Omega$ 中的一个 $\sigma$ 域(或称为 $\sigma$ 代数).

**定义 1.12**　设 $A_n\subset A_{n+1},n=1,2,\cdots$,称事件序列 $\{A_n,n\geqslant 1\}$ 为单调递增序列;设 $A_n\supset A_{n+1},n=1,2,\cdots$,称事件序列 $\{A_n,n\geqslant 1\}$ 为单调递减序列。当 $\{A_n,n\geqslant 1\}$ 递增时,记 $\lim\limits_{n\to\infty}A_n=\bigcup\limits_{n=1}^{\infty}A_n$,称 $\bigcup\limits_{n=1}^{\infty}A_n$ 为此事件序列的极限.同理,当 $\{A_n,n\geqslant 1\}$ 递减时,记 $\lim\limits_{n\to\infty}A_n=\bigcap\limits_{n=1}^{\infty}A_n$ 为此事件

序列的极限,亦称$\bigcap_{n=1}^{\infty}A_n$为此事件序列的极限.

我们关心的事件往往需通过事件的运算才能表达出来,但若干事件通过这些运算后是否满足某些封闭性呢?这个问题是很尖锐的.$\sigma$域的建立就在于防范这种情形的发生.可以直观地认为$\sigma$域就是这样一些事件构成的集合,这个集合内的事件关于$\Omega$、关于事件的逆运算及关于事件的可列求和运算封闭.

## 1.2.2 事件的运算性质

上节介绍的事件的运算具有如下性质.

(1) 事件和的运算满足

$$A\cup B=B\cup A \quad (交换律), \tag{1.1}$$

$$(A\cup B)\cup C=A\cup(B\cup C) \quad (结合律), \tag{1.2}$$

$$A\cup A=A,\quad A\cup\varnothing=A,\quad A\cup\Omega=\Omega.$$

(2) 事件交的运算满足

$$A\cap B=B\cap A \quad (交换律), \tag{1.3}$$

$$(A\cap B)\cap C=A\cap(B\cap C) \quad (结合律), \tag{1.4}$$

$$A\cap A=A,\quad A\cap\varnothing=\varnothing,\quad A\cap\Omega=A.$$

(3) 事件并与交的运算满足分配律

$$A\cap(B\cup C)=(A\cap B)\cup(A\cap C) \quad (第一分配律), \tag{1.5}$$

$$A\cup(B\cap C)=(A\cup B)\cap(A\cup C) \quad (第二分配律). \tag{1.6}$$

(4) 德·摩根对偶律

$$\overline{A\cup B}=\overline{A}\cap\overline{B},\quad \overline{A\cap B}=\overline{A}\cup\overline{B}, \tag{1.7}$$

$$\overline{\bigcup_{n=1}^{\infty}A_n}=\bigcap_{n=1}^{\infty}\overline{A_n},\quad \overline{\bigcap_{n=1}^{\infty}A_n}=\bigcup_{n=1}^{\infty}\overline{A_n}. \tag{1.8}$$

**例 1.9** 设有事件$A_1,A_2,A_3$,用事件的运算表示:

(1) $B_1=\{A_1,A_2,A_3$ 中至多发生 2 个$\}$;

(2) $B_2=\{A_1,A_2,A_3$ 中至少发生 2 个$\}$.

**解** (1) $B_1=\overline{A}_1\overline{A}_2\overline{A}_3\cup A_1\overline{A}_2\overline{A}_3\cup\overline{A}_1A_2\overline{A}_3\cup\overline{A}_1\overline{A}_2A_3\cup A_1A_2\overline{A}_3\cup A_1\overline{A}_2A_3\cup\overline{A}_1A_2A_3$.

(2) $B_2=A_1A_2A_3\cup A_1A_2\overline{A}_3\cup A_1\overline{A}_2A_3\cup\overline{A}_1A_2A_3$.

**例 1.10** 设$A,B,C$表示三个事件,用$A,B,C$表示如下事件:

(1) $A$发生且$B$与$C$至少有一个发生;

(2) $A$与$B$发生而$C$不发生;

(3) $A,B,C$中恰有一个发生.

**解** (1) $A(B\cup C)$.

(2) $AB\overline{C}$.

(3) $A\overline{B}\overline{C}\cup\overline{A}B\overline{C}\cup\overline{A}\overline{B}C$.

**例 1.11** 证明:若$A,B$为两事件,则$A\cup B=A\cup(B-A)$.

**证明** $A\cup(B-A)=A\cup(B\overline{A})=(A\cup B)\cap(A\cup\overline{A})=A\cup B$.

**例 1.12** 把$A_1,A_2,\cdots,A_n$表示成$n$个互斥事件之和.

**解** $A_1\cup(A_2-A_1)\cup(A_3-(A_1\cup A_2))\cup\cdots\cup(A_n-(A_1\cup\cdots\cup A_{n-1}))$.

**例 1.13**　化简事件$(A\cap B)\cup(A\cap\bar{B})$.

**解**　$AB\cup A\bar{B}=A(B\cup\bar{B})=A$.

**例 1.14**　设$(A\cup\bar{B})(\bar{A}\cup\bar{B})\cup(\overline{A\cup B})\cup(\overline{\bar{A}\cup B})=C$,求 $B$.

**解**　$B=\bar{C}$.

## 1.3　事件的概率及其计算

**定义 1.13**　设$\mathscr{F}$是样本空间$\Omega$上的一个$\sigma$域,$P=P(\cdot)$是$\mathscr{F}$上定义的实函数,且 $P$ 满足:

(1) $P(\Omega)=1$,

(2) $P(A)\geqslant 0$ (对一切的$A\in\mathscr{F}$),

(3) 若$A_n\in\mathscr{F}\,(n=1,2,\cdots)$,且两两互不相容,有$P(\bigcup\limits_{n=1}^{\infty}A_n)=\sum\limits_{n=1}^{\infty}P(A_n)$成立,则称 $P$ 是$\mathscr{F}$上的一个概率,$P(A)$称为事件 $A$ 发生的概率.

通常将$(\Omega,\mathscr{F},P)$称为一个概率空间,性质(3)称为概率的$\sigma$可加性(可列可加性).这是1933年柯尔莫哥洛夫(Kolmogoroo)建立的概率公理化定义,使得概率成为了一个严谨的数学分支,极大地推动了学科发展.细心的读者会发现上述定义的基本作用在于判断 $P$ 是否构成$\mathscr{F}$上的一个概率,但对于一个$A\in\mathscr{F}$如何具体地求出$P(A)$呢?为此我们需要从上述概率的公理化定义出发获得常用的一些概率计算的性质.

**定理 1.1**　概率具有如下性质:

(1) $P(\varnothing)=0$. (1.9)

(2) 有限可加性:若事件$A_1,A_2,\cdots,A_n$两两互不相容,则

$$P(\bigcup_{i=1}^{n}A_i)=\sum_{i=1}^{n}P(A_i). \tag{1.10}$$

(3) 逆事件概率公式:

$$P(\bar{A})=1-P(A). \tag{1.11}$$

(4) 差事件概率公式:若$B\subset A$,则

$$P(A-B)=P(A)-P(B). \tag{1.12}$$

(5) 概率的单调性:若$B\subset A$,则

$$P(B)\leqslant P(A).$$

(6) 加法公式:设$A,B,C$为任意三个事件,则

$$P(A\cup B)=P(A)+P(B)-P(AB). \tag{1.13}$$

$$P(A\cup B\cup C)=P(A)+P(B)+P(C)-P(AB)-P(AC)-P(BC)+P(ABC). \tag{1.14}$$

对于任意 $n$ 个事件$A_1,A_2,\cdots,A_n$,下式成立:

$$P(\bigcup_{i=1}^{n}A_i)=\sum_{i=1}^{n}P(A_i)-\sum_{1\leqslant i<j\leqslant n}P(A_iA_j)+\sum_{1\leqslant i<j<k\leqslant n}P(A_iA_jA_k)+\cdots+(-1)^{n-1}P(A_1A_2\cdots A_n). \tag{1.15}$$

(7) 设$\{A_n,n\geqslant 1\}$为递增或递减事件序列,则有

$$\lim_{n\to\infty}P(A_n)=P(\lim_{n\to\infty}A_n).$$

此性质表明在前述事件序列极限的定义下,概率是上、下连续的.

**证明**　(1) 由 $\Omega=\Omega\cup\varnothing\cup\varnothing\cup\cdots$ 及概率的非负性及 $P(\Omega)=1$(规范性)知 $P(\varnothing)=0$.

(2) 只需令 $B_1=A_1,\cdots,B_n=A_n,B_{n+1}=\varnothing,B_{n+2}=\varnothing,\cdots$,可知 $B_1,B_2,\cdots,B_n,B_{n+1},\cdots$ 两两互不相容,且有

$$\bigcup_{i=1}^{n}A_i=\bigcup_{i=1}^{\infty}B_i,$$

从而有
$$P\left(\bigcup_{i=1}^{n}A_i\right)=P\left(\bigcup_{i=1}^{\infty}B_i\right)=P(B_i)+\cdots+P(B_n)+P(B_{n+1})+\cdots$$
$$=P(B_1)+\cdots+P(B_n)=P(A_1)+\cdots+P(A_n).$$

(3) 由 $A\cup\overline{A}=\Omega$ 及有限可加性,有

$$P(A\cup\overline{A})=P(A)+P(\overline{A}),\quad P(A\cup\overline{A})=P(\Omega)=1,$$

故性质(3)成立.

(4) 当 $B\subset A$ 时,有 $A=(A-B)\cup B$,又 $A-B$ 与 $B$ 互不相容,从而由有限可加性即知性质(4)成立.

(5) 由性质(4)知当 $B\subset A$ 时,有 $P(A-B)=P(A)-P(B)$,又 $P(A-B)\geqslant 0$,从而性质(5)成立.

(6) 下面仅就 $P(A\cup B)=P(A)+P(B)-P(AB)$ 给出证明.

由于 $A\cup B=A\cup(B-AB)$,$AB\subset B$,$A$ 与 $B-AB$ 互不相容,从而

$$P(A\cup B)=P(A)+P(B-AB)=P(A)+P(B)-P(AB).$$

(7) 证明略.

下面就两个常见的概型讨论概率公理化定义的性质是否满足的问题.

**定义 1.14**　古典概型:设随机试验 $E$ 只产生有限个基本事件(也称样本点),此时样本空间中的样本点总数有限,并设每次试验中各个基本事件出现的可能性是相同的.若 $A$ 是由 $m$ 个基本事件组成的事件,则 $A$ 的概率定义为

$$P(A)=\frac{A\text{ 中所含样本点数}}{\Omega\text{ 中样本点总数}}.\tag{1.16}$$

读者在利用此公式计算 $A$ 的概率时一定要验证 $\Omega$ 中样本点总数有限及每一个样本点出现机会均等的条件.

由于 $P(A)$ 的定义式中分子、分母所涉及的数均非负,故对任意的 $A\in\Omega$,有 $P(A)\geqslant 0$,$P(\Omega)=1$ 是显然的.由于 $\Omega$ 中的样本点总数有限,故由 $\Omega$ 的样本点构成的所有子集的个数是有限的,从而概率公理化定义中的 $\sigma$ 可加性此时对应的为特殊情形,即有限可加性.事实上,设 $A=\bigcup_{i=1}^{n}A_i$,$A_i(i=1,2,\cdots,n)$ 两两不相容,从而 $A$ 中的样本点数为 $A_1,A_2,\cdots,A_n$ 中样本点数之和,所以

$$P(A)=P(A_1\cup A_2\cup\cdots\cup A_n)=\frac{A_1,A_2,\cdots,A_n\text{ 中样本点数之和}}{\Omega\text{ 中样本点总数}}=\sum_{i=1}^{n}P(A_i).$$

古典概率的计算涉及如下两条原理.

**定义 1.15**　加法原理:设事件 $A$ 有 $n$ 类方法出现,并设第 $i$ 类方法由 $m_i$ 种方式组成,则 $A$ 的出现方式共有 $m_1+m_2+\cdots+m_n$ 种.

**定义 1.16**　乘法原理:若事件 $A$ 有 $m$ 种不同方式出现,设另有事件 $B$ 对 $A$ 的每一种出现方式有 $n$ 种出现方式对应,那么 $AB$ 就应以 $nm$ 种不同方式出现.

加法原理体现了并行的理念,乘法原理体现分步机理.

此外，古典概型往往涉及排列组合问题，笔者认为这些知识读者已经熟悉，故不作介绍.

**例 1.15**　(1) $A=\{$一批产品共 $N$ 件，其中有 $M$ 件次品，从中任取一件，这件产品恰为次品$\}$，求 $P(A)$.

(2) $B=\{$一批产品共 $N$ 件，其中 $M$ 件次品，从中任取 $n$ 件，这 $n$ 件中恰有 $l$ 件次品$\}$，求 $P(B)$.

(3) $C=\{$一批产品共 $N$ 件，分成 $1,2,\cdots,k$ 个等级，第 $i$ 个等级中有 $M_i$ 件产品，$i=1,2,\cdots,k$，$M_1+M_2+\cdots+M_k=N$. 从中任取 $n$ 件，这 $n$ 件中恰有第 $i$ 个等级的产品 $l_i$ 件，$i=1,2,\cdots,k\}$，求 $P(C)$.

**解**　显然此时符合古典概型条件.

(1) $P(A)=\dfrac{M}{N}$.

(2) 由乘法原理得

$$P(B)=\frac{C_M^l C_{N-M}^{n-l}}{C_N^n}. \tag{1.17}$$

(3) 由乘法原理得

$$P(C)=\frac{C_{M_1}^{l_1} C_{M_2}^{l_2}\cdots C_{M_k}^{l_k}}{C_N^n}.$$

这里涉及的概率可抽象出一个称之为超几何分布的概率模型，在第二章中将进行介绍.

**定义 1.17**　几何概型：设样本空间中样本点的集合与平面(或一维、三维空间)某区域 $G$ 一一对应，即 $\Omega$ 可认为是 $G$，并设 $\Omega$ 中的样本点出现的机会相等，设 $A\subset\Omega$，对应地有区域 $A_0\subset G$，不妨设 $A_0=A$，称

$$P(A)=\frac{A\text{ 的面积(体积)}}{G\text{ 的面积(体积)}} \tag{1.18}$$

为事件 $A$ 的几何概型下定义的几何概率，简称 $P(A)$为 $A$ 的概率.

几何概型可认为是古典概型的推广，一方面几何概型将古典概型中的样本空间中的点数从有限多个推广到无穷多个，另一方面古典概型中的点可看成是一些孤立的点，几何概型中 $\Omega$ 中的点为充满了一个平面(或空间)区域中的点. 几何概型的计算主要涉及将所关心的概率计算问题，在满足几何概型的条件下，转化为对线段长度或平面区域面积或空间区域体积的度量问题. 解题的关键是能根据问题的本质，作出正确的相应的几何图形，再进行度量.

**例 1.16**　在一张画了小方格的纸上随机地投一枚直径为1 cm的圆片，方格为多大时才能使圆片与线不相交的概率小于 1%？(设方格边长为 $a$(cm).)

**解**　方格边长为 $a$ (cm)，当圆片圆心落入图 1.2 中阴影部分时才与边界不相交. 由几何概型有

$$P(\text{圆片不与线相交})=\frac{\text{阴影部分面积}}{\text{方格面积}}=\frac{(a-1)^2}{a^2}.$$

令 $\dfrac{(a-1)^2}{a^2}<0.01$，当 $a\leqslant 1$ (cm)时，圆片必与线相交，只需考虑 $a>1$，故

$$\frac{a-1}{a}<0.1,\quad a<\frac{10}{9},$$

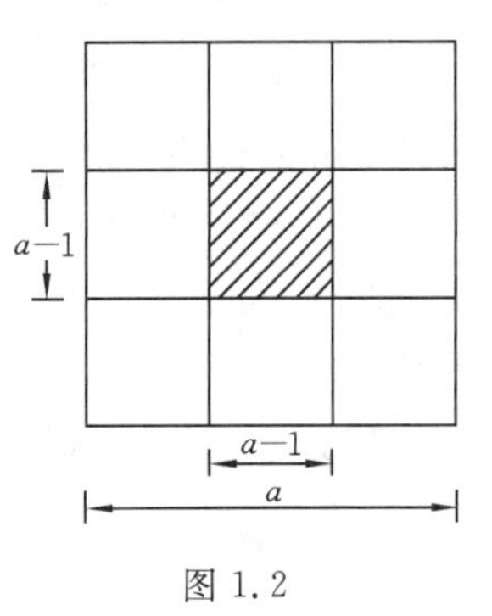

图 1.2

所以 $1<a<\frac{10}{9}$时可达到要求.

读者可自行验证几何概型满足概率公理化定义中的全部条件.

## 1.4 条件概率事件独立性

回顾以上概率的计算,其基本方法是利用概率的运算性质计算概率,当问题符合古典概型和几何概型条件时,可利用这两个模型计算概率.概率计算性质的实质是讨论概率计算与事件和、差等运算交换后所满足的性质.下面我们要从另外的途径发掘事件概率计算的新方法,其方向是从事件发生之间的影响关系、从事件局部到全局的关系出发,以此获得概率计算新方法的突破口.

**定义 1.18** 设有随机试验 $E$ 及事件 $A,B$,若 $P(B)>0$,则称

$$P(A|B)=\frac{P(AB)}{P(B)} \tag{1.19}$$

为 $A$ 在 $B$ 发生的条件下的条件概率.注意到概率为 0 的事件也有可能发生,读者可思考如何刻画 $P(B)=0$ 时的条件概率 $P(A|B)$.

同理,可定义

$$P(B|A)=\frac{P(AB)}{P(A)}.$$

可以验证这样定义的条件概率满足概率公理化定义中关于概率的三个条件.条件概率引进的角度是基于事件发生之间的影响关系构造的.该定义同时也给出了条件概率的计算方法,事实上该定义式可启发人们从两个方面求 $P(A|B)$.一方面从基于 $A,B$ 原有的样本空间出发,通过计算 $P(AB)$,$P(B)$,再由$\frac{P(AB)}{P(B)}$求出 $P(A|B)$.另一方面就 $A,B$ 而言,可视 $B$ 为一个缩小的样本空间,记为 $\Omega_B$.在此样本空间上,只要求出 $P(A)$即为原来定义下的 $P(A|B)$.

考虑由

$$P(A|B)=\frac{P(AB)}{P(B)} \quad 及 \quad P(B|A)=\frac{P(AB)}{P(A)},$$

可得乘法公式

$$P(AB)=P(A|B)P(B)=P(B|A)P(A). \tag{1.20}$$

这个公式可推广到 $n$ 个事件 $A_1,A_2,\cdots,A_n$ 的场合:

$$P(A_1A_2\cdots A_n)=P(A_1)P(A_2|A_1)P(A_3|A_1A_2)\cdots P(A_n|A_1\cdots A_{n-1}). \tag{1.21}$$

事实上条件概率可认为是一种相对概率,在 $P(A|B)$中当 $B=\Omega$ 时,$P(A|B)=P(A)$,故通常事件的概率可看成是条件概率的特例.

**例 1.17** 设加工产品 20 件,其中有 15 件一等品、5 件二等品,一等品、二等品混放.现随机取两件,每次取一件,共两次,不放回抽样,求在第一次取到一等品的条件下第二次仍取到一等品的概率.

**解** $A$={第一次取到一等品},$B$={第二次取到一等品},在原样本空间下

$$P(B|A)=\frac{P(AB)}{P(A)}=\frac{\frac{15\times 14}{20\times 19}}{\frac{15}{20}}=\frac{14}{19}.$$

在缩减的样本空间下计算,得

$$P(B|A)=\frac{14}{19}.$$

**定义 1.19**　设 $\Omega$ 为样本空间,若存在 $A_i\in\Omega$,且 $A_iA_j=\varnothing(i\neq j;i,j=1,2,\cdots,n)$ 及 $\bigcup\limits_{i=1}^{n}A_i=\Omega$,则称 $A_1,A_2,\cdots,A_n$ 构成对 $\Omega$ 的一个划分.

**定理 1.2**　全概率公式:设 $A_1,A_2,\cdots,A_n$ 为 $\Omega$ 的一个划分且 $P(A_i)>0,i=1,2,\cdots,n$,则对于任意的 $B\subset\Omega$,有

$$P(B)=\sum_{i=1}^{n}P(B\mid A_i)P(A_i).\tag{1.22}$$

全概率公式的意义在于当 $B$ 的构成较复杂时,可通过对 $\Omega$ 引入某种合适的划分,在这种划分下可将 $B$ 分解为一系列局部的较为简单的事件,在计算出这些局部的事件的概率后,再通过全概率公式求出 $P(B)$. 当然,若有 $B\subset A$,又找到 $A$ 的有效划分 $A=\sum\limits_{i=1}^{n}A_i$,则仍成立上述全概率公式.

**例 1.18**　设有一矿工被困井下,他可以等可能性地选择三个通道之一逃生. 若矿工通过第一个通道逃生成功的可能性为 $\frac{2}{3}$,通过第二个通道逃生成功的可能性为 $\frac{4}{5}$,通过第三个通道逃生成功的可能性为 $\frac{1}{6}$. 问此矿工逃生成功的可能性是多少?

**解**　设 $A=\{$矿工逃生成功$\}$;$B_i=\{$矿工选择第 $i$ 个逃生通道$\}$,$i=1,2,3$,则

$$P(A)=\sum_{i=1}^{3}P(A\mid B_i)P(B_i)=\frac{2}{3}\times\frac{1}{3}+\frac{4}{5}\times\frac{1}{3}+\frac{1}{6}\times\frac{1}{3}=\frac{49}{90}.$$

人们通常见到诸如这样的广告:购买某产品,它将会给你带来某效用;或听到这样的承诺:投资某产品或投资某地,你的回报率将是多少. 但如果人们问一个反问题:我要求回报率达到多少应投资何产品或在何地投资呢? 或者我要求达到某效用应购买何产品呢? 显然这样的反问题是很有意义的. 下面介绍的贝叶斯公式就是这类问题在概率中的相应模型.

**定理 1.3**　贝叶斯公式:设 $A_1,A_2,\cdots,A_n$ 为样本空间的一个划分,且 $P(A_i)>0,i=1,2,\cdots,n$,对任意随机事件 $B\subset\Omega$,当 $P(B)>0$ 时,则有

$$P(A_i\mid B)=\frac{P(B\mid A_i)P(A_i)}{\sum\limits_{k=1}^{n}P(B\mid A_k)P(A_k)}.\tag{1.23}$$

一般称 $P(A_i)$为先验概率,$P(A_i|B)$为后验概率.

**例 1.19**　设某医生面临某患者,该患者呈状态 $N$. 医生试图据此判断该患者是否患疾病 $C$. 医生有如下经验认识:$P(N|C)=0.8$,人群中患疾病 $C$ 的概率 $P(C)=0.005$. 医生所接触的患者中有状况 $N$ 的概率 $P(N)=0.1$. 现要求 $P(C|N)$.

**解**　$P(C|N)=\dfrac{P(N|C)P(C)}{P(N)}=\dfrac{0.8\times0.005}{0.1}=0.04.$

细心的读者可看出 $P(C|N)=0.04$ 比 $P(C)=0.005$ 大 7 倍. 这又从概率方面给人们认识某些事件以何启示呢?

**例 1.20**　在例 1.18 中,求 $P(B_2|A)$.

**解** $P(B_2 \mid A)=\dfrac{P(A \mid B_2)P(B_2)}{\sum\limits_{i=1}^{n}P(A \mid B_i)P(B_i)}=\dfrac{\frac{4}{5}\times\frac{1}{3}}{\frac{49}{90}}=\dfrac{24}{49}.$

条件概率揭示了事件发生之间的关系在概率计算方面的影响,这种关系对于概率模型及实际问题的分析研究是很有意义的.但有些情形,随机事件的发生相互之间没有影响关系或者影响关系很弱也是有价值的.例如,某时刻在甲国某地区发生了一次汽车交通事故,这个事故对乙国的火车交通的安全性的影响可能就很弱.再如某国在1000年前的某月某日在某地区下了一场雨,那么这场雨对1000年后该地区的某月某日的气象不可能造成什么影响.这样的问题我们引入事件独立性的概念来刻画.

**定义 1.20** 设事件 $A,B$ 满足

$$P(AB)=P(A)P(B), \tag{1.24}$$

则称 $A$ 与 $B$ 独立.

由定义可知,当 $A$ 与 $B$ 独立时,$B$ 与 $A$ 也独立,故称之为 $A$ 与 $B$ 相互独立,简称 $A$ 与 $B$ 独立.读者可能马上想象,若 $P(ABC)=P(A)P(B)P(C)$,那么 $A,B,C$ 也应该相互独立,但这是不全面的,不准确的.事实上,$A,B,C$ 相互独立应同时满足

$$P(ABC)=P(A)P(B)P(C),$$
$$P(AB)=P(A)P(B),\quad P(AC)=P(A)P(C),$$
$$P(BC)=P(B)P(C).$$

**定义 1.21** 对于 $n$ 个事件 $A_1,A_2,\cdots,A_n$,若同时满足

$$P(A_{i_1}A_{i_2}\cdots A_{i_k})=P(A_{i_1})P(A_{i_2})\cdots P(A_{i_k})\ (2\leqslant k\leqslant n), \tag{1.25}$$

则称 $A_1,A_2,\cdots,A_n$ 相互独立.

注意到 $n$ 个事件独立的刻画很繁琐,有什么简洁有效的方法刻画呢?进而读者还可以思考如何使两个随机试验独立?

另外,由独立性的概念可得如下定理成立.

**定理 1.4** 设 $P(B)>0$,则 $A$ 与 $B$ 相互独立的充要条件为 $P(A|B)=P(A)$.

利用事件的独立性概念可知,当事件独立时可大大简化积事件概率的计算.例如,我们要求 $P(\bigcup\limits_{i=1}^{n}A_i)$ 且 $n$ 较大时,直接计算是困难的.若 $A_1,A_2,\cdots,A_n$ 相互独立,则 $P(A_1\cup A_2\cup\cdots\cup A_n)=1-P(\overline{A_1\cup A_2\cup\cdots\cup A_n})=1-P(\overline{A}_1\cap\overline{A}_2\cap\cdots\cap\overline{A}_n)=1-P(\overline{A}_1)P(\overline{A}_2)\cdots P(\overline{A}_n)$.其实在使用该方法时需如下定理:

**定理 1.5** $\{A,B\},\{A,\overline{B}\},\{\overline{A},B\},\{\overline{A},\overline{B}\}$ 四对事件中若有一对相互独立,则其余三对相互独立.

本定理的证明对读者来说是不难实现的.

**例 1.21** 一个家庭中有若干小孩,假设生男和生女等可能,令

$A=\{$一个家庭中有男孩,又有女孩$\}$,

$B=\{$一个家庭中最多有一个女孩$\}$,

在家中分别有两个或三个小孩时,讨论 $A$ 与 $B$ 的独立性。

**解** $1^\circ$家庭中有两个小孩:$\Omega=\{MM,MF,FM,FF\}$,$A=\{FM,MF\}$,$B=\{MM,MF,FM\}$,$AB=\{FM,MF\}$,$P(A)=\dfrac{1}{2}$,$P(B)=\dfrac{3}{4}$,$P(AB)=\dfrac{1}{2}$,$P(AB)\neq P(A)P(B)$.$A$ 与 $B$ 不

独立.

2°家庭中有三个小孩：$\Omega=\{MMM,MMF,MFM,FMM,MFF,FMF,FFM,FFF\}$，$\overline{A}=\{MMM,FFF\}$，$B=\{MMM,MMF,MFM,FMM\}$，$AB=\{MMF,MFM,FMM\}$，$P(A)=\frac{3}{4}$，$P(B)=\frac{1}{2}$，$P(AB)=\frac{3}{8}$，$P(AB)=P(A)P(B)$. $A$ 与 $B$ 独立.

## 习　题　一

**1.1**　建立如下问题的样本空间：

(1) 某支股票两期的价格波动. 设每期上涨记为 $u$，下跌记为 $d$，每期价格要么涨要么跌；

(2) 观测某保险公司某险种的索赔次数；

(3) 随机抽查某河流在某年某月内的月流量；

(4) 2007 年全年世界范围内动物种类灭绝数.

**1.2**　填空题.

(1) 随机试验的要求为______.

(2) $A,B$ 互不相容是指______.

(3) 事件的和、积、差、逆与集合运算的并、交、差、补的对应关系为______.

(4) 列举某三个事件运算的性质______.

**1.3**　连续进行三次射击，设 $A_i=\{$第 $i$ 次射击命中目标$\}(i=1,2,3)$，$B_j=\{$三次射击恰好命中 $j$ 次$\}(j=0,1,2,3)$，$C_k=\{$三次射击至少命中 $k$ 次$\}$ $(k=0,1,2,3)$.

(1) 通过 $A_1,A_2,A_3$ 表示 $B_j$ 和 $C_k(j,k=0,1,2,3)$；

(2) 通过 $B_j$ 表示 $C_k(j,k=0,1,2,3)$.

**1.4**　设随机事件 $A,B$ 及和事件 $A\cup B$ 的概率分别为 0.4，0.3，0.6，求 $P(A\overline{B})$.

**1.5**　填空题.

(1) 记 $P(AB)=P(\overline{A}\,\overline{B})$，$P(A)=p$，$P(B)=$______.

(2) $AB=\varnothing$，$P(A)=p$，$P(B)=q$，$P(A\cup B)=$______.

$P(\overline{A}\cup B)=$______，$P(\overline{A}B)=$______，$P(\overline{A}\,\overline{B})=$______.

(3) $P(A-B)=P(A)-P(B)$成立的充要条件是______.

(4) 若 $P(AB)=P(A)P(B)$，且 $P(B)=0.5$，$P(A-B)=0.3$，则 $P(B-A)=$______.

**1.6**　求 $n$ 阶行列式的展开式中任取一项，这项至少含一个主对角线元素的概率.

**1.7**　利用概率论想法证明下列恒等式：

$$1+\frac{A-a}{A-1}+\frac{(A-a)(A-a-1)}{(A-1)(A-2)}+\cdots+\frac{(A-a)\cdot\cdots\cdot 2\cdot 1}{(A-1)\cdot\cdots\cdot(a+1)a}=\frac{A}{a},$$

其中，$A,a$ 为正整数，$A>a$.

**1.8**　设有函数 $f(x_1,x_2)=x_1^2+x_2^2$，s.t. $x_1+x_2=1$，在平面上任取一点 $(x_1^a,x_2^a)$，使得 $x_1^a+x_2^a=1$，且 $f(x_1^a,x_2^a)=\min\limits_{(x_1,x_2)\in\mathbf{R}^2}\{f(x_1,x_2)\}$，求此事件的概率.

**1.9**　在平面上画一些平行线，它们之间的距离都为 $a$，向此平面随意投一长度为 $l$ $(l<a)$的针，求此针与任一平行线相交的概率.

**1.10**　在长为 $k$ 的线段上取任两点，从而将此线段分为三截，问这三截线段构成一个三角形的概率是多少？

**1.11**　设 $A,B$ 是两个随机事件，$0<P(A)<1$，$P(B)>0$，$P(B|A)=P(B|\overline{A})$，则必有（　　）.

(A) $P(A|B)=P(\overline{A}|B)$　　　　(B) $P(A|B)\neq P(\overline{A}|B)$

(C) $P(AB)=P(A)P(B)$ (D) $P(AB)\neq P(A)P(B)$

**1.12** 设 $A,B$ 为随机事件,且 $P(B)>0$,$P(A|B)=1$,则必有(  ).

(A) $P(A\cup B)>P(A)$ (B) $P(A\cup B)>P(B)$

(C) $P(A\cup B)=P(A)$ (D) $P(A\cup B)=P(B)$

**1.13** 某人向同一目标重复射击,每次射击命中目标的概率为 $p(0<p<1)$,则此人第 4 次射击恰好第 2 次命中目标的概率为(  ).

(A) $3p(1-p)^2$ (B) $6p(1-p)^2$ (C) $3p^2(1-p)^2$ (D) $6p^2(1-p)^2$

**1.14** 袋中有 50 个乒乓球,其中 20 个黄球、30 个白球.两人依次随机地从袋中各取一球,取后不放回,则第二人取得黄球的概率是多少?

**1.15** 设有车间 $A,B$,次品率分别为 1%,2%,现从由 $A$ 和 $B$ 的产品分别占 60%和 40%的一批产品中随机抽取一件,发现是次品,问此次品为 $A$ 生产的概率是多少?

**1.16** 甲、乙两人独立对同一目标射击一次,其命中率分别为 0.6 和 0.5,现已知目标被命中,则它是由甲命中的概率为多少?

**1.17** 设袋中有 $M$ 个球,其中有 $N$ 个白球,从中任意取 $n$ 个球,一次取一球,不放回抽样,$A_i$ 表示第 $i$ 次取到白球这一事件,$B_k$ 表示在取出的 $n$ 个球中恰好有 $k$ 个白球这一事件,求 $P(A_i|B_k)$.

**1.18** 设 $A_1,A_2,\cdots,A_n$ 相互独立,证明:$P\left(\bigcup_{k=1}^{\infty}A_k\right)=1-\prod_{k=1}^{n}P(\overline{A}_k)$.

**1.19** 设有一个 $n$ 阶行列式,$A$ 表示"任取这个行列式的展开式中的一项,其中包含了主对角线上的元素"这一事件,问当 $n$ 很大后 $P(A)=P(\overline{A})$ 是否成立?

**1.20** 构造例子,使得:

(1) $P(A|B)<P(A)$; (2) $P(A|B)=P(A)$; (3) $P(A|B)>P(A)$.

# 第二章 随机变量及其分布

在本章，我们引入随机变量的概念. 随机变量建立了样本空间与实数的联系，用它的取值范围可以表示所有感兴趣的随机事件，从而将计算事件的概率转化为求它的分布函数. 随机变量的概念是现代概率论的核心，在此基础上建立的概率论，其内容更加丰富，与其他数学分支的联系更加紧密. 随机变量可以分为离散型随机变量、连续型随机变量、其他类型的随机变量. 我们着重介绍前两类，适当涉及离散型和连续型的混合型随机变量.

## 2.1 随机变量及其分布函数

在随机现象中，随机试验的结果经常是用数值来描述的，例如，掷一个骰子所得的点数，统计某时间段登陆某网站的人数，预报明天天气的最高气温，等等. 有的随机试验结果虽然不是数值，但可以通过定义函数建立它们与数值之间的联系. 例如，考虑抛一枚硬币的随机试验，样本空间 $\Omega=\{$正面，反面$\}$，如果定义

$$X(\omega)=\begin{cases}1, & \omega=\text{正面},\\ 0, & \omega=\text{反面},\end{cases}$$

则可以用 $\Omega$ 上有两个取值的函数 $X(\omega)$ 表示抛一枚硬币的结果，即

$$\{\omega: X(\omega)=1\}=\{\text{正面}\},\quad \{\omega: X(\omega)=0\}=\{\text{反面}\}.$$

$X$ 取值为 1 或者 0 要视抛硬币的结果是正面还是反面来确定. 因而，在抛硬币的结果明确之前，函数 $X$ 可能取值为 1，也可能取值为 0.

也经常有下面的情形出现. 尽管随机试验的结果是用数值描述的，但我们关心的不是试验结果本身，而是试验结果的某个函数. 例如，掷两个骰子，通常感兴趣的是它们的点数之和，而不管这两个骰子各是几点. 比如，试验结果(1,4)，(2,3)，(3,2)，(4,1)对应的点数之和都等于5，其他结果也可以根据点数之和类似地定义. 这个点数之和就是试验结果的函数.

这两类问题我们都定义了样本空间上的函数，我们称它为随机变量. 设$(\Omega,\mathscr{F},P)$为一概率空间. 从上述例子知道，随机变量的定义与概率 $P$ 无关. 然而，通常概率 $P$ 不一定对所有 $\Omega$ 的子集都有定义，而只是对 $\mathscr{F}$ 中的集合才有定义. 为使随机变量的取值范围所表示的集合总有概率可言，就需要对随机变量附加要求，即对任意实数 $x$，$\{\omega: X(\omega)\leqslant x\}\in\mathscr{F}$. 由此，我们引入如下定义.

**定义 2.1** 设 $E$ 为随机试验，$\Omega$ 为其样本空间，$\mathscr{F}$ 为 $\Omega$ 上的 $\sigma$ 域，称 $\Omega$ 上满足：对任意实数 $x$，$\{\omega: X(\omega)\leqslant x\}\in\mathscr{F}$ 的实值函数 $X$ 为**随机变量**.

注意到，随机变量的随机性只是来源于随机试验结果的不确定性. 也就是说，在试验结果揭晓之前我们不知道随机变量的取值，因此是不能完全预言的，是随机的. 但随机变量本身的确就是通常的映射，样本空间与实数的对应关系是确定的. 今后时常省略 $\omega$，将 $X(\omega)$，$\{\omega: X(\omega)\leqslant x\}$，$P(\{\omega: X(\omega)\leqslant x\})$ 等分别简记为 $X$，$\{X\leqslant x\}$，$P(X\leqslant x)$ 等.

随机变量的引入是一件方便的事情.我们可以用随机变量的取值范围表示事件.例如,设$X$为随机变量,$a<b$为实数,则$\{X\leqslant a\}$,$\{a<X\leqslant b\}$,$\{X=a\}$,…都表示事件.自然地,能用随机变量的取值范围表示事件后,我们更想知道这些事件的概率.为此,我们引入如下定义.

**定义 2.2** 设$X$为随机变量,对任意实数$x$,定义$F_X(x)=P(X\leqslant x)$.称函数$F_X(x)$为随机变量$X$的**分布函数**.

改写分布函数为$F_X(x)=P(\omega: X(\omega)\in(\infty,x])$.如图2.1所示.如果将$X$看做数轴上随机点的坐标,$F_X(x)$可以直观理解为随机点$X$落在区间$(-\infty,x]$内的概率.如果不会引起混淆,常常将$F_X(x)$简记为$F(x)$.如下定理给出了分布函数的一般性质.

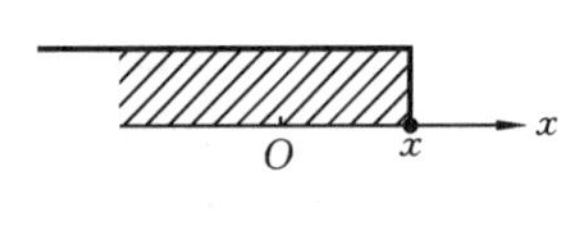


图 2.1

**定理 2.1** 设$F(x)$为$X$的分布函数,则$F(x)$具有性质:

(1) 单调非降性:对任意的$x_1<x_2$,$F(x_1)\leqslant F(x_2)$;

(2) 右连续性:对任意的$a$,$\lim\limits_{x\downarrow a}F(x)=F(a)$;

(3) 规范性:$F(-\infty)=0$,$F(+\infty)=1$,其中

$$F(-\infty)=\lim_{x\to-\infty}F(x),\quad F(+\infty)=\lim_{x\to+\infty}F(x).$$

**证明** (1) 当$x_1<x_2$时有$\{X\leqslant x_1\}\subset\{X\leqslant x_2\}$,由概率的单调性,得$F(x_1)\leqslant F(x_2)$.

(2) 对任意的$x_n\downarrow a$,有

$$\bigcap_n\{X\leqslant x_n\}=\{X\leqslant a\},$$

由概率的上连续性,有$\lim\limits_{x_n\downarrow a}F(x_n)=F(a)$.

(3) 与(2)的证明类似.因为

$$\bigcap_n\{X\leqslant -n\}=\varnothing,\quad \bigcup_n\{X\leqslant n\}=\Omega,$$

故分别由概率的上、下连续性得证.

由随机变量的分布函数,我们能计算很多事件的概率.例如:

(1) $P(X\leqslant b)=F(b)$;

(2) $P(X>b)=1-P(X\leqslant b)=1-F(b)$;

(3) $P(a<X\leqslant b)=F(b)-F(a)$;

(4) $P(X<b)=F(b^-)$,其中$F(b^-)=\lim\limits_{x\uparrow b}F(x)$;

(5) $P(X=b)=F(b)-F(b^-)$.

其中,(4)是由于

$$\{X<b\}=\bigcup_n\left\{X\leqslant b-\frac{1}{n}\right\},$$

然后利用概率的下连续性得到,其中极限的存在性是因为$F(x)$为单调非降的.其他等式都是显然的.

**例 2.1** 考虑某样本空间$\Omega$上的随机事件$A$,定义随机变量

$$I_A(\omega)=\begin{cases}1, & \omega\in A,\\ 0, & \omega\notin A,\end{cases}$$

则当且仅当$A$发生时$I_A=1$,否则$I_A=0$.$I_A$称为$A$的**示性函数**.它可以看做是随机事件$A$所对应的随机变量.因此,随机变量可以看做事件的自然推广.显然,

$$\{I_A \leqslant x\} = \begin{cases} \varnothing, & x<0, \\ \overline{A}, & 0 \leqslant x<1, \\ \Omega, & x \geqslant 1. \end{cases}$$

若 $P(A)=p$,则有 $P(I_A=1)=p$,$P(I_A=0)=1-p$. $I_A$ 的分布函数为

$$F(x)=\begin{cases} 0, & x<0, \\ 1-p, & 0 \leqslant x<1, \\ 1, & x \geqslant 1. \end{cases}$$

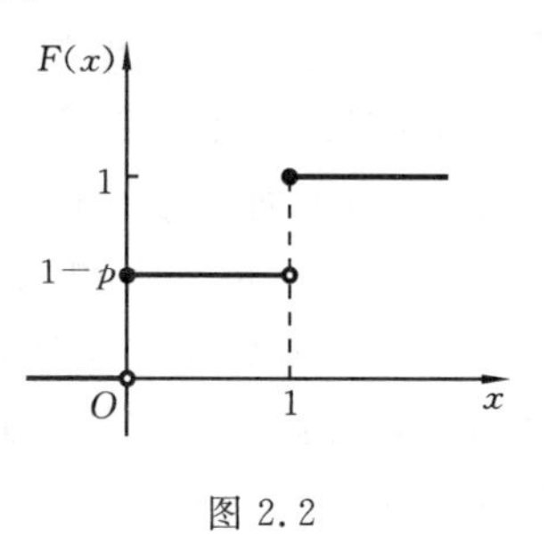

图 2.2

图 2.2 所示是一个阶梯函数,在 0,1 处依次有跃度为 $1-p$ 和 $p$ 的跳跃.

反过来,根据分布函数 $F(x)$,由(5)容易知道 $P(I_A=1)=p$,$P(I_A=0)=1-p$. 对任意的 $x \neq 0$ 或 1,$P(I_A=x)=0$. 再结合 $I_A$ 的定义知,$P(A)=p$.

**例 2.2**　网络电视播放软件 PPTV 在剧场频道每天循环播放电影. 据悉某天将放映电影《速 8》,片长共 150 分钟. 晚饭后,你随意打开电脑观看,问电影刚开始从头放映不超过 15 分钟的概率?

这是一个一维几何型概率的问题. 以分钟(min)为时间单位,可取 $\Omega=[0,150]$,则 $A=\{$电影刚开始从头放映不超过 15 分钟$\}=[0,15]$,则

$$P(A)=\frac{|A|}{|\Omega|}=\frac{1}{10}.$$

因为该试验的结果本身就是数值,不妨直接定义 $X(\omega)=\omega$,$\omega \in [0,150]$. 则 $X$ 表示打开电脑观看的时间,$A=\{X \leqslant 15\}$. 由几何型概率的定义,可计算 $X$ 的分布函数(见图 2.3)为

$$F(x)=\begin{cases} 0, & x<0, \\ \dfrac{x}{150}, & 0 \leqslant x<150, \\ 1, & x \geqslant 150. \end{cases}$$

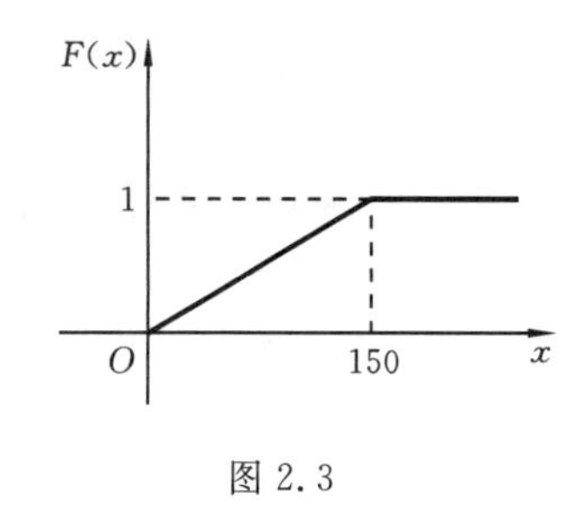

图 2.3

因此,$P(A)=F(15)=\dfrac{1}{10}$. 注意到,$F(x)$ 是一个连续函数,所以对所有的实数 $x$,$P(X=x)=0$. 这表明,概率为 0 的事件未必是不可能事件.

显然,对任意的 $x \neq y$,$\{X=x\}$ 与 $\{X=y\}$ 互不相容. $P(\bigcup_{x \in [0,150]}\{X=x\})=P(\Omega)=1$. 这说明区间[0,150]上有不可列多个值,而且概率公理化定义中可列可加性的假设是本质的.

可以证明,由分布函数可以决定所有用随机变量取值范围所表示的事件的概率. 因此,有关随机变量的概率问题都可以借助它的分布函数来回答. 这样,我们研究概率的问题就转化为对随机变量的研究,有关随机变量的概率问题可由分布函数来刻画. 同时也可以证明,满足定理 2.1 中三个性质的函数一定为某个随机变量的分布函数. 因此,原则上我们能够把概率论限制在对由随机变量所确定的分布函数的研究上. 这样就可避免涉及抽象的概率空间,也避免"随机试验"、"试验的结果"等术语. 把概率论简化为随机变量的理论使得分析的知识可以派上用场,而且也简化了理论的诸多方面. 然而,美中不足的是,这使概率论的背景晦涩不明,不能体现概率论生动而直观的一面.

基于此,理论上我们常常通过分布函数来引入随机变量. 但应注意到,分布函数只是实直线上的函数,所以,同一个分布函数可以联系不同的概率空间,同一概率空间上不同的随机变

量也可以有相同的分布函数.因此,通常用分布函数所引入的只是具有相同分布函数的一类随机变量.如果还需要关心相应的概率空间,以及其上的随机变量,就要视具体的应用问题而确定.

根据随机变量的取值情况,将取有限个或者可列无限个值的随机变量称为**离散型随机变量**,其余的称为**非离散型随机变量**.在非离散型随机变量中,有一类重要的特殊类型的随机变量,称为**连续型随机变量**.例 2.1 中的随机变量为离散型的,例2.2中的随机变量是连续型的.事实上,由上面解释的随机变量与其分布函数的对应关系可以知道,不同类型随机变量对应着不同类型的分布函数,相反,不同类型的分布函数自然对应不同类型的随机变量.亦即离散型随机变量与阶梯型的分布函数相对应,连续型随机变量与绝对连续型的分布函数相对应,其他的分布函数则对应着其他类型的随机变量.下面的两节我们将分别着重讨论离散型和连续型这两种最重要的特殊类型的随机变量,在 2.3 节也将提及离散型和连续型的混合型随机变量.

# 2.2 离散型随机变量

## 2.2.1 离散型随机变量及其分布列

若随机变量 $X$ 仅取有限个值或者可列无限个值,则称 $X$ 为**离散型随机变量**.

设 $X$ 是离散型随机变量,不妨假定 $X$ 可能的取值为 $x_1, x_2, \cdots$,$X$ 取这些值的概率为

$$p_i = P(X = x_i), \quad i = 1, 2, \cdots. \tag{2.1}$$

称(2.1)式为随机变量 $X$ 的**概率分布**,简称**分布列**.它包含两个方面的内容:$X$ 可能取什么值与取这些值的概率.

$X$ 的分布列也可以用如下的表格来表示:

| $X$ | $x_1$ | $x_2$ | $\cdots$ | $x_i$ | $\cdots$ |
|---|---|---|---|---|---|
| $P$ | $p_1$ | $p_2$ | $\cdots$ | $p_i$ | $\cdots$ |

显然,分布列有以下性质:

(1) 非负性:$p_i \geqslant 0, i = 1, 2, \cdots$;

(2) 规范性:$\sum\limits_i p_i = 1$.

若已知随机变量 $X$ 的分布列 $p_i$,则它的分布函数为

$$F(x) = P(X \leqslant x) = \sum_{x_i \leqslant x} P(X = x_i) = \sum_{x_i \leqslant x} p_i.$$

相反地,若 $X$ 的分布函数为 $F(x)$,则它的分布列为

$$p_i = P(X = x_i) = F(x_i) - F(x_i^-), \quad i = 1, 2, \cdots.$$

亦即离散型随机变量的分布列与分布函数相互决定.因此,如分布函数一样,利用分布列可以计算 $X$ 所有取值的概率,满足上述两个性质的数列也必然为某个离散型随机变量的分布列.因为分布列比分布函数更直观、更简单,所以我们常常不用分布函数而是用分布列来刻画离散型随机变量.而且,通常在定义离散型随机变量时,不具体明确随机试验、样本空间等概念,只给出满足上面两个性质的分布列.同样,与此分布列相联系的样本空间、随机变量总是存在的,它们依赖于具体的随机试验模型.

由于我们常常关心的是与随机变量相联系的概率,所以仅考虑总概率为 1 的那些取值就

足够了.因此,离散型随机变量的概念可以自然地拓广到以概率 1 取至多可列个值的随机变量.另外,对于离散型随机变量也往往忽略概率为 0 的取值.

## 2.2.2　常见的离散型分布

离散型随机变量总是根据其分布列来归类的.下面介绍几种常见的离散型随机变量的分布列,它们不仅在应用中经常用到,而且在理论中也有着特殊的重要性.

**1. 单点分布**

**定义 2.3**　若随机变量 $X$ 的分布列为

$$P(X=C)=1,$$

其中 $C$ 为常数,则称 $X$ 服从**单点分布**.

自然地,常数是服从单点分布的随机变量.

**2. 两点分布**

**定义 2.4**　若随机变量 $X$ 的分布列为

| $X$ | 0 | 1 |
|---|---|---|
| $P$ | $1-p$ | $p$ |

其中 $0<p<1$,则称 $X$ 服从 0-1 **分布**,它是一个两点分布.

任何试验,当只考虑某事件 $A$ 是否出现时,可看成是只有两种结果$\{A,\overline{A}\}$的试验.只有两种可能结果的试验称为**伯努利试验**.如例 2.1 那样定义 $A$ 的示性函数 $I_A$,它服从两点分布,恰好描述了伯努利试验.

**3. 二项分布**

**定义 2.5**　若随机变量 $X$ 的分布列为

$$P(X=k)=\mathrm{C}_n^k p^k q^{n-k},\quad k=0,1,2,\cdots,n,$$

其中 $0<p<1,q=1-p$,则称 $X$ 服从参数为$(n,p)$的**二项分布**.记为 $X\sim B(n,p)$.

由二项式定理知

$$1=(p+q)^n=\sum_{k=0}^{n}\mathrm{C}_n^k p^k q^{n-k}.$$

因此,该分布列满足应当具备的两条性质,定义是合理的.这也是称它为二项分布的原因.显然,$B(1,p)$即为两点分布.

在相同条件下,将同一试验重复进行,且各次试验的结果是相互独立的,这样的试验称为**独立重复试验**.将伯努利试验独立重复 $n$ 次,称为 $n$ **重伯努利试验**.

**例 2.3**　在 $n$ 重伯努利试验中,设每次试验事件 $A$ 发生的概率为 $p$.以 $X$ 记 $n$ 重伯努利试验中事件 $A$ 发生的次数.令 $A_i=\{$第 $i$ 次试验时事件 $A$ 发生$\}$,$i=1,2,\cdots,n$,则

$$\{X=k\}=(A_1\cdots A_k\overline{A}_{k+1}\cdots\overline{A}_n)\cup\cdots\cup(\overline{A}_1\cdots\overline{A}_{n-k}A_{n-k+1}\cdots A_n),$$

其中等式右边的并共有 $\mathrm{C}_n^k$ 项,而且是互不相容、等概率的.由试验的独立性得

$$P(A_1\cdots A_k\overline{A}_{k+1}\cdots\overline{A}_n)=p^k(1-p)^{n-k}=p^kq^{n-k},$$

其中 $q=1-p$.因此,$P(X=k)=\mathrm{C}_n^k p^k q^{n-k}$,亦即 $X\sim B(n,p)$.

对 $i=1,2,\cdots,n$,有 $I_{A_i}\sim B(1,p)$,且 $X=\sum_{i=1}^{n}I_{A_i}$.

例 2.3 表明,二项分布描述了 $n$ 重伯努利试验中某事件 $A$ 发生次数的概率分布.二项分

布是重要的离散型分布之一,它以 $n$ 重伯努利试验为模型,在实践中有着广泛的应用.

下面的定理表明二项分布的分布列先递增后递减.

**定理 2.2** 设随机变量 $X\sim B(n,p)$,则

$$P(X=[(n+1)p])=\max_{0\leqslant k\leqslant n}\{P(X=k)\},$$

其中$[(n+1)p]$为$(n+1)p$ 的整数部分.特别地,若$(n+1)p$ 本身为整数,则

$$P(X=(n+1)p)=P(X=(n+1)p-1)=\max_{0\leqslant k\leqslant n}\{P(X=k)\}.$$

**证明** 对 $0\leqslant k\leqslant n$,计算

$$\frac{P(X=k)}{P(X=k-1)}=\frac{C_n^k p^k q^{n-k}}{C_n^{k-1}p^{k-1}q^{n-k+1}}=\frac{(n-k+1)p}{kq}=1+\frac{(n+1)p-k}{kq},$$

因此 $P(X=k)\geqslant P(X=k-1)$,当且仅当 $k\leqslant(n+1)p$.定理得证.

称$[(n+1)p]$为二项分布 $B(n,p)$的最可能出现次数,$P(X=[(n+1)p])$为二项分布的中心项.递推式 $P(X=k)=\dfrac{(n-k+1)p}{kq}P(X=k-1)$可用来编写计算机程序计算概率.

**例 2.4** 设每台自动机床在运行过程中需要维修的概率均为 $p=0.01$,并且各机床需要维修相互独立,如果(1) 每名维修工人负责看管 20 台机床;(2) 3 名维修工人共同看管 80 台机床,求不能及时维修的概率;(3) 假定有这种机床 200 台,为使不能及时维修的概率在 0.02 以下,问至少需要安排多少名维修工人共同看管这些机床?

**解** 设 $X$ 为需要维修的机床数.

(1) $X\sim B(20,0.01)$,

$$P(X>1)=1-0.99^{20}-20\times0.01\times0.99^{19}\approx0.0169.$$

(2) $X\sim B(80,0.01)$,

$$P(X>3)=1-\sum_{k=0}^{3}C_{80}^k 0.01^k\times0.99^{80-k}\approx0.0087.$$

可以看出,(2)的工作效率高.直观上这是容易理解的,因为在(2)的情形,当同时出现多台需要维修的机床时维修工人之间可以相互协助,以此提高及时维修的概率.当然,我们没有考虑维修需要的时间、管理成本等因素,因此在实际应用中还应该作更细致的分析.

(3) 因为 $X\sim B(200,0.01)$,所以问题化为求满足如下不等式的最小的 $r$,即

$$P(X>r)=\sum_{k=r+1}^{200}C_{200}^k 0.01^k\times0.99^{200-k}\leqslant0.02.$$

而

$$P(X>5)=1-\sum_{k=0}^{5}C_{200}^k 0.01^k\times0.99^{200-k}\approx0.0160,$$

即 $r=5$.

注意到,$n$ 越大二项分布的计算量越大,直接计算是很麻烦的.

**4. 泊松分布**

**定义 2.6** 若随机变量 $X$ 的分布列为

$$P(X=k)=\frac{\lambda^k e^{-\lambda}}{k!},\quad k=0,1,2,\cdots,$$

其中 $\lambda>0$,则称 $X$ 服从参数为 $\lambda$ 的**泊松分布**,记为 $X\sim P(\lambda)$.

因为 $\displaystyle\sum_{k=0}^{\infty}\frac{\lambda^k e^{-\lambda}}{k!}=e^{-\lambda}\sum_{k=0}^{\infty}\frac{\lambda^k}{k!}=e^{-\lambda}e^{\lambda}=1$,所以定义是合理的.

设随机变量 $X\sim B(n,p)$,记 $\lambda=np$,则

$$C_n^k p^k(1-p)^{n-k}=\frac{n!}{k!(n-k)!}\frac{\lambda^k}{n^k}\left(1-\frac{\lambda}{n}\right)^{n-k}=\frac{\lambda^k}{k!}\frac{\left(1-\frac{\lambda}{n}\right)^n}{\left(1-\frac{\lambda}{n}\right)^k}\prod_{j=0}^{k-1}\left(1-\frac{j}{n}\right).$$

对充分大的 $n$ 与适当大小的 $\lambda$，有

$$\left(1-\frac{\lambda}{n}\right)^n\approx e^{-\lambda},\quad \left(1-\frac{\lambda}{n}\right)^k\approx 1,\quad \prod_{j=0}^{k-1}\left(1-\frac{j}{n}\right)\approx 1.$$

因此，对充分大的 $n$ 与适当大小的 $\lambda$，有

$$P(X=k)\approx\frac{\lambda^k e^{-\lambda}}{k!},\quad k=0,1,2,\cdots,n.$$

这表明，当 $n$ 很大，$p$ 很小，而 $\lambda=np$ 不太大时，可用泊松分布来近似二项分布. 由于泊松分布计算相对比较容易，可供查阅的表也更多，所以在具体应用中，若 $n\geqslant 20$，$p\leqslant 0.05$，取 $\lambda=np$，则常用如下的近似计算公式

$$C_n^k p^k(1-p)^{n-k}\approx\frac{\lambda^k e^{-\lambda}}{k!},\quad k=0,1,2,\cdots,n.$$

第五章的中心极限定理将表明，当 $np(1-p)$ 较大时二项分布还可以由正态分布来近似.

在应用中，也常常遇到 $n$ 无法确定的二项分布的情形，此时就直接使用泊松分布来描述. 例如，来到某售票窗口的人数，进入商场的顾客数，书中印刷错误的个数，布匹上的疵点数，纱锭上面纱断头次数，某放射性物质放射出的 $\alpha$ 粒子数，热电子的发射数，显微镜下在某观察范围内的微生物数等等.

类似于二项分布，泊松分布也有中心项. 计算

$$\frac{P(X=k)}{P(X=k-1)}=\frac{\lambda}{k},\quad k\geqslant 1, \tag{2.2}$$

知 $P(X=k)\geqslant P(X=k-1)$ 当且仅当 $k\leqslant\lambda$. 所以 $P(X=[\lambda])$ 为泊松分布的**中心项**. (2.2)式可以用来编写计算机程序计算概率. 顺便指出，(2.2)式也是泊松分布的充分条件，其证明留作习题.

重新考虑例 2.4 的(3)，可取 $\lambda=200\times 0.01=2$，查泊松分布表可得

$$P(X>5)\approx 1-\sum_{k=0}^{5}\frac{\lambda^k e^{-\lambda}}{k!}=\sum_{k=6}^{\infty}\frac{\lambda^k e^{-\lambda}}{k!}\approx 0.0166.$$

即 $r=5$，结果没有改变.

**例 2.5**　周末到达某商场的顾客数 $N$ 服从参数为 $\lambda=1500$(人)的泊松分布，其中女性顾客占 $p=70\%$. 求到达商场的女性顾客数 $N_F$ 的分布列.

**解**　对自然数 $k$，由全概率公式得

$$\begin{aligned}P(N_F=k)&=\sum_{n=0}^{\infty}P(N=n)P(N_F=k\mid N=n)=\sum_{n=k}^{\infty}\frac{\lambda^n}{n!}e^{-\lambda}\cdot C_n^k p^k(1-p)^{n-k}\\&=\sum_{n=k}^{\infty}\frac{[(1-p)\lambda]^{n-k}}{(n-k)!}\frac{1}{k!}e^{-\lambda}(p\lambda)^k=\frac{(p\lambda)^k e^{-p\lambda}}{k!}.\end{aligned}$$

即到达商场的女性顾客数仍服从泊松分布，参数变为 $p\lambda=1050$(人). 事实上，还可以类似证明，到达商场的男性顾客数 $N_M$ 服从参数为 $(1-p)\lambda=450$(人)的泊松分布. 一般的泊松分布都可以这样来进行分解. 由归纳法泊松分布的随机变量可以分解为任意 $n$ 个随机变量的和.

**5. 超几何分布**

**定义 2.7**　若随机变量 $X$ 的分布列为

$$P(X=k)=\frac{C_M^k C_{N-M}^{n-k}}{C_N^n},\quad k=0,1,2,\cdots,n,$$

其中 $n\leqslant N, M\leqslant N$,则称 $X$ 服从**超几何分布**.

利用组合的性质 $\sum_{k=0}^{n} C_M^k C_{N-M}^{n-k}=C_N^n$,易知它满足分布列应当具备的性质,因此定义是合理的. 注意到,上面的分布列中只有 $k$ 满足 $n-(N-M)\leqslant k\leqslant \min\{n,M\}$ 的项是非 0 的. 约定 $k<0$ 或 $n<k$ 时 $C_n^k\equiv 0$,则上式总成立.

**例 2.6** $N$ 件产品中有次品 $M$ 件,从中任取 $n$ 件,以 $X$ 记这 $n$ 件产品中的次品数,则 $X$ 服从超几何分布.

如例 2.6 一样,通常的抽样是无放回的,超几何分布正是无放回抽样的概率模型. 如果是有放回抽样,可以看作是独立重复试验,因此服从二项分布. 但当 $\frac{n}{N}$ 很小时,有放回与无放回的差别是很小的. 而二项分布比超几何分布计算要简单些,因此常用二项分布近似超几何分布. 具体地,当 $N$ 很大,$n$ 很小时,令 $p=\frac{M}{N}$,则

$$\frac{C_M^k C_{N-M}^{n-k}}{C_N^n}\approx C_n^k p^k(1-p)^{n-k},\quad k=0,1,2,\cdots,n.$$

**6. 几何分布**

**定义 2.8** 若随机变量 $X$ 的分布列为

$$P(X=k)=pq^{k-1},\quad k=1,2,\cdots,$$

其中 $0<p<1, q=1-p$,则称 $X$ 服从**几何分布**.

因为
$$\sum_{k=1}^{\infty}P(X=k)=\sum_{k=1}^{\infty}pq^{k-1}=\frac{p}{1-q}=1,$$

所以定义是合理的. 容易计算

$$P(X>n)=\sum_{k=n+1}^{\infty}pq^{k-1}=\frac{pq^n}{1-q}=q^n.$$

**例 2.7** 在独立重复试验中,设每次试验事件 $A$ 发生的概率为 $p$. 以 $X$ 记事件 $A$ 首次发生时所需的试验次数,则

$$\{X=k\}=\{前\ k-1\ 次试验\ A\ 不发生,第\ k\ 次\ A\ 发生\}.$$

由独立性知

$$P(X=k)=(1-p)^{k-1}p,\quad k=1,2,\cdots,$$

即 $X$ 服从几何分布.

几何分布有下面的性质.

**定理 2.3** 取自然数值的随机变量 $X$ 服从几何分布的充要条件是 $X$ 具有**无记忆性**:

$$P(X>m+n\mid X>m)=P(X>n),对任意的自然数\ m,n\geqslant 1. \tag{2.3}$$

**证明** 设 $X$ 服从几何分布,则对任意的 $m,n\geqslant 1$,有

$$\begin{aligned}P(X>m+n\mid X>m)&=\frac{P(X>m+n,X>m)}{P(X>m)}=\frac{P(X>m+n)}{P(X>m)}=\frac{q^{m+n}}{q^m}\\&=q^n=P(X>n).\end{aligned}$$

另一方面,记 $g(n)=P(X>n)$. 由(2.3)式知,对任意的 $m,n\geqslant 1$,有 $g(n)>0$,且

$$g(m+n)=g(m)g(n).$$

解该方程得 $g(n)=g(1)^n$. 由 $g(+\infty)=0$ 知 $g(1)<1$. 记 $q=g(1)$, $p=1-q$, 则对任意的 $k\geq 1$, 有

$$P(X=k)=P(X>k-1)-P(X>k)=q^{k-1}-q^k=pq^{k-1}.$$

得证 $X$ 服从几何分布.

这表明,在做了 $m$ 次试验事件 $A$ 未发生的条件下,再做 $n$ 次试验事件 $A$ 仍未发生的概率等于从开始算起做 $n$ 次试验事件 $A$ 未发生的概率. 也就是说,前面做的 $m$ 次试验被忘记了. 这主要是由于是独立重复试验,前面试验的结果对后面试验结果的概率没有影响造成的.

# 2.3 连续型随机变量

## 2.3.1 连续型随机变量及其概率密度

非离散型随机变量有不可列个取值. 若随机变量 $X$ 的分布函数是连续的,则当 $h\to 0$ 时,有

$$P(X\in(a,a+h])=F(a+h)-F(a)\to 0.$$

若此概率收敛到 0 的速度也是知道的,亦即 $P(X\in(a,a+h])\approx f(a)h+o(h)$, 则

$$f(a)=\lim_{h\to 0}\frac{F(a+h)-F(a)}{h}=F'(a).$$

若 $F(x)$ 还有更好的性质,比如连续可微,或者绝对连续,则有

$$F(x)=\int_{-\infty}^{x}f(t)\mathrm{d}t.$$

这种特殊类型的随机变量,我们称之为连续型随机变量,其准确定义如下.

**定义 2.9** 设随机变量 $X$ 的分布函数为 $F(x)$. 若存在非负可积函数 $f(x)$, 使得对任意实数 $x$, 有

$$F(x)=\int_{-\infty}^{x}f(t)\mathrm{d}t, \tag{2.4}$$

则称 $X$ 为连续型随机变量. $f(x)$ 称为 $X$ 的**概率密度**.

需要说明的是,在某些集合上改变 $f(x)$ 的值不会影响(2.4)式中积分的值,所以在此意义下概率密度是不唯一的. 我们称这些不影响积分值的点的集合为**零测集**. 显然,有限个点和可列无限个点的集合是零测集. 因此,关于概率密度的结论总是除开一个零测集成立的,除开一个零测集外的集合上函数值相等的概率密度视为同一函数. 但是,在概率密度的众多版本中往往存在一个有较好性质的版本,比如连续或分段连续的函数. 选取这样的版本对我们来说通常是方便的.

若随机变量 $X$ 存在概率密度 $f(x)$, 则形式上有

$$f(x)=F'(x).$$

注意到, $F(x)$ 是连续函数,但不是对所有的点都是可微的,上式在除去一个零测集外是对的. 而且,对 $f(x)$ 连续的点总是成立的. 亦即 $X$ 为连续型随机变量,当且仅当其分布函数 $F(x)$ 满足

$$F(x)=\int_{-\infty}^{x}F'(t)\mathrm{d}t,$$

且 $F'(x)$ 为 $X$ 的概率密度. 由分布函数的性质可知, $f(x)$ 满足

$$\begin{cases} f(x) \geqslant 0, \\ \int_{-\infty}^{+\infty} f(x)\mathrm{d}t = 1. \end{cases} \tag{2.5}$$

事实上,给定一个满足(2.5)式的函数 $f(x)$,容易知道由(2.4)式定义的函数$F(x)$是一个分布函数,所以必存在概率空间及其上以 $f(x)$为概率密度的随机变量 $X$. 因此,概率密度完整地描述了连续型随机变量. 例如,由(2.4)式知,可以用概率密度来计算

$$P(a < X \leqslant b) = F(b) - F(a) = \int_a^b f(x)\mathrm{d}x.$$

而且,与离散型随机变量的分布列类似,我们通常直接给出概率密度来定义连续型随机变量.

由分布函数 $F(x)$的连续性知,对任意的 $x$,$P(X=x)=0$. 因此,由概率的可列可加性,在计算连续型随机变量取值的概率时,我们总是可以忽略可列个取值. 特别地,

$$P(a < X < b) = P(a < X \leqslant b) = P(a \leqslant X \leqslant b) = P(a \leqslant X < b) = \int_a^b f(x)\mathrm{d}x.$$

如图 2.4 所示,$X$ 落在区间$[a,b]$的概率等于概率密度$f(x)$在区间$[a,b]$的图形与水平轴所围区域的面积. 更一般地,对 $\mathbf{R}$ 的所有子集 $B$(严格地说,$B$ 为 $\mathbf{R}$ 的 Borel 子集),有

$$P(X \in B) = \int_B f(x)\mathrm{d}x.$$

由此知道,零测集上的取值也是可以忽略的.

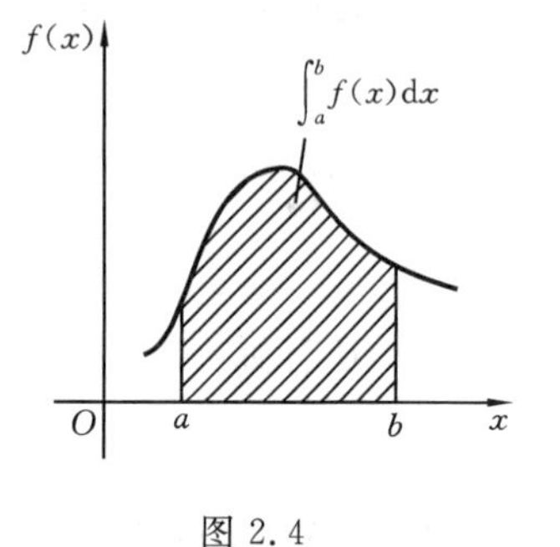

图 2.4

**例 2.8**　设连续型随机变量 $X$ 的分布函数为

$$F(x)=\begin{cases} 0, & x<0, \\ A\sin x, & 0\leqslant x<\dfrac{\pi}{2}, \\ 1, & x\geqslant\dfrac{\pi}{2}. \end{cases}$$

求:(1) 常数 $A$;(2) $P\left(|X|<\dfrac{\pi}{6}\right)$;(3) $X$ 的概率密度 $f(x)$.

**解**　(1) 因为连续型随机变量的分布函数是连续的,所以

$$1=\lim_{x\uparrow\frac{\pi}{2}}F(x)=\lim_{x\uparrow\frac{\pi}{2}}A\sin x=A.$$

(2)
$$P\left(|X|<\frac{\pi}{6}\right)=P\left(-\frac{\pi}{6}<X<\frac{\pi}{6}\right)=F\left(\frac{\pi}{6}\right)-F\left(-\frac{\pi}{6}\right)=\frac{1}{2}.$$

(3)
$$f(x)=F'(x)=\begin{cases} \cos x, & 0<x<\dfrac{\pi}{2}, \\ 0, & \text{其他}. \end{cases}$$

注意到,该分布函数只是一个分段连续可导的函数,在点 $x=0$ 处的左导数为 0,右导数为 1,因此是不可导的. 但我们允许这样的情形发生,此时,$f(0)$点的值可以任意定义,所有这些函数都是 $X$ 的概率密度. 实际上,我们的做法通常只是分段求导,随手把那些不可导的点归为其中一类,而不必作特殊的定义.

应当指出,连续型随机变量的本质在于它有概率密度,即有函数 $f$ 满足(2.4)式. 因此理论上把它作为连续性随机变量的定义. 至于它在一个区间连续取值倒不是本质的,甚至也是不确切的. 因为我们总是可以忽略至少可列个概率为 0 的取值.

## 2.3.2　常见的连续型分布

与离散型随机变量类似，连续型随机变量是以概率密度来归类的. 下面将介绍几种重要的连续性随机变量的概率密度.

**1. 均匀分布**

**定义 2.10**　若随机变量 $X$ 的概率密度为

$$f(x)=\begin{cases}\dfrac{1}{b-a}, & a\leqslant x\leqslant b,\\ 0, & \text{其他},\end{cases}$$

其中 $a<b$，则称 $X$ 服从区间 $[a,b]$ 上的**均匀分布**，记为 $X\sim U(a,b)$.

如图 2.5 所示，容易验证该函数为一概率密度. 若 $X\sim U(a,b)$，容易计算其分布函数为

$$F(x)=\int_{-\infty}^{x}f(t)\mathrm{d}t=\begin{cases}0, & x<a,\\ \dfrac{x-a}{b-a}, & a\leqslant x<b,\\ 1, & x\geqslant b.\end{cases}$$

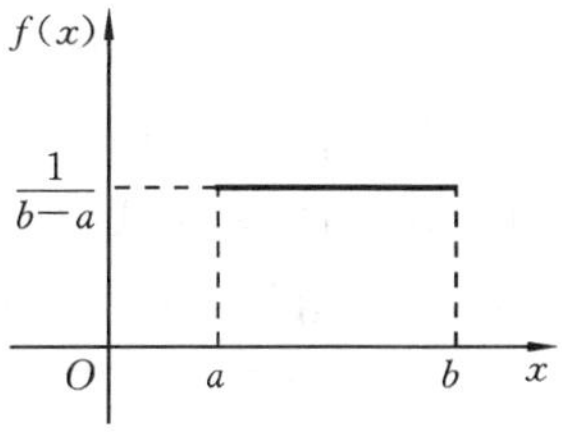

图 2.5

对任意的 $[x,y]\subset[a,b]$，有

$$P(X\in[x,y])=F(y)-F(x)=\frac{y-x}{b-a}.$$

这说明 $X$ 取值于区间 $[a,b]$ 的任意子区间的概率只与该区间的长度有关. 这就是均匀分布的概率意义. 同时，可以证明具备该性质的随机变量必为均匀分布，这将作为习题留给读者. 几何型概率的样本点是在其样本空间中均匀分布的，例如，在例 2.2 中，$X\sim U(0,150)$. 另外，在定点计算中的舍入误差被认为是服从均匀分布的例子，比如，运算的数据只保留一位小数，小数点第一位以后的数字按四舍五入处理，则每次运算的舍入误差 $\varepsilon\sim U(-0.05,0.05)$. 利用此可进行误差分析.

均匀分布的重要性还体现在下面的结论. 令 $F(x)$ 为一分布函数. 对 $0<x<1$，记

$$F^{-1}(x)=\inf\{y:F(y)\geqslant x\},$$

称 $F^{-1}(x)$ 为 $F(x)$ 的**广义反函数**. 显然，若 $F(x)$ 严格单调增，$F^{-1}(x)$ 即为 $F(x)$ 的反函数(见图2.6). 由分布函数的性质(3)知，对每个 $0<x<1$，有

$$\{y:F(y)\geqslant x\}\neq\varnothing.$$

因此，$F^{-1}(x)$ 为取有限实数值的函数，即定义是合理的. 而且，它有下面的性质.

(1) $F^{-1}(x)$ 是单调非降的. 这是因为，对 $x_1<x_2$，有

$$\{y:F(y)\geqslant x_1\}\supset\{y:F(y)\geqslant x_2\}.$$

(2) $F(F^{-1}(x))\geqslant x$，即该下确界是可以取到的. 由此，

$$\{F(x)\geqslant y\}=\{x\geqslant F^{-1}(y)\}.$$

这是因为存在 $y_n$ 满足 $y_n\downarrow F^{-1}(x)$，$F(y_n)\geqslant x$. 由分布函数 $F(x)$ 的右连续性有 $F(y_n)\downarrow F(F^{-1}(x))$. 所以 $F(F^{-1}(x))\geqslant x$.

(3) 若 $F(x)$ 在 $F^{-1}(x)$ 处连续，则 $F(F^{-1}(x))=x$. 因为 $F\left(F^{-1}(x)-\dfrac{1}{n}\right)<x$ 且

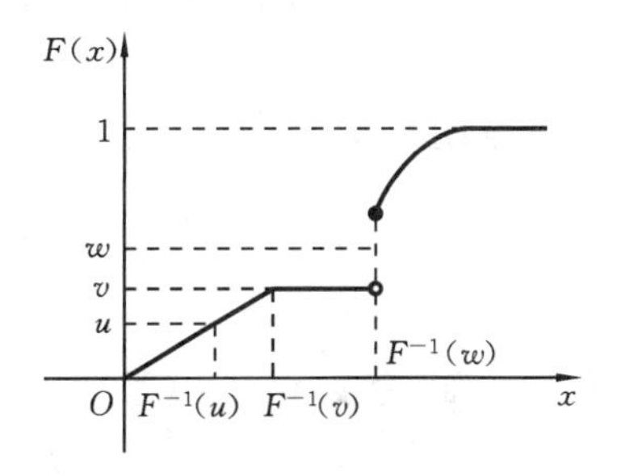

图 2.6

$$F\left(F^{-1}(x)-\frac{1}{n}\right)\uparrow F(F^{-1}(x)),$$

则 $F(F^{-1}(x))\leqslant x$.

设随机变量 $X$ 的分布函数 $F(x)$ 是连续函数，令 $Y=F(X)$，则对每个 $0<y<1$，有

$$P(Y<y)=P(F(X)<y)=P(X<F^{-1}(y))=F(F^{-1}(y))=y,$$

及

$$P(Y\leqslant y)=\lim_{n\to\infty}P\left(F(X)<y+\frac{1}{n}\right)=\lim_{n\to\infty}\left(y+\frac{1}{n}\right)=y,$$

即 $Y\sim U(0,1)$. 证明过程中用到了 $F(x)$ 的连续性. 容易找到 $F(x)$ 不连续，$F(X)$ 不服从区间 $[0,1]$ 上均匀分布的反例.

设 $U\sim U(0,1)$，$F(x)$ 为一分布函数. 记 $X=F^{-1}(U)$，则

$$P(X\leqslant x)=P(F^{-1}(U)\leqslant x)=P(U\leqslant F(x))=F(x),$$

即 $X$ 的分布函数为 $F(x)$. 这表明，任何分布的随机变量都是均匀分布随机变量的函数，而且有具体的函数表达式. 理论上，若要证明具有某种分布函数的随机变量是存在的，只需证明区间[0,1]上均匀分布的存在性即可. 在随机模拟里，重要的是如何模拟随机数. 计算机的编程语言里都有一个产生区间[0,1]上均匀分布随机数的函数，在MATLAB中是“rand”，称为伪随机数，利用它就能够容易模拟任何需要分布的随机数. 作为例子，若 $X\sim U(0,1)$，由区间 $[a,b]$ 上均匀分布函数的广义反函数可得

$$a+X(b-a)\sim U(a,b).$$

**2. 指数分布**

**定义 2.11** 若随机变量 $X$ 的概率密度为

$$f(x)=\begin{cases}\lambda e^{-\lambda x}, & x\geqslant 0,\\ 0, & x<0,\end{cases}$$

其中 $\lambda>0$，则称 $X$ 服从参数为 $\lambda$ 的**指数分布**，记为 $X\sim E(\lambda)$.

容易验证该概率密度的定义是合理的(见图 2.7). 设 $X\sim E(\lambda)$，则当 $x\geqslant 0$ 时，有

$$P(X>x)=\int_x^{+\infty}f(t)\,dt=e^{-\lambda x},$$

当 $x<0$ 时，$P(X>x)=1$. 因此其分布函数为

$$F(x)=\begin{cases}1-e^{-\lambda x}, & x\geqslant 0,\\ 0, & x<0.\end{cases}$$

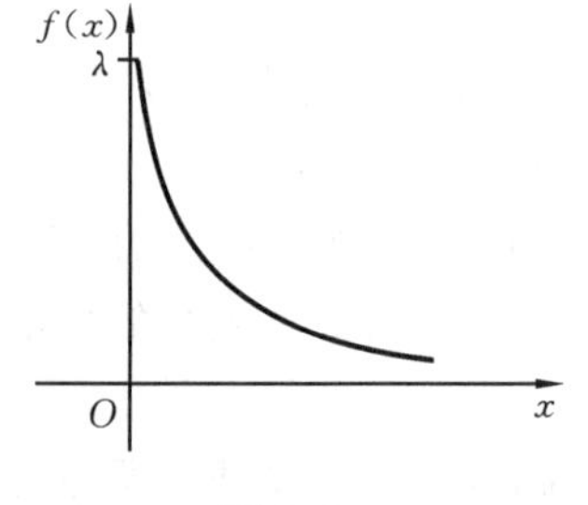

图 2.7

指数分布具有下面类似几何分布的无记忆性(见定理 2.4).

**定理 2.4** 取非负实值的随机变量 $X$ 服从指数分布当且仅当它有下面的**无记忆性**：

$$P(X>x+y\mid X>x)=P(X>y),\quad x,y>0.$$

**证明** 设 $X\sim E(\lambda)$，则

$$P(X>x+y\mid X>x)=\frac{P(X>x+y,X>x)}{P(X>x)}=\frac{P(X>x+y)}{P(X>x)}=\frac{e^{-\lambda(x+y)}}{e^{-\lambda x}}$$
$$=e^{-\lambda y}=P(X>y).$$

另一方面，令 $g(x)=P(X>x)$，则

$$g(x+y)=g(x)g(y),\quad \forall x,y\geqslant 0. \tag{2.6}$$

由于 $g(x)=1-F_X(x)$，所以 $g(x)$ 单调非增，右连续，$g(0^+)=1$，$g(+\infty)=0$. 容易证明，满足

这些性质的函数只有 $g(x)=\mathrm{e}^{-\lambda x}$，其中 $\lambda>0$.

事实上，反复用(2.6)式得 $g(m/n)=g^m(1/n)$. 令 $m=n$ 得 $g(1)=g^n(1/n)$. 因此 $g(m/n)=(g(1))^{m/n}$. 由右连续性得对任意的 $x$，有 $g(x)=(g(1))^x$. 又由 $g(0^+)=1$ 得 $g(1)>0$，由 $g(+\infty)=0$ 得 $g(1)<1$. 最后记 $\lambda=-\ln(g(1))>0$. 得证.

设 $X$ 表示某仪器的寿命. 无记忆性是说，该仪器使用了 $x$ 小时后再继续使用 $y$ 小时的概率等于该仪器从刚开始算起能使用 $y$ 小时的概率. 也就是说，该仪器只要没有损坏将永远是"年轻"的，忘记了之前被使用过 $x$ 小时. 在实际中，"永远年轻"是不可能的，因此只是一种近似. 例如，寿命长的电子元件在使用初期阶段本身老化的现象可以忽略不计，造成损坏的原因往往是高电压等因素. 因此在这一阶段指数分布比较确切地描述了其寿命的分布情况. 实际应用中，瓷盘、电子元件、计算机软件的寿命，电话的通话时间，服务系统的服务时间、等待时间，从现在开始到发生一次地震、爆发一场战争、收到一个错发的短信的时间等都认为是具有无记忆性，因此服从指数分布. 另外，指数分布也在连续时间 Markov 链中扮演重要的角色.

**例 2.9**　考虑有两个自动取款机的自助银行. 假定自动取款机为每位顾客的服务时间服从参数为 $\lambda$ 的指数分布. 当你进入银行的时候，看到刚好有两个顾客在使用这两台取款机. 求在这三个顾客中你最后被服务完离开银行的概率，以及分别求另两个顾客最后离开银行的概率.

当你有取款机使用的时候，他们两个人中只有一人结束服务离开银行，另一人仍在接受服务. 由指数分布的无记忆性，从现在起仍在接受服务的这个人还需被服务的时间是参数为 $\lambda$ 的指数分布，即与你接受服务的时间是同分布的. 因此，你最后被服务完离开银行的概率是 1/2. 由对称性知，他们两人最后离开的概率相同，都为 1/4.

若 $X\sim U(0,1)$，则

$$F^{-1}(X)=-\frac{1}{\lambda}\ln(1-X)$$

服从参数为 $\lambda$ 的指数分布. 注意到也有 $1-X\sim U[0,1]$，所以 $-\frac{1}{\lambda}\ln X\sim E(\lambda)$. 设 $F(x)$ 是随机变量 $X$ 的分布函数且连续，我们已经知道 $F(X)\sim U(0,1)$，记

$$R(x)=-\ln(1-F(x)),$$

则 $R(X)\sim E(1)$. 基于此，由于 $R(x)$ 在可靠性理论及金融保险等领域的应用，参数为 1 的指数分布在这些领域也有着重要的应用.

**3. 正态分布**

**定义 2.12**　若随机变量 $X$ 的概率密度为

$$f(x)=\frac{1}{\sqrt{2\pi}\sigma}\mathrm{e}^{-\frac{(x-\mu)^2}{2\sigma^2}},\quad -\infty<x<+\infty,$$

其中 $\mu$ 与 $\sigma>0$ 均为常数，则称 $X$ 服从参数为 $\mu,\sigma^2$ 的正态分布，记为 $X\sim N(\mu,\sigma^2)$. 正态分布也称为**高斯分布**.

显然，$f(x)>0$. 记

$$I=\int_{-\infty}^{+\infty}f(x)\mathrm{d}x.$$

为说明 $f(x)$ 确是一个概率密度，还需证明 $I=1$. 注意到，因为 $f(x)$ 的原函数不是通常的初等函数，所以该积分不能直接用求原函数的方法来计算. 下面的方法是通过计算该积分的平方来实现的. 关键的技巧是将累次积分转化为重积分，再利用极坐标计算.

$$
\begin{aligned}
I^2 &= \int_{-\infty}^{+\infty} \frac{1}{\sqrt{2\pi}\sigma} \mathrm{e}^{-\frac{(x-\mu)^2}{2\sigma^2}} \mathrm{d}x \int_{-\infty}^{+\infty} \frac{1}{\sqrt{2\pi}\sigma} \mathrm{e}^{-\frac{(y-\mu)^2}{2\sigma^2}} \mathrm{d}y \\
&= \int_{-\infty}^{+\infty}\int_{-\infty}^{+\infty} \frac{1}{2\pi} \mathrm{e}^{-\frac{(s^2+t^2)}{2}} \mathrm{d}s\mathrm{d}t \quad \left(s = \frac{x-\mu}{\sigma}, t = \frac{y-\mu}{\sigma}\right) \\
&= \frac{1}{2\pi}\int_0^{2\pi} \mathrm{d}\theta \int_0^{\infty} \mathrm{e}^{-\frac{r^2}{2}} r\mathrm{d}r = 1.
\end{aligned}
$$

由 $I \geqslant 0$ 知 $I = 1$.

其分布函数为

$$
F(x) = \frac{1}{\sqrt{2\pi}\sigma}\int_{-\infty}^{x} \mathrm{e}^{-\frac{(t-\mu)^2}{2\sigma^2}} \mathrm{d}t, \quad -\infty < x < +\infty.
$$

如图 2.8 所示,概率密度 $f(x)$的图形是钟形曲线,且有下面的性质.

(1) $f(\mu-x)=f(\mu+x)$,所以图形关于 $x=\mu$ 对称. $\mu$ 仅影响图形的位置,不影响图形的形状.

(2) 当 $x=\mu$ 时,$f(x)=\dfrac{1}{\sqrt{2\pi}\sigma}$达到最大值. 因为图形与 $x$ 轴围成的总面积等于 1,所以 $\sigma$ 越大图形越扁平.

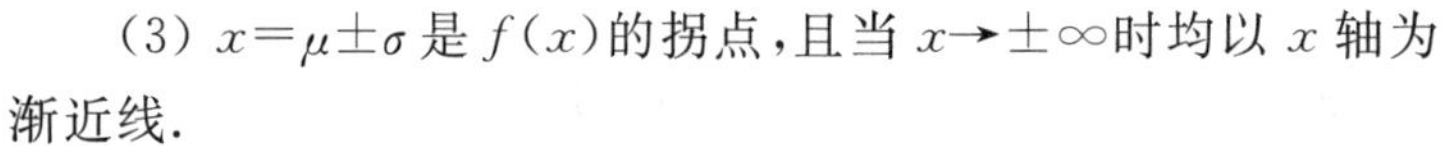

(3) $x=\mu\pm\sigma$ 是 $f(x)$的拐点,且当 $x\to\pm\infty$时均以 $x$ 轴为渐近线.

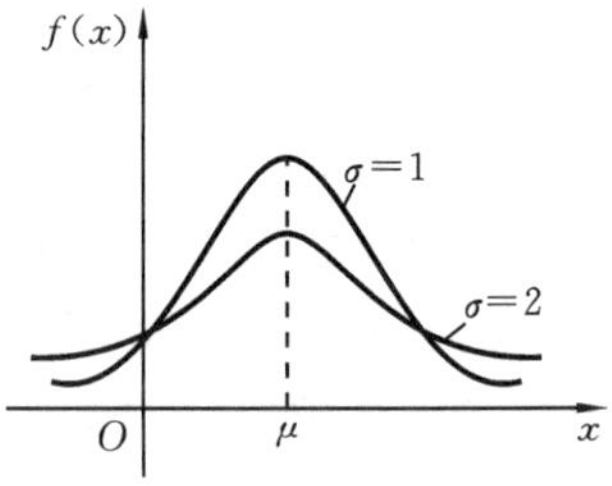

图 2.8

若 $X\sim N(0,1)$,称 $X$ 服从标准正态分布. 其分布函数记为

$$
\Phi(x) = \frac{1}{\sqrt{2\pi}}\int_{-\infty}^{x} \mathrm{e}^{-\frac{t^2}{2}} \mathrm{d}t,
$$

如图 2.9 所示. 由于它不是一个初等函数,其值通常是近似计算得到的. 为方便应用,书后附表 2 编制了对非负 $x$ 的 $\Phi(x)$的值. 由被积函数关于原点的对称性知,对负的 $x$ 有 $\Phi(-x)=1-\Phi(x)$.

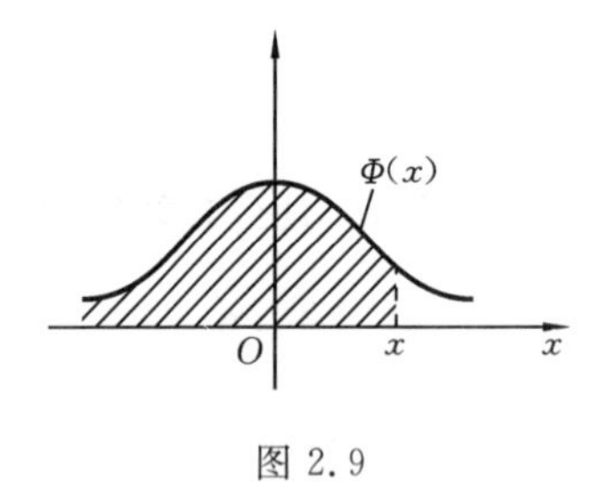


图 2.9

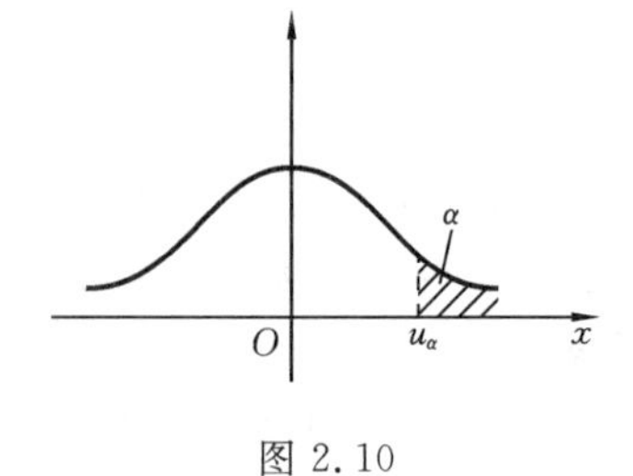


图 2.10

任给 $0<\alpha<1$,称满足等式

$$P(X>u_\alpha)=\alpha$$

的 $u_\alpha$ 为标准正态分布的上侧 $\alpha$ 分位点. 如图 2.10 所示,其直观意义是使得概率密度图形的右边与 $x$ 轴围成的面积等于 $\alpha$ 所对应的横坐标的值. 易知

$$\Phi(u_\alpha)=1-P(X>u_\alpha)=1-\alpha.$$

注意到 $\Phi(x)$是严格单调增的函数,其反函数 $\Phi^{-1}(x)$存在且 $u_\alpha=\Phi^{-1}(1-\alpha)$. 因此,给定 $0<\alpha\leqslant 0.5$,查标准正态分布表 $1-\alpha$ 对应的值即为 $u_\alpha$. 若 $\alpha>0.5$,查标准正态分布表 $\alpha$ 对应的值得到 $u_{1-\alpha}$. 由标准正态概率密度的对称性知

$$u_\alpha=-u_{1-\alpha}.$$

若 $X\sim N(\mu,\sigma^2)$，其分布函数

$$F(x)=\int_{-\infty}^{x}\frac{1}{\sqrt{2\pi}\sigma}e^{-\frac{(t-\mu)^2}{2\sigma^2}}dt=\int_{-\infty}^{\frac{x-\mu}{\sigma}}\frac{1}{\sqrt{2\pi}}e^{-\frac{t^2}{2}}dt=\Phi\left(\frac{x-\mu}{\sigma}\right).$$

即由 $\Phi(x)$ 的值可以得到一般正态分布函数的值. 因此

$$P(a<X\leqslant b)=F(b)-F(a)=\Phi\left(\frac{b-\mu}{\sigma}\right)-\Phi\left(\frac{a-\mu}{\sigma}\right).$$

**例 2.10**（$3\sigma$ **原则**） 设随机变量 $X\sim N(\mu,\sigma^2)$，求 $P(|X-\mu|<3\sigma)$.

**解** 
$$\begin{aligned}P(|X-\mu|<3\sigma)&=P(\mu-3\sigma<X<\mu+3\sigma)=F_X(\mu+3\sigma)-F_X(\mu-3\sigma)\\&=\Phi(3)-\Phi(-3)=2\Phi(3)-1=0.9974.\end{aligned}$$

注意到，尽管在某一区间 $f(x)$ 恒严格为正，但由上面计算知，只计算 $(\mu-3\sigma,\mu+3\sigma)$ 中的值所引起的误差不到千分之三. 因此，在应用中通常只取 $3\sigma$ 以内的值，落在此范围之外是个小概率事件，这可以作为可靠性、满意度的指标，称为"$3\sigma$ 原则".

因自身有良好的性质及中心极限定理，正态分布无论在理论上还是应用中都是至关重要的连续型分布. 中心极限定理表明，如果一随机现象是许许多多偶然因素共同作用的总和，各偶然因素所起的作用势均力敌，没有哪个起主导作用，那么这个随机现象的概率模型就近似服从正态分布. 这在第五章中将会详细介绍. 另外，一些重要的分布也由正态分布导出，而且在正态分布的假设下可以得到丰富的结果. 这在数理统计部分将会有深刻体会. 应用中，例如，测量的误差，农作物的产量，工厂产品的尺寸、含量、强度各类质量指标，生物学中同一群体的身高、体重等形态指标，等等，都认为服从或近似服从正态分布.

## 2.3.3 混合型随机变量

在应用中也常常遇到一类离散型和连续型的混合型随机变量，它们既不是离散型也不是连续型的随机变量. 对于混合型随机变量，可以计算其分布函数，并由此容易计算感兴趣事件的概率.

**例 2.11** 设某电路受外界刺激电压 $V$ 随机波动且 $V\sim E(\lambda)$. 现用电压表进行测量，电压表的最大读数为 $V_0$. 以 $X$ 记电压表的读数，则

$$X=\min\{V,V_0\}.$$

注意到 $P(X=V_0)=P(V\geqslant V_0)=e^{-\lambda V_0}$，即 $0<P(X=V_0)<1$. 而对所有的 $x\neq V_0$，$P(X=x)=0$. 因此 $X$ 不是离散型也不是连续型，其分布函数（见图 2.11）为

$$F_X(x)=P(X\leqslant x)=\begin{cases}0, & x\leqslant 0,\\ 1-e^{-\lambda x}, & 0<x<V_0,\\ 1, & x\geqslant V_0.\end{cases}$$

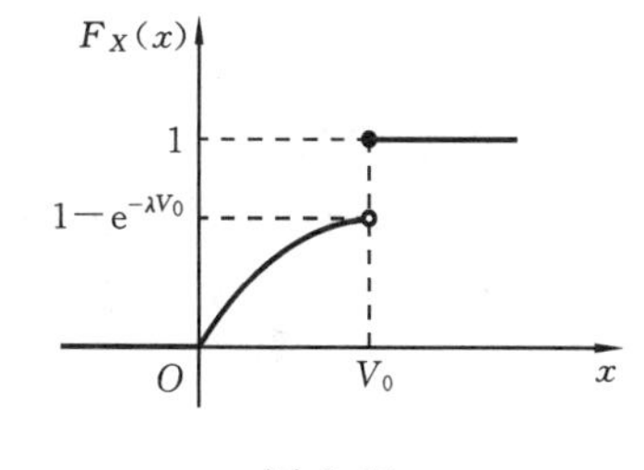

图 2.11

它也可以表示为

$$F_X(x)=(1-e^{-\lambda V_0})F_1(x)+e^{-\lambda V_0}F_2(x),$$

其中

$$F_1(x)=\begin{cases}0, & x<0,\\ \dfrac{1-e^{-\lambda x}}{1-e^{-\lambda V_0}}, & 0\leqslant x<V_0,\\ 1, & x\geqslant V_0,\end{cases}\quad F_2(x)=\begin{cases}0, & x<V_0,\\ 1, & x\geqslant V_0\end{cases}$$

均为分布函数，$F_1(x)$为连续型随机变量的分布函数，$F_2(x)$为离散型随机变量的分布函数. $F_X(x)$为离散型和连续型分布函数的凸组合，因此称 $F_X(x)$为离散型和连续型的混合型随机变量.

到此为止，我们可以处理三类随机变量，连续型、离散型、离散型和连续型的混合型. 这对我们实际应用的需要已经足够了. 因为我们漏掉的是一类被称为奇异型的随机变量，而目前奇异型的随机变量只在理论上有意义，在应用中还没有遇到过. 因此，在解决实际问题中，我们自然可以将目标随机变量与这三种类型对号入座，先确定类型，然后利用各自的特点研究之.

我们常说某随机变量的分布，其中术语“分布”是可以准确定义的. 由于要涉及测度论的知识，所以我们不给出其定义. 本书中的“分布”是粗略的术语，它通指该随机变量的分布函数，如果是离散型或连续型随机变量还分别可以指它的分布列与概率密度. 称某些随机变量“同分布”是指它们的分布函数相同.

## 2.4 随机变量函数的分布

无论在理论上还是在应用中，都常常需要处理是某个随机变量 $X$ 的函数的随机变量 $Y$，我们想通过 $X$ 的分布得到 $Y$ 的分布. 这类问题既普遍又重要，本节将讨论这个问题.

设 $X(\omega)$为随机变量，是 $\Omega\mapsto\mathbf{R}$ 的映射，$g(x)$为通常的实函数，是 $\mathbf{R}\mapsto\mathbf{R}$ 的映射，则 $g(x)$与 $X$ 的复合 $Y=g(X(\omega))$是 $\Omega\mapsto\mathbf{R}$ 的映射. 若想让 $Y$ 为随机变量，则应当对所有的 $x$，使$\{Y\leqslant x\}$为事件. 为此，需要假定 $g(x)$有适当的性质，比如 $g(x)$为 Borel 函数. 幸运的是，这类函数相当广泛，我们通常遇到的函数都能满足该性质. 所以 $Y=g(X)$为随机变量.

自然地，我们会问：$Y=g(X)$是什么类型的随机变量呢？已知 $X$ 的分布如何求 $Y$ 的分布呢？一般而言，我们只需由 $X$ 的分布求出 $Y$ 的分布函数便同时回答了这两个问题. 也就是说，根据 $X$ 的分布，具体计算 $F_Y(y)=P(Y\leqslant y)=P(g(X)\leqslant y)=P(X\in g^{-1}((-\infty,y]))$的值. $X$ 为离散型的情形是较简单的，此时可以直接求 $Y$ 的分布列. $X$ 为连续型的情形相对复杂些. 下面我们将分别对 $X$ 是离散型和连续型两类随机变量来回答这个问题.

### 2.4.1 离散型随机变量函数的分布

设 $X$ 为离散型随机变量. 由函数的定义知道，随机变量 $Y=g(X)$取值的个数不会多于 $X$ 取值的个数. 因此 $Y$ 必定为离散型随机变量. 若已知 $X$ 的分布列，则求 $Y$ 的分布列，即求 $Y$ 的所有可能的取值与取每个值的概率. 先看下面的例子.

**例 2.12** 设 $X$ 的分布列为

| $X$ | $-2$ | $-1$ | $0$ | $1$ | $2$ |
|---|---|---|---|---|---|
| $P$ | $\frac{1}{10}$ | $\frac{1}{5}$ | $\frac{2}{5}$ | $\frac{1}{5}$ | $\frac{1}{10}$ |

求：(1) $Y_1=2X+1$ 的分布列；(2) $Y_2=X^2$ 的分布列.

**解** (1) $Y_1$ 的取值为$-3,-1,1,3,5$，而且

$$P(Y_1=-3)=P(2X+1=-3)=P(X=-2)=\frac{1}{10},$$

$$P(Y_1=-1)=P(2X+1=-1)=P(X=-1)=\frac{1}{5},$$

$$P(Y_1=1)=P(2X+1=1)=P(X=0)=\frac{2}{5},$$

$$P(Y_1=3)=P(2X+1=3)=P(X=1)=\frac{1}{5},$$

$$P(Y_1=5)=P(2X+1=5)=P(X=2)=\frac{1}{10}.$$

因此，$Y_1$ 的分布列为

| $Y_1$ | $-3$ | $-1$ | $1$ | $3$ | $5$ |
|---|---|---|---|---|---|
| $P$ | $\frac{1}{10}$ | $\frac{1}{5}$ | $\frac{2}{5}$ | $\frac{1}{5}$ | $\frac{1}{10}$ |

(2) $Y_2$ 的取值为 4，1，0，而且

$$P(Y_2=4)=P(X^2=4)=P(X=-2)+P(X=2)=\frac{1}{5},$$

$$P(Y_2=1)=P(X^2=1)=P(X=1)+P(X=-1)=\frac{2}{5},$$

$$P(Y_2=0)=P(X^2=0)=P(X=0)=\frac{2}{5}.$$

因此，$Y_2$ 的分布列为

| $Y_2$ | $0$ | $1$ | $4$ |
|---|---|---|---|
| $P$ | $\frac{2}{5}$ | $\frac{2}{5}$ | $\frac{1}{5}$ |

正如在例 2.12 中看到的那样，求离散型随机变量函数的分布列是不困难的. 一般地，设 $X$ 的分布列为

| $X$ | $x_1$ | $x_2$ | $\cdots$ | $x_k$ | $\cdots$ |
|---|---|---|---|---|---|
| $P$ | $p_1$ | $p_2$ | $\cdots$ | $p_k$ | $\cdots$ |

则 $Y=g(X)$的分布列为

| $Y$ | $g(x_1)$ | $g(x_2)$ | $\cdots$ | $g(x_k)$ | $\cdots$ |
|---|---|---|---|---|---|
| $P$ | $p_1$ | $p_2$ | $\cdots$ | $p_k$ | $\cdots$ |

当然，这里可能有某些 $g(x_i)$相等，把它们做适当并项即可，或许在并项时的具体运算并不简单.

## 2.4.2　连续型随机变量函数的分布

连续型的情形就稍复杂一些. 注意到，若 $X$ 为连续型随机变量，但 $Y=g(X)$可能不是连续型的随机变量. 如下例所示.

**例 2.13**　设 $X$ 的概率密度为 $f(x)$，$g(x)=I_{[0,+\infty)}(x)$，则 $Y=g(X)$为两点分布，且

$$P(Y=0)=P(X<0)=\int_{-\infty}^{0} f(x)\mathrm{d}x,$$

$$P(Y=1)=P(X\geqslant 0)=\int_{0}^{+\infty} f(x)\mathrm{d}x.$$

从例 2.13 可看出，$Y$ 为离散型随机变量的情形也是不复杂的. 和前面 $X$ 为离散型的情形

的不同之处在于,前面并项的结果是至多可列项分布列的和,而这里由于为不可列项,所以是概率密度在某区间上的积分.

理论上,由于 $g(x)$ 的多样化,$g(X)$ 可以是任何一种类型的随机变量.例如,例2.11为混合型的,例 2.13 为离散型的.下面我们的兴趣是 $Y$ 也是连续型随机变量的情形.此时,设 $X$ 的概率密度为 $f_X(x)$,欲求 $Y$ 的概率密度 $f_Y(y)$.为此,我们先求 $Y$ 的分布函数 $F_Y(y)$.

$$F_Y(y) = P(Y \leqslant y) = P(g(X) \leqslant y) = \int_{g(X)\leqslant y} f_X(x)\mathrm{d}x.$$

然后再对 $y$ 求导数得

$$f_Y(y)=F_Y'(y).$$

该方法称为**分布函数法**.这种求分布函数的方法也适用于 $Y$ 是所有其他类型的情形.

**例 2.14**　设 $X\sim N(\mu,\sigma^2)$,求 $Y=ax+b$ 的概率密度.

**解**　不妨设 $a>0$.对任意的 $y$,有

$$F_Y(y)=P(Y\leqslant y)=P(ax+b\leqslant y)=P\left(X\leqslant\frac{y-b}{a}\right)=F_X\left(\frac{y-b}{a}\right).$$

因此

$$f_Y(y)=F_Y'(y)=F_X'\left(\frac{y-b}{a}\right)\left[\frac{y-b}{a}\right]'=\frac{1}{\sqrt{2\pi}\sigma}\cdot \mathrm{e}^{-\frac{\left(\frac{y-b}{a}-\mu\right)^2}{2\sigma^2}}\cdot\frac{1}{a}$$

$$=\frac{1}{\sqrt{2\pi}(\sigma a)}\cdot \mathrm{e}^{-\frac{[y-(b+a\mu)]^2}{2a^2\sigma^2}},$$

即 $Y\sim N(a\mu+b,\sigma^2a^2)$.

例 2.14 表明正态分布随机变量的线性函数仍为正态分布.特别地,取 $a=\frac{1}{\sigma}$,$b=-\frac{\mu}{\sigma}$,得 $a\mu+b=0$,$\sigma^2a^2=1$.因此 $\frac{X-\mu}{\sigma}\sim N(0,1)$.

**例 2.15**　设 $X\sim N(0,1)$,求 $Y=X^2$ 的概率密度.

**解**　如图 2.12 所示.显然,当 $y\leqslant 0$ 时,$F_Y(y)=0$.当 $y>0$ 时,

$$F_Y(y)=P(X^2\leqslant y)=P(-\sqrt{y}\leqslant X\leqslant\sqrt{y})$$
$$=\Phi(\sqrt{y})-\Phi(-\sqrt{y})=2\Phi(\sqrt{y})-1.$$

因此,当 $y\leqslant 0$ 时,$f_Y(y)=0$,当 $y>0$ 时,

$$f_Y(y)=F'_Y(y)=2\Phi'(\sqrt{y})\cdot\frac{1}{2\sqrt{y}}=\frac{1}{\sqrt{2\pi y}}\mathrm{e}^{-\frac{y}{2}}.$$

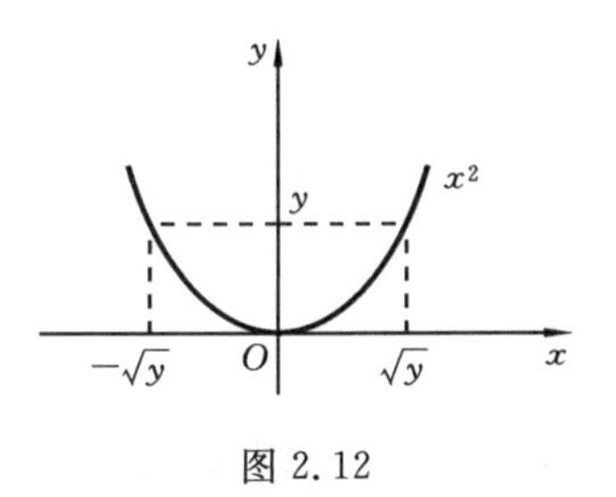

图 2.12

有时,我们也可以通过对积分作变量替换,将得到的分布函数直接改写为某函数的不定积分.由概率密度的定义,该函数即为概率密度.例如,在例 2.14 的后续的积分计算中令 $x=\frac{t-b}{a}$,有

$$F_Y(y) = F_X\left(\frac{y-b}{a}\right)=\int_{-\infty}^{\frac{y-b}{a}} f_X(x)\mathrm{d}x = \int_{-\infty}^{y} f_X\left(\frac{t-b}{a}\right)\cdot\frac{1}{a}\mathrm{d}t$$

$$=\int_{-\infty}^{y}\frac{1}{\sqrt{2\pi}\sigma}\mathrm{e}^{-\frac{\left(\frac{t-b}{a}-\mu\right)^2}{2\sigma^2}}\cdot\frac{1}{a}\mathrm{d}t=\int_{-\infty}^{y}\frac{1}{\sqrt{2\pi}(\sigma a)}\mathrm{e}^{-\frac{[t-(b+a\mu)]^2}{2a^2\sigma^2}}\mathrm{d}t.$$

亦即 $Y$ 的概率密度为

$$f_Y(y)=\frac{1}{\sqrt{2\pi}(\sigma a)}\mathrm{e}^{-\frac{[y-(b+a\mu)]^2}{2a^2\sigma^2}}.$$

在例 2.15 中，对 $y>0$，令 $t=x^2$，有

$$F_Y(y)=2\Phi(\sqrt{y})-1=2\int_0^{\sqrt{y}}\frac{1}{\sqrt{2\pi}}\mathrm{e}^{-\frac{x^2}{2}}\mathrm{d}x=\int_0^y\frac{1}{\sqrt{2\pi t}}\mathrm{e}^{-\frac{t}{2}}\mathrm{d}t.$$

所以，$Y$ 的概率密度为

$$f_Y(y)=\begin{cases}\frac{1}{\sqrt{2\pi y}}\mathrm{e}^{-\frac{y}{2}}, & y>0,\\ 0, & y\leqslant 0.\end{cases}$$

**例 2.16**　设 $X\sim U\left(-\frac{\pi}{2},\frac{\pi}{2}\right)$，求 $Y=\cos X$ 的概率密度.

**解**　如图 2.13 所示. 显然，当 $y<0$ 时，$F_Y(y)=0$，当 $y\geqslant 1$ 时 $F_Y(y)=1$. 当 $0\leqslant y<1$ 时，

$$\begin{aligned}F_Y(y)&=P(Y\leqslant y)=P(\cos X\leqslant y)=P\left(\left(-\frac{\pi}{2}\leqslant X\leqslant -\arccos y\right)\cup\left(\arccos y\leqslant X\leqslant\frac{\pi}{2}\right)\right)\\&=F_X(-\arccos y)-F_X\left(-\frac{\pi}{2}\right)+F_X\left(\frac{\pi}{2}\right)-F_X(\arccos y).\end{aligned}$$

因此

$$f_Y(y)=F'_Y(y)=f_X(-\arccos y)\cdot\frac{1}{\sqrt{1-y^2}}+f_X(\arccos y)\cdot\frac{1}{\sqrt{1-y^2}}=\frac{2}{\pi\sqrt{1-y^2}}.$$

$Y$ 的概率密度为

$$f_Y(y)=\begin{cases}\frac{2}{\pi\sqrt{1-y^2}}, & 0\leqslant y<1,\\ 0, & \text{其他}.\end{cases}$$

利用分布函数法我们能够证明下面的定理.

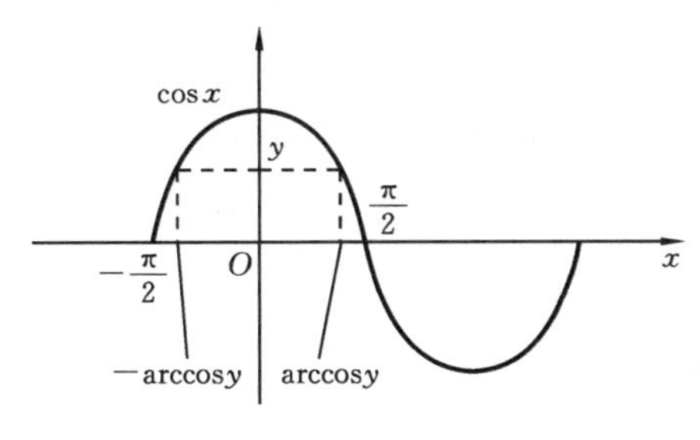


图 2.13

**定理 2.5**　设随机变量 $X$ 的概率密度为 $f_X(x)$. 假设 $y=g(x)$ 是严格单调的函数，其反函数 $x=g^{-1}(y)$ 有连续导数，则 $Y=g(X)$ 也为连续型随机变量，且概率密度为

$$f_Y(y)=\begin{cases}f_X(g^{-1}(y))\left|[g^{-1}(y)]'\right|, & y\in(\alpha,\beta),\\ 0, & \text{其他},\end{cases}$$

其中$(\alpha,\beta)$为 $g(x)$的值域.

**证明**　如果能证明 $Y$ 的概率密度有此表达式，则说明 $Y$ 有概率密度. 由连续型随机变量的定义，则 $Y$ 为连续型随机变量.

不妨设 $g(x)$是单调增函数(单调减的情形是类似的)，此时 $g^{-1}(y)$ 也单调增，所以$[g^{-1}(y)]'>0$. 记 $F_X(x)$为 $X$ 的分布函数. 显然，当 $y\leqslant\alpha$ 时，$F_Y(y)=0$；当 $y\geqslant\beta$ 时，$F_Y(y)=1$；当 $\alpha$

$<y<\beta$ 时,

$$F_Y(y)=P(Y\leqslant y)=P(g(X)\leqslant y)=P(X\leqslant g^{-1}(y))=F_X(g^{-1}(y)).$$

所以

$$f_Y(y)=F_Y'(y)=\begin{cases}f_X(g^{-1}(y))[g^{-1}(y)]', & y\in(\alpha,\beta),\\ 0, & \text{其他}\end{cases}$$

再看例 2.14. 不妨设 $a>0$. $g(x)=ax+b$ 严格单调增, $g^{-1}(y)=\frac{y-b}{a}$, $[g^{-1}(y)]'=\frac{1}{a}$ 连续, $(\alpha,\beta)=(-\infty,+\infty)$.

$$f_X(x)=\frac{1}{\sqrt{2\pi}\sigma}\mathrm{e}^{-\frac{(x-\mu)^2}{2\sigma^2}},\quad -\infty<x<+\infty.$$

所以,对所有的 $y$,有

$$f_Y(y)=\frac{1}{\sqrt{2\pi}\sigma}\mathrm{e}^{-\frac{\left(\frac{y-b}{a}-\mu\right)^2}{2\sigma^2}}\cdot\frac{1}{a}=\frac{1}{\sqrt{2\pi}(\sigma a)}\mathrm{e}^{-\frac{[y-(b+a\mu)]^2}{2a^2\sigma^2}}.$$

即与前面的结果一致.

**推论 2.1** 设随机变量 $X$ 的概率密度为 $f_X(x)$. 假设 $g(x)$ 在不相重叠的区间 $I_1,I_2,\cdots$ 上逐段满足定理 2.5 的条件,且分别以 $g_i^{-1}(y)$, $[g_i^{-1}(y)]'(i=1,2,\cdots)$ 记 $y=g(x)$ 在各段上的反函数及其导数. 则 $Y=g(X)$ 也为连续型随机变量,且概率密度为

$$f_Y(y)=\begin{cases}\sum\limits_{\{i;y\in g(I_i)\}}f_X(g_i^{-1}(y))\,|\,[g_i^{-1}(y)]'\,|, & y\in(\alpha,\beta),\\ 0, & \text{其他}.\end{cases}$$

**证明** 对 $\alpha<y<\beta$,记 $I_i(y)=\{x\in I_i;g(x)\leqslant y\}$,有

$$\begin{aligned}F_Y(y)&=P(Y\leqslant y)=P(g(X)\leqslant y)=P\left(\bigcup_i(I_i\cap(g(X)\leqslant y))\right)\\&=\sum_i\int_{-\infty}^{y}I_{\{t\in g(I_i)\}}f_X(g_i^{-1}(t))\,|\,[g_i^{-1}(t)]'\,|\,\mathrm{d}t.\end{aligned}$$

对 $y$ 求导即完成了证明.

该推论表明,我们可以逐段应用定理 2.5,然后再对每段求和.

再看例 2.15. $y=g(x)=x^2$, $I_1=(-\infty,0]$, $I_2=(0,+\infty)$ 满足推论 2.1 的条件.

$$g_1^{-1}(y)=-\sqrt{y},\quad g_2^{-1}(y)=\sqrt{y},$$

$$[g_1^{-1}(y)]'=-\frac{1}{2\sqrt{y}},\quad [g_2^{-1}(y)]'=\frac{1}{2\sqrt{y}}$$

连续. 因此,当 $y\geqslant 0$ 时,

$$f_Y(y)=\Phi'(-\sqrt{y})\left|-\frac{1}{2\sqrt{y}}\right|+\Phi'(\sqrt{y})\left|\frac{1}{2\sqrt{y}}\right|=\frac{1}{\sqrt{2\pi y}}\mathrm{e}^{-\frac{y}{2}},$$

当 $y<0$ 时, $f_Y(y)=0$. 与前面的结果一致.

尽管遇到的很多情形都可以应用推论 2.1,但是我们仍建议读者采用最一般的分布函数法. 一方面,事先常常我们并不知道 $Y$ 的类型,但求分布函数的方法总是适用的,因此用此方法总可以求出分布函数. 其他类型的情形无非是求导后的函数不是一个概率密度而已,此时的随机变量正是由分布函数来描述的. 另一方面,我们观察到定理 2.5 及推论 2.1 的证明也只是分布函数法的简单应用,甚至不易比较出定理的证明与叙述哪个更简洁. 通过做习题容易掌握分布函数法,这样可以养成一个良好的思维习惯.

## 习　题　二

**2.1**　填空题.

(1) 设随机变量 $X$ 的分布函数为

$$F(x)=\begin{cases}0, & x<-1,\\ 0.4, & -1\leqslant x<1,\\ 0.8, & -1\leqslant x<3,\\ 1, & x\geqslant 3,\end{cases}$$

则 $X$ 的分布列为______.

(2) 设随机变量 $X\sim B(2,p)$，$Y\sim B(3,p)$，$P(X\geqslant 1)=\dfrac{5}{9}$，则 $P(Y\geqslant 1)=$______.

(3) 设随机变量 $X$ 的概率密度为

$$f(x)=\begin{cases}2x, & 0<x<1,\\ 0, & \text{其他}.\end{cases}$$

以 $Y$ 表示对 $X$ 的三次独立重复观察中事件 $\left\{X\leqslant\dfrac{1}{2}\right\}$ 出现的次数，则 $P(Y=2)=$______.

(4) 设随机变量 $X$ 的概率密度为

$$f(x)=\begin{cases}\dfrac{1}{3}, & x\in[0,1],\\ \dfrac{2}{9}, & x\in[3,6],\\ 0, & \text{其他}.\end{cases}$$

若使得 $P(X\geqslant k)=\dfrac{2}{3}$，则 $k=$______.

(5) 若随机变量 $X$ 服从[1,6]上的均匀分布，则方程 $y^2+Xy+1=0$ 有实根的概率是______.

(6) 若随机变量 $X$ 服从正态分布 $N(2,\sigma^2)$，$P(2<X<4)=0.3$，则 $P(X<0)=$______.

(7) 设随机变量 $Y$ 服从参数为 1 的指数分布，$a$ 为常数且大于零，则 $P\{Y\leqslant a+1\,|\,Y>a\}=$______.

**2.2**　选择题.

(1) 设 $F_1(x)$ 与 $F_2(x)$ 分别为随机变量 $X_1$ 与 $X_2$ 的分布函数. 为使 $F(x)=aF_1(x)-bF_2(x)$ 是某一随机变量的分布函数，在下列给定的各组数值中应取(　　).

(A) $a=\dfrac{3}{5},b=-\dfrac{2}{5}$　　(B) $a=\dfrac{2}{3},b=\dfrac{2}{3}$　　(C) $a=-\dfrac{1}{2},b=\dfrac{3}{2}$　　(D) $a=\dfrac{1}{2},b=-\dfrac{3}{2}$

(2) 设随机变量 $X$ 服从指数分布，则随机变量 $Y=\min\{X,2\}$ 的分布函数的间断点个数为(　　).

(A) 0　　(B) 1　　(C) 2　　(D) 大于 2

(3) 设随机变量 $X$ 服从正态分布 $N(\mu,\sigma^2)$，则随 $\sigma$ 的增大，概率 $P(|X-\mu|<1)$(　　).

(A)单调增　　(B) 单调减　　(C) 保持不变　　(D) 增减不定

(4) 设随机变量 $X$ 服从标准正态分布，$u_\alpha$ 为其上侧 $\alpha$ 分位点. 若 $P(|X|<x)=\alpha$，则 $x=$(　　).

(A) $u_{\frac{\alpha}{2}}$　　(B) $u_{1-\frac{\alpha}{2}}$　　(C) $u_{\frac{1-\alpha}{2}}$　　(D) $u_{1-\alpha}$

(5)设随机变量 $X$ 与 $Y$ 相互独立，且分别服从参数为 1 与参数为 4 的指数分布，则 $P\{X<Y\}=$(　　).

(A) $\dfrac{1}{5}$　　(B) $\dfrac{1}{3}$　　(C) $\dfrac{2}{5}$　　(D) $\dfrac{4}{5}$

**2.3**　已知离散型随机变量 $X$ 的分布列为

$$P(X=1)=0.2,\quad P(X=2)=0.3,\quad P(X=3)=0.5.$$

求 $X$ 的分布函数 $F(x)$.

**2.4**　某保险公司多年的统计资料表明，在索赔户中被盗索赔户占 20%. 以 $X$ 表示在随意抽查的 100 个索赔户中因被盗向保险公司索赔的户数,求 $X$ 的分布列.

**2.5** 假设有 10 只同种电子元件,其中有 2 只废品.装配仪器时,从这批元件中任取一只,如是废品,则扔掉重新任取一只;如仍是废品,则扔掉再取一次.求在取到正品之前已取出的废品只数 $X$ 的分布列.

**2.6** 从学校乘汽车到火车站的途中有 3 个十字路口,假设在每个十字路口遇到红灯的事件是相互独立的,并且概率都是 $\frac{2}{5}$.用 $X$ 记途中遇到红灯的次数,求 $X$ 的分布列和分布函数.

**2.7** 已知甲、乙两箱中装有同种产品,其中甲箱中装有 3 件合格品和 3 件次品,乙箱中仅装有 3 件合格品.从甲箱中任取 3 件产品放入乙箱后,求乙箱中次品件数 $X$ 的分布列.

**2.8** 已知随机变量 $X$ 的概率密度

$$f(x)=\frac{1}{2}\mathrm{e}^{-|x|}, \quad x\in\mathbf{R},$$

求随机变量 $X$ 的分布函数 $F(x)$.

**2.9** 假设一大型设备在任何长为 $t$ 的时间内发生故障的次数 $N(t)$ 服从参数为 $\lambda t$ 的泊松分布.求相继两次故障之间时间间隔 $T$ 的概率分布,以及在设备已无故障工作 8 h 的情形下,再无故障运行 8 h 的概率 $Q$.

**2.10** 设随机变量 $X$ 的概率密度为

$$f(x)=\begin{cases}\frac{1}{2}\cos\frac{x}{2}, & 0\leqslant x\leqslant\pi,\\ 0, & \text{其他},\end{cases}$$

对 $X$ 独立地重复观察 4 次,用 $Y$ 记观察值大于 $\frac{\pi}{3}$ 的次数,求随机变量 $Y$ 的分布列.

**2.11** 设随机变量 $X$ 和 $Y$ 同分布,$X$ 的概率密度为

$$f(x)=\begin{cases}\frac{3}{8}x^2, & 0<x<2,\\ 0, & \text{其他}.\end{cases}$$

已知事件 $A=\{X>a\}$ 和 $B=\{Y>a\}$ 独立,且 $P(A\cup B)=\frac{3}{4}$,求常数 $a$.

**2.12** 假定随机变量 $X$ 只在区间 $[0,1]$ 上取值,且对任意的 $[x,y]\subset[0,1]$,$P(X\in[x,y])$ 只与 $y-x$ 有关.证明 $X\sim U[0,1]$.

**2.13** 设随机变量 $X$ 的绝对值不大于 1,$P(X=-1)=\frac{1}{8}$,$P(X=1)=\frac{1}{4}$.在事件 $\{-1<X<1\}$ 出现的条件下,$X$ 在 $(-1,1)$ 内的任一子区间上取值的条件概率与该子区间的长度成正比,试求 $X$ 的分布函数 $F(x)$ 及 $X$ 求负值的概率 $p$.

**2.14** 某仪器装有 3 只独立工作的同型号电子元件,其寿命(单位:h)都服从参数为 $\frac{1}{600}$ 的指数分布.求在仪器使用的最初 200 h 内,至少有一只电子元件损坏的概率 $\alpha$.

**2.15** 假设一设备开机后无故障工作的时间 $X$ 服从参数为 $\frac{1}{5}$ 的指数分布.设备定时开机,出现故障时自动关机,而在无故障的情况下工作 2 h 便关机.试求该设备每次开机无故障工作的时间 $Y$ 的分布函数 $F(y)$.

**2.16** 在电源电压不超过 200 V、200~240 V 和超过 240 V 三种情况下,某种电子元件损坏的概率分别为 0.1,0.001,0.2.假设电源电压 $X$ 服从正态分布 $N(220,25^2)$.求该电子元件损坏的概率 $\alpha$ 和该电子元件损坏时电源电压在 200~240 V 的概率 $\beta$.

**2.17** 假设测量的随机误差 $X$ 服从 $N(0,10^2)$.试求在 100 次独立重复测量中,至少有三次测量误差的绝对值大于 19.6 的概率 $\alpha$,并利用泊松分布求出 $\alpha$ 的近似值.

**2.18** 设 $X\sim N(\mu,\sigma^2)$,方程 $y^2+4y+X=0$ 无实根的概率是 0.5,求 $\mu$.

**2.19** 设随机变量 $X$ 的概率密度为 $f(x)=\frac{1}{\pi(1+x^2)}$,求随机变量 $Y=1-\sqrt[3]{X}$ 的概率密度 $f_Y(y)$.

**2.20** 设随机变量 $X$ 服从 $[1,2]$ 上的均匀分布,求随机变量 $Y=\mathrm{e}^{2X}$ 的概率密度 $f_Y(y)$.

**2.21**　设随机变量 $X$ 的概率密度为

$$f(x)=\begin{cases} e^{-x}, & x\geqslant 0, \\ 0, & x<0, \end{cases}$$

求随机变量 $Y=e^X$ 的概率密度 $f_Y(y)$.

**2.22**　设随机变量 $X$ 的概率密度为

$$f(x)=\begin{cases} \dfrac{1}{2}, & -1<x<0, \\ \dfrac{1}{4}, & 0\leqslant x<2, \\ 0, & \text{其他}, \end{cases}$$

求随机变量 $Y=X^2$ 的概率密度 $f_Y(y)$.

**2.23**　设随机变量 $X$ 的概率密度为

$$f(x)=\begin{cases} \dfrac{1}{3\sqrt[3]{x^2}}, & x\in[1,8], \\ 0, & \text{其他}, \end{cases}$$

$F(x)$是 $X$ 的分布函数,求随机变量 $Y=F(X)$的分布函数.

**2.24**　设随机变量 $X$ 服从参数为 2 的指数分布. 证明 $Y=1-e^{-2X}$服从$[0,1]$上的均匀分布.

**2.25**　甲向一个目标射击,直到击中 $r$ 次为止. 用 $X$ 表示射击停止时的射击次数. 如果甲每次射击击中目标的概率是 $p\in(0,1)$,证明 $X$ 的分布列为

$$P(X=k)=C_{k-1}^{r-1}p^r(1-p)^{k-r}, \quad k=r,r+1,\cdots,$$

这时称 $X$ 服从帕斯卡分布. 记 $Y=X-r$,$Y$ 为射击停止时射击失败的次数. 证明 $Y$ 的分布列为

$$P(Y=k)=C_{k+r-1}^{r-1}p^r(1-p)^k, \quad k=0,1,\cdots,$$

这时称 $Y$ 服从负二项分布.

**2.26**　设 $T$ 是表示寿命的非负随机变量,有连续的概率密度 $f(x)$. $S(x)=P(T>x)$,$\lambda(t)=\dfrac{f(t)}{S(t)}$分别称为生存函数和失效率函数. 证明

$$S(x)=\exp\left\{-\int_0^x \lambda(t)\mathrm{d}t\right\}.$$

**2.27**　若 $X$ 为取非负整数值的随机变量,分布列为 $P(X=k)=p_k$,$k=0,1,\cdots$,满足

$$\frac{p_{k+1}}{p_k}=\frac{\lambda}{k},$$

其中 $\lambda>0$,则 $X\sim P(\lambda)$.

**2.28**　设 $X$ 为随机变量,$\ln X\sim N(\mu,\sigma^2)$,证明 $X$ 的概率密度为

$$f_X(x)=\frac{1}{\sqrt{2\pi}\sigma x}e^{-\frac{(\ln x-\mu)^2}{2\sigma^2}}, \quad x>0.$$

这时称 $X$ 服从对数正态分布.

**2.29**　设随机变量 $X$ 的概率密度为 $f(x)=\begin{cases} \dfrac{1}{a}x^2, & 0<x<3, \\ 0, & \text{其他} \end{cases}$,令随机变量 $Y=\begin{cases} 2, & X\leqslant 1, \\ X, & 1<X<2, \\ 1, & X\geqslant 2. \end{cases}$

(1)求 $Y$ 的分布函数;(2)求概率 $P(X\leqslant Y)$.

# 第三章　多维随机变量及其分布

在实际应用中，我们往往需要多个随机变量来共同描述一个随机试验的结果．例如，在某平面区域中随机地取点，需要用横坐标和纵坐标表示随机点所处的位置；再如，研究 $n$ 种股票的价格波动情况，通常用成交量和即时价格来描述．这些随机变量是相互联系的，必须把它们作为一个整体来研究，讨论它们统计规律性及各变量之间的相互联系．

## 3.1　多维随机变量

### 3.1.1　多维随机变量

我们先引入多维随机变量的定义．

**定义 3.1**　设 $X_1, X_2, \cdots, X_n$ 是定义在给定概率空间 $(\Omega, \mathscr{F}, P)$ 上的 $n$ 个随机变量，则称 $(X_1, X_2, \cdots, X_n)$ 为 $n$ 维随机变量（或随机向量）．

为记号简单起见，我们一般只讨论二维随机变量，多维情形的讨论可类似进行．

**定义 3.2**　设 $(X,Y)$ 为二维随机变量，称 $F(x,y)=P(X\leqslant x, Y\leqslant y)$ 为 $(X,Y)$ 的联合分布函数，而称 $X$（或 $Y$）的分布函数 $F_X(x)$（或 $F_Y(y)$）为 $(X,Y)$ 关于 $X$（或 $Y$）的边缘分布函数．

实际上，联合分布函数 $F(x,y)$ 就是随机点 $(X,Y)$ 落在以 $(x,y)$ 为右上顶点的无穷矩形 $(-\infty, x]\times(-\infty, y]$ 内的概率，如图 3.1 所示．

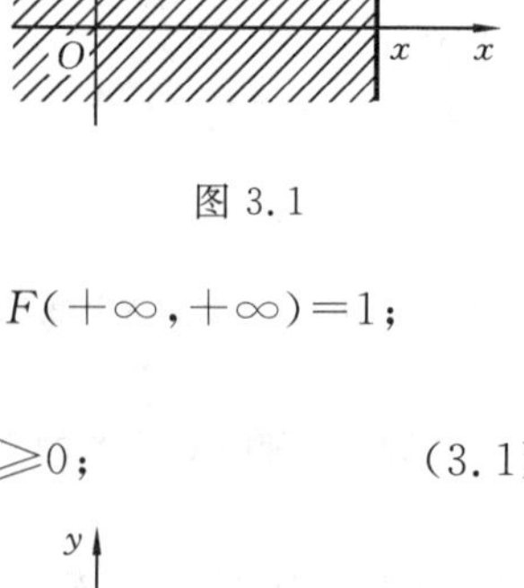

图 3.1

与一维情形类似，我们容易得到联合分布函数的性质．

**定理 3.1**　设 $F(x,y)$ 为 $(X,Y)$ 的联合分布函数，则有

(1) 对任意 $x, y$，$0\leqslant F(x,y)\leqslant 1$；

(2) $F(x,y)$ 分别关于 $x$ 和 $y$ 单调非降；

(3) $F(x,y)$ 分别关于 $x$ 和 $y$ 右连续；

(4) 对任意 $x,y$，$F(-\infty,y)=F(x,-\infty)=F(-\infty,-\infty)=0$，$F(+\infty,+\infty)=1$；

(5) 对任意 $x_1<x_2$，$y_1<y_2$，有

$$F(x_2,y_2)-F(x_1,y_2)-F(x_2,y_1)+F(x_1,y_1)\geqslant 0; \tag{3.1}$$

(6) 对任意 $x,y$，$F(+\infty,y)=F_Y(y)$，$F(x,+\infty)=F_X(x)$．

**证明**　只证(5)．如图 3.2 所示，我们有

$$\begin{aligned}
0 &\leqslant P(x_1<X\leqslant x_2, y_1<Y\leqslant y_2) \\
&=P(X\leqslant x_2, Y\leqslant y_2)-P(X\leqslant x_1, Y\leqslant y_2) \\
&\quad -P(X\leqslant x_2, Y\leqslant y_1)+P(X\leqslant x_1, Y\leqslant y_1) \\
&=F(x_2,y_2)-F(x_1,y_2)-F(x_2,y_1)+F(x_1,y_1).
\end{aligned}$$

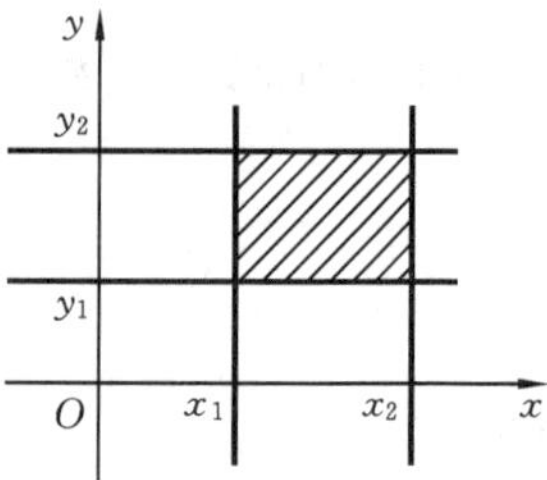

图 3.2

可以证明，具有上述性质(1)～(5)的二元函数 $F(x,y)$ 一定是

某二维随机变量$(X,Y)$的联合分布函数.

**例 3.1**　定义二元函数

$$F(x,y)=\begin{cases}0, & x<0 \text{ 或 } y<0,\\ \frac{1}{2}xy+\frac{1}{2}y, & 0\leqslant y\leqslant x<1,\\ \frac{1}{2}xy+\frac{1}{2}x, & 0\leqslant x\leqslant y<1,\\ x, & 0\leqslant x<1, y\geqslant 1,\\ y, & 0\leqslant y<1, x\geqslant 1,\\ 1, & x\geqslant 1, y\geqslant 1,\end{cases}$$

容易验证$F(x,y)$满足定理 3.1 的(1)～(5)，因此，$F(x,y)$可以看做某二维随机变量$(X,Y)$联合分布函数. 由定理 3.1 中(6)可知，$X,Y$为一维同分布的连续型随机变量，其分布函数为

$$F(x)=\begin{cases}0, & x<0,\\ x, & 0\leqslant x<1,\\ 1, & x\geqslant 1.\end{cases}$$

### 3.1.2　二维离散型随机变量

二维随机变量与一维随机变量类似，常用的有离散型与连续型两类，我们先考虑离散情形.

**定义 3.3**　若二维随机变量$(X,Y)$只取有限个或可列个值，则称$(X,Y)$为二维离散型随机变量，称$P(X=x_i,Y=y_j)=p_{ij}$为$(X,Y)$的联合分布列，称$P(X=x_i)=p_{i\cdot}$（相应地$P(Y=y_j)=p_{\cdot j}$）为$(X,Y)$关于$X$（相应地$Y$）的边缘分布列.

易见：

(1) $p_{ij}\geqslant 0$；

(2) $\sum\limits_{i,j}p_{ij}=1$；

(3) $p_{i\cdot}=\sum\limits_{j}p_{ij}, p_{\cdot j}=\sum\limits_{i}p_{ij}$；　　(3.2)

(4) 若对任意$B\subset \mathbf{R}^2$，$\{(X,Y)\in B\}\in\mathscr{F}$，则有

$$P((X,Y)\in B)=\sum_{(x_i,y_j)\in B}p_{ij}. \tag{3.3}$$

通常我们用如下联立表直观地表示联合分布列与边缘分布列的情况.

| X \ Y | $y_1$ | $y_2$ | … | $y_j$ | … | |
|---|---|---|---|---|---|---|
| $x_1$ | $p_{11}$ | $p_{12}$ | … | $p_{1j}$ | … | $p_{1\cdot}$ |
| $x_2$ | $p_{21}$ | $p_{22}$ | … | $p_{2j}$ | … | $p_{2\cdot}$ |
| ⋮ | ⋮ | ⋮ | | ⋮ | | ⋮ |
| $x_i$ | $p_{i1}$ | $p_{i2}$ | … | $p_{ij}$ | … | $p_{i\cdot}$ |
| ⋮ | ⋮ | ⋮ | … | ⋮ | … | ⋮ |
| | $p_{\cdot 1}$ | $p_{\cdot 2}$ | … | $p_{\cdot j}$ | … | |

一般地，当$p_{i\cdot}\neq 0$或$p_{\cdot j}\neq 0$时我们可以由条件概率的乘积公式来计算$p_{ij}$，即

$$p_{ij}=P(X=x_i)P(Y=y_j\mid X=x_i)=P(Y=y_j)P(X=x_i\mid Y=y_j). \quad (3.4)$$

**例 3.2** 设 $X,Y$ 的分布列分别为

| $X$ | $-1$ | $0$ | $1$ |
|---|---|---|---|
| $P$ | $1/4$ | $1/2$ | $1/4$ |

,

| $Y$ | $0$ | $1$ |
|---|---|---|
| $P$ | $1/2$ | $1/2$ |

,

且 $P(XY=0)=1$,求$(X,Y)$的联合分布列.

**解** 由于 $P(XY=0)=1$,所以 $P(XY\neq0)=0$,再由联合分布列与边缘分布列的关系得到

| $X \backslash Y$ | $0$ | $1$ | |
|---|---|---|---|
| $-1$ | $\frac{1}{4}$ | $0$ | $\frac{1}{4}$ |
| $0$ | $0$ | $\frac{1}{2}$ | $\frac{1}{2}$ |
| $1$ | $\frac{1}{4}$ | $0$ | $\frac{1}{4}$ |
| | $\frac{1}{2}$ | $\frac{1}{2}$ | |

**例 3.3** 设袋中有 $a$ 个红球 $b$ 个白球,采用(1) 有放回方式;(2) 无放回方式取两次球,定义

$$X=\begin{cases}1, & \text{第一次取红球},\\ 0, & \text{第一次取白球},\end{cases} \quad Y=\begin{cases}1, & \text{第二次取红球},\\ 0, & \text{第二次取白球},\end{cases}$$

求$(X,Y)$的联合分布列及边缘分布列.

**解** (1) 在有放回情形.

$(X,Y)$的联合分布列及边缘分布列如下所示.

| $X \backslash Y$ | $1$ | $0$ | |
|---|---|---|---|
| $1$ | $\frac{a^2}{(a+b)^2}$ | $\frac{ab}{(a+b)^2}$ | $\frac{a}{a+b}$ |
| $0$ | $\frac{ba}{(a+b)^2}$ | $\frac{b^2}{(a+b)^2}$ | $\frac{b}{a+b}$ |
| | $\frac{a}{a+b}$ | $\frac{b}{a+b}$ | |

(2) 在无放回情形.

$(X,Y)$的联合分布列及边缘分布列如下所示.

| $X \backslash Y$ | $1$ | $0$ | |
|---|---|---|---|
| $1$ | $\frac{a(a-1)}{(a+b)(a+b-1)}$ | $\frac{ab}{(a+b)(a+b-1)}$ | $\frac{a}{a+b}$ |
| $0$ | $\frac{ba}{(a+b)(a+b-1)}$ | $\frac{b(b-1)}{(a+b)(a+b-1)}$ | $\frac{b}{a+b}$ |
| | $\frac{a}{a+b}$ | $\frac{b}{a+b}$ | |

可见,两种情形有相同的边缘分布列,但联合分布列不同.

### 3.1.3　二维连续型随机变量

我们再来考虑连续情形.

**定义 3.4**　若存在二元非负函数 $f(x,y)$ 使得二维随机变量 $(X,Y)$ 的分布函数为

$$F(x,y)=\int_{-\infty}^{x}\int_{-\infty}^{y}f(u,v)\mathrm{d}u\mathrm{d}v,$$

则称 $(X,Y)$ 为一二维连续型随机变量，称 $f(x,y)$ 为 $(X,Y)$ 的联合概率密度(简称概率密度).

下面的定理给出二维连续型随机变量的有关性质.

**定理 3.2**　设 $(X,Y)$ 为二维连续型随机变量，$f(x,y)$，$F(x,y)$ 分别为其联合概率密度与联合分布函数，则有

(1) $F(+\infty,+\infty)=\int_{-\infty}^{+\infty}\int_{-\infty}^{+\infty}f(x,y)\mathrm{d}x\mathrm{d}y=1$；　(3.5)

(2) 对任意 $B\subset\mathbf{R}^2$，$\{(X,Y)\in B\}\in\mathscr{F}$，则有 $P((X,Y)\in B)=\iint\limits_{B}f(x,y)\mathrm{d}x\mathrm{d}y$；　(3.6)

(3) 在 $f(x,y)$ 的连续点上，有 $f(x,y)=\dfrac{\partial^2F(x,y)}{\partial x\partial y}$；　(3.7)

(4) $X,Y$ 为一维连续型随机变量，且它们的概率密度分别为

$$f_X(x)=\int_{-\infty}^{+\infty}f(x,y)\mathrm{d}y,\quad f_Y(y)=\int_{-\infty}^{+\infty}f(x,y)\mathrm{d}x. \tag{3.8}$$

我们称 $f_X(x)$(或 $f_Y(y)$)为 $(X,Y)$ 关于 $X$(或 $Y$)的边缘概率密度.

**证明**　只证性质(4). 由于

$$F_X(x)=F(x,+\infty)=\int_{-\infty}^{x}\left(\int_{-\infty}^{+\infty}f(u,v)\mathrm{d}v\right)\mathrm{d}u,$$

所以

$$f_X(x)=F_X'(x)=\int_{-\infty}^{+\infty}f(x,y)\mathrm{d}y.$$

**例 3.4**　设

$$f(x,y)=\begin{cases}x^2+axy, & 0\leqslant x\leqslant 1,0\leqslant y\leqslant 2,\\ 0, & \text{其他}.\end{cases}$$

求：(1) 常数 $a$；(2) $f_X(x)$，$f_Y(y)$；(3) $F(x,y)$；(4) $P(X+Y\geqslant 1)$.

**解**　(1) 由定理 3.2 性质(1)，有

$$\int_0^1\int_0^2(x^2+axy)\mathrm{d}x\mathrm{d}y=1,$$

得到 $a=\dfrac{1}{3}$.

(2) 当 $0\leqslant x\leqslant 1$ 时，

$$f_X(x)=\int_0^2\left(x^2+\frac{1}{3}xy\right)\mathrm{d}y=2x^2+\frac{2}{3}x;$$

当 $x>1$ 或 $x<0$ 时，

$$f_X(x)=0;$$

当 $0\leqslant y\leqslant 2$ 时，

$$f_Y(y)=\int_0^1\left(x^2+\frac{1}{3}xy\right)\mathrm{d}x=\frac{1}{3}+\frac{1}{6}y;$$

当 $y>2$ 或 $y<0$ 时，

$$f_Y(y)=0.$$

(3) 如图 3.3 所示,共分 5 种情形:

对 $x<0$ 或 $y<0$(见图 3.3(a)),有

$$F(x,y)=\int_{-\infty}^{x}\int_{-\infty}^{y}0\mathrm{d}x\mathrm{d}y=0;$$

对 $0\leqslant x<1,0\leqslant y<2$(见图 3.3(b)),有

$$F(x,y)=\int_{0}^{x}\int_{0}^{y}\left(u^{2}+\frac{1}{3}uv\right)\mathrm{d}u\mathrm{d}v=\frac{1}{3}x^{3}y+\frac{1}{12}x^{2}y^{2};$$

对 $0\leqslant x<1,y\geqslant 2$(见图 3.3(c)),有

$$F(x,y)=\int_{0}^{x}\int_{0}^{2}\left(u^{2}+\frac{1}{3}uv\right)\mathrm{d}u\mathrm{d}v=\frac{2}{3}x^{3}+\frac{1}{3}x^{2};$$

对 $x\geqslant 1,0\leqslant y<2$(见图 3.3(d)),有

$$F(x,y)=\int_{0}^{1}\int_{0}^{y}\left(u^{2}+\frac{1}{3}uv\right)\mathrm{d}u\mathrm{d}v=\frac{1}{3}y+\frac{1}{12}y^{2};$$

对 $x\geqslant 1,y\geqslant 2$(见图 3.3(e)),有

$$F(x,y)=1.$$

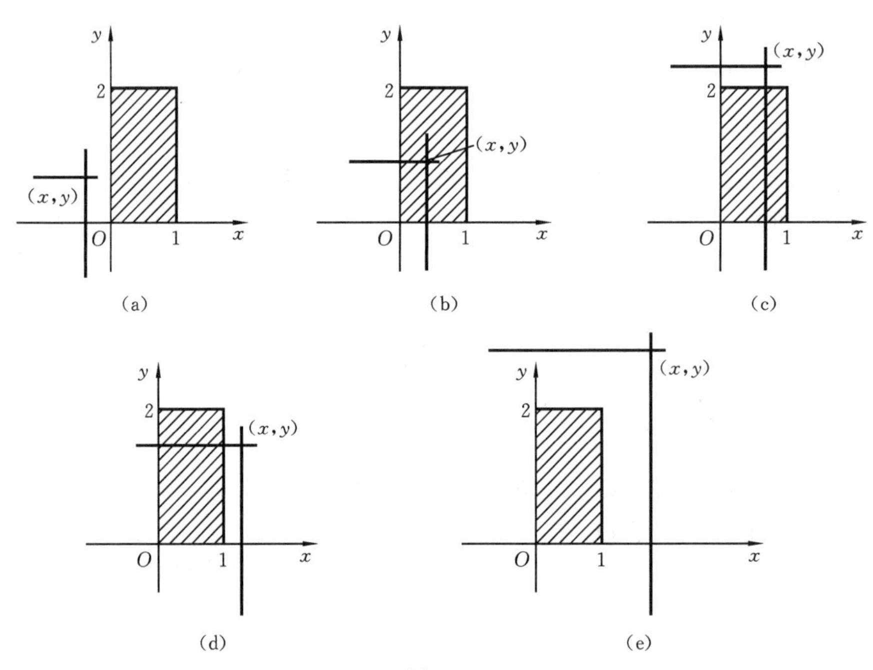


图 3.3

(4) 积分区域如图 3.4 中阴影部分所示,于是

$$P(X+Y\geqslant 1)=\int_{0}^{1}\left(\int_{1-x}^{2}\left(x^{2}+\frac{1}{3}xy\right)\mathrm{d}y\right)\mathrm{d}x=\frac{65}{72}.$$

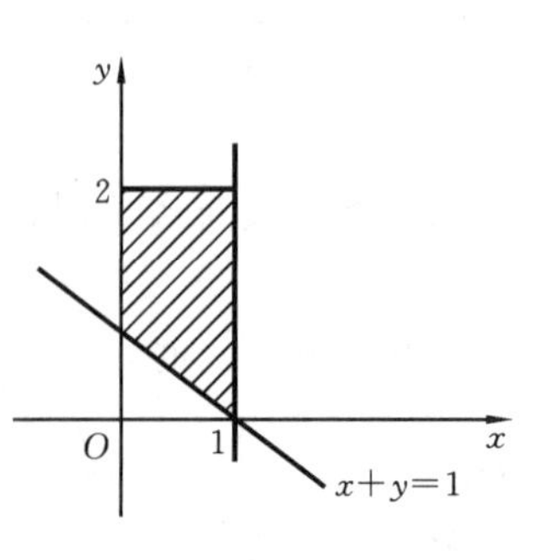


图 3.4

**注意** 与离散型随机变量不同,两个一维连续型随机变量 $X,Y$ 并不一定构成一个二维连续型随机变量 $(X,Y)$,如 $(X,X)$ 及例 3.1 对应的二维随机变量 $(X,Y)$.

下面介绍两个常用的二维连续型随机变量.

**1. 二维均匀分布**

若 $D\subset\mathbf{R}^{2}$,且其面积 $m(D)$ 满足 $0<m(D)<+\infty$,则称具

有概率密度

$$f(x,y)=\begin{cases}1/m(D), & (x,y)\in D,\\ 0, & (x,y)\notin D\end{cases} \tag{3.9}$$

的二维连续型随机变量$(X,Y)$服从区域$D$上的均匀分布，记为$(X,Y)\sim U(D)$.

**例 3.5**　设$D$是由$y=x$与$y=x^2$所围区域，$(X,Y)\sim U(D)$，求边缘概率密度$f_X(x)$，$f_Y(y)$.

**解**　区域$D$如图3.5所示，其面积$m(D)=\int_0^1(x-x^2)\mathrm{d}x\mathrm{d}y=\dfrac{1}{6}$，所以，

对$0\leqslant x\leqslant 1$，有

$$f_X(x)=\int_{x^2}^{x}6\mathrm{d}y=6(x-x^2);$$

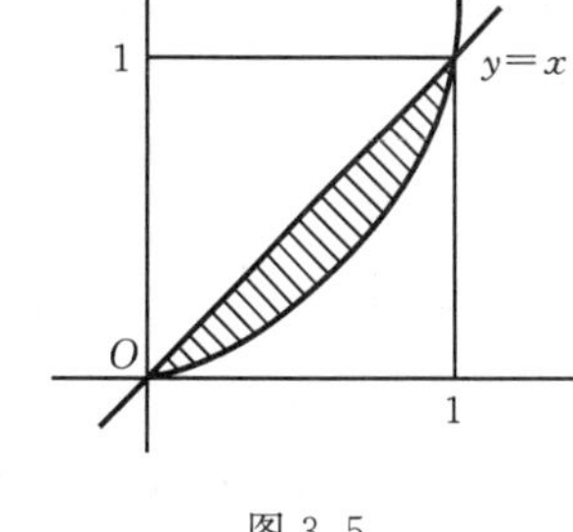

图 3.5

对$x>1$或$x<0$，有

$$f_X(x)=0;$$

对$0\leqslant y\leqslant 1$，有

$$f_Y(y)=\int_{y}^{\sqrt{y}}6\mathrm{d}x=6(\sqrt{y}-y);$$

对$y>2$或$y<0$，有

$$f_Y(y)=0.$$

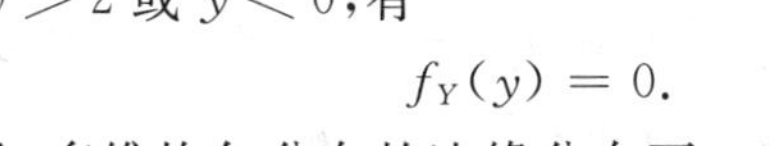

可见，多维均匀分布的边缘分布不一定是一维均匀分布.

**2. 二维正态分布**

若随机变量$(X,Y)$的密度

$$f(x,y)=\frac{1}{2\pi\sigma_1\sigma_2\sqrt{1-\rho^2}}\exp\left\{-\frac{1}{2(1-\rho^2)}\left[\frac{(x-\mu_1)^2}{\sigma_1^2}-2\rho\frac{(x-\mu_1)(y-\mu_2)}{\sigma_1\sigma_2}+\frac{(y-\mu_2)^2}{\sigma_2^2}\right]\right\} \tag{3.10}$$

则称二维连续型随机变量$(X,Y)$服从参数为$(\mu_1,\mu_2,\sigma_1^2,\sigma_2^2,\rho)$的二维正态分布，记为$(X,Y)\sim N(\mu_1,\mu_2,\sigma_1^2,\sigma_2^2,\rho)$，其中五个参数的取值范围分别是：$\mu_1,\mu_2\in\mathbf{R}$；$\sigma_1,\sigma_2>0$；$|\rho|<1$. 它们的具体含义将在第四章介绍. 二维正态分布的概率密度的图形如图3.6所示.

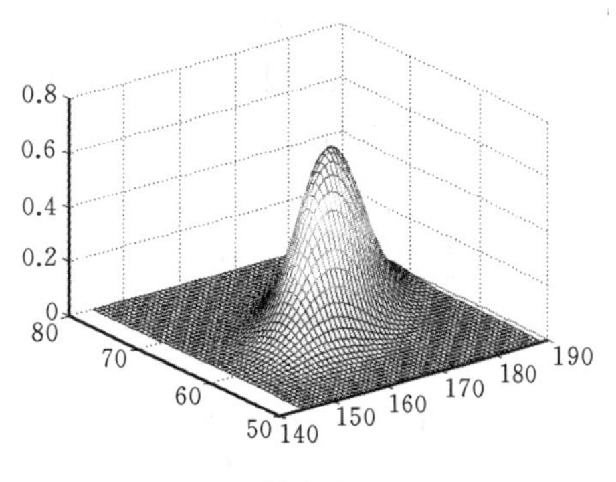

图 3.6

如果记向量$\boldsymbol{x}=(x,y)$，$\boldsymbol{\mu}=(\mu_1,\mu_2)$及矩阵$\boldsymbol{B}=\begin{pmatrix}\sigma_1^2 & \rho\sigma_1\sigma_2\\ \rho\sigma_1\sigma_2 & \sigma_2^2\end{pmatrix}$，则

$$f(\boldsymbol{x})=\frac{1}{2\pi|\boldsymbol{B}|^{1/2}}\exp\left\{-\frac{1}{2}(\boldsymbol{x}-\boldsymbol{\mu})\boldsymbol{B}^{-1}(\boldsymbol{x}-\boldsymbol{\mu})^{\mathrm{T}}\right\}, \tag{3.11}$$

记为$(X,Y)\sim N(\boldsymbol{\mu},\boldsymbol{B})$. 这种记法可以很容易地推广到$n$维正态分布.

下面来看二维正态分布的边缘分布，设$(X,Y)\sim N(\mu_1,\mu_2,\sigma_1^2,\sigma_2^2,\rho)$，令

$$u=\frac{x-\mu_1}{\sigma_1},\quad v=\frac{y-\mu_2}{\sigma_2},$$

$(X,Y)$关于$X$的边缘概率密度

$$f_X(x)=\int_{-\infty}^{+\infty}\frac{1}{2\pi\sigma_1\sigma_2\sqrt{1-\rho^2}}\exp\left\{-\frac{1}{2(1-\rho^2)}(u^2-2\rho uv+v^2)\right\}dy$$
$$=\int_{-\infty}^{+\infty}\frac{1}{2\pi\sigma_1\sqrt{1-\rho^2}}\exp\left\{-\frac{1}{2(1-\rho^2)}[(v-\rho u)^2+(1-\rho^2)u^2]\right\}dv$$
$$=\frac{1}{\sqrt{2\pi}\sigma_1}e^{-\frac{u^2}{2}}\int_{-\infty}^{+\infty}\frac{1}{\sqrt{2\pi}\sqrt{1-\rho^2}}\exp\left\{-\frac{(v-\rho u)^2}{2(1-\rho^2)}\right\}dv$$
$$=\frac{1}{\sqrt{2\pi}\sigma_1}e^{-\frac{u^2}{2}}=\frac{1}{\sqrt{2\pi}\sigma_1}\exp\left\{-\frac{(x-\mu_1)^2}{2\sigma_1^2}\right\},$$

所以 $X\sim N(\mu_1,\sigma_1^2)$,同理 $Y\sim N(\mu_2,\sigma_2^2)$,可见多维正态分布的边缘分布仍为正态分布.

## 3.2 条件分布

### 3.2.1 条件分布

在第一章中我们知道,对于概率空间$(\Omega,\mathscr{F},P)$中任意给定的事件 $B$,$P(\cdot|B)$为$(\Omega,\mathscr{F})$上的一个新的概率.若 $X$ 为一随机变量,我们可以定义其在这一新的概率下的分布函数 $F(x|B)=P(X\leqslant x|B)$,称之为 $X$ 在事件 $B$ 下的条件分布函数.特别地,对另一随机变量 $Y$,若取 $B=\{Y=y\}$,则称 $F(x|y)=F(x|Y=y)$为已知 $Y=y$ 时,$X$ 的条件分布函数.

### 3.2.2 离散情形

对于离散型随机变量,可直接用条件概率计算.

**定义 3.5** 若$(X,Y)$的联合分布列为 $P(X=x_i,Y=y_j)=p_{ij}$,当 $p_{\cdot j}>0$ 时,称 $P(X=x_i|Y=y_j)=\dfrac{p_{ij}}{p_{\cdot j}}$为已知 $Y=y_j$ 时 $X$ 的条件分布列,同样,称 $P(Y=y_j|X=x_i)=\dfrac{p_{ij}}{p_{i\cdot}}$为已知 $X=x_i$ 时 $Y$ 的条件分布列.

**例 3.6** 若在一段时间内进入某商场的顾客数 $X\sim P(\lambda)$,每位顾客买东西的概率为 $p$,且他们独立地作出购买与否的决定,$Y$ 表示买东西的顾客数,求在已知 $Y=m$ 的条件下 $X$ 的分布列.

**解** 对 $n<m$,显然有 $P(X=n,Y=m)=0$,对 $n\geqslant m$,有

$$P(X=n,Y=m)=P(X=n)P(Y=m|X=n)=e^{-\lambda}\frac{\lambda^n}{n!}C_n^m p^m(1-p)^{n-m},$$

$$P(Y=m)=\sum_{n=m}^{+\infty}e^{-\lambda}\frac{\lambda^n}{n!}C_n^m p^m(1-p)^{n-m}=e^{-\lambda p}\frac{(\lambda p)^m}{m!},\quad m=0,1,2,\cdots,$$

所以,在已知 $Y=m$ 的条件下 $X$ 的分布列为:对 $n\geqslant m$,有

$$P(X=n|Y=m)=\frac{e^{-\lambda}\frac{\lambda^n}{n!}C_n^m p^m(1-p)^{n-m}}{e^{-\lambda p}\frac{(\lambda p)^m}{m!}}=e^{-\lambda(1-p)}\frac{(\lambda(1-p))^{(n-m)}}{(n-m)!},$$

对 $n<m$,显然有 $P(X=n|Y=m)=0$.

### 3.2.3 连续情形

对于连续型随机变量,由于对任意 $y$ 都有 $P(Y=y)=0$,所以我们无法直接用条件概率来

计算条件分布函数 $F(x|y)=P(X\leqslant x|Y=y)$，但我们可以很自然地将它看做 $\Delta y\to0$ 时 $P(X\leqslant x|y<Y\leqslant y+\Delta y)$ 的极限.

$$F(x|y)=P(X\leqslant x|Y=y)=\lim_{\Delta y\to0}P(X\leqslant x|y<Y\leqslant y+\Delta y)$$

$$=\lim_{\Delta y\to0}\frac{P(X\leqslant x,y<Y\leqslant y+\Delta y)}{P(y<Y\leqslant y+\Delta y)}=\lim_{\Delta y\to0}\frac{F(x,y+\Delta y)-F(x,y)}{F_Y(y+\Delta y)-F_Y(y)}=\frac{\frac{\partial}{\partial y}F(x,y)}{f_Y(y)}.$$

对 $x$ 求导，有 $\frac{\partial}{\partial x}F(x|y)=\frac{\frac{\partial^2}{\partial x\partial y}F(x,y)}{f_Y(y)}=\frac{f(x,y)}{f_Y(y)}$，所以我们有如下定义.

**定义 3.6**　若 $(X,Y)$ 为二维连续型随机变量，称 $f(x|y)=\frac{f(x,y)}{f_Y(y)}$ 为已知 $Y=y$ 时 $X$ 的条件概率密度. 同理，称 $f(y|x)=\frac{f(x,y)}{f_X(x)}$ 为已知 $X=x$ 时 $Y$ 的条件概率密度.

**例 3.7**　若 $(X,Y)\sim N(\mu_1,\mu_2,\sigma_1^2,\sigma_2^2,\rho)$，则有

$$f(x|y)=\frac{1}{\sqrt{2\pi}\sqrt{1-\rho^2}\sigma_1}\exp\left\{-\frac{\left[x-\left(\mu_1+\frac{\sigma_1}{\sigma_2}\rho(y-\mu_2)\right)\right]^2}{2(1-\rho^2)\sigma_1^2}\right\}.$$

所以在已知 $Y=y$ 的条件下，$X$ 服从正态分布 $N\left(\mu_1+\frac{\sigma_1}{\sigma_2}\rho(y-\mu_2),(1-\rho^2)\sigma_1^2\right)$. 同理，在已知 $X=x$ 的条件下，$Y$ 服从正态分布 $N\left(\mu_2+\frac{\sigma_2}{\sigma_1}\rho(x-\mu_1),(1-\rho^2)\sigma_2^2\right)$.

可见，多维正态分布的条件分布仍为正态分布.

由定义 3.6，有 $f(x,y)=f_X(x)f(y|x)$ 或 $f(x,y)=f_Y(y)f(x|y)$，进一步，有

$$f_Y(y)=\int_{-\infty}^{+\infty}f_X(x)f(y\mid x)\mathrm{d}x,\tag{3.12}$$

及

$$f_X(x)=\int_{-\infty}^{+\infty}f_Y(y)f(x\mid y)\mathrm{d}y,\tag{3.13}$$

此为连续情形下的全概率公式.

**例 3.8**　设 $X\sim N(0,1)$，在给定 $X=x$ 的条件下，$Y\sim N(\rho x,1-\rho^2)$，求在给定 $Y=y$ 的条件下 $X$ 的分布.

**解**　$(X,Y)$ 的联合概率密度

$$f(x,y)=f_X(x)f(y|x)=\frac{1}{\sqrt{2\pi}}e^{-\frac{x^2}{2}}\frac{1}{\sqrt{2\pi}\sqrt{1-\rho^2}}e^{-\frac{(y-\rho x)^2}{2(1-\rho^2)}}$$

$$=\frac{1}{2\pi\sqrt{1-\rho^2}}\exp\left\{-\frac{1}{2(1-\rho^2)}[x^2-2\rho xy+y^2]\right\},$$

所以 $(X,Y)\sim N(0,0,1,1,\rho)$，由例 3.7 知，在给定 $Y=y$ 条件下 $X\sim N(\rho y,1-\rho^2)$.

## 3.3　随机变量的独立性

对于多维随机变量，各个分量的取值有时会相互影响（如例 3.3 中无放回情形），而有时也可能没有影响（如例 3.3 中有放回情形）. 当随机变量取值的统计规律相互之间没有影响时，就称它们是相互独立的.

**定义 3.7** 设$(X_1,X_2,\cdots,X_n)$为 $n$ 维随机变量，如果对任意 $B_1,B_2,\cdots,B_n\subset\mathbf{R}$，且对 $i=1,2,\cdots,n$，$\{X_i\in B_i\}\in\mathscr{F}$，都有

$$P(X_1\in B_1,X_2\in B_2,\cdots,X_n\in B_n)=\prod_{i=1}^{n}P(X_i\in B_i),$$

或等价地有联合分布函数 $F(x_1,x_2,\cdots,x_n)=\prod\limits_{i=1}^{n}F_{X_i}(x_i)$，则称 $X_1,X_2,\cdots,X_n$ 相互独立.

更一般地，对于一族随机变量，若其中任意有限个相互独立，则称这一族随机变量相互独立.

下面的结果给出随机变量独立性的一些性质及判别方法.

**定理 3.3** (1) 若 $X_1,X_2,\cdots,X_n$ 相互独立，则其中任意 $k(k=2,3,\cdots,n)$个随机变量相互独立；

(2) 若$(X_1,X_2,\cdots,X_n)$为离散型随机变量，则 $X_1,X_2,\cdots,X_n$ 相互独立当且仅当对于任意 $n$ 个可能的取值 $x_1,x_2,\cdots,x_n$，有

$$P(X_1=x_1,X_2=x_2,\cdots,X_n=x_n)=\prod_{i=1}^{n}P(X_i=x_i),\tag{3.14}$$

即联合分布列等于边缘分布列的乘积；

(3) 若$(X_1,X_2,\cdots,X_n)$为连续型随机变量，则 $X_1,X_2,\cdots,X_n$ 相互独立当且仅当对于任意 $x_1,x_2,\cdots,x_n$，有

$$f(x_1,x_2,\cdots,x_n)=\prod_{i=1}^{n}f_{X_i}(x_i),\tag{3.15}$$

即联合概率密度等于边缘概率密度的乘积；

(4) 若 $X_1,X_2,\cdots,X_n$ 相互独立，则对任意 $n$ 个函数 $g_1,g_2,\cdots,g_n$，$g_1(X_1),g_2(X_2),\cdots,g_n(X_n)$相互独立.

**例 3.9** 对于二维正态分布$(X,Y)\sim N(\mu_1,\mu_2,\sigma_1^2,\sigma_2^2,\rho)$，由定理 3.3 中的(3)及(3.10)式可见 $X,Y$ 独立的充分必要条件是 $\rho=0$.

**例 3.10** 设三维随机变量$(X,Y,Z)$的联合概率密度

$$f(x,y,z)=\begin{cases}\dfrac{1}{8\pi^3}(1-\sin x\sin y\sin z), & 0\leqslant x,y,z\leqslant 2\pi,\\ 0, & \text{其他},\end{cases}$$

则$(X,Y)$的联合概率密度

$$f(x,y)=\int_{-\infty}^{+\infty}f(x,y,z)\mathrm{d}z=\begin{cases}\dfrac{1}{4\pi^2}, & 0\leqslant x,y\leqslant 2\pi,\\ 0, & \text{其他},\end{cases}$$

$X$ 的密度

$$f_X(x)=\int_{-\infty}^{+\infty}f(x,y)\mathrm{d}y=\begin{cases}\dfrac{1}{2\pi}, & 0\leqslant x\leqslant 2\pi,\\ 0, & \text{其他}.\end{cases}$$

可见，$X,Y,Z$ 两两独立，但不相互独立.

## 3.4 多维随机变量函数的分布

在实际应用中，常常会遇到求多维随机变量函数的分布问题. 例如，若已知平面上随机点

$(X,Y)$的分布,求其到原点的距离 $Z=\sqrt{X^2+Y^2}$ 的分布或更一般地求其极坐标$(\rho,\theta)$的分布.

## 3.4.1　多维离散情形

对于多维离散型随机变量,其函数依然为离散型随机变量,因此只需计算其分布列.

**例 3.11**　若 $X,Y$ 独立,且 $X\sim B(m,p)$,$Y\sim B(n,p)$,求 $Z=X+Y$ 的分布.

**解**　显然 $Z$ 取从 0 到 $m+n$ 的整数,对其中的任意 $k$,有

$$\begin{aligned}P(Z=k)&=\sum_{l=0}^{k}P(X=l,Y=k-l)=\sum_{l=0}^{k}P(X=l)P(Y=k-l)\\&=\sum_{l=0}^{k}\mathrm{C}_m^l p^l q^{m-l}\mathrm{C}_n^{k-l}p^{k-l}q^{n-(k-l)}=p^k q^{m+n-k}\sum_{l=0}^{k}\mathrm{C}_m^l\mathrm{C}_n^{k-l}\\&=\mathrm{C}_{m+n}^k p^k q^{m+n-k},\end{aligned}$$

所以 $X+Y\sim B(m+n,p)$.这一点从二项分布的含义很容易看出来.

## 3.4.2　多维连续情形

对于多维连续型随机变量$(X_1,X_2,\cdots,X_n)$及一个 $n$ 元函数 $g$,若 $Y=g(X_1,X_2,\cdots,X_n)$,我们一般先求 $Y$ 的分布函数,若 $Y$ 为一连续型随机变量,再求导得其概率密度.

**例 3.12**　若 $X,Y$ 独立同分布于 $E(\lambda)$,$Z=\dfrac{X}{X+Y}$,求 $Z$ 的分布.

**解**　显然 $0\leqslant Z\leqslant 1$,所以当 $0\leqslant z\leqslant 1$ 时,$Z$ 的分布函数

$$\begin{aligned}F_Z(z)&=P\left(\frac{X}{X+Y}\leqslant z\right)=\iint\limits_{\frac{x}{x+y}\leqslant z,x>0,y>0}\lambda^2\mathrm{e}^{-\lambda(x+y)}\mathrm{d}x\mathrm{d}y\\&=\int_0^{+\infty}\mathrm{d}x\int_{\frac{x(1-z)}{z}}^{+\infty}\lambda^2\mathrm{e}^{-\lambda(x+y)}\mathrm{d}y=z,\end{aligned}$$

所以 $Z\sim U(0,1)$.

下面我们来考察几个常用的特殊函数的情形.

**1. 和的分布**

设$(X,Y)$的联合密度为 $f(x,y)$,$Z=X+Y$,积分区域如图 3.7 所示,则 $Z$ 的分布函数

$$\begin{aligned}F_Z(z)&=\iint\limits_{x+y\leqslant z}f(x,y)\mathrm{d}x\mathrm{d}y=\int_{-\infty}^{+\infty}\mathrm{d}x\int_{-\infty}^{z-x}f(x,y)\mathrm{d}y\\&=\int_{-\infty}^{+\infty}\mathrm{d}y\int_{-\infty}^{z-y}f(x,y)\mathrm{d}x,\end{aligned}$$

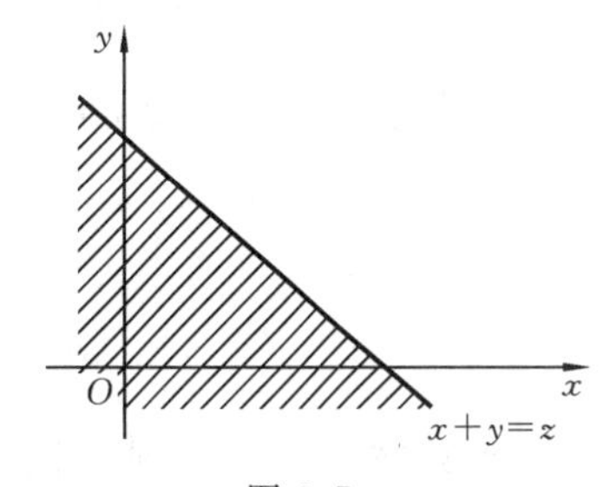

图 3.7

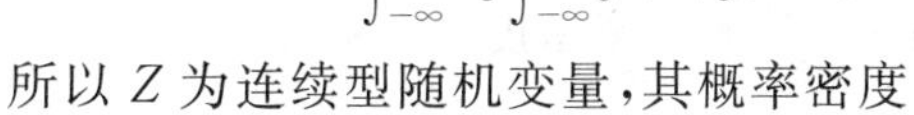
所以 $Z$ 为连续型随机变量,其概率密度

$$f_Z(z)=F'(z)=\int_{-\infty}^{+\infty}f(x,z-x)\mathrm{d}x=\int_{-\infty}^{+\infty}f(z-y,y)\mathrm{d}y.\tag{3.16}$$

特别地,若 $X,Y$ 独立,则

$$f_Z(z)=\int_{-\infty}^{+\infty}f_X(x)f_Y(z-x)\mathrm{d}x=\int_{-\infty}^{+\infty}f_X(z-y)f_Y(y)\mathrm{d}y,\tag{3.17}$$

可见,$Z$ 的概率密度为 $f_X$ 与 $f_Y$ 的卷积.

**例 3.13**　若 $X,Y$ 独立同分布于 $N(0,1)$,则 $Z=X+Y$ 的概率密度

$$f_Z(z)=\frac{1}{2\pi}\int_{-\infty}^{+\infty}\exp\left\{-\frac{x^2}{2}-\frac{(z-x)^2}{2}\right\}\mathrm{d}x=\frac{1}{2\pi}\exp\left[-\frac{z^2}{4}\right]\int_{-\infty}^{+\infty}\exp\left[-\left(x-\frac{z}{2}\right)^2\right]\mathrm{d}x$$

$$= \frac{1}{\sqrt{2\pi}\sqrt{2}}\exp\left[-\frac{z^2}{2\times 2}\right],$$

可见 $Z \sim N(0,2)$.

一般地,若 $X_1,\cdots,X_n$ 相互独立,且 $X_i \sim N(\mu_i,\sigma_i^2)$,则

$$\sum_{i=1}^{n} a_i X_i \sim N\left(\sum_{i=1}^{n} a_i\mu_i, \sum_{i=1}^{n} a_i^2\sigma_i^2\right).$$

**例 3.14**　若 $X,Y$ 独立,且 $X \sim U(0,1)$,$Y$ 的概率密度

$$f_Y(y) = \begin{cases} 2y, & 0 \leqslant y \leqslant 1, \\ 0, & \text{其他}, \end{cases}$$

求 $Z = X+Y$ 的概率密度.

**解**　由卷积公式(3.17)知,要使被积函数 $f_X(x)f_Y(z-x) \neq 0$,必须 $0 \leqslant x \leqslant 1, 0 \leqslant z-x \leqslant 1$,所以,

对于 $z<0$ 或 $z>2$,有　$f_Z(z)=0$;

对于 $0 \leqslant z \leqslant 1$,有　$f_Z(z) = \int_0^z 2(z-x)\mathrm{d}x = z^2$;

对于 $1 \leqslant z \leqslant 2$,有　$f_Z(z) = \int_{z-1}^1 2(z-x)\mathrm{d}x = 2z-z^2$.

**2. 商的分布**

设$(X,Y)$的联合密度为 $f(x,y)$,$Z=\dfrac{X}{Y}$,积分区域如图 3.8 所示,则 $Z$ 的分布函数为

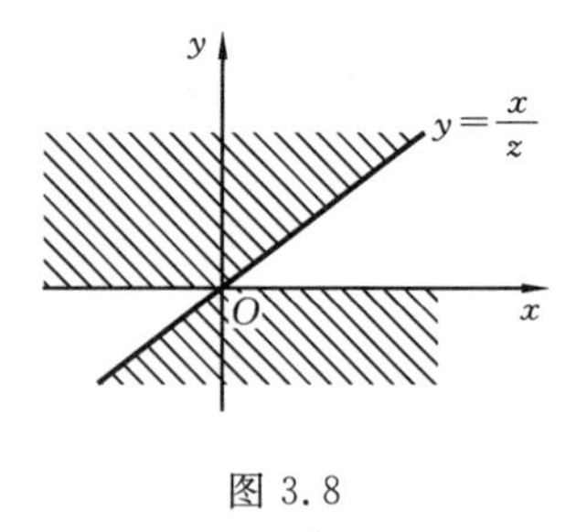


图 3.8

$$\begin{aligned} F_Z(z) &= \iint\limits_{\frac{x}{y}\leqslant z} f(x,y)\mathrm{d}x\mathrm{d}y \\ &= \iint\limits_{y>0,x\leqslant yz} f(x,y)\mathrm{d}x\mathrm{d}y + \iint\limits_{y<0,x\geqslant yz} f(x,y)\mathrm{d}x\mathrm{d}y \\ &= \int_0^{+\infty}\mathrm{d}y\int_{-\infty}^{yz} f(x,y)\mathrm{d}x + \int_{-\infty}^{0}\mathrm{d}y\int_{yz}^{+\infty} f(x,y)\mathrm{d}x, \end{aligned}$$

所以 $Z$ 为连续型随机变量,其概率密度

$$\begin{aligned} f_Z(z) = F'(z) &= \int_0^{+\infty} yf(yz,y)\mathrm{d}y + \int_{-\infty}^{0}(-y)f(yz,y)\mathrm{d}y \\ &= \int_{-\infty}^{+\infty} |y| f(yz,y)\mathrm{d}y. \end{aligned} \tag{3.18}$$

**例 3.15**　若 $X,Y$ 独立同分布,且 $X$ 服从 $E(1)$,则 $Z=\dfrac{X}{Y}$的概率密度

$$f_Z(z) = \int_0^{+\infty} y\mathrm{e}^{-(yz+y)}\mathrm{d}y = \frac{1}{(1+z)^2},\ z>0.$$

**3. 最大最小值分布**

若 $X_1,X_2,\cdots,X_n$ 独立同分布,$X_1$ 的分布函数与概率密度分别为 $F(x)$,$f(x)$,令 $Y=\max\{X_1,X_2,\cdots,X_n\}$,$Z=\min\{X_1,X_2,\cdots,X_n\}$,则 $Y,Z$ 的分布函数分别为

$$\begin{aligned} F_Y(y) &= P(\max\{X_1,X_2,\cdots,X_n\} \leqslant y) = P(X_1 \leqslant y, X_2 \leqslant y, \cdots, X_n \leqslant y) \\ &= \prod_{i=1}^{n} P(X_i \leqslant y) = (F(y))^n, \end{aligned}$$

$$F_Z(z)=P(\min\{X_1,X_2,\cdots,X_n\}\leqslant z)=1-P(\min\{X_1,X_2,\cdots,X_n\}>z)$$
$$=1-P(X_1>z,X_2>z,\cdots,X_n>z)$$
$$=1-\prod_{i=1}^{n}P(X_i>z)=1-(1-F(z))^n.$$

它们的概率密度分别为

$$f_Y(y)=n(F(y))^{n-1}f(y),\tag{3.19}$$
$$f_Z(z)=n(1-F(z))^{n-1}f(z).\tag{3.20}$$

**例 3.16** 系统装有 $n$ 个独立工作的同样的电子元件，元件寿命服从 $E(\lambda)$，若这 $n$ 个元件采用(1) 并联；(2) 串联的使用方法用于系统，求系统寿命的分布.

**解** (1) 并联时，系统寿命为 $n$ 个独立工作的同样的电子元件寿命的最大值，当 $x\geqslant 0$ 时，其密度 $f_{\max}(x)=n(1-e^{-\lambda x})^{n-1}\lambda e^{-\lambda x}=n\lambda(1-e^{-\lambda x})^{n-1}e^{-\lambda x}$.

(2) 串联时，系统寿命为 $n$ 个独立工作的同样的电子元件寿命的最小值，当$x\geqslant 0$ 时，其密度 $f_{\min}(x)=n(e^{-\lambda x})^{n-1}\lambda e^{-\lambda x}=n\lambda e^{-n\lambda x}$，服从参数为 $n\lambda$ 的指数分布.

### 3.4.3 一般情形

最后，我们通过两个例子来说明更一般的情形.

**例 3.17** 若 $X\sim N(\mu,\sigma^2)$，$Y$ 的分布列为

| $Y$ | $-1$ | $1$ |
|---|---|---|
| $P$ | $1/3$ | $2/3$ |

，且 $X,Y$ 独立，求 $Z=XY$ 的分布.

**解** 由全概率公式知，$Z$ 的分布函数

$$F_Z(z)=P(XY\leqslant z)$$
$$=P(Y=-1)P(XY\leqslant z|Y=-1)+P(Y=1)P(XY\leqslant z|Y=1)$$
$$=\frac{1}{3}P(-X\leqslant z|Y=-1)+\frac{2}{3}P(X\leqslant z|Y=1)=\frac{1}{3}P(X\geqslant -z)+\frac{2}{3}P(X\leqslant z)$$
$$=\frac{1}{3}\left(1-\Phi\left(\frac{-z-\mu}{\sigma}\right)\right)+\frac{2}{3}\Phi\left(\frac{z-\mu}{\sigma}\right)=\frac{1}{3}\Phi\left(\frac{z+\mu}{\sigma}\right)+\frac{2}{3}\Phi\left(\frac{z-\mu}{\sigma}\right)$$

所以 $Z$ 为连续型随机变量，其概率密度

$$f_Z(z)=F'(z)=\frac{1}{3\sqrt{2\pi}\sigma}\exp\left\{-\frac{(z+\mu)^2}{2\sigma^2}\right\}+\frac{2}{3\sqrt{2\pi}\sigma}\exp\left\{-\frac{(z-\mu)^2}{2\sigma^2}\right\}.$$

**例 3.18** 若 $X_1,X_2,\cdots,X_n$ 独立同分布，分布函数与概率密度分别为 $F(x)$，$f(x)$，令 $Y=\max\{X_1,X_2,\cdots,X_n\}$，$Z=\min\{X_1,X_2,\cdots,X_n\}$，求$(Y,Z)$的联合密度.

**解** 当 $y<z$ 时，显然有 $f(y,z)=0$；当 $y\geqslant z$ 时，$(Y,Z)$的联合分布函数

$$F(y,z)=P(\max\{X_1,X_2,\cdots,X_n\}\leqslant y,\min\{X_1,X_2,\cdots,X_n\}\leqslant z)$$
$$=P(\max\{X_1,X_2,\cdots,X_n\}\leqslant y)-P(\max\{X_1,X_2,\cdots,X_n\}\leqslant y,\min\{X_1,X_2,\cdots,X_n\}>z)$$
$$=P(X_1\leqslant y,X_2\leqslant y,\cdots,X_n\leqslant y)-P(z<X_1\leqslant y,z<X_2\leqslant y,\cdots,z<X_n\leqslant y)$$
$$=(F(y))^n-(F(y)-F(z))^n,$$

所以，$(Y,Z)$的概率密度

$$f(y,z)=\frac{\partial^2F(y,z)}{\partial y\partial z}=n(n-1)(F(y)-F(z))^{n-2}f(y)f(z).$$

## 习　题　三

**3.1**　选择题.

(1) 设$(X,Y)$的联合密度为$f(x,y)$，则$P(X>1)=$(　　).

(A) $\int_{-\infty}^{1} f(x,y)\mathrm{d}x$　　(B) $\int_{1}^{+\infty} f(x,y)\mathrm{d}x$

(C) $\int_{-\infty}^{1}\mathrm{d}x\int_{-\infty}^{+\infty} f(x,y)\mathrm{d}y$　　(D) $\int_{1}^{+\infty}\mathrm{d}x\int_{-\infty}^{+\infty} f(x,y)\mathrm{d}y$

(2) 若随机变量$X,Y$独立，其分布列分别为

| $X$ | $-1$ | $1$ |
|---|---|---|
| $P$ | 1/3 | 2/3 |

，

| $Y$ | $-1$ | $1$ |
|---|---|---|
| $P$ | 1/3 | 2/3 |

，

则下列正确的是(　　).

(A) $P(X=Y)=\frac{2}{3}$　　(B) $P(X=Y)=1$　　(C) $P(X=Y)=\frac{1}{2}$　　(D) $P(X=Y)=\frac{5}{9}$

(3) 设$X,Y$是两个独立的均匀分布，则下列随机变量中服从均匀分布的是(　　).

(A) $X+Y$　　(B) $X-Y$　　(C) $XY$　　(D) $(X,Y)$

(4) 设二维随机变量$(X,Y)$的分布列为

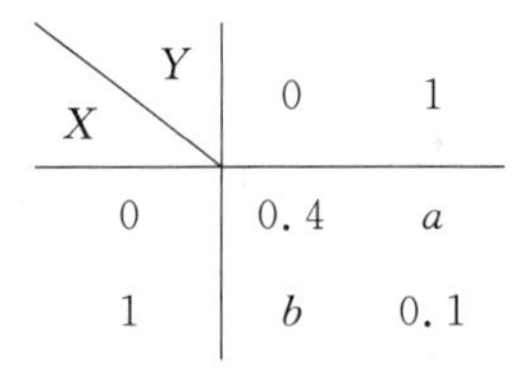

| $X$ \ $Y$ | 0 | 1 |
|---|---|---|
| 0 | 0.4 | $a$ |
| 1 | $b$ | 0.1 |

已知事件$\{X=0\}$与$\{X+Y=1\}$相互独立，则(　　).

(A) $a=0.2,b=0.3$　　(B) $a=0.4,b=0.1$　　(C) $a=0.3,b=0.2$　　(D) $a=0.1,b=0.4$

(5) 边缘分布为正态分布的二维随机变量的分布(　　).

(A) 必为二维正态分布　　(B) 必为均匀分布

(C) 不必为二维正态分布　　(D) 由这两个边缘分布决定

**3.2**　填空题.

(1) 设$(X,Y)\sim N(1,-1,2^2,3^2,0)$，则$(X,Y)$的概率密度为______，且$3X-2Y\sim$______.

(2) 某电子元件的使用寿命(单位:h)服从参数为$1/a$的指数分布，则两个元件一个坏了后，接着使用第二个，一共用了不足$2a$(h)的概率为______.

(3) 设$X,Y$为两个随机变量，且$P(X\geqslant 0)=P(Y\geqslant 0)=\frac{4}{7}$，$P(X\geqslant 0,Y\geqslant 0)=\frac{3}{7}$，则$P(\max(X,Y)\geqslant 0)=$______.

(4) 从1,2,3,4中任取一数$X$，再从$1,2,\cdots,X$任取一数$Y$，则$P(X=Y)=$______.

(5) 设平面区域$D$由曲线$y=\frac{1}{x}$及直线$y=0,x=1,x=\mathrm{e}^2$所围成，$(X,Y)$服从区域$D$上的均匀分布，则$(X,Y)$关于$X$的边缘分布函数在$x=2$处的值为______.

**3.3**　二元函数

$$F(x,y)=\begin{cases}0, & x+y<0,\\ 1, & x+y>0\end{cases}$$

是不是某二维随机变量的分布函数？若是，求边缘分布函数；若不是，说明理由.

**3.4**　将一硬币连掷3次，以$X$表示3次投掷中出现正面的次数，以$Y$表示3次投掷中正反面次数之差的绝对值，求$(X,Y)$的概率分布.

**3.5**　袋中有 5 个白球、3 个红球、2 个黑球，若从中任取 5 个球，设其中白球个数为 $X$，红球个数为 $Y$，求 $(X,Y)$ 的概率分布.

**3.6**　设随机变量 $(X,Y)$ 的分布函数为

$$F(x,y)=a\left(b+\arctan\frac{x}{2}\right)\left(c+\arctan\frac{y}{2}\right),$$

求常数 $a,b,c$ 及 $(X,Y)$ 的概率密度.

**3.7**　设 $(X,Y)$ 的概率密度

$$f(x,y)=\begin{cases}C(R-\sqrt{x^2+y^2}), & x^2+y^2<R^2,\\ 0, & x^2+y^2\geqslant R^2,\end{cases}$$

求：(1) 系数 $C$ 的值；(2) $(X,Y)$ 落在 $x^2+y^2<r^2\ (r<R)$ 内的概率.

**3.8**　设随机变量 $X\sim U(-2,2)$，定义

$$Y=\begin{cases}-1, & X\leqslant -1,\\ 1, & X>-1\end{cases}\quad 及\quad Z=\begin{cases}-1, & X\leqslant 1,\\ 1, & X>1,\end{cases}$$

求 $(Y,Z)$ 的概率分布.

**3.9**　设随机变量 $(X,Y)$ 具有下列概率密度，求边缘概率密度 $f_X(x)$，$f_Y(y)$ 与条件概率密度 $f(y|x)$，$f(x|y)$.

(1) $f(x,y)=\begin{cases}\dfrac{3}{2}x, & 0<x<1,-x<y<x,\\ 0, & 其他；\end{cases}$

(2) $f(x,y)=\begin{cases}1, & 0\leqslant x\leqslant 2,\max\{0,x-1\}\leqslant y\leqslant \min\{1,x\},\\ 0, & 其他.\end{cases}$

**3.10**　设随机变量 $(X,Y)$ 的概率密度

$$f(x,y)=\begin{cases}3x, & 0<x<1,0<y<x,\\ 0, & 其他,\end{cases}$$

求 $P\left(Y<\frac{1}{8}\,\middle|\,X=\frac{1}{4}\right)$.

**3.11**　设随机变量 $(X,Y)$ 的概率分布为

| X \ Y | 0 | 1 | |
|---|---|---|---|
| $-1$ | $\frac{1}{10}$ | $\alpha$ | |
| 0 | $\frac{1}{15}$ | $\frac{4}{15}$ | |
| 1 | $\beta$ | $\frac{2}{15}$ | |
| | | | |

问 $\alpha,\beta$ 为何值时，$X$ 与 $Y$ 才能相互独立？

**3.12**　若 $X,Y$ 独立，且 $X\sim P(\lambda_1)$，$Y\sim P(\lambda_2)$，(1) 证明 $X+Y\sim P(\lambda_1+\lambda_2)$；(2) 求在已知 $X+Y=m$ 的条件下，$X$ 的分布.

**3.13**　设随机变量 $X\sim U(0,1)$，且在 $X=x$ 的条件下，随机变量 $Y$ 服从区间 $(0,x)$ 内的均匀分布，求：(1) $(X,Y)$ 的概率密度；(2) $Y$ 的概率密度；(3) 概率 $P(X+Y>1)$.

**3.14**　若 $X_1,X_2,X_3,X_4$ 独立同分布于 $B(1,p)$，求 $X=\begin{vmatrix}X_1 & X_2\\ X_3 & X_4\end{vmatrix}$ 的概率分布.

**3.15**　若 $X,Y$ 独立，且 $X\sim E(\lambda_1)$，$Y\sim E(\lambda_2)$，求 $X+Y$ 的概率密度.

**3.16**　设随机变量 $(X,Y)$ 服从矩形 $D=\{(x,y)\,|\,0\leqslant x\leqslant 2,0\leqslant y\leqslant 1\}$ 上的均匀分布，求边长为 $X$ 和 $Y$ 的矩形周长 $L$ 及面积 $S$ 的概率密度.

**3.17** 若 $X,Y$ 独立同分布于 $N(0,1)$,求 $Z=\frac{X}{Y}$ 的概率密度.

**3.18** 若 $X\sim U(0,1)$,$Y$ 的概率分布为

| $Y$ | $-1$ | $0$ | $1$ |
| --- | --- | --- | --- |
| $P$ | $1/2$ | $1/3$ | $1/6$ |

,且 $X,Y$ 独立,求 $Z=X+Y$ 的概率分布.

**3.19** 在线段(0,1)内任取两点,求两点间距离的分布函数与概率密度.

# 第四章　数字特征

随机变量的数字特征是指与随机变量分布有关的某些数值.随机变量的分布函数是随机变量最重要的概率特征,它完全决定随机变量的概率性质和其他一切特征,其中包括数字特征.但是需要指出下列事实.

(1) 虽然概率分布能够完全描述随机变量的概率规律,但是往往不能明显而集中地表现随机变量的某些特点.例如,它取值的集中位置和分散程度等.

(2) 在实际应用中,人们往往并不知道随机变量的确切分布,但就应用而言,通常也没有必要知道它的一切概率特征,只需要知道它的某些数字特征.例如,水稻的平均亩产量、股票的平均收益率等.

(3) 有些重要分布(如泊松分布、正态分布等)的数学形式是已知的,但是它的分布由某些参数决定,而这些参数本身往往是随机变量重要数字特征的函数,并且有明显的概率意义.

总之,随机变量的数字特征在概率论与数理统计的理论研究和实际应用中占有重要地位.

## 4.1　随机变量的数学期望

"期望"这个术语首次出现在惠更斯的主要著作《论赌博中的计算》中,基于这个术语解决了一些当时感兴趣的博弈问题,他在这部著作中提出了 14 条命题,第一条命题是:如果某人在赌博中以概率$\frac{1}{2}$赢 $a$ 元,以概率$\frac{1}{2}$输 $b$ 元,则他收益的期望是$\frac{a-b}{2}$元.由此现实问题可导出随机变量最重要的数字特征,即随机变量的数学期望.

### 4.1.1　离散型随机变量的数学期望

**定义 4.1**　设离散型随机变量 $X$ 的概率分布为 $P(X=x_i)=p_i(i=1,2,\cdots)$,若 $\sum_{i=1}^{\infty}|x_i|p_i<+\infty$,则称 $\sum_{i=1}^{\infty}x_ip_i$ 为 $X$ 的**数学期望**,记为 $EX$,简称为**期望**或**均值**,即

$$EX=\sum_{i=1}^{\infty}x_ip_i. \tag{4.1}$$

在数学期望的定义中,级数 $\sum_{i}x_ip_i$ 的和不应该依赖于各被加项的顺序,而只有当级数绝对收敛时(即 $\sum_{i}|x_i|p_i<+\infty$),级数 $\sum_{i}x_ip_i$ 的和才与项的顺序无关,这就是在期望的定义中要求级数(4.1)绝对收敛的原因.若级数 $\sum_{i}|x_i|p_i$ 发散,则称此随机变量的数学期望不存在.

随机变量的数学期望是一个常数,它刻画了随机变量取值的平均值.直观地,期望可以看

做是随机变量的可能取值以概率为权重的加权平均.

**例 4.1**　设随机变量 $X \sim B(n,p)$,求 $EX$.

**解**　由定义 4.1 有

$$\begin{aligned} EX &= \sum_{k=0}^{n} x_k p_k = \sum_{k=0}^{n} k C_n^k p^k (1-p)^{n-k} = \sum_{k=1}^{n} k \frac{n!}{k!(n-k)!} p^k (1-p)^{n-k} \\ &= np \sum_{k=1}^{n} C_{n-1}^{k-1} p^{k-1} (1-p)^{n-k} = np \sum_{k=0}^{n-1} C_{n-1}^{k} p^k (1-p)^{n-1-k} \\ &= np[p+(1-p)]^{n-1} = np, \end{aligned}$$

即 $EX=np$.

**例 4.2**　设随机变量 $X \sim P(\lambda)$,求 $EX$.

**解**　由定义 4.1 有

$$EX = \sum_{k=0}^{\infty} x_k p_k = \sum_{k=0}^{\infty} k \frac{\lambda^k}{k!} e^{-\lambda} = e^{-\lambda}\lambda \sum_{k=1}^{\infty} \frac{\lambda^{k-1}}{(k-1)!} = \lambda e^{-\lambda} e^{\lambda} = \lambda,$$

即 $EX=\lambda$.

**例 4.3**　某人的一串钥匙共有 $n$ 把,其中只有一把能开家中房门,他随意地试用这些钥匙,分别按如下两种情形求试用次数的数学期望:(1) 把每次试用过的钥匙分开;(2) 把每次试用过的钥匙又混杂进去.

**解**　设 $X$ 表示某人试用的次数.

(1) 经过简单计算,$X$ 有如下的分布列

| $X$ | 1 | 2 | 3 | … | $n$ |
|---|---|---|---|---|---|
| $P$ | $\frac{1}{n}$ | $\frac{1}{n}$ | $\frac{1}{n}$ | … | $\frac{1}{n}$ |

$$EX=\frac{1}{n}(1+2+\cdots+n)=\frac{n+1}{2}.$$

(2) 根据第二章的知识,可知 $X$ 服从几何分布,即有如下的概率分布

$$P(X=k)=\left(1-\frac{1}{n}\right)^{k-1} \cdot \frac{1}{n},\ k=1,2,\cdots.$$

由定义 4.1 有　$$EX = \sum_{k=1}^{\infty} k\left(1-\frac{1}{n}\right)^{k-1} \cdot \frac{1}{n} = \frac{1}{n}\sum_{k=1}^{\infty} k\left(1-\frac{1}{n}\right)^{k-1}.$$

令 $q=1-\frac{1}{n}$,则

$$\sum_{k=1}^{\infty} kq^{k-1} = \sum_{k=1}^{\infty} \frac{dq^k}{dq} = \frac{d\sum_{k=1}^{\infty} q^k}{dq} = \frac{d\frac{q}{1-q}}{dq} = \frac{1}{(1-q)^2},$$

所以　$$EX=\frac{1}{n}\times n^2=n.$$

**例 4.4**　设 $A$ 是事件,$I_A$ 是 $A$ 的示性函数,则 $I_A$ 服从两点分布,求 $EI_A$.

**解**　由 $I_A$ 的定义可知其有如下分布列

| $I_A$ | 0 | 1 |
|---|---|---|
| $P$ | $1-P(A)$ | $P(A)$ |

所以　$$E(I_A)=1\times P(A)=P(A).$$

**例 4.5**　若随机变量 $X$ 的概率分布由下式给定：

$$P\left(X=(-1)^{i+1}\cdot\frac{3^i}{i}\right)=\frac{2}{3^i},i=1,2,\cdots,$$

求 $EX$.

**解**　由于 $\sum\limits_{i=1}^{\infty}|x_i|p_i=\sum\limits_{i=1}^{\infty}\frac{2}{i}=\infty$，可见级数发散，故 $EX$ 不存在.

### 4.1.2　连续型随机变量的数学期望

设 $X$ 有概率密度 $f(x)$，我们将 $X$ 取值的区间分为若干个小区间，其分点为 $x_0<x_1<\cdots<x_n$，$n$ 越大分点越密. 由概率密度的定义可知，$X$ 的取值落在小区间 $(x_i,x_{i+1})$ 的概率近似地等于 $f(x_i)\Delta x_i$，其中 $\Delta x_i=x_{i+1}-x_i$. 因此，$X$ 与以概率 $f(x_i)\Delta x_i$ 取值 $x_i$ 的离散型随机变量近似. 由此，$X$ 的数学期望近似为

$$\sum_i x_i f(x_i)\Delta x_i,$$

它正是积分 $\int_{-\infty}^{+\infty}xf(x)$ 的渐近和式. 根据直观分析，我们有如下定义.

**定义 4.2**　设 $X$ 为连续型随机变量，其概率密度为 $f(x)$，若积分 $\int_{-\infty}^{+\infty}|x|f(x)\mathrm{d}x<+\infty$，则称积分值 $\int_{-\infty}^{+\infty}xf(x)\mathrm{d}x$ 为 $X$ 的**数学期望**，记为 $EX$，简称**期望**或**均值**，即

$$EX=\int_{-\infty}^{+\infty}xf(x)\mathrm{d}x. \tag{4.2}$$

**例 4.6**　设随机变量 $X\sim E(\lambda)$，求 $EX$.

**解**　由定义 4.2 有

$$EX=\int_{-\infty}^{+\infty}xf(x)\mathrm{d}x=\int_0^{+\infty}x\lambda\mathrm{e}^{-\lambda x}\mathrm{d}x=-\int_0^{+\infty}x\mathrm{d}\mathrm{e}^{-\lambda x}=\int_0^{+\infty}\mathrm{e}^{-\lambda x}\mathrm{d}x=\frac{1}{\lambda},$$

即 $EX=\frac{1}{\lambda}$.

**例 4.7**　设随机变量 $X\sim N(\mu,\sigma^2)$，求 $EX$.

**解**　由定义 4.2 有

$$EX=\int_{-\infty}^{+\infty}xf(x)\mathrm{d}x=\frac{1}{\sqrt{2\pi}\sigma}\int_{-\infty}^{+\infty}x\mathrm{e}^{-\frac{(x-\mu)^2}{2\sigma^2}}\mathrm{d}x=\frac{1}{\sqrt{2\pi}}\int_{-\infty}^{+\infty}(\sigma t+\mu)\mathrm{e}^{-\frac{t^2}{2}}\mathrm{d}t$$

$$=\frac{1}{\sqrt{2\pi}}\int_{-\infty}^{+\infty}\sigma t\mathrm{e}^{-\frac{t^2}{2}}\mathrm{d}t+\frac{\mu}{\sqrt{2\pi}}\int_{-\infty}^{+\infty}\mathrm{e}^{-\frac{t^2}{2}}\mathrm{d}t=\mu,$$

即 $EX=\mu$.

**例 4.8**　若随机变量 $X$ 的概率密度为

$$f(x)=\frac{1}{\pi(1+x^2)},\ -\infty<x<+\infty,$$

则称其为柯西分布，求 $EX$.

**解**　由于

$$\int_{-\infty}^{+\infty}|x|f(x)\mathrm{d}x=\int_{-\infty}^{+\infty}|x|\frac{1}{\pi(1+x^2)}\mathrm{d}x=\frac{2}{\pi}\int_0^{+\infty}\frac{x}{1+x^2}\mathrm{d}x=\frac{1}{\pi}\int_0^{+\infty}\frac{\mathrm{d}(1+x^2)}{1+x^2}$$

$$=\frac{1}{\pi}\ln(1+x^2)\Big|_0^{+\infty}=\lim_{x\to+\infty}\frac{1}{\pi}\ln(1+x^2),$$

可见积分为$+\infty$,故$EX$不存在.

**例 4.9** 设$X$的数学期望存在,概率密度$f(x)$关于$x=\mu$对称,即$f(\mu+x)=f(\mu-x)$,则$EX=\mu$.

**证明** 由定义 4.2 有

$$EX=\int_{-\infty}^{+\infty}xf(x)\mathrm{d}x=\int_{-\infty}^{+\infty}(x-\mu+\mu)f(x)\mathrm{d}x=\int_{-\infty}^{+\infty}(x-\mu)f(x)\mathrm{d}x+\int_{-\infty}^{+\infty}\mu f(x)\mathrm{d}x$$

$$=\int_{-\infty}^{+\infty}tf(t+\mu)\mathrm{d}t+\mu,$$

由于$tf(t+\mu)$是奇函数,故$EX=\mu$.

### 4.1.3 随机变量函数的数学期望

在理论研究和实际应用中经常遇到要求随机变量函数的期望问题.例如,圆的半径是一个随机变量,圆的面积是半径的函数,要求圆的平均面积就是要求随机变量函数的期望.

**例 4.10** 在一场赌博中,某人同时掷 3 枚硬币,如果看见 3 枚硬币同时正面向上或同时正面向下,则他可以获得 5 元;如果看见 1 枚或 2 枚硬币正面向上,则他要付出 3 元,那么某人的平均收益是多大?

**解** 令$X$为 3 枚硬币中正面向上的个数,其分布列如下:

| $X$ | 0 | 1 | 2 | 3 |
|---|---|---|---|---|
| $P$ | $\frac{1}{8}$ | $\frac{3}{8}$ | $\frac{3}{8}$ | $\frac{1}{8}$ |

令$Y$为某人每次赌局所获得的收益,则有如下概率分布:

$$P(Y=5)=P(X=0\text{ 或 }X=3)=\frac{1}{8}+\frac{1}{8}=\frac{1}{4},$$

$$P(Y=-3)=P(X=1\text{ 或 }X=2)=\frac{3}{4}.$$

因此某人的平均收益为

$$EY=5\times\frac{1}{4}+(-3)\times\frac{3}{4}=-1.$$

在此例中,$X$的概率分布是已知的,由$Y$与$X$的关系可以先求出$Y$的概率分布,然后根据期望的定义求出$EY$.在很多问题中,已知$X$的概率分布,求$X$的函数即$Y$的分布是很困难的,因此我们将不加证明地给出解决这类问题的定理.

**定理 4.1** 设$y=g(x)$是函数,而$Y=g(X)$是随机变量$X$的函数.

(1) 若$X$是离散型随机变量,概率分布为

$$P(X=x_i)=p_i,\ i=1,2,\cdots,$$

且级数$\sum_{i=1}^{\infty}|g(x_i)|p_i$收敛,则

$$EY=E[g(X)]=\sum_{i=1}^{\infty}g(x_i)p_i. \tag{4.3}$$

(2) 若$X$是连续型随机变量,概率密度为$f(x)$,且积分$\int_{-\infty}^{+\infty}|g(x)|f(x)\mathrm{d}x<+\infty$,则

$$EY=E[g(X)]=\int_{-\infty}^{+\infty}g(x)f(x)\mathrm{d}x. \tag{4.4}$$

利用定理 4.1,不必先求出 $Y$ 的概率分布,而是根据 $X$ 的概率分布及函数 $g(x)$ 直接计算 $EY$.

**例 4.11**　假设 $X\sim P(\lambda)$,求 $E\left(\frac{1}{1+X}\right)$.

**解**　根据定理 4.1,有

$$E\left(\frac{1}{1+X}\right)=\sum_{k=0}^{\infty}\frac{1}{1+k}\cdot\frac{\lambda^k}{k!}\mathrm{e}^{-\lambda}=\frac{\mathrm{e}^{-\lambda}}{\lambda}\sum_{k=0}^{\infty}\frac{\lambda^{k+1}}{(k+1)!}=\frac{\mathrm{e}^{-\lambda}}{\lambda}(\mathrm{e}^{\lambda}-1)=\frac{1-\mathrm{e}^{-\lambda}}{\lambda}.$$

**例 4.12**　(混合型随机变量的数学期望)由例 2.11,求 $EX$.

**解**　根据定理 4.1,有

$$\begin{aligned}EX&=E\min\{V,V_0\}=\int_{-\infty}^{+\infty}\min\{x,V_0\}f_V(x)\mathrm{d}x=\int_{-\infty}^{V_0}xf_V(x)\mathrm{d}x+\int_{V_0}^{+\infty}V_0f_V(x)\mathrm{d}x\\&=\int_0^{V_0}x\lambda\mathrm{e}^{-\lambda x}\mathrm{d}x+\int_{V_0}^{+\infty}V_0\lambda\mathrm{e}^{-\lambda x}\mathrm{d}x=\frac{1}{\lambda}(1-\mathrm{e}^{-\lambda V_0}).\end{aligned}$$

当 $Y$ 为多个随机变量 $X_1,X_2,\cdots,X_n(n\geqslant2)$ 的函数时,有类似的结论.

**定理 4.2**　设 $z=g(x,y)$ 为函数,而 $Z=g(X,Y)$ 是随机变量 $(X,Y)$ 的函数.

(1) 若 $(X,Y)$ 是二维离散型随机变量,概率分布为

$$P(X=x_i,Y=y_j)=p_{ij},\ i,j=1,2,\cdots,$$

且级数 $\sum_{i=1}^{\infty}\sum_{j=1}^{\infty}|g(x_i,y_j)|p_{ij}$ 收敛,则

$$EZ=E[g(X,Y)]=\sum_{i=1}^{\infty}\sum_{j=1}^{\infty}g(x_i,y_j)p_{ij}. \tag{4.5}$$

(2) 若 $(X,Y)$ 是二维连续型随机变量,概率密度为 $f(x,y)$,且积分 $\int_{-\infty}^{+\infty}\int_{-\infty}^{+\infty}|g(x,y)|f(x,y)\mathrm{d}x\mathrm{d}y<+\infty$,则

$$EZ=E[g(X,Y)]=\int_{-\infty}^{+\infty}\int_{-\infty}^{+\infty}g(x,y)f(x,y)\mathrm{d}x\mathrm{d}y. \tag{4.6}$$

**例 4.13**　假设同时掷两个骰子,一个红色和一个白色.令 $X$ 表示红色骰子出现的点数,$Y$ 表示白色骰子出现的点数,求 $E(X+Y)$.

**解**　根据定理 4.2,有

$$E(X+Y)=\sum_{x=1}^{6}\sum_{y=1}^{6}(x+y)P(X=x,Y=y)=\sum_{x=1}^{6}\sum_{y=1}^{6}x\times\frac{1}{36}+\sum_{x=1}^{6}\sum_{y=1}^{6}y\times\frac{1}{36}=7.$$

**例 4.14**　设随机变量 $X_1$ 和 $X_2$ 相互独立,且都服从 $N(0,1)$,求 $E[\max\{X_1,X_2\}]$.

**解**　由(4.6)式及图 4.1 有

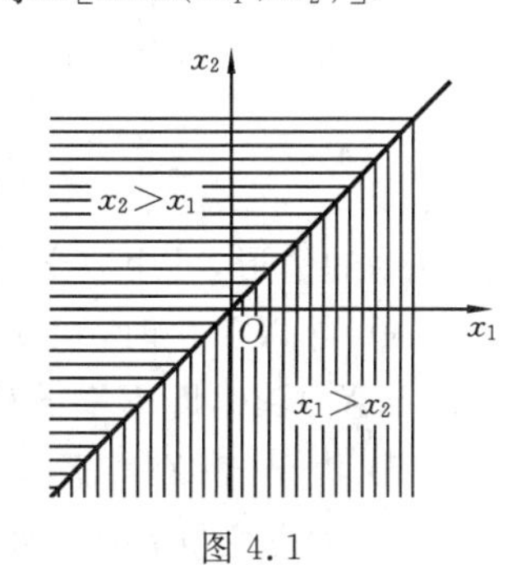

图 4.1

$$\begin{aligned}&E[\max\{X_1,X_2\}]\\&=\frac{1}{2\pi}\int_{-\infty}^{+\infty}\int_{-\infty}^{+\infty}\max\{x_1,x_2\}\cdot\exp\left[-\frac{x_1^2+x_2^2}{2}\right]\mathrm{d}x_1\mathrm{d}x_2\\&=\frac{1}{2\pi}\int_{-\infty}^{+\infty}\exp\left[-\frac{x_2^2}{2}\right]\mathrm{d}x_2\int_{x_2}^{+\infty}x_1\exp\left[-\frac{x_1^2}{2}\right]\mathrm{d}x_1\\&\quad+\frac{1}{2\pi}\int_{-\infty}^{+\infty}\exp\left[-\frac{x_1^2}{2}\right]\mathrm{d}x_1\int_{x_1}^{+\infty}x_2\exp\left[-\frac{x_2^2}{2}\right]\mathrm{d}x_2\\&=\frac{1}{2\pi}\int_{-\infty}^{+\infty}\mathrm{e}^{-x_2^2}\mathrm{d}x_2+\frac{1}{2\pi}\int_{-\infty}^{+\infty}\mathrm{e}^{-x_1^2}\mathrm{d}x_1=\frac{1}{\pi}\sqrt{\pi}=\frac{1}{\sqrt{\pi}}.\end{aligned}$$

### 4.1.4　数学期望的性质

熟练掌握数学期望的性质,有助于计算随机变量的数学期望,在很多情况下,可大大简化计算.

**定理 4.3**　随机变量的数学期望具有如下性质:

(1) 设 $C$ 为常数,则 $EC=C$;

(2) 对任意 $n\geqslant 1$ 及常数 $k_1,k_2,\cdots,k_n$,有

$$E\left(\sum_{i=1}^{n}k_iX_i\right)=\sum_{i=1}^{n}k_iEX_i;$$

(3) 当 $n\geqslant 2$ 时,若 $X_1,X_2,\cdots,X_n$ 相互独立,则

$$E\left(\prod_{i=1}^{n}X_i\right)=\prod_{i=1}^{n}EX_i;$$

(4) 若 $X\geqslant 0$,则 $EX\geqslant 0$;若 $X_1\geqslant X_2$,则

$$EX_1\geqslant EX_2;$$

(5) $|EX|\leqslant E|X|$;

(6) 柯西-施瓦茨(Cauchy-Schwarz)不等式:若 $EX^2,EY^2$ 均存在,则 $E(XY)$ 存在,且 $[E(XY)]^2\leqslant EX^2EY^2$.

**证明**　(1) 由于 $P(X=C)=1$,从而 $EC=C$.

(2) 以连续型随机变量为例.设 $X$ 的概率密度为 $f(x)$,则对任意常数 $k$,有

$$E(kX)=\int_{-\infty}^{+\infty}kxf(x)\mathrm{d}x=k\int_{-\infty}^{+\infty}xf(x)\mathrm{d}x=kEX.$$

当 $n=2$ 时,设 $(X_1,X_2)$ 的概率密度为 $f(x_1,x_2)$,边缘概率密度为 $f_{X_1}(x_1)$,$f_{X_2}(x_2)$,则对任意常数 $k_1,k_2$,有

$$\begin{aligned}E(k_1X_1+k_2X_2)&=\int_{-\infty}^{+\infty}\int_{-\infty}^{+\infty}(k_1x_1+k_2x_2)f(x_1,x_2)\mathrm{d}x_1\mathrm{d}x_2\\&=k_1\int_{-\infty}^{+\infty}\int_{-\infty}^{+\infty}x_1f(x_1,x_2)\mathrm{d}x_1\mathrm{d}x_2+k_2\int_{-\infty}^{+\infty}\int_{-\infty}^{+\infty}x_2f(x_1,x_2)\mathrm{d}x_1\mathrm{d}x_2\\&=k_1EX_1+k_2EX_2.\end{aligned}$$

对 $n\geqslant 3$ 的情形,可用数学归纳法证明结论成立.

(3) 以连续型随机变量为例.设 $n=2$,由于 $X_1,X_2$ 相互独立,沿用性质(2)中记号,应用 $f(x_1,x_2)=f_{X_1}(x_1)f_{X_2}(x_2)$,故

$$\begin{aligned}E(X_1X_2)&=\int_{-\infty}^{+\infty}\int_{-\infty}^{+\infty}x_1x_2f(x_1,x_2)\mathrm{d}x_1\mathrm{d}x_2=\int_{-\infty}^{+\infty}\int_{-\infty}^{+\infty}x_1x_2f_{X_1}(x_1)f_{X_2}(x_2)\mathrm{d}x_1\mathrm{d}x_2\\&=\int_{-\infty}^{+\infty}x_1f_{X_1}(x_1)\mathrm{d}x_1\int_{-\infty}^{+\infty}x_2f_{X_2}(x_2)\mathrm{d}x_2=EX_1EX_2.\end{aligned}$$

对 $n\geqslant 3$ 的情形,可用数学归纳法证明.

(4) 当 $X\geqslant 0$ 时,由 $EX$ 的定义即可推知 $EX\geqslant 0$.若 $X_1\geqslant X_2$,则 $X_1-X_2\geqslant 0$,从而 $E(X_1-X_2)\geqslant 0$,即 $EX_1-EX_2\geqslant 0$,故 $EX_1\geqslant EX_2$.

(5) 由于 $-|X|\leqslant X\leqslant|X|$,由性质(4)即知 $-E|X|\leqslant EX\leqslant E|X|$,从而 $|EX|\leqslant E|X|$.

(6) 考虑变量 $t$ 的二次函数

$$g(t)=E(tX-Y)^2=t^2EX^2-2tE(XY)+EY^2,$$

对于一切 $t$,均有 $g(t)\geqslant 0$.令 $g(t)=0$,此方程或无实根,或只有一个二重根.故由一元二次方

程有实根的判定条件,有$[E(XY)]^2-EX^2EY^2\leqslant 0$,此即$[E(XY)]^2\leqslant EX^2EY^2$.

**例 4.15**　设随机变量 $X\sim B(n,p)$,求 $EX$.

**解**　令 $X_i$ 表示第 $i$ 次试验的结果,并令

$$X_i=\begin{cases}1, & 第\ i\ 次试验成功,\\ 0, & 第\ i\ 次试验不成功,\end{cases}$$

则 $EX_i=p$,$X=X_1+X_2+\cdots+X_n$ 是 $n$ 次试验中成功的次数,则

$$EX=E(X_1+X_2+\cdots+X_n)=np.$$

**例 4.16**　设对某目标进行射击,每次发射一枚子弹,直到击中 $n$ 次为止,设每次射击时击中目标的概率为 $p$ $(0<p<1)$,且各次射击相互独立,试求子弹消耗量的数学期望.

**解**　令 $X_i$ 为第 $i-1$ 次击中到第 $i$ 次击中目标之间所消耗的子弹数,其分布列如下:

| $X_i$ | 1 | 2 | 3 | $\cdots$ | $n$ | $\cdots$ |
|---|---|---|---|---|---|---|
| $P$ | $p$ | $pq$ | $q^2p$ | $\cdots$ | $q^{n-1}p$ | $\cdots$ |

其中 $q=1-p$,可见 $X_i$ 服从几何分布.令 $X=X_1+X_2+\cdots+X_n$ 表示击中 $n$ 次目标所消耗的子弹数,则

$$EX=E(X_1+X_2+\cdots+X_n)=\frac{n}{p}.$$

上式说明,平均消耗子弹多少与击中概率 $p$ 成反比,而这有很直观的意义.

# 4.2　随机变量的方差

在前一节中,我们引入了随机变量数学期望的概念,但在刻画随机变量的性质时,仅有数学期望是不够的.例如,考察 $A$、$B$ 两台测量仪器的测量误差,设随机变量 $X_A\sim U(-1,1)$,$X_B\sim U(-2,2)$,显然 $EX_A=EX_B$,两台仪器的平均测量误差是相同的,但 $X_B$ 的取值不确定性要大于 $X_A$ 的,为了反映出这种差异,我们引入随机变量方差的概念.

**定义 4.3**　设 $X$ 为一随机变量,若 $E(X-EX)^2$ 存在,则称它为随机变量 $X$ 的方差,记为 $DX$,即

$$DX=E(X-EX)^2. \tag{4.7}$$

方差的算术平方根$\sqrt{DX}$称为 $X$ 的**标准差**.

如果随机变量 $X$ 是有度量单位的量,例如,米,那么方差的单位是平方米,而标准差具有与 $X$ 相同的量纲.方差刻画了随机变量分布的集中(或分散)程度,一个随机变量的方差越大,表示它取值越分散.

方差的定义式(4.7)可以看成是随机变量函数的期望,其函数取特殊形式 $g(x)=(x-EX)^2$,因此由定理 4.1,有如下公式:

若 $X$ 是离散型随机变量,概率分布为 $P(X=x_i)=p_i$,$i=1,2,\cdots$,则有

$$DX=E(X-EX)^2=\sum_{i=1}^{\infty}(x_i-EX)^2p_i. \tag{4.8}$$

若 $X$ 是连续型随机变量,概率密度为 $f(x)$,则有

$$DX=E(X-EX)^2=\int_{-\infty}^{+\infty}(x-EX)^2f(x)\mathrm{d}x. \tag{4.9}$$

经过简单推导,我们还可得到如下计算方差的常用公式:

$$DX=EX^2-(EX)^2. \tag{4.10}$$

**例 4.17** 设 $X\sim B(n,p)$,求 $DX$.

**解** 由于 $EX=np$,所以

$$\begin{aligned}EX^2&=\sum_{k=0}^{n}x_k^2p_k=\sum_{k=0}^{n}k^2C_n^kp^k(1-p)^{n-k}=\sum_{k=1}^{n}k\frac{n!}{(k-1)!(n-k)!}p^k(1-p)^{n-k}\\&=\sum_{k=1}^{n}(k-1)\frac{n!}{(k-1)!(n-k)!}p^k(1-p)^{n-k}+\sum_{k=1}^{n}\frac{n!}{(k-1)!(n-k)!}p^k(1-p)^{n-k}\\&=np[(n-1)p+1],\end{aligned}$$

记 $1-p=q$,由 $DX=EX^2-(EX)^2$ 可得

$$DX=npq.$$

若 $X$ 服从两点分布,则 $X\sim B(1,p)$,因此由此例可知 $DX=pq$.

**例 4.18** 设随机变量 $X\sim P(\lambda)$,求 $DX$.

**解** $EX^2=\sum_{k=0}^{\infty}k^2\frac{\lambda^k}{k!}e^{-\lambda}=\lambda\sum_{k=1}^{\infty}ke^{-\lambda}\frac{\lambda^{k-1}}{(k-1)!}=\lambda\sum_{k=0}^{\infty}(k+1)e^{-\lambda}\frac{\lambda^k}{k!}=\lambda(\lambda+1)$,

根据(4.10)式,有

$$DX=EX^2-(EX)^2=\lambda(\lambda+1)-\lambda^2=\lambda.$$

**例 4.19** 设随机变量 $X$ 服从几何分布,求 $DX$.

**解** $$EX^2=\sum_{k=1}^{\infty}k^2pq^{k-1}=p\sum_{k=1}^{\infty}k^2q^{k-1},$$

而 $$\sum_{k=1}^{\infty}k^2q^{k-1}=\frac{d}{dq}\left(\sum_{k=1}^{\infty}kq^k\right)=\frac{d}{dq}[q(1-q)^{-2}]=\frac{1+q}{(1-q)^3},$$

故 $EX^2=\frac{1+q}{p^2}$. 根据(4.10)式,有

$$DX=EX^2-(EX)^2=\frac{1+q}{p^2}-\left(\frac{1}{p}\right)^2=\frac{q}{p^2}.$$

**例 4.20** 设随机变量 $X\sim U(a,b)$,求 $DX$.

**解** $EX^2=\int_{-\infty}^{+\infty}g(x)f(x)dx=\int_a^b x^2\frac{1}{b-a}dx=\frac{b^3-a^3}{3(b-a)}=\frac{b^2+ab+a^2}{3}$,

根据(4.10)式,有

$$DX=EX^2-(EX)^2=\frac{b^2+ab+a^2}{3}-\left(\frac{a+b}{2}\right)^2=\frac{(b-a)^2}{12}.$$

**例 4.21** 设随机变量 $X\sim E(\lambda)$,求 $DX$.

**解** $$\begin{aligned}EX^2&=\int_{-\infty}^{+\infty}g(x)f(x)dx=\int_0^{+\infty}x^2\lambda e^{-\lambda x}dx=-\int_0^{+\infty}x^2de^{-\lambda x}\\&=-x^2e^{-\lambda x}\Big|_0^{+\infty}+2\int_0^{+\infty}xe^{-\lambda x}dx=2\int_0^{+\infty}xe^{-\lambda x}dx=\frac{2}{\lambda}\int_0^{+\infty}e^{-\lambda x}dx=\frac{2}{\lambda^2},\end{aligned}$$

根据(4.10)式,有

$$DX=EX^2-(EX)^2=\frac{2}{\lambda^2}-\left(\frac{1}{\lambda}\right)^2=\frac{1}{\lambda^2}.$$

**例 4.22** 设随机变量 $X\sim N(\mu,\sigma^2)$,求 $DX$.

**解** 根据(4.9)式,有

$$DX=\int_{-\infty}^{+\infty}(x-\mu)^2\times\frac{1}{\sqrt{2\pi}\sigma}\exp\left[-\frac{1}{2}\left(\frac{x-\mu}{\sigma}\right)^2\right]dx=\frac{\sigma^2}{\sqrt{2\pi}}\int_{-\infty}^{+\infty}t^2e^{-\frac{t^2}{2}}dt=\frac{1}{\sqrt{2\pi}}\sigma^2\sqrt{2\pi}=\sigma^2.$$

由例 4.7 及例 4.22 可知，当随机变量 $X\sim N(\mu,\sigma^2)$ 时，其中的参数 $\mu,\sigma^2$ 都有明确的概率含义.

在给出方差的性质之前，我们先介绍一个重要的不等式.

**定理 4.4**(切比雪夫不等式)　设随机变量 $X$ 的期望和方差均存在，则对任意 $\varepsilon>0$，有

$$P(|X-EX|\geqslant\varepsilon)\leqslant\frac{DX}{\varepsilon^2},\tag{4.11}$$

等价形式为

$$P(|X-EX|<\varepsilon)\geqslant 1-\frac{DX}{\varepsilon^2}.\tag{4.12}$$

**证明**　令

$$Y=\begin{cases}1, & \omega\in\{|X-EX|\geqslant\varepsilon\},\\ 0, & \text{其他},\end{cases}$$

则 $Y\leqslant\frac{(X-EX)^2}{\varepsilon^2}$，根据期望的性质，有

$$P(|X-EX|\geqslant\varepsilon)=EY\leqslant E\left[\frac{(X-EX)^2}{\varepsilon^2}\right]=\frac{DX}{\varepsilon^2}.$$

(4.11)式说明：若 $X$ 的方差较小，则事件 $\{|X-EX|\geqslant\varepsilon\}$ 发生的概率就小，事件 $\{|X-EX|<\varepsilon\}$ 发生的概率就大，随机变量 $X$ 取值基本集中于 $EX$ 附近.

**定理 4.5**　随机变量的方差具有如下性质：

(1) 对任意随机变量 $X$，有 $DX\geqslant 0$，且 $DX=0$ 的充分必要条件为 $P(X=C)=1$ ($C=EX$ 为常数)；

(2) 对任意常数 $a,b$，有 $D(a+bX)=b^2DX$；

(3) 若 $X_1,X_2,\cdots,X_n(n\geqslant 2)$ 相互独立，则 $D(X_1+X_2+\cdots+X_n)=DX_1+DX_2+\cdots+DX_n$；

(4) 对一切实数 $C$，有 $DX=E(X-EX)^2\leqslant E(X-C)^2$. 这个不等式的统计含义是，若用一个实数去集中代表一个随机变量，则其数学期望使均方误差最小，而此最小均方误差是该随机变量的方差.

**证明**　(1) 由于 $(X-EX)^2\geqslant 0$，从而 $DX=E(X-EX)^2\geqslant 0$，当 $DX=0$ 时，由切比雪夫不等式，对任意的 $n\geqslant 1$，取 $\varepsilon=\frac{1}{n}$，有

$$0\leqslant P\left(|X-EX|\geqslant\frac{1}{n}\right)\leqslant n^2DX=0,$$

由于 $\{|X-EX|>0\}=\bigcup\limits_n\left\{|X-EX|\geqslant\frac{1}{n}\right\}$，根据概率的下连续性，有

$$P(X\neq EX)=P(|X-EX|>0)=P\left(\bigcup_n\left\{|X-EX|\geqslant\frac{1}{n}\right\}\right)=\lim_{n\to+\infty}P\left(|X-EX|\geqslant\frac{1}{n}\right)=0.$$

即 $P(X=EX)=1$，必要性得证.

再证充分性. 当 $P(X=C)=1$ 时，$EX=C$，从而

$$DX=E(C-C)^2=0.$$

(2) 根据方差的定义，得

$$D(a+bX)=E[(a+bX)-E(a+bX)]^2=E[b(X-EX)]^2=b^2E(X-EX)^2=b^2DX.$$

(3) 由于 $X_1,X_2,\cdots,X_n$ 相互独立，所以由方差定义，有

$$\begin{aligned} D\left(\sum_{i=1}^{n} X_i\right) &= E\left[\sum_{i=1}^{n} X_i - E\left(\sum_{i=1}^{n} X_i\right)\right]^2 \\ &= E[(X_1 - EX_1) + (X_2 - EX_2) + \cdots + (X_n - EX_n)]^2 \\ &= E\left[\sum_{i=1}^{n} (X_i - EX_i)^2 + 2\sum_{i<j} (X_i - EX_i)(X_j - EX_j)\right] \\ &= \sum_{i=1}^{n} E(X_i - EX_i)^2 + 2\sum_{i<j} E[(X_i - EX_i)(X_j - EX_j)] \\ &= DX_1 + DX_2 + \cdots + DX_n. \end{aligned}$$

(4) 由期望的性质(4)知,对任意常数 $C$,有

$$\begin{aligned} E(X-C)^2 &= E(X-EX+EX-C)^2 \\ &= E[(X-EX)^2+2(X-EX)(EX-C)+(EX-C)^2] \\ &= E[(X-EX)^2+(EX-C)^2] \geqslant E(X-EX)^2 = DX. \end{aligned}$$

**例 4.23** 设有随机变量 $X$,$EX=\mu$,$DX=\sigma^2$,称 $Y=\frac{X-\mu}{\sigma}$为 $X$ 的标准化,证明 $EY=0$,$DY=1$.

**证明** 根据期望与方差的性质,有

$$EY=E\left(\frac{X-\mu}{\sigma}\right)=\frac{1}{\sigma}E(X-\mu)=\frac{1}{\sigma}(EX-\mu)=\frac{1}{\sigma}(\mu-\mu)=0,$$

$$DY=D\left(\frac{X-\mu}{\sigma}\right)=\frac{1}{\sigma^2}D(X-\mu)=\frac{1}{\sigma^2}DX=\frac{\sigma^2}{\sigma^2}=1.$$

**例 4.24** 设 $X_1,X_2,\cdots,X_n$ 相互独立,$EX_i=\mu$,$DX_i=\sigma^2(i=1,2,\cdots,n)$,令 $\overline{X}=\frac{1}{n}\sum_{i=1}^{n}X_i$,求 $E\overline{X}$,$D\overline{X}$.

**解** 由期望和方差的性质知

$$E\overline{X} = E\left(\frac{1}{n}\sum_{i=1}^{n}X_i\right) = \frac{1}{n}E\left(\sum_{i=1}^{n}X_i\right) = \frac{1}{n}\sum_{i=1}^{n}EX_i = \mu,$$

$$D\overline{X} = D\left(\frac{1}{n}\sum_{i=1}^{n}X_i\right) = \frac{1}{n^2}D\left(\sum_{i=1}^{n}X_i\right) = \frac{1}{n^2}\sum_{i=1}^{n}DX_i = \frac{\sigma^2}{n}.$$

例 4.24 的结论在实际中是非常有用的.例如,在进行精密测量时,为了减少测量误差,往往重复测量多次,然后再取其算术平均值.例 4.24 的结果为这种做法给出了一个合理的解释.设被测物的真值为 $\mu$,$n$ 次重复测量可以认为是互不影响的.因而各次测量结果 $X_1,X_2,\cdots,X_n$ 可认为是相互独立同分布的随机变量,且可设 $EX_i=\mu$,$DX_i=\sigma^2(i=1,2,\cdots,n)$,即每一次测量的结果都在真值 $\mu$ 的周围波动.由例 4.24 的结果可知,$n$ 次测量的算术平均值 $\overline{X}=\frac{1}{n}\sum_{i=1}^{n}X_i$ 应仍在真值 $\mu$ 的周围取值,即 $E\overline{X}=\mu$,但 $D\overline{X}=\frac{\sigma^2}{n}$,是原来 $\sigma^2$ 的$\frac{1}{n}$倍,因此 $\overline{X}$ 更有可能接近真值,这就是随机方法在精密测量中的应用.但问题并没有到此终结,若在给出一定测量精度的要求和一定的概率保证的前提下,问至少要测量多少次呢?在第五章中,读者将得到一个满意的答案.

**例 4.25** 设随机变量 $X$ 与随机变量 $Y$ 相互独立,都服从 $N\left(0,\frac{1}{2}\right)$分布,求 $E|X-Y|$,$D|X-Y|$.

**解**　令 $Z=X-Y$，由于 $X\sim N\left(0,\frac{1}{2}\right)$，$Y\sim N\left(0,\frac{1}{2}\right)$，且相互独立，所以 $Z\sim N(0,1)$. 又

$$D(|X-Y|)=D(|Z|)=E(|Z|^2)-[E(|Z|)]^2=E(Z^2)-(E|Z|)^2,$$

而 $E(Z^2)=DZ=1$，且

$$E|Z|=\int_{-\infty}^{+\infty}|z|\cdot\frac{1}{\sqrt{2\pi}}e^{-\frac{z^2}{2}}dz=\frac{2}{\sqrt{2\pi}}\int_0^{+\infty}ze^{-\frac{z^2}{2}}dz=\sqrt{\frac{2}{\pi}},$$

所以

$$D(|X-Y|)=1-\frac{2}{\pi}.$$

## 4.3　随机变量的矩

数学期望和方差都是更广泛的一类数字特征——矩的特殊情形. 在描绘物体质量的分布时矩的概念广泛应用于力学中. 在概率论中，描绘随机变量的概率分布形状，以及第七章的矩估计，也都要使用矩的概念.

**定义 4.4**　设 $X$ 为随机变量，若 $E|X|^k<\infty$，记 $\upsilon_k=EX^k$，$\alpha_k=E|X|^k$，则称 $\upsilon_k$ 为 $X$ 的 $k$ **阶原点矩**，$\alpha_k$ 为 $X$ 的 $k$ **阶原点绝对矩**.

又若 $EX$ 存在，且 $E(|X-EX|^k)<\infty$，记 $\mu_k=E[X-EX]^k$，则称 $\mu_k$ 为 $X$ 的 $k$ **阶中心矩**，称 $\beta_k=E|X-EX|^k$ 为 $X$ 的 $k$ **阶中心绝对矩**.

若随机变量的概率密度是关于期望对称的，则它的一切奇数阶中心矩恒为零，故任何不为零的奇数阶中心矩都可用来衡量分布的偏移（拖尾、不对称）程度. 任何随机变量的一阶中心矩如果存在的话，必恒为零.

在实际应用中，我们经常将原点矩和中心矩进行换算，它们之间的这种关系式在数理统计的参数估计中有重要应用.

显然 $\upsilon_0=1$，$\upsilon_1=EX$，数学期望为一阶原点矩；而 $\mu_0=1$，$\mu_1=0$，$\mu_2=DX$，方差为二阶中心矩.

原点矩和中心矩有如下关系：

$$\mu_k=E(X-EX)^k=\sum_{n=0}^{k}C_k^nEX^n(-1)^{k-n}(EX)^{k-n}=\sum_{n=0}^{k}(-1)^{k-n}C_k^n\upsilon_1^{k-n}\upsilon_n,$$

于是有

$$\begin{aligned}&\mu_0=1,\\&\mu_1=0,\\&\mu_2=\upsilon_2-\upsilon_1^2,\\&\mu_3=\upsilon_3-3\upsilon_2\upsilon_1+2\upsilon_1^2,\\&\mu_4=\upsilon_4-4\upsilon_3\upsilon_1+6\upsilon_2\upsilon_1^2-3\upsilon_1^4,\\&\quad\vdots\end{aligned}$$

上式表明，中心矩可以通过原点矩来表达，反之，原点矩也可以通过中心矩来表达.

事实上，有

$$\upsilon_k=EX^k=E[(X-\upsilon_1)+\upsilon_1]^k=\sum_{n=0}^{k}C_k^n\upsilon_1^nE(X-\upsilon_1)^{k-n}=\sum_{n=0}^{k}C_k^n\upsilon_1^n\mu_{k-n},$$

于是有

$$\upsilon_0=1,$$
$$\upsilon_1=EX,$$
$$\upsilon_2=\mu_2+\upsilon_1^2,$$
$$\upsilon_3=\mu_3+3\upsilon_1\mu_2+\upsilon_1^3,$$
$$\upsilon_4=\mu_4+4\upsilon_1\mu_3+6\upsilon_1^2\mu_2+\upsilon_1^4,$$
$$\vdots$$

**例 4.26**　设随机变量 $X\sim N(\mu,\sigma^2)$,求 $E(X-EX)^k(k=1,2,\cdots)$.

**解**　对任意 $k\geqslant 1$,有

$$\mu_k=E(X-\mu)^k=\frac{1}{\sqrt{2\pi}\sigma}\int_{-\infty}^{+\infty}(x-\mu)^k\exp\left[-\frac{(x-\mu)^2}{2\sigma^2}\right]\mathrm{d}x$$
$$=\frac{\sigma^k}{\sqrt{2\pi}}\int_{-\infty}^{+\infty}t^k\exp\left[-\frac{t^2}{2}\right]\mathrm{d}t,\quad t=\frac{x-\mu}{\sigma}.$$

当 $k$ 为奇数时,被积函数是奇函数,故 $\mu_k=0$.下面设 $k=2n,n=1,2,\cdots,t^2=2u$,则有

$$\mu_{2n}=\frac{2\sigma^{2n}}{\sqrt{2\pi}}\int_0^{+\infty}t^{2n}\mathrm{e}^{-\frac{t^2}{2}}\mathrm{d}t=\frac{2^n\sigma^{2n}}{\sqrt{\pi}}\int_0^{+\infty}u^{n-\frac{1}{2}}\mathrm{e}^{-u}\mathrm{d}u=\frac{2^n\sigma^{2n}}{\sqrt{\pi}}\Gamma\left(n+\frac{1}{2}\right)$$
$$=\frac{2^n\sigma^{2n}}{\sqrt{\pi}}\left(n-\frac{1}{2}\right)\left(n-\frac{3}{2}\right)\cdots\cdot\frac{3}{2}\cdot\frac{1}{2}\Gamma\left(\frac{1}{2}\right)$$
$$=\sigma^{2n}(2n-1)!!,$$

于是
$$\mu_k=\begin{cases}\sigma^k(k-1)!!, & k\text{ 为偶数},\\ 0, & k\text{ 为奇数}.\end{cases}$$

矩的概念不仅对概率论本身具有重要的应用价值,且在工程技术、生物、医学等领域都有十分重要的应用.

**例 4.27**(偏度 Skewness)　假设随机变量 $X$ 有二阶和三阶中心矩:$\mu_2=DX,\mu_3=E(X-EX)^3$,那么称

$$S(X)=\frac{\mu_3}{\mu_2^{3/2}}$$

为随机变量 $X$ 的**偏度**.

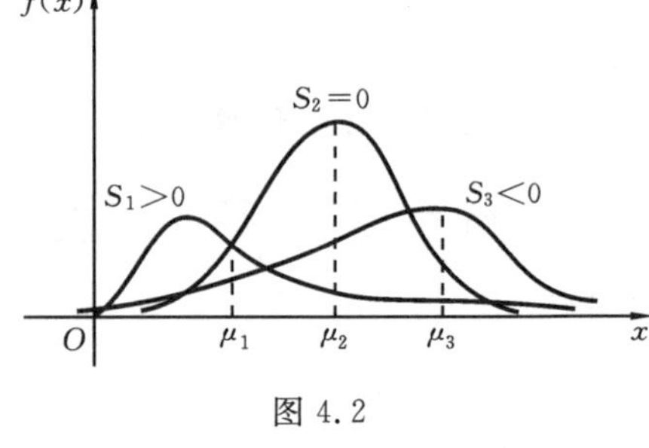

图 4.2

如果 $X\sim N(\mu,\sigma^2)$分布,由例 4.26 可知 $S(X)=0$.实际上只要随机变量的概率密度关于期望对称,其偏度均为零.可见,偏度 $S(X)$ 是描绘随机变量关于其均值不对称程度的数字特征.图 4.2 是具有不同偏度的概率密度示意图,其中 $\mu_i(i=1,2,3)$表示相应分布的数学期望.

**例 4.28**(峰度 Kurtosis)　对于任意随机变量 $X$,称

$$K(X)=\frac{\mu_4}{\mu_2^2}-3$$

为随机变量 $X$ 的**峰度**.

如果 $X\sim N(\mu,\sigma^2)$分布,由例 4.26 可知 $K(X)=0$.事实上,峰度的定义式正是为了便于以正态曲线为标准进行比较.通常峰度越大,密度曲线的顶部越"尖";峰度越小,密度曲线的顶部越"平".图 4.3 是具有不同峰度的概率密度示意图.

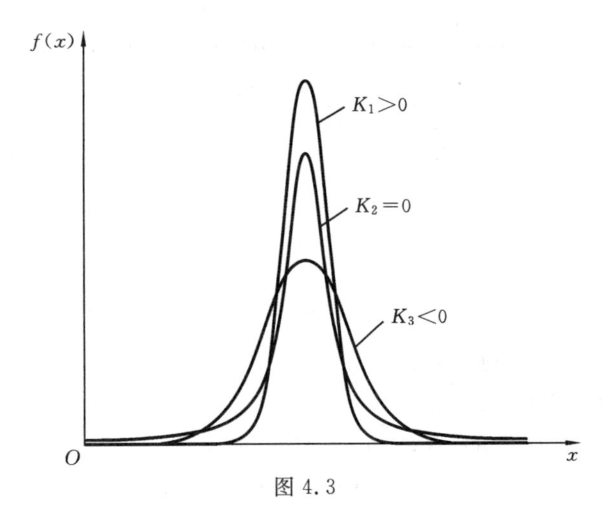


图 4.3

# 4.4　协方差和相关系数

在研究二维随机变量$(X,Y)$时,$EX$、$DX$、$EY$、$DY$等数字特征仅反映了$X$和$Y$各自取值的集中位置及其取值相对集中位置的偏离程度,此外我们还想了解$X$与$Y$之间在某种意义下的相互关系.由前面研究可知,独立性可用来描述$X$与$Y$之间的关系.实际表明,随机变量相互独立的关系很强,且经过观察和研究发现,在随机变量之间还存在一种比相互独立弱的另一种关系,由此我们引入协方差的概念.

## 4.4.1　随机变量的协方差

**定义 4.5**　设$(X,Y)$为二维随机变量,若

$$E|(X-EX)(Y-EY)|$$

存在,则称$E[(X-EX)(Y-EY)]$为随机变量$X$与$Y$的**协方差**,记为$\mathrm{Cov}(X,Y)$,即

$$\mathrm{Cov}(X,Y)=E[(X-EX)(Y-EY)]. \tag{4.13}$$

经过简单推导,有

$$\mathrm{Cov}(X,Y)=E(XY)-EXEY. \tag{4.14}$$

**例 4.29**　设$(X,Y)$服从二维正态分布$N(\mu_1,\mu_2,\sigma_1^2,\sigma_2^2,\rho)$,求$\mathrm{Cov}(X,Y)$.

**解**　根据定义 4.5 知

$$\begin{aligned}\mathrm{Cov}(X,Y)&=\int_{-\infty}^{+\infty}\int_{-\infty}^{+\infty}(x-EX)(y-EY)f(x,y)\mathrm{d}x\mathrm{d}y\\&=\int_{-\infty}^{+\infty}\int_{-\infty}^{+\infty}(x-\mu_1)(y-\mu_2)\frac{1}{2\pi\sigma_1\sigma_2\sqrt{1-\rho^2}}\\&\quad\cdot\exp\left\{\frac{-1}{2(1-\rho^2)}\left[\left(\frac{x-\mu_1}{\sigma_1}\right)^2-2\rho\left(\frac{x-\mu_1}{\sigma_1}\right)\left(\frac{y-\mu_2}{\sigma_2}\right)+\left(\frac{y-\mu_2}{\sigma_2}\right)^2\right]\right\}\mathrm{d}x\mathrm{d}y,\end{aligned}$$

令$u=\dfrac{x-\mu_1}{\sigma_1}$,$v=\dfrac{y-\mu_2}{\sigma_2}$,得

$$\mathrm{Cov}(X,Y)=\frac{\sigma_1\sigma_2}{2\pi\sqrt{1-\rho^2}}\int_{-\infty}^{+\infty}\int_{-\infty}^{+\infty}uv\exp\left\{\frac{-1}{2(1-\rho^2)}(u^2-2\rho uv+v^2)\right\}\mathrm{d}u\mathrm{d}v$$

$$=\frac{\sigma_1\sigma_2}{\sqrt{2\pi}}\int_{-\infty}^{+\infty}v\mathrm{d}v\,\frac{1}{\sqrt{2\pi(1-\rho^2)}}\int_{-\infty}^{+\infty}u\cdot\exp\left\{\frac{-1}{2(1-\rho^2)}[(u-\rho v)^2+(1-\rho^2)v^2]\right\}\mathrm{d}u$$

$$=\frac{\sigma_1\sigma_2}{\sqrt{2\pi}}\int_{-\infty}^{+\infty}v\mathrm{e}^{-\frac{v^2}{2}}\mathrm{d}v\left\{\frac{1}{\sqrt{2\pi(-\rho^2)}}\int_{-\infty}^{+\infty}u\cdot\exp\left[-\frac{1}{2(1-\rho^2)}(u-\rho v)^2\right]\mathrm{d}u\right\}$$

$$=\frac{\sigma_1\sigma_2}{\sqrt{2\pi}}\int_{-\infty}^{+\infty}\rho v^2\mathrm{e}^{-\frac{v^2}{2}}\mathrm{d}v=\rho\sigma_1\sigma_2.$$

协方差具有下列性质.

**定理 4.6**　设以下涉及的协方差均存在,则

(1) 若 $X$ 与 $Y$ 相互独立,则 $\mathrm{Cov}(X,Y)=0$;

(2) 对称性:$\mathrm{Cov}(X,Y)=\mathrm{Cov}(Y,X)$;

(3) 对任意常数 $a,b$,有 $\mathrm{Cov}(aX,bY)=ab\mathrm{Cov}(X,Y)$;

(4) 可加性:$\mathrm{Cov}(X_1+X_2,Y)=\mathrm{Cov}(X_1,Y)+\mathrm{Cov}(X_2,Y)$.

**证明**　由协方差的定义可直接推出.

**定理 4.7**　设 $k_0,k_1,\cdots,k_n$ 为任意常数,$X_1,X_2,\cdots,X_n$ 为随机变量,则

$$D(k_0+k_1X_1+\cdots+k_nX_n)=\sum_{i=1}^{n}k_i^2DX_i+2\sum_{\substack{i=1\\i<j}}^{n}\sum_{j=1}^{n}k_ik_j\mathrm{Cov}(X_i,X_j).$$

**证明**　可参见定理 4.5 中(3)的证明过程.

**例 4.30**　设 $N$ 件产品中有 $M$ 件次品,无放回地从中依次取 $n$ 件,用 $X$ 表示取得的次品数(称 $X$ 服从超几何分布),求 $DX$.

**解**　定义随机变量

$$X_i=\begin{cases}1, & \text{第 } i \text{ 次抽取取得次品},\\ 0, & \text{第 } i \text{ 次抽取取得正品},\end{cases}$$

则 $X_1,X_2,\cdots,X_n$ 有如下相同的分布列

| $X_i$ | 0 | 1 |
|---|---|---|
| $P$ | $1-\frac{M}{N}$ | $\frac{M}{N}$ |

经过简单计算,有

$$EX_i=\frac{M}{N},\quad EX_i^2=\frac{M}{N},\quad DX_i=\frac{NM-M^2}{N^2},$$

令 $X=X_1+X_2+\cdots+X_n$ 表示取得的次品数,则

$$P(X_i=1,X_j=1)=P(X_i=1)P(X_j=1|X_i=1)=\frac{M}{N}\cdot\frac{M-1}{N-1},$$

因此

$$\mathrm{Cov}(X_i,X_j)=E(X_iX_j)-EX_iEX_j=\frac{M(M-1)}{N(N-1)}-\frac{M^2}{N^2}.$$

由定理 4.7 有

$$DX=nDX_i+2\sum_{\substack{i=1\\i<j}}^{n}\sum_{j=1}^{n}\mathrm{Cov}(X_i,X_j)$$

$$=n\frac{NM-M^2}{N^2}+(n^2-n)\frac{M(M-N)}{N^2(N-1)}=\frac{N-n}{N-1}n\frac{M}{N}\left(1-\frac{M}{N}\right).$$

随机变量 $X$ 与 $Y$ 的协方差虽然反映了 $X$ 与 $Y$ 之间的联系,但它受到 $X$ 和 $Y$ 本身大小及数值尺度的影响.例如,让 $X$ 和 $Y$ 分别增大 $k$ 倍,即 $X_1=kX,Y_1=kY$,这时 $X_1$ 与 $Y_1$ 的联系和

$X$ 与 $Y$ 的联系是一样的,但反映这种联系的协方差却增大到 $k^2$ 倍,即

$$\mathrm{Cov}(X_1,Y_1)=k^2\mathrm{Cov}(X,Y).$$

为克服这一缺陷,将 $X$ 与 $Y$ 标准化:$\dfrac{X-EX}{\sqrt{DX}},\dfrac{Y-EY}{\sqrt{DY}}$,可得到相关系数的概念.

### 4.4.2 相关系数

**定义 4.6** 若$(X,Y)$是二维随机变量,称

$$\rho_{XY}=\mathrm{Cov}\left(\frac{X-EX}{\sqrt{DY}},\frac{Y-EY}{\sqrt{DY}}\right)=\frac{\mathrm{Cov}(X,Y)}{\sqrt{DX}\sqrt{DY}} \tag{4.15}$$

为随机变量 $X$ 与 $Y$ 的**相关系数**,简记为 $\rho$.

**例 4.31** 设随机变量$(X,Y)\sim N(\mu_1,\mu_2,\sigma_1^2,\sigma_2^2,\rho)$,求 $\rho_{XY}$.

**解** 已知 $\mathrm{Cov}(X,Y)=\rho\sigma_1\sigma_2$,由定义 4.6 得

$$\rho_{XY}=\frac{\mathrm{Cov}(X,Y)}{\sqrt{DX}\sqrt{DY}}=\frac{\rho\sigma_1\sigma_2}{\sigma_1\sigma_2}=\rho.$$

**定理 4.8** 设 $\rho$ 为随机变量 $X$ 与 $Y$ 的相关系数,则

(1) $|\rho|\leqslant 1$;

(2) $|\rho|=1$ 的充分必要条件为 $P(Y=aX+b)=1$,其中 $a,b$ 为常数.

**证明** (1) 令 $X_1=X-EX,Y_1=Y-EY$,对 $X_1,Y_1$ 应用柯西-施瓦茨不等式,有

$$\rho^2=\frac{[E(X-EX)(Y-EY)]^2}{DXDY}=\frac{[E(X_1Y_1)]^2}{EX_1^2EY_1^2}\leqslant 1,$$

即$|\rho|\leqslant 1$.

(2) 若$|\rho|=1$,由(1)知$[E(X_1Y_1)]^2-EX_1^2EY_1^2=0$,从而 $g(t)=E(tX_1-Y_1)^2=0$ 有二重根,记为 $t_0$,故

$$E(t_0X_1-Y_1)^2=0.$$

又由于

$$E(t_0X_1-Y_1)=E[1\cdot(t_0X_1-Y_1)],$$

以及柯西-施瓦茨不等式和 $E(t_0X_1-Y_1)^2=0$ 的结论,有 $E(t_0X_1-Y_1)=0$,所以

$$D(t_0X_1-Y_1)=0.$$

由方差的性质知,上式成立的充要条件为

$$P[t_0X_1-Y_1=E(t_0X_1-Y_1)]=P(t_0X_1-Y_1=0)=1,$$

将 $X_1=X-EX,Y_1=Y-EY$ 代入,得

$$P(Y=aX+b)=1$$

其中 $a=t_0,b=EY-t_0EX$ 均为常数,定理得证.

我们将 $\rho=0$,称为 $X$ 与 $Y$ 不相关,即 $X$ 与 $Y$ 不相关等价于 $\mathrm{Cov}(X,Y)=0$;$|\rho|=1$,称 $X$ 与 $Y$ 完全相关;$\rho>0$,称 $X$ 与 $Y$ 正相关;$\rho<0$,称 $X$ 与 $Y$ 负相关. 相关系数的符号与随机变量间取值的关系如图 4.4 所示.

相关系数有着广泛的应用. 例如,亲缘关系是生物学中一个十分重要的概念. 数量分类学引进了比亲缘关系更广泛的概念,即相似性的概念. 相似程度的数值表示称为相似性系数,相似性系数的出现是生物分类由定性朝定量方向发展的重要标志. 描述相似性系数有 5 个重要方法:距离系数、相关系数、联合系数、信息系数和模糊系数. 其中将概率统计中的相关系数的

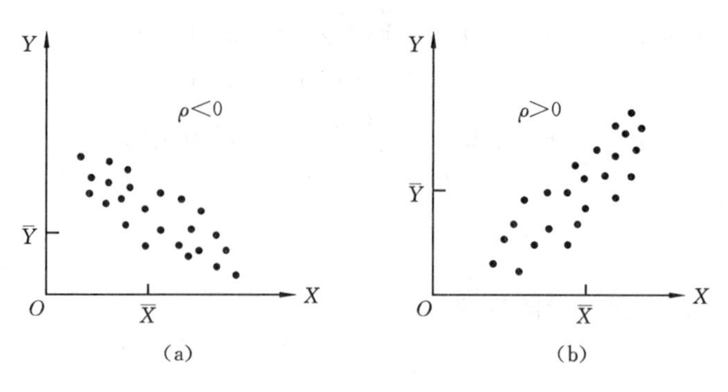


图 4.4

概念移植到数量分类学中,可起到描述生物之间的相似性关系的作用.两个物种相关系数的值越大,两个物种之间的亲缘关系越近;反之值越小,亲缘关系越疏远.另外在经济、金融领域,在证券投资市场上,投资者为了将投资风险分散化,需购进一定种类的股票及配置适当的份额进行投资,此称为证券组合.在最优证券组合的研究中,涉及股票的筛选及份额的配置.其中一个很重要的方法就是尽量避免重复选择两个回报率的相关系数较大的股票作为投资对象,若重复选择,将起不到风险分散化的作用.

**例 4.32** 设$(X,Y)$是二维离散型随机变量,在平面上取四个点:$(1,0)$,$(0,1)$,$(-1,0)$,$(0,-1)$,且取每一个点的概率相同,求 $\rho_{XY}$.

**解** 根据题意,$(X,Y)$有如下的联合分布列

| X \ Y | $-1$ | $0$ | $1$ | $p_{i\cdot}$ |
|---|---|---|---|---|
| $-1$ | $0$ | $\frac{1}{4}$ | $0$ | $\frac{1}{4}$ |
| $0$ | $\frac{1}{4}$ | $0$ | $\frac{1}{4}$ | $\frac{1}{2}$ |
| $1$ | $0$ | $\frac{1}{4}$ | $0$ | $\frac{1}{4}$ |
| $p_{\cdot j}$ | $\frac{1}{4}$ | $\frac{1}{2}$ | $\frac{1}{4}$ | |

由上表可得到 $EX=-\frac{1}{4}+\frac{1}{4}=0$,$EY=0$,$E(XY)=0$,$\mathrm{Cov}(X,Y)=0$,$\rho_{XY}=0$,因此 $X$ 与 $Y$ 不相关,但

$$P(X=-1)P(Y=-1)=\frac{1}{4}\times\frac{1}{4}\neq 0=P(X=-1,Y=-1),$$

说明 $X$ 与 $Y$ 不相互独立.

**例 4.33** 设$(X,Y)$的概率密度为

$$f(x,y)=\begin{cases}\frac{1}{\pi}, & x^2+y^2\leqslant 1,\\ 0, & x^2+y^2>1,\end{cases}$$

问:(1) $X$ 与 $Y$ 不相关吗?(2) $X$ 与 $Y$ 是否相互独立?

**解** (1) 由于

$$f_X(x)=\int_{-\infty}^{+\infty}f(x,y)\mathrm{d}y=\begin{cases}\dfrac{1}{\pi}\displaystyle\int_{-\sqrt{1-x^2}}^{\sqrt{1-x^2}}\mathrm{d}y=\dfrac{2}{\pi}\sqrt{1-x^2}, & -1\leqslant x\leqslant 1,\\ 0, & 其他.\end{cases}$$

同理

$$f_Y(y)=\begin{cases}\dfrac{2}{\pi}\sqrt{1-y^2}, & -1\leqslant y\leqslant 1,\\ 0, & 其他.\end{cases}$$

$f_X(x),f_Y(y)$ 均为偶函数，故 $EX=EY=0$，而

$$E(XY)=\iint\limits_{x^2+y^2\leqslant 1}\frac{1}{\pi}xy\mathrm{d}x\mathrm{d}y=0.$$

故

$$\rho_{XY}=\frac{\mathrm{Cov}(X,Y)}{\sqrt{DX}\sqrt{DY}}=\frac{E(XY)-EXEY}{\sqrt{DX}\sqrt{DY}}=0.$$

所以 $X$ 与 $Y$ 不相关.

(2) 由于 $f(x,y)\neq f_X(x)f_Y(y)$，从而 $X,Y$ 不相互独立.

由例 4.32 和例 4.33 可以看出，虽然 $X$ 与 $Y$ 不相关，但 $X$ 与 $Y$ 并不相互独立，显然当 $X$ 与 $Y$ 独立时一定不相关，反之不成立. 当然，对于二维正态分布，不相关和独立两者是一致的，因为 $X$ 与 $Y$ 相互独立的充要条件是 $\rho=0$. 同时也可看出随机变量独立性条件强于不相关性条件，因此定理 4.3 中(3)和定理 4.5 中(3)的前提条件可减弱为不相关.

为了进一步探明相关系数的概率含义，我们考虑这样一个问题：利用随机变量 $X$ 的信息，构造一个线性函数 $a+bX$，使它尽可能地近似随机变量 $Y$(也就是使均方误差最小)，那么 $a,b$ 该如何取值？这个均方误差又与两随机变量间的相关系数有何关系？为此我们有如下定理.

**定理 4.9**　设 $X$ 和 $Y$ 为两个随机变量，则

$$E[Y-(\hat{a}+\hat{b}X)]^2=\min_{a,b}E[Y-(a+bX)]^2=DY(1-\rho_{XY}^2),$$

其中 $\hat{a},\hat{b}$ 由方程

$$\hat{b}=\frac{\mathrm{Cov}(X,Y)}{DX}=\rho_{XY}\frac{\sqrt{DY}}{\sqrt{DX}},\quad EY=\hat{b}EX+\hat{a}$$

所确定.

**证明**　根据问题的含义要计算如下的均方误差

$$e(a,b)=E[Y-(a+bX)]^2=EY^2+b^2EX^2+a^2-2bE(XY)+2abEX-2aEY,$$

要使它达到最小，分别对 $a,b$ 求偏导数，则

$$\begin{cases}\dfrac{\partial e(a,b)}{\partial a}=2a+2bEX-2EY=0,\\ \dfrac{\partial e(a,b)}{\partial b}=2bEX^2-2E(XY)+2aEX=0,\end{cases}$$

解方程组得到 $\hat{b}=\dfrac{\mathrm{Cov}(X,Y)}{DX}=\rho_{XY}\dfrac{\sqrt{DY}}{\sqrt{DX}},EY=\hat{b}EX+\hat{a}$，则

$$\begin{aligned}\min_{a,b}e(a,b)&=e(\hat{a},\hat{b})=E[Y-(\hat{a}+\hat{b}X)]^2=D[Y-(\hat{a}+\hat{b}X)]+\{E[Y-(\hat{a}+\hat{b}X)]\}^2\\&=D(Y-\hat{b}X)=DY+\hat{b}^2DX-2\hat{b}\mathrm{Cov}(X,Y)=DY(1-\rho_{XY}^2).\end{aligned}$$

定理 4.9 说明，$|\rho_{XY}|$ 越接近 1，用 $a+bX$ 近似 $Y$ 的效果越好，$X$ 与 $Y$ 的线性关系越强；$|\rho_{XY}|$ 越接近于 0，用 $a+bX$ 近似 $Y$ 的效果越差，$X$ 与 $Y$ 的线性关系越弱；如果 $\rho_{XY}=0$，则 $\hat{b}=0$，此时用 $X$ 的线性函数去近似 $Y$ 的最佳情形是常数，说明在统计意义下 $X$ 与 $Y$ 没有线性关

系.所以相关系数只是刻画 $X$ 与 $Y$ 的线性相关程度的数字特征.

综上,我们得到如下关系:

(1) 若 $X,Y$ 相互独立,且 $X,Y$ 的二阶矩非零有限,则 $X$ 与 $Y$ 一定不相关;

(2) 若 $X,Y$ 不相关,则 $X$ 与 $Y$ 不一定独立;

(3) 若 $X,Y$ 相关,则 $X$ 与 $Y$ 一定不独立.

**例 4.34** 设随机变量 $X,Y$ 的方差都存在,令

$$U=aX+b, \quad V=cY+d,$$

其中 $a,b,c,d$ 为常数,则 $U,V$ 的相关系数

$$\rho_{UV}=\frac{ac}{|ac|}\rho_{XY}=\pm\rho_{XY}.$$

**证明** 根据协方差的性质,有

$$\mathrm{Cov}(U,V)=\mathrm{Cov}(aX+b,cY+d)=ac\mathrm{Cov}(X,Y),$$

$$DU=D(aX+b)=a^2DX, \quad DV=D(cY+d)=c^2DY.$$

因此有
$$\rho_{UV}=\frac{\mathrm{Cov}(U,V)}{\sqrt{DU}\sqrt{DV}}=\frac{ac\mathrm{Cov}(X,Y)}{|ac|\sqrt{DX}\sqrt{DY}}=\frac{ac}{|ac|}\rho_{XY}.$$

此例题表明,随机变量经线性变换不改变两随机变量间线性关系的密切程度,只是有可能改变正负相关的性质.说明相关系数不依赖于原点和单位的选取.

### 4.4.3 协方差矩阵

**定义 4.7** 设$(X,Y)$为二维随机变量,若

$$E(X^kY^l), \quad k,l=1,2,\cdots$$

存在,则称它为 $X$ 和 $Y$ 的$(k,l)$阶**联合原点矩**;若

$$E[(X-EX)^k(Y-EY)^l], \quad k,l=1,2,\cdots$$

存在,则称它为 $X$ 和 $Y$ 的$(k,l)$阶**联合中心矩**.

**注** 定义 4.7 要求

$$E[|X^kY^l|]<+\infty, \quad k,l=1,2,\cdots,$$

$$E[|(X-EX)^k(Y-EY)^l|]<+\infty, \quad k,l=1,2,\cdots.$$

显然,协方差为(1,1)阶联合中心矩.

对于二维随机变量$(X_1,X_2)$,记

$$C_{11}=DX_1=E(X_1-EX_1)^2,$$

$$C_{22}=DX_2=E(X_2-EX_2)^2,$$

$$C_{12}=\mathrm{Cov}(X_1,X_2)=E(X_1-EX_1)(X_2-EX_2),$$

$$C_{21}=\mathrm{Cov}(X_2,X_1)=E(X_2-EX_2)(X_1-EX_1),$$

其中 $C_{12}=C_{21}$.它们排成的矩阵

$$\begin{pmatrix} C_{11} & C_{12} \\ C_{21} & C_{22} \end{pmatrix}$$

称为$(X_1,X_2)$的**协方差矩阵**.

例如,设$(X_1,X_2)\sim N(\mu_1,\mu_2,\sigma_1^2,\sigma_2^2,\rho)$,则$(X_1,X_2)$的协方差矩阵为

$$\begin{pmatrix} \sigma_1^2 & \rho\sigma_1\sigma_2 \\ \rho\sigma_1\sigma_2 & \sigma_2^2 \end{pmatrix}.$$

一般地，对于 $n$ 维随机变量$(X_1,X_2,\cdots,X_n)$，其协方差矩阵为

$$\begin{pmatrix} \mathrm{Cov}(X_1,X_1) & \mathrm{Cov}(X_1,X_2) & \cdots & \mathrm{Cov}(X_1,X_n) \\ \mathrm{Cov}(X_2,X_1) & \mathrm{Cov}(X_2,X_2) & \cdots & \mathrm{Cov}(X_2,X_n) \\ \vdots & \vdots & & \vdots \\ \mathrm{Cov}(X_n,X_1) & \mathrm{Cov}(X_n,X_2) & \cdots & \mathrm{Cov}(X_n,X_n) \end{pmatrix}$$

简记为 $\boldsymbol{\Sigma}$.

**例 4.35**　假设随机变量 $X$ 和 $Y$ 独立同服从参数为 $\lambda$ 的泊松分布，令 $U=2X+Y,V=2X-Y$，求 $\rho_{UV}$ 及协方差矩阵 $\boldsymbol{\Sigma}$.

**解**　由于 $EX=EY=\lambda,DX=DY=\lambda$，所以

$$EX^2=EY^2=DX+(EX)^2=\lambda+\lambda^2,$$

$$EU=2EX+EY=3\lambda,\quad EV=2EX-EY=\lambda,$$

$$DU=DV=4DX+DY=4\lambda+\lambda=5\lambda.$$

$$E(UV)=E(4X^2-Y^2)=4EX^2-EY^2=3\lambda+3\lambda^2,$$

$$\mathrm{Cov}(U,V)=EUV-EUEV=3\lambda+3\lambda^2-3\lambda^2=3\lambda.$$

从而

$$\rho_{UV}=\frac{\mathrm{Cov}(U,V)}{\sqrt{DU}\sqrt{DV}}=\frac{3\lambda}{5\lambda}=\frac{3}{5},\quad \boldsymbol{\Sigma}=\begin{pmatrix} 5\lambda & 3\lambda \\ 3\lambda & 5\lambda \end{pmatrix}.$$

该题的求解过程并不需要求 $U$ 和 $V$ 的联合分布及边缘分布，而是完全利用有关性质进行运算，这是一种常用方法.

## 4.5　条件数学期望

在第三章我们曾经引进了条件分布的概念，依照数学期望的定义，在此我们引入相应的条件数学期望的定义，平行地引出有关性质、全期望公式，并说明它们的应用.

### 4.5.1　条件期望的定义

设$(X,Y)$是二维离散型随机变量，有联合概率分布

$$P(X=x_i,Y=y_j)=p_{ij},\quad i,j=1,2,\cdots,$$

则 $Y$ 有边缘分布

$$P(Y=y_i)=\sum_{i=1}^{\infty}p_{ij}=p_{\cdot j}\quad j=1,2,\cdots.$$

已知 $Y=y_j$ 时 $X$ 有条件分布

$$P(X=x_i|Y=y_j)=\frac{P(X=x_i,Y=y_j)}{P(Y=y_j)}=\frac{p_{ij}}{p_{\cdot j}},\quad i=1,2,\cdots.$$

若

$$E(|X||Y=y_j)=\sum_{i=1}^{\infty}|x_i|\frac{p_{ij}}{p_{\cdot j}}<+\infty,$$

就可以定义在 $Y=y_j$ 条件下 $X$ 的数学期望，即

$$m(y_j)=E(X|Y=y_j)=\sum_{i=1}^{\infty}x_i\frac{p_{ij}}{p_{\cdot j}}.\tag{4.16}$$

设$(X,Y)$是二维连续型随机变量，有概率密度 $f(x,y)$，由 3.2 节可知 $Y$ 有边缘概率密度

$$f_Y(y)=\int_{-\infty}^{+\infty}f(x,y)\mathrm{d}x,$$

对满足 $f_Y(y)>0$ 的 $y$，已知 $Y=y$ 时 $X$ 有条件概率密度

$$f_{X|Y}(x|y)=\frac{f(x,y)}{f_Y(y)}.$$

若
$$E(|X||Y=y)=\int_{-\infty}^{+\infty}|x|f_{X|Y}(x|y)\mathrm{d}x<+\infty,$$

就可以定义在 $Y=y$ 条件下，$X$ 的数学期望如下：

$$m(y)=E(X|Y=y)=\int_{-\infty}^{+\infty}xf_{X|Y}(x|y)\mathrm{d}x. \tag{4.17}$$

**定义 4.8**　设$(X,Y)$是二维随机变量，$E|X|<\infty$，如果 $m(y)$是在条件 $Y=y$ 下 $X$ 的数学期望，即

$$m(y)=E(X|Y=y),$$

就称 $m(Y)$为 $X$ 关于 $Y$ 的**条件数学期望**，简称为**条件期望**，记为 $E(X|Y)$. 同样，也可定义 $Y$ 关于 $X$ 的条件期望 $E(Y|X)$.

由定义看出，$E(X|Y=y)$依赖于 $y$，当 $y$ 固定时，$E(X|Y=y)$是一个常数，但 $y$ 是随机变量 $Y$ 的一个可能取值，因此条件期望 $E(X|Y)$是一个随机变量，为随机变量 $Y$ 的一个函数.

$E(X|Y=y)$直观地可以理解为：在已知信息 $Y=y$ 时，对于随机变量 $X$ 的最合理估值(因为它是“已知信息 $Y=y$ 下的平均值”).

**例 4.36**　假设随机变量 $X$ 和 $Y$ 独立，且分别服从参数为 $\lambda$ 和 $\mu$ 的泊松分布，求 $P(X=k|X+Y=m)$和 $E(X|X+Y=m)$，其中 $k\leqslant m$.

**解**　$X\sim P(\lambda)$，$Y\sim P(\mu)$，根据前面的结论有 $X+Y\sim P(\lambda+\mu)$，因此

$$\begin{aligned}P(X=k|X+Y=m)&=\frac{P(X=k,X+Y=m)}{P(X+Y=m)}=\frac{P(X=k,Y=m-k)}{P(X+Y=m)}\\&=\frac{\lambda^k\mathrm{e}^{-\lambda}}{k!}\times\frac{\mu^{m-k}\mathrm{e}^{-\mu}}{(m-k)!}\Big/\frac{(\lambda+\mu)^m\mathrm{e}^{-(\lambda+\mu)}}{m!}=\mathrm{C}_m^k\frac{\lambda^k\mu^{m-k}}{(\lambda+\mu)^m}.\end{aligned}$$

由条件期望的定义，有

$$\begin{aligned}E(X|X+Y=m)&=\sum_{k=0}^{m}kP(X=k|X+Y=m)=\sum_{k=0}^{m}k\mathrm{C}_m^k\frac{\lambda^k\mu^{m-k}}{(\lambda+\mu)^m}\\&=\frac{m\lambda}{(\lambda+\mu)^m}\sum_{k=1}^{m}\frac{(m-1)!}{(k-1)!(m-k)!}\lambda^{k-1}\mu^{m-k}\\&=\frac{m\lambda}{(\lambda+\mu)^m}\times(\lambda+\mu)^{m-1}=\frac{m\lambda}{\lambda+\mu}.\end{aligned}$$

**例 4.37**　若$(X,Y)\sim N(\mu_1,\mu_2,\sigma_1^2,\sigma_2^2,\rho)$，求条件期望 $E(X|Y)$和 $E(Y|X)$.

**解**　条件密度

$$f_{Y|X}(y|x)=\frac{f(x,y)}{f_X(x)}=\frac{1}{\sqrt{1-\rho^2}\sqrt{2\pi}\sigma_2}\mathrm{e}^{-\frac{1}{2\sigma_2^2(1-\rho^2)}\left[y-\left(\mu_2+\rho\frac{\sigma_2}{\sigma_1}(x-\mu_1)\right)\right]^2},$$

它是正态分布 $N\left(\mu_2+\rho\frac{\sigma_2}{\sigma_1}(x-\mu_1),\sigma_2^2(1-\rho^2)\right)$的概率密度，于是由

$$E(Y|X=x)=\int_{-\infty}^{+\infty}yf_{Y|X}(y|x)\mathrm{d}y=\mu_2+\rho\frac{\sigma_2}{\sigma_1}(x-\mu_1),$$

得到
$$E(Y|X)=\mu_2+\rho\frac{\sigma_2}{\sigma_1}(X-\mu_1),$$

同理,得到
$$E(X|Y)=\mu_1+\rho\frac{\sigma_1}{\sigma_2}(Y-\mu_2).$$

## 4.5.2　条件期望的性质

**定理 4.10**　设 $X,Y,X_1,X_2,\cdots,X_n$ 是随机变量,$g(x),h(y)$是函数,又设所有随机变量的数学期望均存在,则

(1) $E\left(C_0+\sum_{i=1}^{n}C_iX_i \mid Y\right)=C_0+\sum_{i=1}^{n}C_iE(X_i \mid Y)$, 其中 $C_0,C_1,\cdots,C_n$ 是常数;

(2) $E[h(Y)g(X)|Y]=h(Y)E[g(X)|Y]$;

(3) 当 $X,Y$ 独立时,$E[g(X)|Y]=E[g(X)]$;

(4) $E[E(g(X)|Y)]=E[g(X)]$.

**证明**　(1) 根据条件期望的定义可直接得到.

(2) 由于　$E[h(Y)g(X)|Y=y]=E[h(y)g(X)|Y=y]=h(y)E[g(X)|Y=y]$,

可得到
$$E[h(Y)g(X)|Y]=h(Y)E[g(X)|Y].$$

(3) 设$(X,Y)$的联合概率密度为 $f(x,y)$,由于 $X$ 与 $Y$ 独立,满足 $f(x,y)=f_X(x)\cdot f_Y(y)$,由条件期望的定义,有

$$\begin{aligned}E[g(X)\mid Y=y]&=\int_{-\infty}^{+\infty}g(x)f_{X|Y}(x\mid y)\mathrm{d}x=\int_{-\infty}^{+\infty}g(x)\frac{f(x,y)}{f_Y(y)}\mathrm{d}x\\&=\int_{-\infty}^{+\infty}g(x)f_X(x)\mathrm{d}x=E[g(X)].\end{aligned}$$

离散情形可类似证明.

(4) 由期望的定义,有

$$\begin{aligned}E[E(g(X)\mid Y)]&=\int_{-\infty}^{+\infty}E[g(X)\mid Y=y]f_Y(y)\mathrm{d}y\\&=\int_{-\infty}^{+\infty}\int_{-\infty}^{+\infty}g(x)f_{X|Y}(x\mid y)\mathrm{d}xf_Y(y)\mathrm{d}y\\&=\int_{-\infty}^{+\infty}\int_{-\infty}^{+\infty}g(x)f_{X|Y}(x\mid y)f_Y(y)\mathrm{d}x\mathrm{d}y\\&=\int_{-\infty}^{+\infty}\int_{-\infty}^{+\infty}g(x)f(x,y)\mathrm{d}x\mathrm{d}y=E[g(X)].\end{aligned}$$

离散情形可类似证明.

**例 4.38**(最佳预测问题)　设 $X,Y$ 为两个随机变量,且 $EX^2<+\infty$,记 $m(Y)=E(X|Y)$,则对任何函数 $g(y)$,有

$$E[X-m(Y)]^2\leqslant E[X-g(Y)]^2.$$

**证明**
$$\begin{aligned}E[X-g(Y)]^2&=E[X-m(Y)+m(Y)-g(Y)]^2\\&=E[(X-m(Y))^2+2(X-m(Y))(m(Y)-g(Y))+(m(Y)-g(Y))^2]\\&=E[X-m(Y)]^2+E[m(Y)-g(Y)]^2+2E(X-m(Y))(m(Y)-g(Y)),\end{aligned}$$

令 $h(Y)=m(Y)-g(Y)$,由条件期望的性质,有

$$\begin{aligned}E((X-m(Y))(m(Y)-g(Y)))&=E(X-m(Y))h(Y)=E[E[h(Y)(X-m(Y))|Y]]\\&=E[h(Y)[E(X-m(Y))|Y]]=0.\end{aligned}$$

因此　$E[X-g(Y)]^2=E[X-m(Y)]^2+E[m(Y)-g(Y)]^2\geqslant E[X-m(Y)]^2$.

例 4.38 可直观地理解为:我们希望找到 $X$ 与 $Y$ 之间的函数关系 $g(y)$,目的是要通过 $Y$

的观测值来预测 $X$,由证明可知最佳的函数是 $X$ 在 $Y$ 下的条件期望 $E(X|Y)$.

由例 4.37 可知 $E(X|Y)$ 是 $Y$ 的线性函数,所以对正态分布而言,最佳预测等于最佳线性预测.

**推论 4.1**(全期望公式) 设 $X,Y$ 为两个随机变量,若 $EX$ 存在,则

$$E[E(X|Y)]=EX. \tag{4.18}$$

若 $(X,Y)$ 为二维离散型随机变量,则

$$EX=\sum_{j=1}^{\infty}E(X\mid Y=y_j)P(Y=y_j), \tag{4.19}$$

若 $(X,Y)$ 为二维连续型随机变量,则

$$EX=\int_{-\infty}^{+\infty}E(X\mid Y=y)f_Y(y)\mathrm{d}y. \tag{4.20}$$

**证明** 在定理 4.10 的(4)中,令 $g(x)=x$,即可得证.

**例 4.39** 设某超级市场周日的顾客总数 $N$ 服从泊松分布 $P(\lambda)$,又设顾客之间的消费额相互独立同分布,并且和 $N$ 独立,用 $S$ 表示该日的全天营业额,当顾客的平均消费是 $\mu$ 时,求 $E(S|N)$ 和 $ES$.

**解** 令 $X_i$ 表示第 $i$ 个顾客的消费额,于是由

$$\begin{aligned}E(S|N=n)&=E(X_1+X_2+\cdots+X_n|N=n)\\&=E(X_1|N=n)+E(X_2|N=n)+\cdots+E(X_n|N=n)\\&=EX_1+EX_2+\cdots+EX_n=n\mu,\end{aligned}$$

得到

$$E(S|N)=N\mu.$$

$$ES=E[E(S|N)]=E[N\mu]=\mu EN=\mu\lambda.$$

**例 4.40** 假设随机变量 $X_1$ 在 $[0,1]$ 上有均匀分布,$X_i$ 在 $[X_{i-1},X_{i-1}+1]$ 上有均匀分布,其中 $i=1,2,\cdots,n$,求 $EX_n$.

**解** 由均匀分布的期望可知

$$E(X_n|X_{n-1}=x)=\frac{x+x+1}{2}=x+\frac{1}{2},$$

因此 $E(X_n|X_{n-1})=X_{n-1}+\frac{1}{2}$. 根据全期望公式,由递推法得到

$$EX_n=E[E(X_n|X_{n-1})]=E\left(X_{n-1}+\frac{1}{2}\right)=EX_{n-1}+\frac{1}{2}=EX_1+\frac{n-1}{2}=\frac{1}{2}+\frac{n-1}{2}=\frac{n}{2}.$$

## 习　题　四

**4.1** 设随机变量 $X$ 服从正态分布 $N(\mu,\sigma^2)$ $(\sigma>0)$,且二次方程 $y^2+4y+X=0$ 无实根的概率为 $\frac{1}{2}$,则 $\mu$ =______.

**4.2** 如果随机变量 $X$、$Y$ 满足 $D(X+Y)=D(X-Y)$,则必有(　　).

(A) $X$ 与 $Y$ 独立　　(B) $X$ 与 $Y$ 不相关　　(C) $DY=0$　　(D) $DX=0$

**4.3** 设随机变量 $X$ 和 $Y$ 都服从正态分布,且它们不相关,则(　　).

(A) $X$ 和 $Y$ 一定独立　　(B) $(X,Y)$ 服从二维正态分布

(C) $X$ 和 $Y$ 未必独立　　(D) $X+Y$ 服从一维正态分布

**4.4** 设随机变量 $X$ 服从正态分布 $N(\mu_1,\sigma_1^2)$,随机变量 $Y$ 服从正态分布 $N(\mu_2,\sigma_2^2)$,且 $P(|X-\mu_1|<1)>$

$P(|Y-\mu_2|<1)$，则有(　　).

(A) $\sigma_1<\sigma_2$　　(B) $\sigma_1>\sigma_2$　　(C) $\mu_1<\mu_2$　　(D) $\mu_1>\mu_2$

**4.5**　一整数等可能地在 1 到 10 中取值，以 $X$ 记除得尽这一整数的正整数的个数，求 $EX$.

**4.6**　设有离散型随机变量 $X$，其可能取值为 1，2，…，如果 $P(X=k)$ 对 $k=1,2,\cdots$ 是不增的，试证 $P(X=k)\leqslant 2EX/k^2$.

**4.7**　某地区流行某种疾病，患者约占 10%，为开展防治工作，要对 $n$ 位居民验血，现将 $k$ 人合并为一组，混合化验，如果合格，则 $k$ 人只要化验一次，若发现有问题，再对这一组 $k$ 人逐个化验，问 $k$ 取何值时最优？

**4.8**　设有独立试验序列，每次试验只有两个结果：成功或失败，且成功的概率为 $p$，又设第 $r$ 次成功恰好出现在第 $X$ 次，求 $EX$.

**4.9**　逐批检查产品，对于一批产品，若抽查到第 $n_0$ 件仍未发现废品，则立即停止检查认为质量合格，设产品的废品率为 $p$，且每批产品的数量都很大，因此可以认为每次查到废品的概率都是 $p$，问平均每批产品要检查多少件？

**4.10**　试证：对取非负整数值的随机变量 $X$，若 $EX$ 存在，则 $EX=\sum\limits_{k=1}^{\infty}P(X\geqslant k)$.

**4.11**　设一次试验成功的概率为 $p$，进行 100 次独立重复试验，当 $p$ 为何值时，成功次数的标准差最大？其最大值等于什么？

**4.12**　设 $X$ 表示 10 次独立重复射击命中目标的次数，每次命中目标的概率为 0.4，求 $EX^2$.

**4.13**　设随机变量 $X$ 的概率密度为

$$f(x)=\begin{cases}1+x, & -1\leqslant x\leqslant 0,\\ 1-x, & 0<x\leqslant 1,\\ 0, & \text{其他},\end{cases}$$

求 $DX$.

**4.14**　设随机变量 $X$ 的概率密度为

$$f(x)=\begin{cases}\dfrac{2}{\pi}\cos^2 x, & |x|\leqslant\dfrac{\pi}{2},\\ 0, & |x|>\dfrac{\pi}{2},\end{cases}$$

求 $EX$，$DX$.

**4.15**　设随机变量 $X$ 的概率密度为

$$f(x)=\frac{1}{2}\mathrm{e}^{-|x|},\quad -\infty<x<+\infty,$$

(1) 求 $X$ 的数学期望 $EX$ 和方差 $DX$；

(2) 求 $X$ 与 $|X|$ 的协方差，并问 $X$ 与 $|X|$ 是否不相关？

(3) 问 $X$ 与 $|X|$ 是否相互独立？为什么？

**4.16**　设连续型随机变量 $X$ 的分布函数为

$$F(x)=\begin{cases}0, & x<-1,\\ a+b\arcsin x, & -1\leqslant x<1,\\ 1, & x\geqslant 1,\end{cases}$$

试确定常数 $a$，$b$，并求 $EX$ 及 $DX$.

**4.17**　在长为 $l$ 的线段上任取两点，试求两点间距离的期望及方差.

**4.18**　设随机变量 $(X,Y)$ 在区域 $D(D=\{(x,y):0<x<1,|y|<x\})$ 内服从均匀分布，求随机变量 $Z=2X+1$ 的方差 $DZ$.

**4.19**　设随机变量 $X_1$ 与 $X_2$ 相互独立，其概率密度分别为

$$f_1(x)=\begin{cases}2x, & 0\leqslant x\leqslant 1,\\ 0, & \text{其他},\end{cases}\qquad f_2(x)=\begin{cases}\mathrm{e}^{-(x-5)}, & x>5,\\ 0, & \text{其他}.\end{cases}$$

求 $E(X_1X_2)$.

**4.20**　设 $A,B$ 为随机事件,且 $P(A)=\frac{1}{4}$,$P(B|A)=\frac{1}{3}$,$P(A|B)=\frac{1}{2}$,令

$$X=\begin{cases}1, & A\text{发生},\\0, & A\text{不发生},\end{cases}\quad Y=\begin{cases}1, & B\text{发生},\\0, & B\text{不发生}.\end{cases}$$

求:(1) 二维随机变量 $(X,Y)$ 的概率分布;(2) $X$ 与 $Y$ 的相关系数 $\rho_{XY}$.

**4.21**　将 $n$ 个球放入 $M$ 个盒子中,设每个球放入各个盒子是等可能的,求有球的盒子数 $X$ 的期望.

**4.22**　设随机变量 $X$ 和 $Y$ 同分布,$X$ 的概率密度为

$$f(x)=\begin{cases}\frac{3}{8}x^2, & 0<x<2,\\0, & \text{其他}.\end{cases}$$

(1) 已知事件 $A=\{X>a\}$ 和 $B=\{Y>a\}$ 独立,且 $P(A\cup B)=\frac{3}{4}$,求常数 $a$.

(2) 求 $\frac{1}{X^2}$ 的数学期望.

**4.23**　证明:若对随机变量 $X$ 有 $E\mathrm{e}^{aX}<+\infty$,其中 $a>0$ 为常数,则

$$P(X\geqslant\varepsilon)\leqslant E\mathrm{e}^{aX}/\mathrm{e}^{a\varepsilon}.$$

**4.24**　设由自动生产线加工的某种零件的内径 $X$(单位:mm)$\sim N(\mu,1)$,内径小于 10 或大于 12 的为不合格品,余下的为合格品,销售每件合格品获利,处理销售不合格的产品亏损,已知销售利润 $T$(单位:元)与销售零件内径 $X$ 有如下关系:

$$T=\begin{cases}-1, & X<10,\\20, & 10\leqslant X\leqslant 12,\\-5, & X>12,\end{cases}$$

问平均内径 $\mu$ 取何值时,销售一个零件的平均利润最大?

**4.25**　设二维随机变量 $(X,Y)$ 的概率密度为

$$f(x,y)=\frac{1}{2}[\varphi_1(x,y)+\varphi_2(x,y)],$$

其中 $\varphi_1(x,y)$ 和 $\varphi_2(x,y)$ 都是二维正态概率密度,且它们对应的二维随机变量的相关系数分别为 $\frac{1}{3}$ 和 $-\frac{1}{3}$,它们的边缘密度函数所对应的随机变量的数学期望都是零,方差都是 1.

(1) 求随机变量是 $X$ 和 $Y$ 的概率密度 $f_1(x)$ 和 $f_2(y)$,以及 $X$ 和 $Y$ 的相关系数 $\rho$.

(2) 问 $X$ 和 $Y$ 是否独立?为什么?

**4.26**　设随机变量 $(X,Y)$ 的联合分布列为

| $X$ \ $Y$ | 0 | 1 | 2 |
|---|---|---|---|
| 0 | 0.1 | 0 | 0.2 |
| 1 | 0 | 0.1 | 0.2 |
| 2 | 0.2 | 0 | 0.2 |

求 $EX,EY,\mathrm{Cov}(X,Y)$.

**4.27**　设 $X$ 与 $Y$ 相互独立,证明

$$D(XY)=DXDY+(EX)^2DY+(EY)^2DX.$$

**4.28**　已知随机变量 $X\sim N(1,3^2)$,$Y\sim N(0,4^2)$,且 $\rho_{XY}=-\frac{1}{2}$,设 $Z=\frac{X}{3}+\frac{Y}{2}$,求:(1) $EZ,DZ$;(2) $\rho_{XZ}$.

**4.29**　设 $X,Y$ 相互独立同分布,已知 $X$ 的概率分布为 $P(X=i)=\frac{1}{3}$,$i=1,2,3$. 设 $Z=\max(X,Y)$,$W=$

$\min(X,Y)$. 求：(1) $(Z,W)$的概率分布；(2) $EZ$.

**4.30**　$X_1,X_2,\cdots,X_n$ 是独立同分布且方差有限的随机变量，设 $\overline{X}=\frac{1}{n}\sum_{i=1}^{n}X_i$，证明：$X_i-\overline{X}$ 与 $X_j-\overline{X}$ $(i\neq j)$ 的相关系数为 $-\frac{1}{n-1}$.

**4.31**　设随机变量 $X$ 的概率分布为 $P(X=1)=P(X=2)=\frac{1}{2}$，在给定 $X=i$ 的条件下，随机变量 $Y$ 服从均匀分布 $U(0,i)(i=1,2)$. 求：(1) $Y$ 的分布函数 $F_Y(y)$；(2) $EY$.

**4.32**　设随机变量 $X$ 的概率密度为

$$f(x)=\begin{cases}2^{-x}\ln 2, & x>0,\\ 0, & x\leqslant 0,\end{cases}$$

对 $X$ 进行独立重复的观测，直到第 2 个大于 3 的观测值出现时停止，记 $Y$ 为观测次数. 求：(1) $Y$ 的概率分布；(2) $EY$.

# 第五章　大数定律和中心极限定理

大数定律和中心极限定理是概率论中两类重要的极限定理的统称. 一类极限定理阐明大量随机现象平均值的稳定性,这类极限定理的命题统称为大数定律;另一类极限定理说明了在一定条件下,大量随机变量和的极限分布为正态分布,这类极限定理的命题统称为中心极限定理. 它们是概率论的基本理论之一,也是数理统计学的理论基础,因此占有极其重要的地位. 下面分别对大数定律和中心极限定理作简单介绍.

## 5.1　大数定律

概率公理化定义的客观基础是频率的稳定性. 所谓事件发生的频率具有稳定性,是指随着试验次数的增加,事件发生的频率逐渐稳定于某个常数. 在实践中人们还发现,大量观测值的算术平均值也具有稳定性. 大数定律就是要对上述客观事实给出严格的数学论证.

首先,引入随机变量序列 $X_1,X_2,\cdots,X_n,\cdots$ 相互独立、互不相关两个概念. 若对于任意 $n>1$, $X_1,X_2,\cdots,X_n$ 都独立,则称随机变量序列 $X_1,X_2,\cdots,X_n,\cdots$ 相互独立. 若 $X_1,X_2,\cdots,X_n,\cdots$ 两两不相关,则称随机变量序列 $X_1,X_2,\cdots,X_n,\cdots$ 互不相关.

其次,给出大数定律和依概率收敛的定义.

**定义 5.1**　设 $X_1,X_2,\cdots,X_n,\cdots$ 是一列随机变量,记 $\overline{X}_n=\dfrac{1}{n}\sum\limits_{i=1}^{n}X_i$, $n=1,2,\cdots$. 若存在常数序列 $a_1,a_2,\cdots,a_n,\cdots$,使得对任意给定的 $\varepsilon>0$,有

$$\lim_{n\to\infty}P\{|\overline{X}_n-a_n|<\varepsilon\}=1, \tag{5.1}$$

则称序列 $X_1,X_2,\cdots,X_n,\cdots$ 服从**大数定律**.

该定义的直观含义是:服从大数定律的随机变量序列 $\{X_n\}$,其前 $n$ 个随机变量的算术平均值 $\{\overline{X}_n\}$,也是一个随机变量序列,在概率意义下以常数序列 $\{a_n\}$ 为极限,即当 $n$ 充分大时,二者的误差小于任意正数 $\varepsilon$ 这一事件的概率将无限接近于 1. 通俗地说,$n$ 个随机变量的算术平均这一随机序列当 $n$ 无限增加时几乎必然趋于一个常数序列.

一般地,常数序列 $a_1,a_2,\cdots,a_n,\cdots$ 取为 $E\overline{X}_1,E\overline{X}_2,\cdots,E\overline{X}_n,\cdots$.

**定义 5.2**　设 $Y_1,Y_2,\cdots,Y_n,\cdots$ 是一列随机变量,$a$ 是常数,若对任意给定的 $\varepsilon>0$,有

$$\lim_{n\to\infty}P\{|Y_n-a|<\varepsilon\}=1, \tag{5.2}$$

则称序列 $Y_1,Y_2,\cdots,Y_n,\cdots$ 依概率收敛于 $a$. 记为

$$Y_n\xrightarrow{P}a.$$

该定义的直观含义是:依概率收敛于 $a$ 的随机变量序列 $\{Y_n\}$ 在概率意义下以常数 $a$ 为极限. 换言之,当 $n$ 无限增加时,随机变量序列 $\{Y_n\}$ 将几乎必然趋于常数 $a$,二者的误差小于任给正数 $\varepsilon$ 这一事件的概率将无限接近于 1. 其数学描述跟微积分中常数序列的极限定义非常类似.

依概率收敛的序列有以下常用性质.

设 $X_n \xrightarrow{P} a, Y_n \xrightarrow{P} b$，又设函数 $g(x,y)$ 在点 $(a,b)$ 处连续，则

$$g(X_n,Y_n) \xrightarrow{P} g(a,b).$$

此性质证明如下.

由 $g(x,y)$ 在点 $(a,b)$ 处的连续性知，对任给 $\varepsilon>0$，必存在 $\delta>0$，使得当 $|x-a|+|y-b|<\delta$ 时有 $|g(x,y)-g(a,b)|<\varepsilon$，于是

$$\{|g(X_n,Y_n)-g(a,b)|\geqslant\varepsilon\}\subset\{|X_n-a|+|Y_n-b|\geqslant\delta\}\subset\{|X_n-a|\geqslant\delta/2\}\cup\{|Y_n-b|\geqslant\delta/2\}.$$

因此　$P\{|g(X_n,Y_n)-g(a,b)|\geqslant\varepsilon\}\leqslant P\{|X_n-a|\geqslant\delta/2\}+P\{|Y_n-b|\geqslant\delta/2\}\xrightarrow{n\to\infty}0$，

亦即

$$\lim_{n\to\infty}P\{|g(X_n,Y_n)-g(a,b)|<\varepsilon\}=1.$$

下面介绍三个常用的大数定律，它们分别反映了算术平均值及频率的稳定性.

**定理 5.1**（契比雪夫大数定律的特殊情况）　设 $X_1,X_2,\cdots,X_n,\cdots$ 是互不相关的随机变量序列，且具有相同的期望和方差：$EX_i=\mu, DX_i=\sigma^2(i=1,2,\cdots)$，则随机变量序列 $\{X_n\}$ 服从大数定律，即对于任意 $\varepsilon>0$，有

$$\lim_{n\to\infty}P\{|\overline{X}_n-\mu|<\varepsilon\}=1, \tag{5.3}$$

或等价地有

$$\lim_{n\to\infty}P\{|\overline{X}_n-\mu|\geqslant\varepsilon\}=0. \tag{5.4}$$

换言之，前 $n$ 个随机变量的算术平均值序列 $\overline{X}_n=\frac{1}{n}\sum_{i=1}^{n}X_i$ 依概率收敛于 $\mu$.

**证明**　用契比雪夫不等式证(5.3)式. 先求 $\overline{X}_n$ 的期望、方差：

$$E\overline{X}_n=E\left(\frac{1}{n}\sum_{i=1}^{n}X_i\right)=\frac{1}{n}\left(\sum_{i=1}^{n}EX_i\right)=\frac{1}{n}n\mu=\mu,$$

$$D\overline{X}_n=D\left(\frac{1}{n}\sum_{i=1}^{n}X_i\right)=\frac{1}{n^2}\left(\sum_{i=1}^{n}DX_i\right)=\frac{1}{n^2}n\sigma^2=\frac{\sigma^2}{n}.$$

由契比雪夫不等式，可得下式中的右侧不等式成立：

$$1\geqslant P\{|\overline{X}_n-\mu|<\varepsilon\}\geqslant1-\frac{\sigma^2/n}{\varepsilon^2}.$$

当 $n\to\infty$ 时，上式左、右两边的常数序列极限皆为 1，由极限的夹逼定理可知，不等式中间的常数序列的极限也存在且为 1，即

$$\lim_{n\to\infty}P\{|\overline{X}_n-\mu|<\varepsilon\}=1.$$

从而(5.3)式得证.

由对立事件的概率公式立得(5.4)式.

特别地，若将定理中的条件“互不相关”改为“相互独立”，即对一个相互独立且具有相同的期望和方差的随机变量序列，结论也成立.

契比雪夫大数定律说明互不相关(含相互独立)且具有相同期望和方差的随机变量序列的算术平均 $\overline{X}_n$，也是一个随机变量序列，依概率收敛于每个随机变量的期望(常数)$\mu$.

定理 5.1 要求随机变量 $X_1,X_2,\cdots,X_n,\cdots$ 的方差存在. 但在这些随机变量服从相同分布的场合，并不需要这一条件. 我们有以下的定理.

**定理 5.2**（辛钦大数定律）　设 $X_1,X_2,\cdots,X_n,\cdots$ 是独立同分布的随机变量序列，若期望

$EX_n=\mu$ 有限,则对任意正数 $\varepsilon>0$,有

$$\lim_{n\to\infty}P\left\{\left|\frac{1}{n}\sum_{i=1}^{n}X_i-\mu\right|<\varepsilon\right\}=1, \tag{5.5}$$

或

$$\lim_{n\to\infty}P\left\{\left|\frac{1}{n}\sum_{i=1}^{n}X_i-\mu\right|\geqslant\varepsilon\right\}=0 .$$

即前 $n$ 个随机变量的算术平均值序列 $\overline{X}_n=\frac{1}{n}\sum_{i=1}^{n}X_i$ 依概率收敛于 $\mu$.

定理 5.2 的证明超出了本书范围,从略.

辛钦大数定律说明独立同分布且期望有限的随机变量序列的算术平均值,也是一个随机变量序列,依概率收敛于每个随机变量的期望(常数)$\mu$.

契比雪夫大数定律和辛钦大数定律都从理论上严格地证明了算术平均值的稳定性,与我们在实际中观察到的平均值具有稳定性的客观事实相吻合.

契比雪夫大数定律和辛钦大数定律的直观解释是:虽然每个随机变量的取值都相对于它们的期望 $\mu$ 有一定的正负偏差,但是取了算术平均值以后的随机变量序列,其正负偏差在很大程度上得到了抵消,从而稳定在每一个随机变量的期望 $\mu$(常数)附近.

辛钦大数定律应用非常广泛.实际中随机变量 $X$ 的期望 $\mu$ 通常是未知的,根据辛钦大数定律,利用实际推断原理,我们可以对随机变量 $X$ 独立地观测多次,然后用它们的算术平均值估计 $\mu$,就可以达到很好的效果.这是数理统计中参数估计的重要理论依据之一.

**定理 5.3**(伯努利大数定律) 设 $n_A$ 是 $n$ 次独立重复(伯努利)试验中事件 $A$ 发生的次数,$p$ 是每次试验中事件 $A$ 发生的概率,则对于任给正数 $\varepsilon>0$,有

$$\lim_{n\to\infty}P\left\{\left|\frac{n_A}{n}-p\right|<\varepsilon\right\}=1, \tag{5.6}$$

或

$$\lim_{n\to\infty}P\left\{\left|\frac{n_A}{n}-p\right|\geqslant\varepsilon\right\}=0.$$

**证明** 引入随机变量

$$X_i=\begin{cases}0,\text{在第 } i \text{ 次试验中 } A \text{ 不发生},\\1,\text{在第 } i \text{ 次试验中 } A \text{ 发生},\end{cases}\quad i=1,2,\cdots.$$

显然

$$n_A=X_1+X_2+\cdots+X_n.$$

由于 $X_i$ 只依赖于第 $i$ 次试验,而各次试验是独立的,因此 $X_1,X_2,\cdots,X_n,\cdots$ 相互独立;又因 $X_i$ 服从同样的(0-1)分布即 $B(1,p)$ 分布,故有

$$EX_i=p,DX_i=p(1-p),\quad i=1,2,\cdots.$$

根据定理 5.1 或定理 5.2,得

$$\lim_{n\to\infty}P\left\{\left|\frac{1}{n}(X_1+X_2+\cdots+X_n)-p\right|<\varepsilon\right\}=1,$$

即

$$\lim_{n\to\infty}P\left\{\left|\frac{n_A}{n}-p\right|<\varepsilon\right\}=1.$$

显然,伯努利大数定律是契比雪夫大数定律和辛钦大数定律的特殊情况.

伯努利大数定律说明在多次重复试验中,任一事件 $A$ 发生的频率 $\frac{n_A}{n}$(随机变量序列)依概率收敛于事件 $A$ 的概率 $p$(常数),即 $n$ 很大时,事件发生的频率与概率有较大偏差的可能性很小.

伯努利大数定律从数学上严格地证明了事件频率的稳定性，与我们观察到的客观事实相一致.

伯努利大数定律应用非常广泛. 实际中事件 $A$ 的概率 $p$ 通常是未知的，根据伯努利大数定律，利用实际推断原理，我们可以对随机试验独立重复地观测多次，然后用事件 $A$ 发生的频率去估计概率 $p$，就可以达到很好的效果. 在数理统计中我们将会看到，伯努利大数定律是估计随机变量分布函数的理论基础，因为分布函数就是事件的概率.

**例 5.1**　设 $\{X_n\}$ 为相互独立的随机变量序列，且 $P\{X_n=\pm\sqrt{n}\}=\frac{1}{n}$，$P\{X_n=0\}=1-\frac{2}{n}$，$n=2,3,\cdots$. 证明 $\{X_n\}$ 服从大数定律.

**证明**　由于

$$EX_n=0\cdot\left(1-\frac{2}{n}\right)+\sqrt{n}\cdot\frac{1}{n}+(-\sqrt{n})\cdot\frac{1}{n}=0,$$

$$DX_n=EX_n^2-[EX_n]^2=0^2\cdot\left(1-\frac{2}{n}\right)+n\cdot\frac{1}{n}+n\cdot\frac{1}{n}=2,$$

故 $\{X_n\}$ 满足契比雪夫大数定律的条件，因此 $\{X_n\}$ 服从大数定律，即

$$\lim_{n\to\infty}P\left\{\left|\frac{1}{n}\sum_{i=2}^{n+1}X_i-0\right|<\varepsilon\right\}=1.$$

或算术平均 $\frac{1}{n}\sum_{i=2}^{n+1}X_i$ 依概率收敛到 0，亦即 $\frac{1}{n}\sum_{i=2}^{n+1}X_i\xrightarrow{P}0$. 换言之，当 $n$ 充分大时，随机变量 $\frac{1}{n}\sum_{i=2}^{n+1}X_i$ 将几乎变为一个常数 0.

**例 5.2**　设 $\{X_n\}$ 为独立同分布的随机变量序列，$E(X_i^k)=\alpha_k(i=1,2,\cdots)$ 存在且有限，其中 $k\geqslant 1$ 为整数. 证明 $\frac{1}{n}\sum_{i=1}^{n}X_i^k\xrightarrow[n\to\infty]{P}\alpha_k$.

**证明**　由于 $\{X_n\}$ 为独立同分布的随机变量序列，因此 $X_1^k,X_2^k,\cdots,X_n^k,\cdots$ 也为独立同分布的随机变量序列，又期望 $EX_i^k=\alpha_k$ 存在且有限，故 $X_1^k,X_2^k,\cdots,X_n^k,\cdots$ 满足辛钦大数定律的条件.

记 $A_k=\frac{1}{n}\sum_{i=1}^{n}X_i^k$，根据辛钦大数定律，有 $A_k\xrightarrow[n\to\infty]{P}\alpha_k$，结论得证. 这说明当 $n$ 充分大时，随机变量 $A_k=\frac{1}{n}\sum_{i=1}^{n}X_i^k$ 将几乎变为一个常数 $\alpha_k$.

在数理统计中我们将会看到，用辛钦大数定律得到的这一结论是参数矩估计的理论基础.

**例 5.3**　设随机变量 $X_1,X_2,\cdots,X_n$ 是对随机变量 $X$ 的 $n$ 次（$n$ 充分大）独立观测，若具体观察值为 $x_1,x_2,\cdots,x_n$，且这些观察值中有三分之一是小于或等于 0 的. 试估计概率 $P\{X\leqslant 0\}$.

**解**　因对随机变量 $X$ 的 $n$ 次观测是独立的，故 $X_1,X_2,\cdots,X_n$ 相互独立且跟 $X$ 同分布. 记 $p=P\{X\leqslant 0\}$，根据伯努利大数定律，当 $n$ 充分大时，事件 $A=\{X\leqslant 0\}$ 的概率 $p$ 可用其频率来估计，即

$$P\{X\leqslant 0\}\approx\frac{1}{3}.$$

## 5.2 中心极限定理

本节将解决多个随机变量和的分布的极限问题. 在介绍正态分布时,我们提到在实际中有许多随机变量,它们受多种随机因素的影响,每种因素的影响所起的作用又很微小,这样的随机变量往往近似地服从正态分布. 这种现象就是中心极限定理的客观背景. 那么,我们能否严谨地从理论上对此加以证明呢? 即在一定条件下,多个随机变量和的分布是否真的近似服从正态分布呢? 本节介绍的三个常用的中心极限定理,将从理论上来回答这一问题.

**定理 5.4**(独立同分布中心极限定理) 设随机变量 $X_1,X_2,\cdots,X_n,\cdots$ 相互独立,服从同一分布,且具有数学期望和方差:$EX_i=\mu,DX_i=\sigma^2(\sigma^2>0),i=1,2,\cdots$,则随机变量之和 $\sum\limits_{i=1}^{n}X_i$ 的标准化随机变量

$$Y_n=\frac{\sum\limits_{i=1}^{n}X_i-E(\sum\limits_{i=1}^{n}X_i)}{\sqrt{D(\sum\limits_{i=1}^{n}X_i)}}=\frac{\sum\limits_{i=1}^{n}X_i-n\mu}{\sigma\sqrt{n}}$$

的分布函数处处收敛于标准正态分布的分布函数,即对任意 $x$,有

$$\lim_{n\to\infty}P\left(\frac{\sum\limits_{i=1}^{n}X_i-n\mu}{\sigma\sqrt{n}}\leqslant x\right)=\frac{1}{\sqrt{2\pi}}\int_{-\infty}^{x}\mathrm{e}^{-\frac{t^2}{2}}\mathrm{d}t=\Phi(x). \tag{5.7}$$

证明从略.

这个定理通常也称为**列维-林德伯格**(Lévy-Lindeberg)**中心极限定理**.

这个定理说明,对于均值为 $\mu$,方差为 $\sigma^2$ 的独立同分布的随机变量的和 $\sum\limits_{i=1}^{n}X_i$ 的标准化随机变量,当 $n$ 充分大时,有

$$Y_n=\frac{\sum\limits_{i=1}^{n}X_i-n\mu}{\sqrt{n}\sigma}\overset{\text{近似}}{\sim}N(0,1).$$

或等价地有,当 $n$ 充分大时,和 $\sum\limits_{i=1}^{n}X_i$ 近似服从正态分布,即

$$\sum_{i=1}^{n}X_i=\sqrt{n}\sigma\cdot Y_n+n\mu\overset{\text{近似}}{\sim}N(n\mu,n\sigma^2). \tag{5.8}$$

等价性由正态分布的线性性易得.

同理,可得更一般的结论:

$$a\sum_{i=1}^{n}X_i+b\overset{\text{近似}}{\sim}N(a\cdot n\mu+b,a^2\cdot n\sigma^2). \tag{5.9}$$

易知,跟正态分布一样,本节所有近似正态分布的参数恰是对应随机变量的期望和方差,由此我们可以很轻易地求得正态分布的参数.

在实际中,我们可以运用(5.8)式来求解多个随机变量和的分布函数及其相关概率问题. 记 $F_n(x)$ 为 $\sum\limits_{i=1}^{n}X_i$ 的分布函数,则 $n$ 很大时(实际应用中,一般 $n\geqslant20$ 即可),有如下的近似计

算分布函数和概率的公式：

$$P(\sum_{i=1}^{n}X_i \leqslant x) = F_n(x) \approx \Phi\left(\frac{x-n\mu}{\sqrt{n}\sigma}\right),$$

$$P\left(a < \sum_{i=1}^{n}X_i \leqslant b\right) = F_n(b) - F_n(a) \approx \Phi\left(\frac{b-n\mu}{\sqrt{n}\sigma}\right) - \Phi\left(\frac{a-n\mu}{\sqrt{n}\sigma}\right).$$

这时，只要查标准正态分布表就可以求出上述分布函数和概率相当精确的近似值，非常简便地解决了我们难以解决的多个随机变量和的确切分布的问题.

由(5.9)式还可推出

$$\overline{X} = \frac{1}{n}\sum_{i=1}^{n}X_i \overset{\text{近似}}{\sim} N\left(\mu,\frac{\sigma^2}{n}\right),$$

或
$$\frac{\overline{X}-\mu}{\sigma/\sqrt{n}} \overset{\text{近似}}{\sim} N(0,1).$$

也就是说，均值为 $\mu$，方差为 $\sigma^2$ 的独立同分布的随机变量和的算术平均值 $\frac{1}{n}\sum_{i=1}^{n}X_i$ 当 $n$ 充分大时近似地服从均值为 $\mu$，方差为 $\frac{\sigma^2}{n}$ 的正态分布. 这一结论在数理统计的大样本统计推断中很有用.

下面介绍一个虽是定理 5.4 的特例却应用非常广泛的中心极限定理.

**定理 5.5**(德莫佛-拉普拉斯(De Moivre-Laplace)中心极限定理)　设在 $n$ 重伯努利试验中，事件 $A$ 在每次试验中出现的概率为 $p(0<p<1)$，$\eta_n$ 为 $n$ 次试验中事件 $A$ 出现的次数，且服从二项分布 $B(n,p)$，则 $\eta_n$ 的标准化随机变量的分布函数处处收敛于标准正态分布的分布函数，即对 $\forall x$，有

$$\lim_{n\to\infty}P\left(\frac{\eta_n - np}{\sqrt{np(1-p)}} \leqslant x\right) = \frac{1}{\sqrt{2\pi}}\int_{-\infty}^{x} e^{-\frac{t^2}{2}}\,dt. \tag{5.10}$$

**证明**　由定理 5.3 的证明知，$\eta_n$ 可以表示为 $n$ 个独立的服从 $B(1,p)$ 分布的随机变量 $X_i$ $(i=1,2,\cdots,n)$ 之和，即

$$\eta_n = X_1 + X_2 + \cdots + X_n,$$

其中 $X_i(i=1,2,\cdots,n)$ 的分布列为

$$P(X_i = k) = C_1^k p^k(1-p)^{1-k} = p^k(1-p)^{1-k}, \quad k=0,1.$$

又
$$E(X_i) = p, \quad D(X_i) = p(1-p) > 0, \quad i=1,2,\cdots,n.$$

由独立同分布的中心极限定理，有

$$\lim_{n\to\infty}P\left(\frac{\eta_n - np}{\sqrt{np(1-p)}} \leqslant x\right) = \lim_{n\to\infty}P\left(\frac{\sum_{i=1}^{n}X_i - np}{\sqrt{np(1-p)}} \leqslant x\right) = \frac{1}{\sqrt{2\pi}}\int_{-\infty}^{x} e^{-\frac{t^2}{2}}\,dt.$$

此定理表明，二项分布的极限分布是正态分布，即若 $\eta_n \sim B(n,p)$，则当 $n$ 很大时，有

$$\frac{\eta_n - np}{\sqrt{np(1-p)}} \overset{\text{近似}}{\sim} N(0,1),$$

或等价地有

$$\eta_n \overset{\text{近似}}{\sim} N(np, np(1-p)). \tag{5.11}$$

等价性是由正态分布的线性性，以及正态分布的两个参数分别是随机变量的期望和方差得到

的,因 $E(\eta_n)=np, D(\eta_n)=np(1-p)$.

由(5.11)式,我们可以得到 $n$ 很大时二项分布的分布函数及其相关概率的近似计算公式:

$$P(\eta_n \leqslant x)=F_n(x)\approx\Phi\left(\frac{x-np}{\sqrt{np(1-p)}}\right),$$

$$P(a<\eta_n\leqslant b)=F_n(b)-F_n(a)\approx\Phi\left(\frac{b-np}{\sqrt{np(1-p)}}\right)-\Phi\left(\frac{a-np}{\sqrt{np(1-p)}}\right).$$

其中 $F_n(x)$代表 $\eta_n$ 的二项分布 $B(n,p)$的分布函数.虽然由二项分布的分布律

$$P(\eta_n=k)=\mathrm{C}_n^k p^k(1-p)^{n-k}, \quad k=0,1,2,\cdots,n$$

可以精确地求得相关事件的概率,但是利用中心极限定理计算要简便得多.

下面我们分析一下德莫佛-拉普拉斯中心极限定理和伯努利大数定律的关系.二者都是对二项分布极限的一种描述.伯努利大数定律指出,当 $n$ 趋于无穷时,频率$\frac{\eta_n}{n}$依概率收敛于概率 $p$,即对于任给 $\varepsilon>0$,有

$$\lim_{n\to\infty}P\left\{\left|\frac{\eta_n}{n}-p\right|<\varepsilon\right\}=1.$$

但伯努利大数定律却没能给出依概率收敛的速度.而德莫佛-拉普拉斯中心极限定理却解决了这一问题,给出了 $n$ 很大时上述概率的近似值,并可由其证得伯努利大数定律成立:

$$\begin{aligned}P\left(\left|\frac{\eta_n}{n}-p\right|<\varepsilon\right)&=P(n(p-\varepsilon)<\eta_n<n(p+\varepsilon))=F_n(n(p+\varepsilon))-F_n(n(p-\varepsilon))\\&\approx\Phi\left(\frac{n(p+\varepsilon)-np}{\sqrt{np(1-p)}}\right)-\Phi\left(\frac{n(p-\varepsilon)-np}{\sqrt{np(1-p)}}\right)\\&=\Phi\left(\varepsilon\sqrt{\frac{n}{p(1-p)}}\right)-\Phi\left(-\varepsilon\sqrt{\frac{n}{p(1-p)}}\right)=2\Phi\left(\varepsilon\sqrt{\frac{n}{p(1-p)}}\right)-1\xrightarrow{n\to\infty}1.\end{aligned}$$

由此还可得

$$P\left(\left|\frac{\eta_n}{n}-p\right|>\varepsilon\right)\approx1-\left[2\Phi\left(\varepsilon\sqrt{\frac{n}{p(1-p)}}\right)-1\right]=2\left[1-\Phi\left(\varepsilon\sqrt{\frac{n}{p(1-p)}}\right)\right]\xrightarrow{n\to\infty}0.$$

可见,德莫佛-拉普拉斯中心极限定理比伯努利大数定律的结论更精确更强大,也更实用.类似地,可以分析独立同分布中心极限定理与辛钦大数定律的关系.

定理 5.4、定理 5.5 在独立同分布的条件下解决了随机变量和的分布的极限问题,下面研究各个加项为独立非同分布的随机变量和的分布的极限问题.

**定理 5.6**(李雅普诺夫(Liapunov)中心极限定理) 设 $X_1,X_2,\cdots,X_n,\cdots$是相互独立的随机变量序列,它们的期望和方差存在:

$$EX_i=\mu_i, \quad DX_i=\sigma_i^2\neq0, \quad i=1,2,\cdots,$$

记

$$B_n^2=\sum_{i=1}^n\sigma_i^2.$$

若存在 $\delta>0$,使

$$\frac{1}{B_n^{2+\delta}}\sum_{i=1}^nE[\mid X_i-\mu_i\mid^{2+\delta}]\to0, \quad n\to\infty,$$

则随机变量之和 $\sum\limits_{i=1}^nX_i$ 的标准化随机变量

$$Z_n = \frac{\sum_{i=1}^{n} X_i - E\left(\sum_{i=1}^{n} X_i\right)}{\sqrt{D\left(\sum_{i=1}^{n} X_i\right)}} = \frac{\sum_{i=1}^{n} X_i - \sum_{i=1}^{n} \mu_i}{B_n}$$

的分布函数处处收敛于标准正态分布的分布函数，即对任意的 $x$，有

$$\lim_{n\to\infty} P\left\{\frac{\left(\sum_{i=1}^{n} X_i - \sum_{i=1}^{n} \mu_i\right)}{B_n} \leqslant x\right\} = \frac{1}{\sqrt{2\pi}}\int_{-\infty}^{x} \mathrm{e}^{-\frac{t^2}{2}}\,\mathrm{d}t.$$

证明从略.

定理 5.6 表明，在定理的条件下，当 $n$ 充分大时，随机变量之和 $\sum_{i=1}^{n} X_i$ 的标准化随机变量近似服从标准正态分布，即

$$Z_n = \frac{\sum_{i=1}^{n} X_i - \sum_{i=1}^{n} \mu_i}{B_n} \overset{\text{近似}}{\sim} N(0,1),$$

或等价地有

$$\sum_{i=1}^{n} X_i = B_n \cdot Z_n + \sum_{i=1}^{n} \mu_i \overset{\text{近似}}{\sim} N\left(\sum_{i=1}^{n} \mu_i, B_n^2\right).$$

这就是说，无论各个随机变量 $X_i(i=1,2,\cdots,)$ 服从什么分布，只要满足定理的独立性和矩的条件，那么当 $n$ 很大时，它们的和 $\sum_{i=1}^{n} X_i$ 就近似地服从正态分布. 这就是为什么正态分布在概率论中占有重要地位的根本原因之一.

该定理的结论对一般正态分布的客观应用背景进行了严格的数学论证. 在很多实际问题中，若所考虑的随机变量都可以表示成很多个独立的随机变量之和，则它们就可用正态分布来刻画. 例如，一个物理实验的测量误差是由许多观察不到的、可加的微小误差所合成的，则合成的总误差就近似地服从正态分布. 正态分布的其他应用实例都可与此类似地得到合理的解释.

在数理统计中我们将会看到，中心极限定理是大样本统计推断的理论基础.

下面举几个关于独立同分布中心极限定理和德莫佛 - 拉普拉斯中心极限定理的应用实例.

**例 5.4**　一加法器同时收到 20 个噪声电压 $V_i(i=1,2,\cdots,20)$，设它们是相互独立的随机变量，且都在区间 $(0,10)$ 内服从均匀分布. 记加法器受到的总噪声电压 $V=\sum_{i=1}^{20} V_i$，求 $V$ 的分布函数及 $P(V>105)$ 的近似值.

**解**　从第三章随机变量和的分布计算可知，要求得 $V$ 的分布函数及其相关概率是何等的困难. 现用独立同分布中心极限定理求解. 因 $EV_i=5, DV_i=100/12, i=1,2,\cdots,20$，故

$$V = \sum_{i=1}^{20} V_i \overset{\text{近似}}{\sim} N(EV, DV),$$

即

$$V = \sum_{i=1}^{20} V_i \overset{\text{近似}}{\sim} N(20\times 5, 20\times 100/12).$$

于是 $V$ 的分布函数

$$F_V(v)\approx\Phi\left(\frac{v-20\times5}{\sqrt{20\times100/12}}\right)=\Phi\left(\frac{v-100}{\sqrt{500/3}}\right),$$

概率
$$P(V>105)=1-P(V\leqslant105)=1-F_V(105)$$
$$\approx1-\Phi\left(\frac{105-100}{\sqrt{500/3}}\right)\approx1-\Phi(0.39)=0.3483.$$

**例 5.5**　设电话总机共有 200 个电话分机,若每个分机都有 5%的时间要用外线,且是否使用外线相互独立,要保证每个用户有 95%以上的把握接通外线,问总机至少要设置多少条外线?

**解**　设 $X$ 为某时刻使用外线的用户数(分机数).将各个电话分机是否使用外线看做是一次试验,则各次试验是独立的,因此 $X\sim B(n,p)$,其中 $n=200,p=0.05$.

设应设置 $N$ 条外线,依题意,要求最小的整数 $N$,使得
$$P(X\leqslant N)\geqslant0.95.$$

用二项分布计算非常复杂,现用德莫佛-拉普拉斯中心极限定理求解.因 $X\overset{\text{近似}}{\sim}N(np,np(1-p))$,故
$$P(X\leqslant N)=F_X(N)\approx\Phi\left(\frac{N-np}{\sqrt{np(1-p)}}\right),$$

其中 $F_X(x)$为 $X$ 的分布函数.反查标准正态分布表得 $\Phi(1.645)=0.95$,故 $N$ 应满足
$$\frac{N-200\times0.04}{\sqrt{200\times0.05\times0.95}}\geqslant1.645,$$

解出 $N\geqslant15.1$,故取 $N=16$.即总机至少应备 16 条外线,才能有 95%以上的把握保证每个用户随时有 95%以上的把握接通外线.

**例 5.6**　设某天文学家对某星球与天文台的距离进行的 $n$ 次独立观测为 $X_1,X_2,\cdots,X_n$(单位:光年),期望 $EX_i=D$,方差 $DX_i=4,i=1,2,\cdots,n$.天文学家用 $\overline{X}_n=\frac{1}{n}\sum_{i=1}^{n}X_i$ 作为 $D$ 的估计,为使估计的误差在$\pm0.25$ 光年之间的概率大于 0.98,问他至少要作多少次独立观测?

**解**　由题设知 $X_1,X_2,\cdots,X_n$ 独立同分布,又
$$E\overline{X}_n=\frac{1}{n}\sum_{i=1}^{n}EX_i=D,\quad D\overline{X}_n=\frac{1}{n^2}\sum_{i=1}^{n}DX_i=\frac{4}{n},$$

由独立同分布中心极限定理立得
$$\overline{X}_n\overset{\text{近似}}{\sim}N\left(D,\frac{4}{n}\right).$$

记 $\overline{X}_n$ 的分布函数为 $F_n(x)$.依题意,要求最小的正整数 $n$ 使得
$$P(-0.25\leqslant\overline{X}_n-D\leqslant0.25)\geqslant0.98\Leftrightarrow P(D-0.25\leqslant\overline{X}_n\leqslant D+0.25)\geqslant0.98,$$

即
$$P(D-0.25\leqslant\overline{X}_n\leqslant D+0.25)=F_n(D+0.25)-F_n(D-0.25)$$
$$\approx\Phi\left(\frac{D+0.25-D}{\sqrt{4/n}}\right)-\Phi\left(\frac{D-0.25-D}{\sqrt{4/n}}\right)=2\Phi(\sqrt{n}/8)-1\geqslant0.98,$$

亦即
$$\Phi(\sqrt{n}/8)\geqslant0.99,$$

反查标准正态分布表得 $\Phi(2.33)=0.99$,故 $n$ 应满足$\sqrt{n}/8\geqslant2.33$,解出 $n\geqslant347.45$,即这位天文学家至少要作 348 次独立观测才能满足误差的要求.

**例 5.7**　从次品率为 0.05 的一大批产品中随机地取 200 件产品，分别用二项分布、泊松分布和德莫佛-拉普拉斯中心极限定理计算取出的产品中至少有 3 件次品的概率.

**解**　设 $X$ 表示取出的 200 件产品中的次品数，由题意 $X\sim B(200,0.05)$.

(1) 用二项分布计算.

$$P(X\geqslant 3)=1-P(X<3)=1-P(X=0)-P(X=1)-P(X=2)$$
$$=1-\sum_{k=0}^{2}C_{200}^{k}0.05^{k}0.95^{200-k}\approx 0.9996.$$

(2) 用泊松分布 $X\overset{\text{近似}}{\sim}P(200\times 0.05)$近似计算.

$$P(X\geqslant 3)=1-P(X=0)-P(X=1)-P(X=2)=1-\sum_{k=0}^{2}\frac{10^{k}}{k!}e^{-10}\approx 0.9992.$$

(3) 用德莫佛-拉普拉斯中心极限定理近似计算.

$$P(X\geqslant 3)=1-P(X\leqslant 2)=1-F_X(2)\approx 1-\Phi\left(\frac{2-10}{\sqrt{9.5}}\right)\approx\Phi(2.6)\approx 0.9953.$$

**注**　对 $X\sim B(n,p)$且 $n$ 比较大的情形，用二项分布求解，可求得概率的精确值，但计算繁琐，尤其是 $X$ 的取值范围较大时；用泊松分布求解，近似精度较高，但要求 $p$ 很小，且 $X$ 的取值范围较大时计算也繁琐；用中心极限定理求解，则计算简单精度也较高，只要 $p$ 不是很小或很大的情形，其近似效果比泊松近似更好. 三种方法比较而言，中心极限定理最简单实用.

**例 5.8**　设随机变量 $X_1,X_2,\cdots,X_n$ 独立同分布，已知 $EX_i^k=\alpha_k(k=1,2,3,4),i=1,2,\cdots,n$，且 $\alpha_4>\alpha_2^2$. 证明当 $n$ 充分大时，随机变量

$$Z_n=\frac{1}{n}\sum_{i=1}^{n}X_i^2$$

近似服从正态分布.

**证明**　因 $X_1,X_2,\cdots,X_n$ 独立同分布，故 $X_1^2,X_2^2,\cdots,X_n^2$ 也独立同分布. 由题设有

$$EX_i^2=\alpha_2,\quad DX_i^2=EX_i^4-[EX_i^2]^2=\alpha_4-\alpha_2^2>0,\quad i=1,2,\cdots,n.$$

于是

$$EZ_n=\frac{1}{n}\sum_{i=1}^{n}EX_i^2=\alpha_2,\quad DZ_n=\frac{1}{n^2}\sum_{i=1}^{n}DX_i^2=\frac{1}{n}(\alpha_4-\alpha_2^2).$$

根据独立同分布中心极限定理，当 $n$ 充分大时有

$$Z_n\overset{\text{近似}}{\sim}N(EZ_n,DZ_n),\text{即 }Z_n\overset{\text{近似}}{\sim}N\left(\alpha_2,\frac{1}{n}(\alpha_4-\alpha_2^2)\right).$$

**小结**　中心极限定理是本章的核心内容. 在一般情况下，$n$ 较大时很难求出 $n$ 个随机变量之和的确切分布. 中心极限定理表明：当随机变量序列满足一定的条件时，随着 $n$ 无限增大，序列的前 $n$ 个随机变量之和的标准化随机变量依概率收敛于标准正态分布，而标准正态分布又有表可查. 这样多个随机变量之和的概率问题就迎刃而解了. 本章重点要求掌握独立同分布中心极限定理和德莫佛-拉普拉斯中心极限定理的应用.

中心极限定理主要用来解决三类问题：① 已知多个随机变量和的数目，求其落在某个范围内的概率；② 已知多个随机变量之和落在某给定范围内的概率，求和的数目；③ 已知多个随机变量和的数目和概率，求其取值的范围. 简言之，多个随机变量和的数目、取值范围及其落在相应范围内的概率三个量中，只要已知其中两个，就可用中心极限定理求得第三个.

## 习　题　五

**5.1**　填空题.

(1) 设随机变量序列 $X_1, X_2, \cdots, X_n, \cdots$ 独立同分布，且 $EX_i = \mu, DX_i = \sigma^2 \neq 0, i = 1, 2, \cdots, n$，则 $\lim\limits_{n\to\infty} P\left\{\dfrac{\sum\limits_{i=1}^{n} X_i - n\mu}{\sqrt{n}\sigma} \leqslant x\right\} = $______.

(2) 若种子的出苗率为 0.6，则 10000 粒种子中出苗数在 5900～6100 之间的概率为______.

**5.2**　选择题.

(1) 设随机变量序列 $X_1, X_2, \cdots, X_n, \cdots$ 独立同分布，$EX_i = 0, DX_i = \sigma^2, i = 1, 2, \cdots$. 则对任意 $\varepsilon > 0$，有(　　)成立.

(A) $\lim\limits_{n\to\infty} P\left(\left|\dfrac{1}{n}\sum\limits_{i=1}^{n} X_i - \sigma^2\right| < \varepsilon\right) = 1$　　(B) $\lim\limits_{n\to\infty} P\left(\left|\dfrac{1}{n}\sum\limits_{i=1}^{n} X_i - \sigma^2\right| < \varepsilon\right) = 0$

(C) $\lim\limits_{n\to\infty} P\left(\left|\dfrac{1}{n}\sum\limits_{i=1}^{n} X_i^2 - \sigma^2\right| < \varepsilon\right) = 1$　　(D) $\lim\limits_{n\to\infty} P\left(\left|\dfrac{1}{n}\sum\limits_{i=1}^{n} X_i^2 - \sigma^2\right| < \varepsilon\right) = 0$

(2) 设随机变量 $X_1, X_2, \cdots, X_n$ 相互独立，$S_n = \sum\limits_{i=1}^{n} X_i$，由列维-林德伯格中心极限定理知，当 $n$ 充分大时，$S_n$ 近似服从正态分布，只要(　　).

(A) 有相同的数学期望　　(B) 有相同的方差

(C) 服从同一指数分布　　(D) 服从同一离散型分布

(3) 设随机变量序列 $X_1, X_2, \cdots, X_n, \cdots$ 独立同分布，且皆服从参数为 $\lambda(\lambda > 0)$ 的泊松分布，则正确的是(　　).

(A) $\lim\limits_{n\to\infty} P\left(\dfrac{\sum\limits_{i=1}^{n} X_i - n\lambda}{\sqrt{n\lambda}} \leqslant x\right) = \Phi(x)$

(B) 当 $n$ 充分大时，$\sum\limits_{i=1}^{n} X_i$ 近似服从 $N(n\lambda, n\lambda)$

(C) 当 $n$ 充分大时，$\sum\limits_{i=1}^{n} X_i$ 近似服从标准正态分布

(D) $\lim\limits_{n\to\infty} P\left(\dfrac{\sum\limits_{i=1}^{n} X_i - \lambda}{\sqrt{n\lambda}} \leqslant x\right) = \Phi(x)$

其中 $\Phi(x) = \int_{-\infty}^{x} \dfrac{1}{\sqrt{2\pi}} e^{-\frac{t^2}{2}} dt$.

(4) 设随机变量序列 $X_1, X_2, \cdots, X_n, \cdots$ 独立同分布，且 $X_i \sim B(1, p), 0 < p < 1, i = 1, 2, \cdots, 100$，则正确的是(　　).

(A) $\dfrac{1}{100}\sum\limits_{i=1}^{100} X_i \approx p$

(B) $\sum\limits_{i=1}^{100} X_i \sim B(100, p)$

(C) $P(a < \sum\limits_{i=1}^{100} X_i < b) \approx \Phi(b) - \Phi(a)$

(D) $P(a < \sum\limits_{i=1}^{100} X_i < b) \approx \Phi\left(\dfrac{b - 100p}{\sqrt{np(1-p)}}\right) - \Phi\left(\dfrac{a - 100p}{\sqrt{np(1-p)}}\right)$

(5) 已知 $X_i$ 的概率密度为 $f(x_i)$，$i=1,2,\cdots,100$，它们相互独立，则对任何实数 $x$，概率 $P\left(\sum\limits_{i=1}^{100}X_i \leqslant x\right)$(　　).

(A) 必能用中心极限定理计算出近似值　　(B) 必不能用中心极限定理计算出近似值

(C) $\underset{\sum\limits_{i=1}^{100}x_i\leqslant x}{\int\cdots\int}\left[\prod\limits_{i=1}^{100}f(x_i)\right]\mathrm{d}x_1\cdots\mathrm{d}x_{100}$　　(D) 无法计算

**5.3**　螺钉的重量是随机变量，其均值是 50 g，标准差是 5 g，求一盒螺钉(100 个装)的重量超过 5100 g 的概率.

**5.4**　某粮仓内老鼠数目服从参数为 2 的泊松分布，求 200 间同类粮仓中老鼠总数超过 350 只的概率.

**5.5**　某大型商场每天接待顾客 10000 人，设每位顾客的日消费额(单位:元)服从[100,1000]上的均匀分布，且不同顾客的消费额是相互独立的. 试求该商场的日消费额(单位:元)在平均销售额上下浮动不超过 20000 元的概率.

**5.6**　在一家零售商店中，其结帐柜台替各顾客服务的时间(单位:min)是相互独立的随机变量，均值为 1.5，方差为 1.(1) 求对 100 位顾客服务的总时间不多于 2 h 的概率.(2) 若离下班还剩 1 h，问 95%以上的概率能确保柜台至多还可对几位顾客提供结账服务?

**5.7**　某工厂生产电阻，正常情况下废品率为 0.01，现取 500 个装成一盒，求每盒中废品数不超过 5 个的概率.

**5.8**　某种难度很大的心脏手术成功率为 0.9，对 100 个病人进行这种手术，以 $X$ 记手术成功的人数. (1) 求 $P(84\leqslant X\leqslant 96)$；(2) 求 $P(X\geqslant 90)$.

**5.9**　一个供电网内共有 10000 盏功率相同的灯，夜晚每盏灯开着的概率都是 0.7，假设各盏灯开、关彼此独立. 求夜晚同时开着的灯数在 6900 到 7100 之间的概率.

**5.10**　在一家保险公司有 1 万人参加寿险，每人每年需支付 120 元保险费. 设一年内一个人死亡的概率为 0.003，死亡时保险公司需赔付其家属 2 万元. 问一年内保险公司亏本的概率及盈利不少于 40 万元的概率各是多少?

**5.11**　某工厂有 200 台机器，各台机器工作与否相互独立，每台机器的开工率为 0.6，工作时各需 1 kW 电力. 问供电局至少需要供应多少电力才能以 99%的把握保证工厂不会因供电不足而影响生产?

**5.12**　某商店负责供应某地区 1000 个人所需的商品，某商品在一段时间内每人需买一件的概率为 0.6，假如在这段时间内，每人购买与否彼此无关，问商店应准备多少件这种商品，才能以 99.7%的概率保证不会脱销?(假定该商品在该时间段内每人最多购买一件)

**5.13**　计算器进行加法运算时，把每个加数取为最接近于它的整数来计算. 设所有的取整误差是独立的且在[−0.5,0.5]上服从均匀分布.(1) 若将 1500 个数相加，问误差总和超过 15 的概率是多少? (2) 最多有几个数相加可使得误差总和的绝对值小于 10 的概率不小于 0.90?

**5.14**　某产品包含 100 个部件，每个部件的长度是一个随机变量，它们独立同分布，且均值为 2 mm，标准差为 0.05 mm，若规定总长度为 200 mm±0.5 mm 时产品合格，试求产品的合格率.

**5.15**　某生产线生产的产品成箱包装，每箱的重量是随机的，假设每箱平均重量为 50 kg，标准差为 5 kg. 若用最大载重量为 5 t 的汽车承运，试用中心极限定理说明每辆车最多可以装多少箱，才能使不超载的概率大于 0.9972.($\Phi(2)=0.9972$，其中 $\Phi(x)$ 是标准正态分布函数)

**5.16**　(1) 一个复杂系统由 100 个相互独立的元件组成，在系统运行期间每个元件损坏的概率为 0.10. 为使系统正常运行，至少需有 85 个元件工作，求系统的可靠性(即正常运行的概率).(2) 上述系统假如由 $n$ 个相互独立的部件组成，且必需至少有 80%以上的部件工作系统才能正常运行. 问 $n$ 至少为多大时才能使系统的可靠性不低于 0.95.

**5.17**　某心理学家研究一群孩子的智商的均值 $\mu$，他用 $\overline{X}=\dfrac{1}{n}\sum\limits_{i=1}^{n}X_i$ 作为 $\mu$ 的估计，其中 $X_1,X_2,\cdots,X_n$

是对其中 $n$ 个孩子智商测试的结果. 若 $EX_i = \mu, DX_i = 263.66, i = 1,2,\cdots,n$. 为使 $\overline{X}$ 对 $\mu$ 的估计误差在 $\pm 3$ 之间的概率不小于 0.95,问他至少要测试多少孩子?

**5.18** 投掷一枚骰子,为了至少有 95%的把握确保出现点 2 的频率与概率之间的误差在 $\pm 0.01$ 的范围之内,问需要投掷多少次.

**5.19** 有一批种子,其中良种占 $\frac{1}{6}$,从中任取 6000 粒,求数 $\varepsilon$ 使得 6000 粒中的良种比例与 $\frac{1}{6}$ 之间的绝对误差不超过 $\varepsilon$ 的概率为 0.99,并依此确定能以 0.99 的概率保证的良种数的范围.

**5.20** 设 $\mu_n$ 服从二项分布 $B(n,p)$,参数 $n$ 充分大,$k(0 \leqslant k \leqslant n)$ 是非负整数,且和 $\alpha(0<\alpha<1)$ 满足 $P(\mu_n \geqslant k)=\alpha$. (1) 对于给定的 $n,k$,求 $\alpha$;(2) 对于给定的 $n,\alpha$,求 $k$.

**5.21** 设随机变量 $X_1,X_2,\cdots,X_n$ 独立同分布,且 $X_i$ 服从区间 $(-1,1)$ 内的均匀分布,$i=1,2,\cdots,n$,试证当 $n$ 充分大时,随机变量 $Z_n = \frac{1}{n}\sum_{i=1}^{n} X_i^2$ 近似服从正态分布,并指出其分布参数.

# 第六章　数理统计的基本概念

前面五章我们讨论了概率论的基本内容.我们知道概率空间及其上的随机变量全面地描述了随机现象的统计规律性.在概率论的问题中,概率分布通常是已知的,我们所进行的计算推理都是基于这个已知的分布.但在实际的应用问题中,我们往往并不确切地知道分布.先来看下面几个具体的例子.

(1) 某灯泡厂生产了一批灯泡,作为质量检测部门如何来确定这批灯泡是否符合产品质量标准?

(2) 某保险公司决定新开展一项自然灾害保险业务,由于精算的需要,要知道灾害发生的概率及造成损失的概率分布,等等,如何得到这些内容?

(3) 某医药公司开发了一种新的治疗心血管疾病的药物,并进行了临床试验,药监部门如何判断该药物的疗效?

(4) 中央电视台为确定节目的广告投放量及收费标准,需要进行收视调查,该如何进行调查才能保证调查结果相对客观准确,进一步又该如何分析得到的调查结果?

以上问题的解决需要用到本书中另外一个重要内容——数理统计.数理统计是一门应用广泛、内容丰富的学科.在科技飞速发展的今天,它是应用于社会经济、工农业生产和科学试验等诸多领域中必不可少的工具之一.

数理统计以概率论为理论基础,根据试验或观测得到的数据来研究随机现象,对研究对象的统计规律性作出种种合理的估计和推断.数理统计的内容非常丰富,由于篇幅的限制,本书只介绍参数估计、假设检验、方差分析和回归分析等部分内容.

本章我们介绍总体、随机样本及统计量等基本概念,并着重讨论几个常用统计量及抽样分布.

## 6.1　总体与样本

### 6.1.1　总体与个体

我们把研究对象的全体所组成的集合称为**总体**(或母体),组成总体的每个元素称为**个体**.例如,在本章前面的例子中,我们最想了解灯泡的寿命,灯泡厂所生产的整批灯泡的寿命就是总体,而每个灯泡的寿命就是该总体中的个体.

在数理统计中,我们常常关心并研究的是总体中各个个体的某一项(或某几项)数量指标及该指标在总体中的分布情况.用 $X$ 表示数量指标,则指标值是一个随个体不同而变化的量.由于在统计问题中,从总体中抽取个体是随机抽取的,因此,我们可以从数学上将 $X$ 视为一个随机变量,总体可以为随机变量 $X$ 所有可能取值的全体,个体就是其中的一个具体值,而随机变量 $X$ 的分布就完全描述了总体中所研究的数量指标的分布情况.今后,我们把总体与数量

指标 $X$ 可能取值的全体所组成的集合等同起来,用随机变量 $X$ 表示,总体的分布就是指数量指标 $X$ 的分布.

总体作为一个随机变量有一维与多维、连续型与离散型之分;而作为一个集合,则还有有限总体与无限总体之分.

### 6.1.2 简单随机样本

从总体中抽取部分个体的手续(过程)叫做抽样,抽样的目的是为了研究总体的性质.为了使抽取的部分能够较好地反映总体的特性,从理论上来说,抽样方法必须满足以下基本要求:

(1) 随机性,即对于每一次抽样,总体中每个个体都有同等的机会被抽取;

(2) 独立性,即每次抽取的结果互相之间没有影响.

满足以上两个条件的抽样称为**简单随机抽样**,简称为**随机抽样**或**抽样**.对于有限总体,采用有放回抽样就能做到这一点.当然,在实际应用中,由于操作起来不方便或者条件的限制,我们一般很难做到简单随机抽样.当个体总数 $N$ 比抽取次数 $n$ 大得多时$\left(\text{一般当}\dfrac{N}{n}\geqslant 10\text{ 时}\right)$,我们可以将无放回抽样近似地作为有放回抽样来处理.有关抽样的技术是数理统计中一个非常重要的内容,有兴趣的读者可以参阅有关文献.为讨论方便起见,本书中所提到的抽样都是指简单随机抽样.

一次抽样试验的结果成为总体 $X$ 的一个观测值,随机抽样 $n$ 次就得到总体 $X$ 的 $n$ 个观测值 $x_1,x_2,\cdots,x_n$,其中 $x_i$ 是第 $i$ 次抽样观测的结果.显然,由于抽样的随机性和独立性,如果再抽 $n$ 次,则会得到另外一组观测;如果不断地重复这一做法,则会得到许多组不同的观测.可见,就一次抽样观测而言,$x_1,x_2,\cdots,x_n$ 是一组确定的数,但它又随着每一次的抽样观测而变化.因而从数学上我们可以认为 $n$ 次抽样就与 $n$ 个随机变量 $X_1,X_2,\cdots,X_n$ 对应,$n$ 次抽样所得到的结果实际上就是这个 $n$ 维随机变量的观测值.

综上所述,我们有如下定义.

**定义 6.1** 设总体 $X$ 的分布函数为 $F(x)$,若 $X_1,X_2,\cdots,X_n$ 是相互独立且与总体 $X$ 同分布的随机变量,则称$(X_1,X_2,\cdots,X_n)$是总体 $X$(或 $F(x)$)的容量为 $n$ 的**简单随机样本**,简称**样本**.当$(X_1,X_2,\cdots,X_n)$取定某组常数值$(x_1,x_2,\cdots,x_n)$(其中 $X_i$ 取值 $x_i$)时,称这组常数值$(x_1,x_2,\cdots,x_n)$为样本$(X_1,X_2,\cdots,X_n)$的一组样本观测值(或样本实现).

### 6.1.3 理论分布与经验分布函数

我们把总体 $X$ 的分布称为**理论分布**,而把总体 $X$ 的分布函数称为**理论分布函数**.

若总体 $X$ 的分布函数为 $F(x)$,$(X_1,X_2,\cdots,X_n)$是总体 $X$ 的容量为 $n$ 的样本,则由样本的独立同分布性质知道$(X_1,X_2,\cdots,X_n)$的分布函数为

$$F(x_1,x_2,\cdots,x_n)=\prod_{i=1}^{n}F(x_i). \tag{6.1}$$

若总体 $X$ 是离散型,其概率分布为 $P(x)=P(X=x)$,则样本$(X_1,X_2,\cdots,X_n)$的概率分布为

$$P(X_1=x_1,X_2=x_2,\cdots,X_n=x_n)=\prod_{i=1}^{n}P(x_i). \tag{6.2}$$

若总体 $X$ 是连续型,其概率密度为 $f(x)$,则$(X_1,X_2,\cdots,X_n)$的概率密度为

$$f(x_1,x_2,\cdots,x_n)=\prod_{i=1}^{n}f(x_i). \tag{6.3}$$

**例 6.1**　(1) 设总体 $X$ 服从两点分布 $B(1,p)$,其分布列为

$$P(X=x)=p^x(1-p)^{1-x},\quad x=0,1,$$

则样本$(X_1,X_2,\cdots,X_n)$的概率分布列为

$$P(X_1=x_1,X_2=x_2,\cdots,X_n=x_n)=p^{\sum\limits_{i=1}^{n}x_i}(1-p)^{n-\sum\limits_{i=1}^{n}x_i},\quad x_i=0,1,\quad i=1,\cdots,n.$$

(2) 设总体 $X$ 服从正态分布 $N(\mu,\sigma^2)$,则样本$(X_1,X_2,\cdots,X_n)$的概率密度为

$$\prod_{i=1}^{n}\frac{1}{\sqrt{2\pi}\sigma}\exp\left\{-\frac{(x_i-\mu)^2}{2\sigma^2}\right\}=(2\pi\sigma^2)^{-\frac{n}{2}}\exp\left\{-\sum_{i=1}^{n}\frac{(x_i-\mu)^2}{2\sigma^2}\right\}.$$

总之,若总体 $X$ 的理论分布已知,则其样本的联合分布可以确定.数理统计中的问题恰好反过来,如何由样本来推断总体的分布?为什么能够由样本来推断总体的分布?为此我们引入经验分布函数的概念.

**定义 6.2**　设$(X_1,X_2,\cdots,X_n)$是取自总体 $X$ 的样本,将其观测值$(x_1,x_2,\cdots,x_n)$按由小到大的顺序排列为 $x_1^*\leqslant x_2^*\leqslant\cdots\leqslant x_n^*$,令

$$F_n(x)=\begin{cases}0, & x<x_1^*,\\ \dfrac{k}{n}, & x_k^*\leqslant x<x_{k+1}^*(k=1,2,\cdots,n-1),\\ 1, & x\geqslant x_n^*,\end{cases} \tag{6.4}$$

称 $F_n(x)$为 $X$ 的**经验分布函数**.

应当注意,经验分布函数是依赖于样本观测值的,由于样本的随机性,因而$F_n(x)$具有随机性.

根据经验分布函数的构造,易见对给定的一组观测值 $F_n(x)$满足分布函数的所有性质.实际上,$F_n(x)$是在该组观测值中随机事件$\{X\leqslant x\}$发生的频率.根据大数定律我们知道,事件发生的频率依概率收敛于这个事件发生的概率.因此我们可以用经验分布函数 $F_n(x)$来估计总体 $X$ 的理论分布函数 $F(x)$. Glivenko 于 1933 年从理论上严格证明了以下的结论.

**定理 6.1**(Glivenko 定理)　设总体 $X$ 的理论分布函数为 $F(x)$,经验分布函数为 $F_n(x)$,则当 $n\to\infty$时,$F_n(x)$以概率 1 关于 $x$ 均匀地收敛于 $F(x)$,即

$$P\{\lim_{n\to\infty}\sup_{-\infty<x<+\infty}|F_n(x)-F(x)|=0\}=1.$$

根据该定理,当 $n$ 充分大时,经验分布函数 $F_n(x)$是总体 $X$ 的理论分布函数$F(x)$的一个很好的近似,这就是我们之所以能用样本来推断总体的依据.

图 6.1 和图 6.2 中的曲线是我们根据实际数据绘制的前面例子中灯泡寿命的分布函数 $F(x)$与经验分布函数 $F_{20}(x)$和 $F_{100}(x)$的图形.可以看到,对于不同的样本,得到的经验分布函数不同,但它们都是总体理论分布函数的近似,而且样本容量愈大,近似程度愈好.

### 6.1.4　统计量和样本矩

样本取自于总体,含有总体的信息,是统计推断的基础.为了对总体特征进行种种推断,需要对样本进行数学上的"加工处理",使样本所含的信息更加集中,这个过程往往是通过构造一个合适的依赖于样本的函数——统计量来实现的.

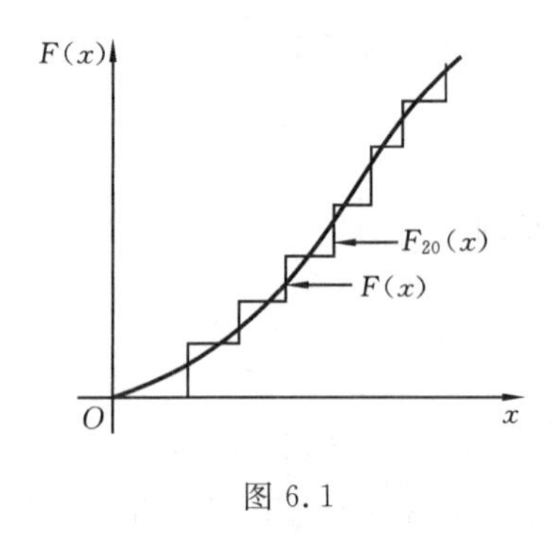


图 6.1

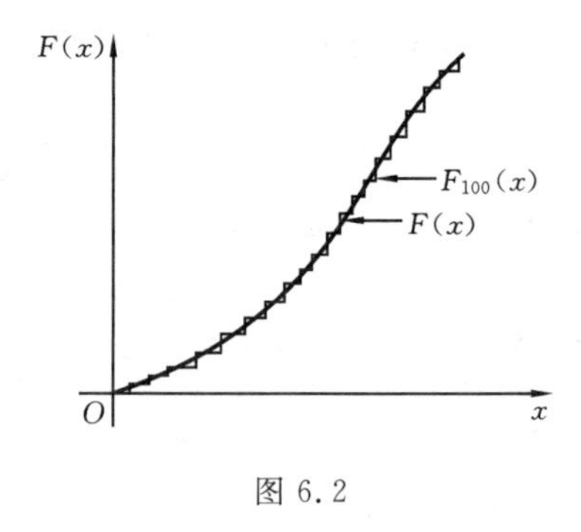


图 6.2

**定义 6.3** 设$(X_1,X_2,\cdots,X_n)$是取自总体 $X$ 的样本,$g(x_1,x_2,\cdots,x_n)$为一连续函数,且 $g$ 中不含任何未知参数,则称 $g(X_1,X_2,\cdots,X_n)$为**统计量**.

由定义知,统计量是随机变量.若$(x_1,x_2,\cdots,x_n)$是样本$(X_1,X_2,\cdots,X_n)$的观测值,则 $g(x_1,x_2,\cdots,x_n)$是统计量 $g(X_1,X_2,\cdots,X_n)$的观测值.

下面我们来介绍一些数理统计中常用的统计量.

(1) 样本均值:$\overline{X}=\dfrac{1}{n}\sum\limits_{i=1}^{n}X_i$.

(2) 样本方差:$S^2=\dfrac{1}{n-1}\sum\limits_{i=1}^{n}(X_i-\overline{X})^2$;

样本标准差:$S=\sqrt{\dfrac{1}{n-1}\sum\limits_{i=1}^{n}(X_i-\overline{X})^2}$.

与总体均值 $EX$ 和方差 $DX$ 一样,样本均值刻画了样本观测值的集中位置,样本方差刻画了样本观测值对样本均值的散离程度.

(3) 样本 $k$ 阶原点矩:$A_k=\dfrac{1}{n}\sum\limits_{i=1}^{n}X_i^k,\quad k=1,2,\cdots$.

(4) 样本 $k$ 阶中心矩:$B_k=\dfrac{1}{n}\sum\limits_{i=1}^{n}(X_i-\overline{X})^k,\quad k=1,2,\cdots$.

(5) 顺序统计量:设$(x_1,x_2,\cdots,x_n)$是样本$(X_1,X_2,\cdots,X_n)$的一组观测值,将它们按由小到大的顺序排列为 $x_1^*\leqslant x_2^*\leqslant\cdots\leqslant x_n^*$,引入 $n$ 个函数 $g_i(x_1,x_2,\cdots,x_n)=x_i^*$,$i=1,2,\cdots,n$.记 $X_i^*=g_i(X_1,X_2,\cdots,X_n)$,$i=1,2,\cdots,n$,则我们得到 $n$ 个新的统计量 $X_1^*,X_2^*,\cdots,X_n^*$,称 $X_1^*,X_2^*,\cdots,X_n^*$ 为总体 $X$ 的一组顺序统计量,$X_i^*\,(i=1,2,\cdots,n)$称为第 $i$ 位顺序统计量.当$(X_1,X_2,\cdots,X_n)$取值$(x_1,x_2,\cdots,x_n)$时,$X_i^*$ 取值 $x_i^*$,$i=1,2,\cdots,n$.

由定义知,$X_1^*\leqslant X_2^*\leqslant\cdots\leqslant X_n^*$,且 $X_1^*=\min\{X_1,X_2,\cdots,X_n\}$,$X_n^*=\max\{X_1,X_2,\cdots,X_n\}$,即 $X_1^*$ 的观测值是样本观测$(x_1,x_2,\cdots,x_n)$中最小的那一个,而 $X_n^*$ 的观测值是样本观测$(x_1,x_2,\cdots,x_n)$中最大的那一个.

(6) 样本中位数:$\widetilde{X}=\begin{cases}X_{m+1}^*, & n=2m+1,\\ \dfrac{1}{2}(X_m^*+X_{m+1}^*), & n=2m.\end{cases}$

(7) 样本极差:$R=X_n^*-X_1^*$.

若$(x_1,x_2,\cdots,x_n)$是样本$(X_1,X_2,\cdots,X_n)$的观测值,则以上这些统计量的观测值我们相应地分别记为 $\overline{x}$,$s^2$,…等等,还是把它们叫做样本均值,样本方差,…等等.在实际应用中,我们常常用带有统计功能的计算器或用统计软件如 R,SAS,Excel 等来计算这些观测值.

# 6.2 抽样分布

统计量是随机变量，统计量的分布称为**抽样分布**. 理论上，只要知道总体的分布就可以求出统计量的分布；但在一般情况下，想求出统计量的分布是相当困难的，本书仅就总体为正态分布时，给出有关抽样分布的结果. 下面介绍数理统计中常见的抽样分布.

## 6.2.1 $\chi^2$ 分布

**定义 6.4** 设$(X_1,X_2,\cdots,X_n)$是正态总体 $N(0,1)$的样本，称统计量

$$\chi^2=X_1^2+X_2^2+\cdots+X_n^2$$

所服从的分布为自由度是 $n$ 的 $\chi^2$ **分布**，记为 $\chi^2\sim\chi^2(n)$.

$\chi^2$ 分布中的自由度可以理解为平方和中独立随机变量的个数. 可以算得 $\chi^2(n)$分布的概率密度为

$$f(x)=\begin{cases}\dfrac{1}{2^{n/2}\Gamma(n/2)}x^{\frac{n}{2}-1}\mathrm{e}^{-\frac{x}{2}}, & x\geqslant 0,\\ 0, & x<0.\end{cases} \tag{6.5}$$

图 6.3 给出了 $n=1,4,10,20$ 时，$\chi^2(n)$的概率密度函数曲线.

$\chi^2$ 分布具有以下性质.

(1) 若 $\chi^2\sim\chi^2(n)$，则 $E\chi^2=n$，$D\chi^2=2n$. 根据期望的线性性及方差的性质，我们有

$$E\chi^2=E\Big(\sum_{i=1}^{n}X_i^2\Big)=\sum_{i=1}^{n}EX_i^2=\sum_{i=1}^{n}DX_i=\sum_{i=1}^{n}1=n,$$

$$D\chi^2=D\Big(\sum_{i=1}^{n}X_i^2\Big)=\sum_{i=1}^{n}DX_i^2=\sum_{i=1}^{n}2=2n,$$

其中，$DX_i^2=EX_i^4-(EX_i^2)^2=3-1=2$.

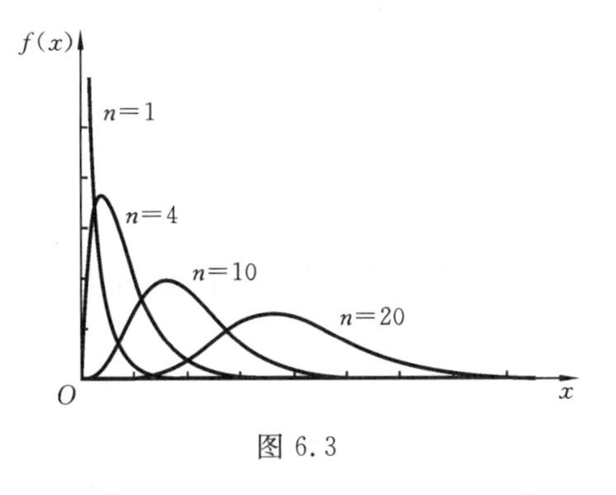


图 6.3

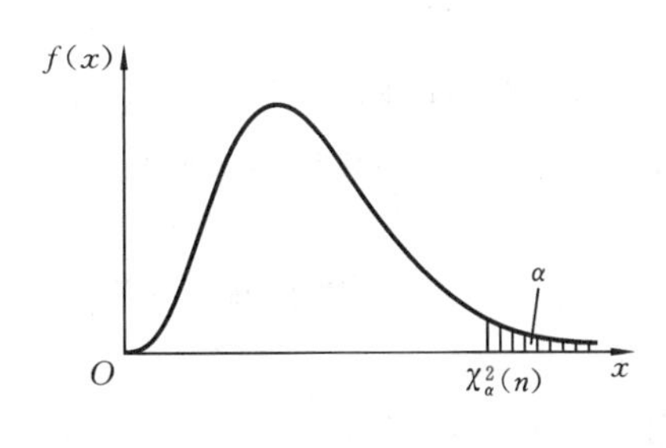


图 6.4

(2) $\chi^2$ 分布具有可加性. 设 $\chi_1^2\sim\chi^2(n_1)$，$\chi_2^2\sim\chi^2(n_2)$，且相互独立，则 $\chi_1^2+\chi_2^2\sim\chi^2(n_1+n_2)$.

对于给定 $\alpha(0<\alpha<1)$，称满足

$$P(\chi^2>\chi_\alpha^2(n))=\alpha$$

的点 $\chi_\alpha^2(n)$为 $\chi^2(n)$分布的**上侧 $\alpha$ 分位点**(见图 6.4)，其值可查附表 5.

可以证明，当 $n$ 充分大时，$\sqrt{2\chi^2}$ 近似地服从正态分布 $N(\sqrt{2n-1},1)$. 一般地，当 $n>45$

时，$\chi_\alpha^2(n)$可由近似公式

$$\chi_\alpha^2(n)\approx\frac{1}{2}(u_\alpha+\sqrt{2n-1})^2$$

给出，其中 $u_\alpha$ 是在第二章中提到的标准正态分布的上侧 $\alpha$ 分位点.

### 6.2.2　$t$ 分布

**定义 6.5**　设 $X\sim N(0,1)$，$Y\sim\chi^2(n)$，且相互独立，则称随机变量 $T=\frac{X}{\sqrt{Y/n}}$所服从的分布为自由度是 $n$ 的 $t$(student)**分布**，记为 $T\sim t(n)$.

$t(n)$分布的概率密度为

$$f(x)=\frac{\Gamma((n+1)/2)}{\sqrt{n\pi}\Gamma(n/2)}\left(1+\frac{x^2}{n}\right)^{-(n+1)/2},\quad -\infty<x<+\infty. \tag{6.6}$$

其概率密度函数曲线如图 6.5 所示.

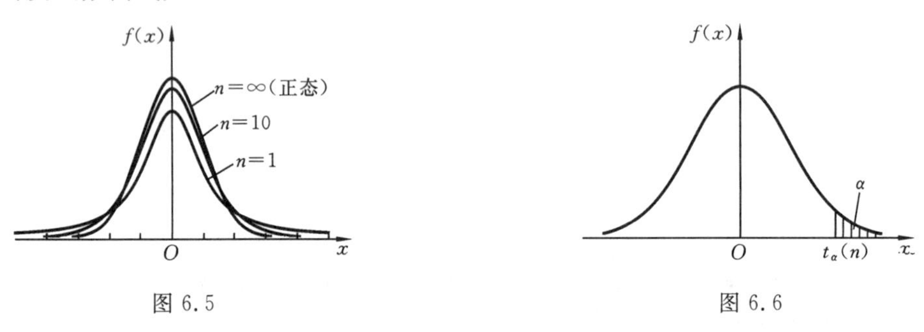


图 6.5　　图 6.6

由于 $f(x)$为偶函数，其概率密度函数曲线关于纵轴对称，且

$$\lim_{|x|\to+\infty}f(x)=0,\quad \lim_{n\to+\infty}f(x)=\frac{1}{\sqrt{2\pi}}e^{-\frac{x^2}{2}},$$

即当自由度 $n\to+\infty$时，$t(n)$分布趋近于标准正态分布.但当 $n$ 较小时，$t(n)$分布与标准正态分布之间有较大的差异，且对于 $T\sim t(n)$，$X\sim N(0,1)$及较大的正数 $t_0$，有

$$P(T>t_0)\geqslant P(X>t_0),$$

即 $t(n)$的尾部比标准正态分布的尾部有较大的概率.

对于给定 $\alpha(0<\alpha<1)$，称满足

$$P(T>t_\alpha(n))=\alpha$$

的点 $t_\alpha(n)$为 $t(n)$分布的上侧 $\alpha$ 分位点(见图 6.6)，其值当 $n\leqslant45$ 时，可查附表 4，当 $n>45$ 时，$t_\alpha(n)\approx u_\alpha$.

如我们查表可得，$u_{0.025}=1.96$，$t_{0.025}(15)=2.1315$.

### 6.2.3　$F$ 分布

**定义 6.6**　设 $X\sim\chi^2(n_1)$，$Y\sim\chi^2(n_2)$，且相互独立，则称随机变量 $F=\frac{X/n_1}{Y/n_2}$所服从的分布为自由度是$(n_1,n_2)$的 $F$ **分布**，记为 $F\sim F(n_1,n_2)$.

$F(n_1,n_2)$分布的概率密度为

$$f(x)=\begin{cases}\dfrac{\Gamma[(n_1+n_2)/2]}{\Gamma(n_1/2)\Gamma(n_2/2)}\left(\dfrac{n_1}{n_2}\right)\left(\dfrac{n_1}{n_2}x\right)^{\frac{n_1}{2}-1}\left(1+\dfrac{n_1}{n_2}x\right)^{-\frac{n_1+n_2}{2}}, & x\geqslant 0,\\ 0, & x<0,\end{cases} \tag{6.7}$$

其概率密度函数曲线如图 6.7 所示.

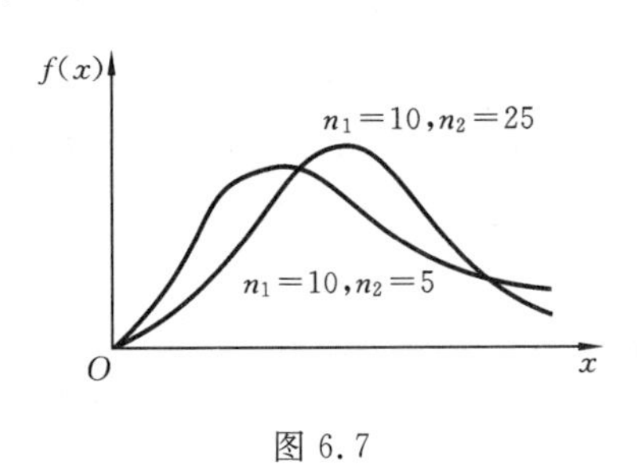


图 6.7

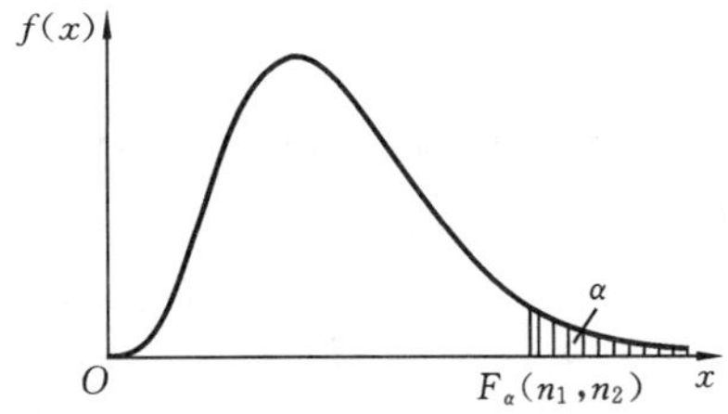

图 6.8

对于给定 $\alpha(0<\alpha<1)$,称满足

$$P(F>F_{\alpha}(n_1,n_2))=\alpha$$

的点 $F_{\alpha}(n_1,n_2)$ 为 $F(n_1,n_2)$ 分布的上侧 $\alpha$ 分位点(见图 6.8),其值可查附表 6.

由 $F$ 分布的定义可得到它的一个重要性质:若 $F\sim F(n_1,n_2)$,则 $\dfrac{1}{F}\sim F(n_2,n_1)$,由此我们有

$$F_{1-\alpha}(n_1,n_2)=\frac{1}{F_{\alpha}(n_2,n_1)}.$$

如查附表 6,有 $F_{0.025}(10,15)=3.06$,所以 $F_{0.975}(15,10)=1/3.06=0.33$.

### 6.2.4 正态总体的样本均值与样本方差的分布

对于正态总体的样本均值与样本方差的分布,我们有以下的重要定理.

**定理 6.2** 设 $(X_1,X_2,\cdots,X_n)$ 是取自正态总体 $N(\mu,\sigma^2)$ 的样本,$\overline{X}$ 和 $S^2$ 分别为样本均值和样本方差,则

(1) $\overline{X}$ 与 $S^2$ 独立;

(2) $\overline{X}\sim N\left(\mu,\dfrac{\sigma^2}{n}\right)$;

(3) $(n-1)\dfrac{S^2}{\sigma^2}\sim\chi^2(n-1)$.

定理中的(2)通过第三章和第四章的知识我们已经知道了,(1)和(3)的证明这里略去.

下面的几个推论给出了我们以后常常会用到的统计量的分布.

**推论 6.1** $T=\dfrac{\overline{X}-\mu}{S/\sqrt{n}}\sim t(n-1)$.

**证明** 由定理 6.2 中(2)有 $\dfrac{\overline{X}-\mu}{\sigma/\sqrt{n}}\sim N(0,1)$. 再由定理 6.2 中(1)、(3)及定义6.5,有

$$T=\frac{\overline{X}-\mu}{\sigma/\sqrt{n}}\Bigg/\sqrt{\frac{(n-1)S^2/\sigma^2}{n-1}}\sim t(n-1).$$

**推论 6.2** 设 $(X_1,X_2,\cdots,X_{n_1})$ 和 $(Y_1,Y_2,\cdots,Y_{n_2})$ 分别是取自两个相互独立的正态总体 $N(\mu_1,\sigma_1^2)$ 和 $N(\mu_2,\sigma_2^2)$ 的两个样本,其样本方差分别记为 $S_1^2$ 和 $S_2^2$,则

(1) $F=\dfrac{S_1^2/\sigma_1^2}{S_2^2/\sigma_2^2}\sim F(n_1-1,n_2-1)$;

(2) $\dfrac{1}{n_1}\sum\limits_{i=1}^{n_1}\left(\dfrac{X_i-\mu_1}{\sigma_1}\right)^2\Big/\dfrac{1}{n_2}\sum\limits_{i=1}^{n_2}\left(\dfrac{Y_i-\mu_2}{\sigma_2}\right)^2\sim F(n_1,n_2)$.

**证明** (1) 由定理 6.2 中(3),有

$$(n_1-1)S_1^2/\sigma_1^2\sim\chi^2(n_1-1),\quad (n_2-1)S_2^2/\sigma_2^2\sim\chi^2(n_2-1),$$

又因为$(X_1,X_2,\cdots,X_{n_1})$和$(Y_1,Y_2,\cdots,Y_{n_2})$相互独立,所以$(n_1-1)S_1^2/\sigma_1^2$与$(n_2-1)S_2^2/\sigma_2^2$相互独立,再由定义 6.6,有

$$\frac{S_1^2/\sigma_1^2}{S_2^2/\sigma_2^2}=\frac{\dfrac{(n_1-1)S_1^2}{\sigma_1^2}\Big/(n_1-1)}{\dfrac{(n_2-1)S_2^2}{\sigma_2^2}\Big/(n_2-1)}\sim F(n_1-1,n_2-1).$$

(2) 由 $\chi^2$ 分布的定义,有

$$\sum_{i=1}^{n_1}\left(\frac{X_i-\mu_1}{\sigma_1}\right)^2\sim\chi^2(n_1),\quad \sum_{i=1}^{n_2}\left(\frac{Y_i-\mu_2}{\sigma_2}\right)^2\sim\chi^2(n_2),$$

由条件知上述两个随机变量相互独立,由定义 6.6 得到结论.

**推论 6.3** 设$(X_1,X_2,\cdots,X_{n_1})$和$(Y_1,Y_2,\cdots,Y_{n_2})$分别是取自两个相互独立的正态总体$N(\mu_1,\sigma^2)$和$N(\mu_2,\sigma^2)$的两个样本,其样本均值、样本方差分别记为$\overline{X}$,$\overline{Y}$,$S_1^2$和$S_2^2$,则

$$T=\frac{(\overline{X}-\overline{Y})-(\mu_1-\mu_2)}{S_w}\sqrt{\frac{n_1n_2}{n_1+n_2}}\sim t(n_1+n_2-2),$$

其中

$$S_w^2=\frac{(n_1-1)S_1^2+(n_2-1)S_2^2}{n_1+n_2-2}.$$

**证明** 由于$\overline{X}-\overline{Y}\sim N\left(\mu_1-\mu_2,\dfrac{\sigma^2}{n_1}+\dfrac{\sigma^2}{n_2}\right)$,所以

$$U=\frac{(\overline{X}-\overline{Y})-(\mu_1-\mu_2)}{\sigma\sqrt{\dfrac{1}{n_1}+\dfrac{1}{n_2}}}\sim N(0,1),$$

又因为

$$(n_1-1)S_1^2/\sigma^2\sim\chi^2(n_1-1),\quad (n_2-1)S_2^2/\sigma^2\sim\chi^2(n_2-1),$$

且它们相互独立,由 $\chi^2$ 分布的可加性知,

$$V=(n_1-1)S_1^2/\sigma^2+(n_2-1)S_2^2/\sigma^2\sim\chi^2(n_1+n_2-2),$$

由定义 6.6,知

$$T=\frac{U}{\sqrt{V/(n_1+n_2-2)}}\sim t(n_1+n_2-2).$$

下面我们来看几个例子.

**例 6.2** 设$(X_1,X_2,\cdots,X_{10})$是取自正态总体$N(0,0.3^2)$的样本,求$P\left(\sum\limits_{i=1}^{10}X_i^2>1.44\right)$.

**解** 由于$\dfrac{X_i}{0.3}\sim N(0,1)$,$i=1,2,\cdots,10$,且相互独立,所以$\sum\limits_{i=1}^{10}\left(\dfrac{X_i}{0.3}\right)^2\sim\chi^2(10)$,因此,

$$P\left(\sum_{i=1}^{10}X_i^2>1.44\right)=P\left(\sum_{i=1}^{10}\left(\frac{X_i}{0.3}\right)^2>\frac{1.44}{0.3^2}\right)=P(\chi^2(10)>16)=0.1.$$

**例 6.3**　设$(X_1,X_2,\cdots,X_n,X_{n+1})$是取自正态总体$N(\mu,\sigma^2)$的样本,令

$$\overline{X}_n=\frac{1}{n}\sum_{i=1}^{n}X_i,\quad \widetilde{S}_n^2=\frac{1}{n}\sum_{i=1}^{n}(X_i-\overline{X})^2,$$

求统计量$T=\dfrac{X_{n+1}-\overline{X}_n}{\widetilde{S}_n}\sqrt{\dfrac{n-1}{n+1}}$的分布.

**解**　因为$X_{n+1}-\overline{X}_n\sim N\left(0,\dfrac{n+1}{n}\sigma^2\right)$,所以$\dfrac{X_{n+1}-\overline{X}_n}{\sigma\sqrt{\dfrac{n+1}{n}}}\sim N(0,1)$,又因为$\dfrac{n\widetilde{S}_n^2}{\sigma^2}\sim\chi^2(n-1)$,

且$\widetilde{S}_n^2$与$X_{n+1}-\overline{X}_n$独立,所以

$$T=\frac{X_{n+1}-\overline{X}_n}{\sqrt{\dfrac{n+1}{n}}\sigma}\Bigg/\sqrt{\frac{n\widetilde{S}_n^2}{\sigma^2}\Big/(n-1)}\sim t(n-1).$$

本题实际上是推论 6.3 的一个特殊情形($n_2=1$).

**例 6.4**　分别从方差为 20 和 35 的两个独立的正态总体中抽取容量为 8 和 10 的两个样本,估计第一个样本方差$S_1^2$不小于第二个样本方差$S_2^2$两倍的概率.

**解**　由推论 6.2 知,$\dfrac{S_1^2/20}{S_2^2/35}\sim F(7,9)$,所以

$$P(S_1^2\geqslant 2S_2^2)=P\left(\frac{S_1^2/20}{S_2^2/35}\geqslant 2\times\frac{35}{20}\right)=P(F(7,9)\geqslant 3.5),$$

查表有,$F_{0.05}(7,9)=3.29$,$F_{0.025}(7,9)=4.20$,所以

$$0.025\leqslant P(S_1^2\geqslant 2S_2^2)\leqslant 0.05.$$

### 6.2.5　顺序统计量的分布

在第三章中,我们给出了最大、最小值的分布,应用到数理统计中,实际上就是最大、最小顺序统计量的分布.下面我们来看更一般的顺序统计量$X_i^*$ $(i=2,3,\cdots,n-1)$的分布.

设总体$X$的分布函数为$F(x)$,概率密度为$f(x)$,则顺序统计量$X_i^*$ $(i=2,3,\cdots,n-1)$的分布函数为

$$\begin{aligned}F_{X_i^*}(x)&=P(X_i^*\leqslant x)=P(X_1,X_2,\cdots,X_n\text{ 中至少有 } i \text{ 个}\leqslant x)\\&=\sum_{k=i}^{n}P(X_1,X_2,\cdots,X_n\text{ 中恰好有 } k \text{ 个}\leqslant x)=\sum_{k=i}^{n}C_n^k(F(x))^k(1-F(x))^{n-k},\end{aligned}$$

求导得到其概率密度为

$$\begin{aligned}f_{X_i^*}(x)&=\sum_{k=i}^{n}C_n^k\left[k(F(x))^{k-1}(1-F(x))^{n-k}-(n-k)(F(x))^k(1-F(x))^{n-k-1}\right]f(x)\\&=\frac{n!}{(i-1)!\,(n-i)!}(F(x))^{i-1}(1-F(x))^{n-i}f(x).\end{aligned}$$

上式对任意$i=1,2,\cdots,n$都成立.

## 习　题　六

**6.1**　选择题.

(1) 设$(X_1,X_2,\cdots,X_n)(n\geqslant 2)$是取自正态总体$N(0,1)$的样本,$\overline{X}$和$S^2$分别为样本均值和样本方差,则(　　).

(A) $n\overline{X}\sim N(0,1)$　　(B) $nS^2\sim\chi^2(n)$

(C) $\dfrac{(n-1)\overline{X}}{S}\sim t(n-1)$　　(D) $\dfrac{(n-1)X_1^2}{\sum\limits_{i=2}^{n}X_i^2}\sim F(1,n-1)$

(2) 设总体 $X\sim N(\mu,\sigma^2)$,$\mu$ 已知,$\sigma$ 未知,$(X_1,X_2,X_3)$是取自 $X$ 的样本,则下列样本函数中非统计量的是(　　).

(A) $X_1,X_2$　　(B) $X_1+X_2+X_3-\mu$　　(C) $(X_1-\mu)/\sigma$　　(D) $\min\{X_1,X_2,X_3\}$

(3) 设 $X\sim t(n)$,则当 $n$ 充分大时,$P(|X|<1)\approx$(　　).

(A) 0　　(B) 1　　(C) 1/2　　(D) 0.6826

**6.2**　填空题.

(1) 设 $X\sim t(n)$,则$\dfrac{1}{X^2}\sim$______.

(2) 设$(X_1,X_2,\cdots,X_n)$为来自总体 $\chi^2(10)$的样本,则统计量 $\sum\limits_{i=1}^{n}X_i\sim$ ______.

(3) 设$(X_1,X_2,\cdots,X_n)$是取自正态总体 $N(0,1)$的样本,$\overline{X}$ 和 $S^2$ 分别为样本均值和样本方差,则当 $a=$______,$b=$______时,$a\overline{X}^2+bS^2$ 服从 $\chi^2$ 分布,且自由度为______,$DS^2=$______.

(4) 设$(X_1,X_2,\cdots,X_n)$是取自总体 $X\sim B(1,p)$的样本,$\overline{X}$ 为其样本均值,则对 $k=0,1,2,\cdots,n$,有 $P(n\overline{X}=k)=$______.

(5) 设$(X_1,X_2,\cdots,X_n)$是取自总体 $X\sim E(\lambda)$的样本,则联合概率密度 $f(x_1,x_2,\cdots,x_n)=$______.

**6.3**　设从总体 $X$ 中取得一个容量为 5 的样本,观测值为 0,1,1,0,2.(1) 求此样本的经验分布函数,并作其图形;(2) 计算常用统计量的观测值.

**6.4**　设$(X_1,X_2,\cdots,X_n)$是取自总体 $X\sim P(\lambda)$的样本,求样本均值 $\overline{X}$ 的期望与方差.

**6.5**　设总体 $X\sim N(20,3)$,从 $X$ 中分别抽取容量为 10,15 的两个相互独立的样本,求两样本均值之差的绝对值大于 0.3 的概率.

**6.6**　设$(X_1,X_2,\cdots,X_5)$是取自总体 $X\sim N(0,2^2)$的样本,求常数 $a,b$,使得 $a(X_1+X_2)^2+b(X_3+X_4-X_5)^2$服从 $\chi^2$ 分布.

**6.7**　设$(X_1,X_2,\cdots,X_n)$是取自总体 $X$ 的样本,$S^2$ 为样本方差,证明 $ES^2=DX$.

**6.8**　设 $\overline{X}_n$ 和 $S_n^2$ 分别为样本$(X_1,X_2,\cdots,X_n)$的样本均值和样本方差,现又独立地进行第$n+1$次观测 $X_{n+1}$,记 $\overline{X}_{n+1}$和 $S_{n+1}^2$分别为样本$(X_1,X_2,\cdots,X_{n+1})$的样本均值和样本方差,证明:

(1) $\overline{X}_{n+1}=\overline{X}_n+\dfrac{1}{n+1}(X_{n+1}-\overline{X}_n)$;

(2) $S_{n+1}^2=\dfrac{n}{n+1}\left[S_n^2+\dfrac{1}{n+1}(X_{n+1}-\overline{X}_n)^2\right]$.

**6.9**　证明 $F_{1-\alpha}(n_1,n_2)=\dfrac{1}{F_\alpha(n_2,n_1)}$.

**6.10**　设 $X,Y$ 独立同分布于 $N(0,3^2)$,$(X_1,X_2,\cdots,X_9)$与$(Y_1,Y_2,\cdots,Y_9)$为分别取自 $X,Y$ 的样本,求 $U=\sum\limits_{i=1}^{9}X_i\Big/\sqrt{\sum\limits_{i=1}^{9}Y_i^2}$ 的分布.

**6.11**　设$(X_1,X_2,\cdots,X_9)$是取自正态总体 $X$ 的样本,令 $Y_1=\dfrac{\sum\limits_{i=1}^{6}X_i}{6}$,$Y_2=\dfrac{\sum\limits_{i=7}^{9}X_i}{3}$,$S^2=\dfrac{1}{2}\sum\limits_{i=7}^{9}(X_i-Y_2)^2$,$Z=\dfrac{Y_1-Y_2}{S}$,求 $P(Z>1.33)$.

**6.12**　设$(X_1,X_2,\cdots,X_n)$是取自总体 $X\sim U(0,2)$的样本.

(1) 求顺序统计量 $X_2^*$ 的概率密度;

(2) 求 $P(X_1^*\leqslant 1)$及 $P(X_n^*\geqslant 1)$.

# 第七章　参数估计

数理统计的核心内容是统计推断.所谓统计推断就是由样本信息来推断关于总体的种种结论.统计推断中的两个基本问题是:统计估计与统计假设检验.参数估计是统计估计的重要而基本的组成部分.本章讨论参数估计的常用方法及优良性评价问题.

## 7.1　参数估计概念

总体作为随机变量,其统计规律完全由分布函数刻画,因此,**统计推断**的一个重要任务是由样本推断总体的分布.在实际中我们常常可以根据专业的或经验的知识判断出所研究总体的分布形式,但分布中含有若干未知参数;或者,在已知总体分布形式的情形下会关心其未知参数的某函数为何值;又或者,虽然总体分布形式未知,但我们只关心其某些数字特征.例如,可认为某一行业从业者的年收入服从正态分布$N(\mu,\sigma^2)$,但参数$\mu,\sigma^2$未知,需要估计$\mu,\sigma^2$的值;另一方面,上一问题中,年收入超过定值$a$的概率$P(X>a)=1-\Phi\left(\frac{a-\mu}{\sigma}\right)$也是令人感兴趣的问题,为此,需要估计未知参数$\mu$和$\sigma$的函数$\Phi\left(\frac{a-\mu}{\sigma}\right)$;又例如,某一年龄段的人群中对某种疾病的发病率$X$的分布函数的类型未知,但我们只关心该疾病在该人群的平均发病率和发病率的波动情况,即需要估计其数学期值$E(X)$和方差$D(X)$.通常将总体参数的函数和总体数字特征也统称为总体参数.参数估计问题就是利用样本对上述各类总体未知参数作出估计.

参数估计的形式有两种:点估计和区间估计.

所谓点估计是用一个数值来估计某个未知参数.一般,设总体$X$的参数$\theta$($\theta$可为向量)未知,记$\theta$的所有可能取值所成的集合为$\Theta$,称$\Theta$为**参数空间**.用总体样本$(X_1,X_2,\cdots,X_n)$构造统计量$\hat{\theta}=\hat{\theta}(X_1,X_2,\cdots,X_n)$来估计$\theta$,称$\hat{\theta}$为$\theta$的**估计量**,对于样本的一组观察值$(x_1,x_2,\cdots,x_n)$,相应的估计量的观察值$\hat{\theta}(x_1,x_2,\cdots,x_n)$称为$\theta$的**估计值**,也简记为$\hat{\theta}$.若$\theta$为$m$维向量,则$\theta$为$m$维欧氏空间的点,用$\hat{\theta}$估计$\theta$亦即用一个$m$维点$\hat{\theta}=(\hat{\theta}_1,\hat{\theta}_2,\cdots,\hat{\theta}_m)$去估计$m$维点$\theta=(\theta_1,\theta_2,\cdots,\theta_m)$,因此称这样的估计为**点估计**.参数的点估计方法很多,本章介绍两种常用的方法:矩估计法和极大似然估计法.

对总体的待估参数,有时需要获得其值所在的一个范围(区间),以一给定的概率相信该范围包含了该参数.具体到一维参数$\theta$,即要由总体样本$(X_1,X_2,\cdots,X_n)$构造一个随机区间$(\hat{\theta}_1,\hat{\theta}_2)$,其中$\hat{\theta}_1=\hat{\theta}_1(X_1,X_2,\cdots,X_n)$,$\hat{\theta}_2=\hat{\theta}_2(X_1,X_2,\cdots,X_n)$,使得区间$(\hat{\theta}_1,\hat{\theta}_2)$以给定的概率覆盖了参数$\theta$,称$(\hat{\theta}_1,\hat{\theta}_2)$为$\theta$的区间估计.当待估参数为多维向量时,则这个范围就是相应的多维空间的一个区域.

# 7.2 矩估计法和极大似然估计法

本节介绍点估计的两种常用方法:矩估计法和极大似然估计法,在实际应用中还有最小二乘法(见第九章)、判决函数法、自适应法、稳健估计法及贝叶斯法等.

## 7.2.1 矩估计法

矩估计法由英国统计学家皮尔逊(K. Pearson)于1894年提出,是一种简单而直观的传统估计方法.由辛钦大数定律知,样本$k$阶原点矩依概率收敛于对应的总体$k$阶原点矩.这就保证了样本$k$阶原点矩作为随机变量的取值将随样本容量的增大而越来越逼近对应总体矩的真值.以样本原点矩作为对应的总体原点矩的估计量,以样本原点矩的连续函数作为对应的总体原点矩的连续函数的估计量,进而得到未知参数的点估计量,这样的方法称为**矩估计法**.矩估计法的具体做法表述如下.

设总体$X$是概率密度为$f(x;\theta_1,\cdots,\theta_k)$的连续型随机变量,或总体$X$是分布列为$P(X=x)\triangleq f(x;\theta_1,\cdots,\theta_k)$的离散型随机变量,其中$\theta_1,\cdots,\theta_k$为待估参数.假定总体$X$的$k$阶原点矩存在,则其$j$阶原点矩

$$\alpha_j=E(X^j)=\int_{-\infty}^{+\infty}x^j f(x;\theta_1,\cdots,\theta_k)\mathrm{d}x \quad (j=1,2,\cdots,k),$$

或

$$\alpha_j=E(X^j)=\sum_x x^j f(x;\theta_1,\cdots,\theta_k) \quad (j=1,2,\cdots,k)$$

是$\theta_1,\theta_2,\cdots,\theta_k$的函数:

$$\alpha_j=\alpha_j(\theta_1,\theta_2,\cdots,\theta_k) \quad (j=1,2,\cdots,k).$$

设$(X_1,X_2,\cdots,X_n)$为取自总体$X$的样本,相应的样本$j$阶原点矩为

$$A_j=\frac{1}{n}\sum_{i=1}^{n}X_i^j \quad (j=1,2,\cdots,k).$$

令$X$的$j$阶总体矩等于对应的样本矩,得$k$个方程

$$\alpha_j(\theta_1,\theta_2,\cdots,\theta_k)=A_j \quad (j=1,2,\cdots,k). \tag{7.1}$$

求解上述方程组得到的一组解

$$\hat{\theta}_j=\hat{\theta}_j(X_1,X_2,\cdots,X_n) \quad (j=1,2,\cdots,k)$$

作为未知参数$\theta_1,\theta_2,\cdots,\theta_k$的估计量,称为**矩估计量**(moment estimator).

**例 7.1** 设总体$X$服从参数为$\lambda$的指数分布,$(X_1,X_2,\cdots,X_n)$为取自$X$的样本,求未知参数$\lambda$的矩估计.

**解** 指数分布的概率密度为

$$f(x;\lambda)=\begin{cases}\lambda e^{-\lambda x}, & x>0,\\ 0, & x\leqslant 0.\end{cases}$$

由于只有一个待估参数,故据(7.1)式,只需考虑一阶矩方程.因

$$\alpha_1(\lambda)=E(X)=\int_{-\infty}^{+\infty}xf(x;\lambda)\mathrm{d}x=\frac{1}{\lambda},$$

令

$$\frac{1}{\lambda}=A_1=\frac{1}{n}\sum_{i=1}^{n}X_i=\overline{X},$$

故解得$\lambda$的矩估计为$\hat{\lambda}=\dfrac{1}{\overline{X}}$.

**例 7.2** 设总体 $X$ 的均值 $\mu$ 和方差 $\sigma^2$ 均未知.试求 $\mu,\sigma^2$ 的矩估计.

**解** 设 $(X_1,X_2,\cdots,X_n)$ 是来自总体 $X$ 的样本,由于有两个未知参数,故据(7.1)式,令

$$\begin{cases}\alpha_1(\mu,\sigma^2)=E(X)=A_1,\\ \alpha_2(\mu,\sigma^2)=E(X^2)=A_2,\end{cases}$$

即

$$\begin{cases}\mu=\overline{X},\\ \sigma^2+\mu^2=A_2=\dfrac{1}{n}\displaystyle\sum_{i=1}^{n}X_i^2,\end{cases}$$

解得

$$\begin{cases}\hat{\mu}=\overline{X},\\ \hat{\sigma}^2=A_2-A_1^2=\dfrac{1}{n}\displaystyle\sum_{i=1}^{n}X_i^2-\overline{X}^2=\dfrac{1}{n}\displaystyle\sum_{i=1}^{n}(X_i-\overline{X})^2=\widetilde{S}^2.\end{cases}$$

由上例知,对任何总体而言,只要其期望、方差存在,则总体期望的矩估计为样本均值 $\overline{X}$,总体方差的矩估计为样本二阶中心矩 $\widetilde{S}^2$.另外,将上例的结果用于例 7.1,由于指数分布总体的方差 $D(X)=1/\lambda^2$,于是 $\lambda=1/\sqrt{D(X)}$,故由矩估计法,$\lambda$ 的矩估计也可为

$$\hat{\lambda}=\frac{1}{\widetilde{S}}.$$

这说明一个参数的矩估计量不一定唯一.这是矩估计法的一个缺点.通常应该尽量采用低阶矩来给出未知参数的矩估计.

事实上,例 7.2 中总体二阶中心矩(方差)的矩估计为样本二阶中心矩的结论可推广到一般,即总体的 $k$ 阶中心矩(若存在)的矩估计是对应的样本 $k$ 阶中心矩.这是由于总体 $k$ 阶中心矩 $\mu_k=E(X-EX)^k$ 总可以展开为阶数不超过 $k$ 的总体原点矩的函数,而样本 $k$ 阶中心矩 $B_k=\dfrac{1}{n}\displaystyle\sum_{i=1}^{n}(X_i-\overline{X})^k$ 也可化为阶数不超过 $k$ 的样本原点矩的相同函数.因此,这一结果使得我们可将矩估计法推广为:用样本矩作出对应的总体矩的估计.

**例 7.3** 设总体 $X$ 在区间 $[a,b]$ 上服从均匀分布,$a,b$ 为待估参数,$(X_1,X_2,\cdots,X_n)$ 为来自 $X$ 的样本.求 $a,b$ 的矩估计.

**解** 均匀分布的概率密度为

$$f(x;a,b)=\begin{cases}\dfrac{1}{b-a}, & a\leqslant x\leqslant b,\\ 0, & \text{其他}.\end{cases}$$

因

$$\alpha_1(a,b)=E(X)=\int_a^b\frac{x}{b-a}\mathrm{d}x=\frac{1}{2}(a+b),$$

$$\alpha_2(a,b)=E(X^2)=\int_a^b\frac{x^2}{b-a}\mathrm{d}x=\frac{1}{3}(a^2+ab+b^2).$$

令

$$\begin{cases}\dfrac{1}{2}(a+b)=A_1=\overline{X},\\ \dfrac{1}{3}(a^2+ab+b^2)=A_2.\end{cases}$$

解得

$$\begin{cases}\hat{a}=A_1-\sqrt{3(A_2-A_1^2)},\\ \hat{b}=A_1+\sqrt{3(A_2-A_1^2)}.\end{cases}$$

由于例 7.2 已推出 $A_2-A_1^2=\dfrac{1}{n}\displaystyle\sum_{i=1}^{n}X_1^2-\overline{X}^2=\widetilde{S}^2$,故 $a,b$ 的矩估计为

$$\begin{cases}\hat{a}=\overline{X}-\sqrt{3\widetilde{S}^2},\\ \hat{b}=\overline{X}+\sqrt{3\widetilde{S}^2}.\end{cases}$$

**例 7.4** 求事件 $A$ 发生的概率的矩估计.

**解** 记事件 $A$ 发生的概率 $P(A)=p$. 考虑以 $p$ 为参数的两点分布总体

$$X=\begin{cases}1,\text{在一次试验中 } A \text{ 发生},\\ 0,\text{在一次试验中 } A \text{ 不发生}.\end{cases}$$

设$(X_1,X_2,\cdots,X_n)$是来自 $X$ 的样本,则

$$\alpha_1(p)=E(X)=p.$$

令

$$p=\overline{X},$$

即得事件 $A$ 发生的概率的矩估计

$$\hat{p}=\overline{X}=\frac{1}{n}\sum_{i=1}^{n}X_i.$$

**注意** $\sum\limits_{i=1}^{n}X_i$ 是事件 $A$ 在 $n$ 次试验中发生的次数,从而 $\overline{X}$ 实际上是事件 $A$ 发生的频率,即有结论:事件发生的概率的矩估计是事件发生的频率.

### 7.2.2 极大似然估计法

由高斯和费希尔(R. A. Figher)先后提出的极大似然估计法是被使用最广泛的一种参数估计方法. 该方法建立的依据是直观的极大似然原理:一个试验有若干个可能结果 $A_1,A_2,\cdots,A_n$,若一次试验的结果是 $A_i$ 发生,则自然认为 $A_i$ 在所有可能结果中发生的概率最大. 当总体 $X$ 的未知参数 $\theta$ 待估时,应用这一原理,对 $X$ 的样本$(X_1,X_2,\cdots,X_n)$作一次观测试验,得样本观察值$(x_1,x_2,\cdots,x_n)$为此次试验结果,那么参数 $\theta$ 的估计值应取为使这一结果发生的概率为最大才合理. 这就是极大似然估计法的基本思想. 下面用一个简单的例子加以说明.

**例 7.5** 设一袋中装有多个白球和黑球,已知两种球的数目之比为 1∶2,但不知黑球多还是白球多. 现从中有放回地依次取出 3 球,结果是(白,黑,白),试由此估计白球所占比例 $p$ 究竟为$\frac{1}{3}$还是$\frac{2}{3}$.

**解** 白球所占比例 $p$ 亦即从袋中任取一球得白球的概率. 因而 $p$ 可视为两点分布总体 $X$ 的参数,$X$ 的分布律为

$$X=\begin{cases}1, & \text{取到一白球},\\ 0, & \text{取到一黑球}.\end{cases}$$

于是,有放回地取出 3 只球是对总体 $X$ 的样本$(X_1,X_2,X_3)$的一次观察试验. 试验的结果(白,黑,白)即样本观察值为(1,0,1). 要由这一结果判定是 $p=\frac{1}{3}$还是 $p=\frac{2}{3}$. 依极大似然原理,此次试验结果发生的概率应该最大,故分别在 $p=\frac{1}{3}$和 $p=\frac{2}{3}$下计算此概率,得

$$\begin{aligned}P((X_1,X_2,X_3)=(1,0,1))&=P(X_1=1)P(X_2=0)P(X_3=1)\\&=\begin{cases}\left(\frac{1}{3}\right)^2\frac{2}{3}=\frac{2}{27},\text{相应于 } p=\frac{1}{3},\\ \left(\frac{2}{3}\right)^2\frac{1}{3}=\frac{4}{27},\text{相应于 } p=\frac{2}{3}.\end{cases}\end{aligned}$$

比较知,对应于 $p=\frac{2}{3}$,此概率有较大的值,因此,选取$\frac{2}{3}$为 $p$ 的估计值更合理.类似地,可计算此次试验的任一可能结果,亦即样本$(X_1,X_2,X_3)$的任一组可能取值情形分别在 $p=\frac{1}{3}$和$\frac{2}{3}$下发生的概率,如表 7.1 所示.

**表 7.1　例 7.1 的概率值** $p=(X_1=x_1,X_2=x_2,X_3=x_3)$

| $(x_1,x_2,x_3)$ | (0,0,0) | (1,0,0)<br>(0,1,0)<br>(0,0,1) | (1,1,0)<br>(0,1,1)<br>(1,0,1) | (1,1,1) |
|---|---|---|---|---|
| $p=\frac{1}{3}$ | $\frac{8}{27}$ | $\frac{4}{27}$ | $\frac{2}{27}$ | $\frac{1}{27}$ |
| $p=\frac{2}{3}$ | $\frac{1}{27}$ | $\frac{2}{27}$ | $\frac{4}{27}$ | $\frac{8}{27}$ |

表 7.1 的第 2～5 列给出当 $p=\frac{1}{3}$或 $p=\frac{2}{3}$时试验各种可能结果的概率值,试验的任一结果位于某列的第 1 行,该列的第 2,3 行是这一结果分别在 $p=\frac{1}{3}$或$\frac{2}{3}$下的概率值.

一般,设总体 $X$ 的未知参数 $\theta$ 待估,$(x_1,x_2,\cdots,x_n)$为 $X$ 的一组样本观察值,则:

(1) 当 $X$ 为离数型时,该组观察值发生的概率

$$L(\theta)=P(X_1=x_1,\cdots,X_n=x_n;\theta)=\prod_{i=1}^{n}P(X_i=x_i;\theta)$$

应最大,从而求 $\theta$ 的极大似然估计值即求使上式的 $L(\theta)$达最大的估计值 $\hat{\theta}(x_1,x_2,\cdots,x_n)$.

(2) 当 $X$ 为连续型时,观察值$(x_1,x_2,\cdots,x_n)$发生的概率为 0,但由于样本$(X_1,X_2,\cdots,X_n)$的概率密度在一点处的函数值大小反映和决定样本在该点附近取值的概率大小,因此,观察值$(x_1,x_2,\cdots,x_n)$发生的概率最大可用样本的概率密度在该观察值点的函数值

$$f(x_1,\cdots,x_n;\theta)=\prod_{i=1}^{n}f(x_i;\theta) \tag{7.2}$$

最大来反映和表示(其中 $f(x;\theta)$为总体概率密度).求 $\theta$ 的极大似然估计就是求使以上函数值达最大的估计值$\hat{\theta}(x_1,x_2,\cdots,x_n)$.

综合上述两种情形,我们给出如下定义.

**定义 7.1**　设总体 $X$ 的概率密度为 $f(x;\theta)$(当 $X$ 为离散型时,$f(x;\theta)=P(X=x;\theta)$),$\theta\in\Theta$,其中 $\theta=(\theta_1,\theta_2,\cdots,\theta_k)$为待估的未知参数,$\Theta$ 为参数 $\theta$ 的可能取值所成的参数空间,$(x_1,x_2,\cdots,x_n)$是总体样本$(X_1,X_2,\cdots,X_n)$的一组观察值.称

$$L(\theta)=L(x_1,x_2,\cdots,x_n;\theta)=\prod_{i=1}^{n}f(x_i;\theta) \tag{7.3}$$

为样本的**似然函数**;若存在$\hat{\theta}=(\hat{\theta}_1,\hat{\theta}_2,\cdots,\hat{\theta}_k)$,使得

$$L(x_1,x_2,\cdots,x_n;\hat{\theta})=\max_{\theta\in\Theta}L(x_1,x_2,\cdots,x_n;\theta)$$

成立,则称

$$\hat{\theta}=\hat{\theta}(x_1,x_2,\cdots,x_n)=(\hat{\theta}_1(x_1,x_2,\cdots,x_n),\cdots,\hat{\theta}_k(x_1,x_2,\cdots,x_n))$$

为参数 $\theta$ 的**极大似然估计值**,而称

$$\hat{\theta}=\hat{\theta}(X_1,X_2,\cdots,X_n)=(\hat{\theta}_1(X_1,X_2,\cdots,X_n),\cdots,\hat{\theta}_k(X_1,X_2,\cdots,X_n))$$

为 $\theta$ 的**极大似然估计量**(maximum likelihood estimator).

由于 $f(x;\theta)$往往是关于 $\theta$ 可微的,因此一般$\hat{\theta}$可由方程组

$$\frac{\partial L(\theta)}{\partial \theta_i}=0 \quad (i=1,2,\cdots,k) \tag{7.4}$$

解得. 又由于 $\ln L(\theta)$与 $L(\theta)$同时取得最大值,故等价地可由方程组

$$\frac{\partial \ln L(\theta)}{\partial \theta_i}=0 \quad (i=1,2,\cdots,k) \tag{7.5}$$

求得$\hat{\theta}$. 但要注意,当 $f(x;\theta)$关于 $\theta$ 不可微或上述方程组无解时,就必须根据极大似然估计的定义和 $\theta$ 的取值范围 $\Theta$ 求$\hat{\theta}$.

(7.4)式和(7.5)式中的方程都称为**似然方程**.

**例 7.6**　某种电子管的使用寿命 $X$ 服从指数分布,其概率密度为

$$f(x;\theta)=\begin{cases}\dfrac{1}{\theta}\mathrm{e}^{-\frac{x}{\theta}}, x>0, \theta>0,\\ 0, x\leqslant 0.\end{cases}$$

试求参数 $\theta$ 的极大似然估计。

**解**　设$(x_1,x_2,\cdots,x_n)$为 $X$ 的一组样本观察值,由(7.2)式,似然函数为

$$L(\theta)=\prod_{i=1}^{n} f(x_i;\theta)=\prod_{i=1}^{n}\frac{1}{\theta}\mathrm{e}^{-\frac{x_i}{\theta}}=\frac{1}{\theta^n}\mathbf{exp}\left\{-\frac{1}{\theta}\sum_{i=1}^{n}x_i\right\},$$

将上式取对数得

$$\ln(L(\theta))=-n\ln\theta-\frac{1}{\theta}\sum_{i=1}^{n}x_i,$$

关于 $\theta$ 求导,得似然方程

$$\frac{\mathrm{d}\ln L(\theta)}{\mathrm{d}\theta}=\frac{-n}{\theta}+\frac{1}{\theta^2}\sum_{i=1}^{n}x_i=0,$$

解方程得 $\theta$ 的极大似然估计值为

$$\hat{\theta}=\frac{1}{n}\sum_{i=1}^{n}x_i=\bar{x}.$$

**例 7.7**　从一批产品中任取 50 件,发现有 2 件废品,试求这批产品的废品率 $p$ 的极大似然估计.

**解**　废品率 $p$ 即从此批产品中任取一件为次品的概率. 故 $p$ 为两点分布总体 $X\sim B(1,p)$,亦即

$$X=\begin{cases}1, & \text{任取一件为废品},\\ 0, & \text{任取一件为正品}\end{cases}$$

的参数. 设$(X_1,X_2,\cdots,X_n)$为来自 $X$ 的样本,则

$$P(X_i=x_i)=p^{x_i}(1-p)^{1-x_i}, \quad x_i=0,1, \quad i=1,2,\cdots,n.$$

于是,似然函数为

$$L(p)=\prod_{i=1}^{n}p^{x_i}(1-p)^{1-x_i}=p^{\sum\limits_{i=1}^{n}x_i}(1-p)^{n-\sum\limits_{i=1}^{n}x_i}.$$

对上式取对数,并记 $\bar{x}=\dfrac{1}{n}\sum\limits_{i=1}^{n}x_i$,得

$$\ln L(p)=n\bar{x}\ln p+n(1-\bar{x})\ln(1-p).$$

关于 $p$ 求导，得似然方程

$$\frac{n\bar{x}}{p}-\frac{n(1-\bar{x})}{1-p}=0,$$

解此方程得 $p$ 的极大似然估计为

$$\hat{p}=\bar{x}=\frac{1}{n}\sum_{i=1}^{n}x_i.$$

现 $n=50,\sum_{i=1}^{n}x_i=2$，故此时废品率的极大似然估计值为

$$\hat{p}=\bar{x}=\frac{2}{50}=4\%.$$

**例 7.8**　设总体 $X\sim N(\mu,\sigma^2)$，其中 $\mu,\sigma^2$ 为未知参数，$(X_1,X_2,\cdots,X_n)$为总体 $X$ 的样本，求 $\mu$ 和 $\sigma^2$ 的极大似然估计.

**解**　设$(x_1,x_2,\cdots,x_n)$为样本$(X_1,X_2,\cdots,X_n)$的观测值，则似然函数是 $\mu,\sigma^2$ 的函数：

$$L(\mu,\sigma^2)=\prod_{i=1}^{n}f(x_i;\mu,\sigma^2)=\prod_{i=1}^{n}\frac{1}{\sqrt{2\pi}\sigma}\exp\left\{-\frac{1}{2\sigma^2}\sum_{i=1}^{n}(x_i-\mu)^2\right\},$$

$$\ln L(\mu,\sigma^2)=\frac{n}{2}\ln(2\pi\sigma^2)-\frac{1}{2\sigma^2}\sum_{i=1}^{n}(x_i-\mu)^2,$$

令
$$\begin{cases}\dfrac{\partial\ln L(\mu,\sigma^2)}{\partial\mu}=\dfrac{1}{\sigma^2}\displaystyle\sum_{i=1}^{n}(x_i-\mu)=0,\\[2ex]\dfrac{\partial\ln L(\mu,\sigma^2)}{\partial\sigma^2}=-\dfrac{n}{2\sigma^2}+\dfrac{1}{2\sigma^4}\displaystyle\sum_{i=1}^{n}(x_i-\mu)^2=0,\end{cases}$$

解得 $\mu,\sigma^2$ 的极大似然估计为

$$\begin{cases}\hat{\mu}=\dfrac{1}{n}\displaystyle\sum_{i=1}^{n}X_i=\overline{X},\\[2ex]\hat{\sigma}^2=\dfrac{1}{n}\displaystyle\sum_{i=1}^{n}(X_i-\overline{X})^2=\widetilde{S}^2.\end{cases}$$

**例 7.9**　设总体 $X\sim U(0,\theta)$，$\theta>0$ 未知，$(x_1,x_2,\cdots,x_n)$为 $X$ 的样本观察值，求 $\theta$ 的极大似然估计.

**解**　$X$ 的概率密度为

$$f(x;\theta)=\begin{cases}\dfrac{1}{\theta},&0\leqslant x\leqslant\theta,\\0,&\text{其他}.\end{cases}$$

似然函数为

$$L(x_1,x_2,\cdots,x_n;\theta)=\begin{cases}\dfrac{1}{\theta^n},&0\leqslant x_1,x_2,\cdots,x_n\leqslant\theta,\theta>0,\\0,&\text{其他}.\end{cases}$$

记 $x_{(n)}^{*}=\max\{x_1,x_2,\cdots,x_n\}$，由

$$\frac{\mathrm{d}L}{\mathrm{d}\theta}=\begin{cases}-n\theta^{-(n+1)}<0,&\theta\geqslant x_{(n)}^{*},\\0,&0<\theta<x_{(n)}^{*}\end{cases}$$

知似然方程$\dfrac{\mathrm{d}L}{\mathrm{d}\theta}=0$ 无解. 由于当 $0<\theta<x_{(n)}^{*}$ 时 $L(\theta)=0$，当 $\theta\geqslant x_{(n)}^{*}$ 时 $L(\theta)$关于 $\theta$ 严格降，故

$L(\theta)$在 $x_{(n)}^*$ 取得最大值,即 $\theta$ 的极大似然估计为

$$\hat{\theta}=x_{(n)}^*=\max\{x_1,x_2,\cdots,x_n\}.$$

极大似然估计法有许多优良性质,其中一个简单有用的性质是:若 $u=u(\theta)(\theta\in\Theta)$有唯一反函数,且$\hat{\theta}$是 $\theta$ 的极大似然估计量,则 $u(\hat{\theta})$是 $u(\theta)$的极大似然估计量.

事实上,因为$\hat{\theta}$是 $\theta$ 的极大似然估计,所以

$$L(x_1,x_2,\cdots,x_n;\hat{\theta})=\max_{\theta\in\Theta}L(x_1,x_2,\cdots,x_n;\theta),$$

其中$(x_1,x_2,\cdots,x_n)$是总体 $X$ 的样本观察值. 令 $\theta=\theta(u)(u\in\mathscr{U},\mathscr{U}$ 为 $u(\theta)$的值域)是 $u=u(\theta)$的唯一反函数,记 $\hat{u}=u(\hat{\theta})$,则$\hat{\theta}=\theta(\hat{u})$,因此

$$L(x_1,x_2,\cdots,x_n;\theta(\hat{u}))=\max_{u\in\mathscr{U}}L(x_1,x_2,\cdots,x_n;\theta(u)).$$

由此可见,$\hat{u}=u(\hat{\theta})$是 $u=u(\theta)$的极大似然估计.

**例 7.10** 设总体 $X\sim N(\mu,\sigma^2)$,其中 $\mu,\sigma^2$ 未知,试求标准差 $\sigma$ 的极大似然估计.

**解** 设$(X_1,X_2,\cdots,X_n)$为来自 $X$ 的样本. 由例 7.8 知,$\sigma^2$ 的极大似然估计为

$$\hat{\sigma}^2=\widetilde{S}^2=\frac{1}{n}\sum_{i=1}^{n}(X_i-\overline{X})^2.$$

由于 $\sigma=\sqrt{\sigma^2}$关于 $\sigma^2$ 的严格单调,故 $\sigma$ 的极大似然估计为

$$\hat{\sigma}=\sqrt{\hat{\sigma}^2}=\sqrt{\widetilde{S}^2}=\widetilde{S}=\sqrt{\frac{1}{n}\sum_{i=1}^{n}(X_i-\overline{X})^2}.$$

# 7.3 估计量的评选标准

从上节的讨论可以看到,参数的点估计方法有多种,对于同一参数,用不同的估计法可能得到不同的估计量,这时就存在着采用哪一个估计量为好的问题. 另一方面,即使用不同的估计法得到了某参数的相同估计量,也存在一个评判该估计量好不好的问题,这就需要先明确什么是“好”,“好”的标准是怎样的. 本节介绍三种常用的评价估计量优良性的标准.

## 7.3.1 无偏性

估计量是随机变量,相应于不同的样本观测值而取到不同的估计值. 由于随机性,其取值难免与参数的真值有或大或小的偏差,但我们希望估计量的所有可能取值按概率加权的平均值与参数真值没有偏差,亦即要求估计量的数学期望等于参数的真值,这就是无偏性标准.

**定义 7.2** 设$\hat{\theta}=\hat{\theta}(X_1,X_2,\cdots,X_n)$是参数 $\theta$ 的估计量,若对于任意的 $\theta\in\Theta$,有

$$E(\hat{\theta})=\theta,$$

则称$\hat{\theta}$是 $\theta$ 的**无偏估计量**(或称估计量$\hat{\theta}$是**无偏的**);记

$$b_n=E(\hat{\theta})-\theta,$$

称 $b_n$ 为估计量$\hat{\theta}$的**偏差**;当 $b_n\neq 0$ 时,称$\hat{\theta}$是 $\theta$ 的**有偏估计**;若

$$\lim_{n\to\infty}b_n=0,$$

则称$\hat{\theta}$是 $\theta$ 的**渐近无偏估计**.

**例 7.11** 设总体 $X$ 的 $k$ 阶原点矩 $\alpha_k=E(X^k)(k\geqslant 1)$存在,$(X_1,X_2,\cdots,X_n)$是 $X$ 的样本,试证明样本 $k$ 阶原点矩 $A_k=\frac{1}{n}\sum_{i=1}^{n}X_i^k$ 是 $\alpha_k$ 的无偏估计.

**证明**　由样本的定义知 $X_1,X_2,\cdots,X_n$ 与 $X$ 同分布，因此

$$E(X_i^k)=E(X^k)=\alpha_k,\quad k\geqslant 1,\ i=1,2,\cdots,n.$$

故

$$E(A_k)=\frac{1}{n}\sum_{i=1}^{n}E(X_i^k)=\alpha_k.$$

上例给出了一个一般性结论：不论总体 $X$ 服从什么分布，其样本 $k$ 阶原点矩必是对应的总体 $k$ 阶原点矩 $\alpha_k$（若存在）的无偏估计. 特别地，样本均值 $\overline{X}$ 是总体均值 $E(X)$ 的无偏估计.

**例 7.12**　设总体方差 $DX=\sigma^2<+\infty$，试证明样本方差 $S^2=\frac{1}{n-1}\sum_{i=1}^{n}(X_i-\overline{X})^2$ 是 $\sigma^2$ 的无偏估计量.

**证明**　设总体均值 $E(X)=\mu$，由 $D(X)=\sigma^2<+\infty$ 知 $\mu$ 存在且有限.

$$\begin{aligned}ES^2&=E\left[\frac{1}{n-1}\sum_{i=1}^{n}(X_i-\overline{X})^2\right]=E\left\{\frac{1}{n-1}\sum_{i=1}^{n}[(X_i-\mu)-(\overline{X}-\mu)]^2\right\}\\&=\frac{1}{n-1}E\{\sum_{i=1}^{n}[(X_i-\mu)^2-2(X_i-\mu)(\overline{X}-\mu)+(\overline{X}-\mu)^2]\}\\&=\frac{1}{n-1}[\sum_{i=1}^{n}E(X_i-\mu)^2-2E\sum_{i=1}^{n}(X_i-\mu)(\overline{X}-\mu)+nE(\overline{X}-\mu)^2]\\&=\frac{1}{n-1}\sum_{i=1}^{n}E(X_i-\mu)^2-\frac{n}{n-1}E(\overline{X}-\mu)^2=\frac{n}{n-1}\sigma^2-\frac{n}{n-1}\cdot\frac{\sigma^2}{n}=\sigma^2,\end{aligned}$$

即样本方差是总体方差的无偏估计量.

值得注意的是，总体方差 $\sigma^2$ 的矩估计 $\widetilde{S}^2=\frac{1}{n}\sum_{i=1}^{n}(X_i-\overline{X})^2$ 是有偏估计，这是因为

$$E(\widetilde{S}^2)=E\left(\frac{n-1}{n}S^2\right)=\frac{n-1}{n}E(S^2)=\frac{n-1}{n}\sigma^2.$$

由此可见，$\widetilde{S}^2$ 为 $\sigma^2$ 的渐近无偏估计. 于是，当 $n$ 比较大时，取 $S^2$ 或 $\widetilde{S}^2$ 作为 $\sigma^2$ 的估计皆可.

显然，对于同一未知参数，可以构造许多无偏估计. 例如，若 $(X_1,X_2,\cdots,X_n)$ 是总体 $X$ 的一个样本，则对任意满足 $\sum_{i=1}^{n}c_i=1$ 的常数 $c_i(1\leqslant i\leqslant n)$ 而言，估计量

$$\sum_{i=1}^{n}c_iX_i$$

总是总体期望 $E(X)$ 的无偏估计.

**例 7.13**　设总体 $X\sim E(\lambda)$，其中 $\lambda=\frac{1}{\theta}>0$，$(X_1,X_2,\cdots,X_n)$ 为 $X$ 的样本，证明 $nX_{(1)}^*$ 是 $\theta$ 的无偏估计，其中 $X_{(1)}^*=\min\{X_1,X_2,\cdots,X_n\}$.

**证明**　依题意，$X$ 的概率密度为

$$f(x;\theta)=\begin{cases}\frac{1}{\theta}e^{-\frac{x}{\theta}}, & x>0,\theta>0,\\ 0, & x\leqslant 0.\end{cases}$$

由 3.5 节的 (3.5) 式知，$X_{(1)}^*$ 的分布函数为

$$FX_{(1)}^*(x;\theta)=[1-F(x;\theta)]^n,$$

其中 $F(x;\theta)$ 是 $X$ 的分布函数，故 $X_{(1)}^*$ 的概率密度为

$$f_{X_{(1)}^*}(x;\theta)=n[1-F(x;\theta)]^{n-1}f(x;\theta)=\begin{cases}\frac{n}{\theta}e^{-\frac{n}{\theta}x}, & x>0,\\ 0, & x\leqslant 0,\end{cases}$$

即 $X_{(1)}^*\sim E(n/\theta)$,故

$$E(X_{(1)}^*)=\int_0^{+\infty}x\cdot\frac{n}{\theta}e^{-\frac{n}{\theta}x}\mathrm{d}x=\theta/n,$$

从而

$$E(nX_{(1)}^*)=nE(X_{(1)}^*)=\theta,$$

即 $nX_{(1)}^*$ 是 $\theta$ 的无偏估计.

由指数分布 $E(\lambda)$ 的数学期望 $EX=\frac{1}{\lambda}=\theta$ 知,$\overline{X}$ 是上例中 $\theta$ 的另一无偏估计,这表明,一个未知参数可以有多个不同的无偏估计量.

还值得注意的是,若 $\hat{\theta}$ 是 $\theta$ 的无偏估计,对于 $\theta$ 的函数 $g(\theta)$,$g(\hat{\theta})$ 不一定是 $g(\theta)$ 的无偏估计.

**例 7.14** 试证明样本标准差 $S$ 不是总体标准差 $\sigma$ 的无偏估计.

**证明** 由 $\sigma^2=E(S^2)=D(S)+[E(S)]^2$ 及 $D(S)\geqslant 0$,知

$$E(S)=\sqrt{\sigma^2-D(S)}\leqslant\sigma.$$

这个例子表明,虽然样本方差是总体方差的无偏估计,但它的平方根亦即样本标准差却不是总体标准差的无偏估计.

### 7.3.2 有效性

既然同一未知参数可以有多个无偏估计,那么就存在对这多个无偏估计作优劣比较的问题.虽然它们取值都在参数真值 $\theta$ 附近,但集中程度会有差异.我们当然希望集中的程度越高越好.由于无偏估计量的数学期望就是参数真值,这意味着,要求无偏估计量偏离其数字期望的程度越小越好,亦即方差越小越好,这就产生了无偏估计量的有效性标准.

**定义 7.3** 设 $\hat{\theta}_1=\hat{\theta}_1(X_1,X_2,\cdots,X_n)$ 与 $\hat{\theta}_2=\hat{\theta}_2(X_1,X_2,\cdots,X_n)$ 都是待估参数 $\theta$ 的无偏估计量,若有

$$D(\hat{\theta}_1)<D(\hat{\theta}_2),$$

则称 $\hat{\theta}_1$ 较 $\hat{\theta}_2$ **有效**.

例如,设 $(X_1,X_2,\cdots,X_n)$ 为总体 $X$ 的样本,则 $X_1$ 与 $\overline{X}=\frac{1}{n}\sum_{i=1}^{n}X_i$ 都是总体均值 $E(X)$ 的无偏估计量,但当 $n\geqslant 2$ 时,

$$D(X_1)=D(X)>D(\overline{X})=\frac{1}{n}D(X),$$

所以 $\overline{X}$ 比 $X_1$ 有效.

**定义 7.4** 设 $\hat{\theta}_0(X_1,X_2,\cdots,X_n)$ 是参数 $\theta$ 的无偏估计量,若对 $\theta$ 的任一无偏估计量 $\hat{\theta}(X_1,X_2,\cdots,X_n)$,都有

$$D(\hat{\theta}_0)\leqslant D(\hat{\theta}),$$

则称 $\hat{\theta}_0$ 是 $\theta$ 的**最小方差无偏估计量**(又称**最优无偏估计量**).

如何寻找最小方差无偏估计量,读者可参考有关书籍.

**例 7.15** 设总体 $X$ 服从区间 $[0,\theta]$ 上的均匀分布,$(X_1,X_2,\cdots,X_n)$ 为取自 $X$ 的样本,对

未知参数 $\theta$ 的两个估计量：

$$\hat{\theta}_1=2\overline{X},\quad \hat{\theta}_2=\frac{n+1}{n}\max_{1\leqslant i\leqslant n}\{X_i\},$$

(1) 试验证$\hat{\theta}_1$ 和$\hat{\theta}_2$ 均为 $\theta$ 的无偏估计；

(2) 指出哪一个更有效.

**解** (1) 因 $$E(\hat{\theta}_1)=2E(\overline{X})=2\times\frac{\theta}{2}=\theta,$$

由 $$E(X_{(n)}^*)=\int_0^\theta x\frac{nx^{n-1}}{\theta^n}\mathrm{d}x=\frac{n}{n+1}\theta,$$

有 $$E(\hat{\theta}_2)=\frac{n+1}{n}E(X_{(n)}^*)=\theta.$$

故$\hat{\theta}_1$ 和$\hat{\theta}_2$ 均为 $\theta$ 的无偏估计.

(2) 因 $$D(\hat{\theta}_1)=4D(\overline{X})=\frac{4}{n^2}\sum_{i=1}^n D(X_i)=\frac{4}{n^2}\times n\frac{\theta^2}{12}=\frac{\theta^2}{3n},$$

而由 $$E[(X_{(n)}^*)^2]=\int_0^\theta x^2\frac{nx^{n-1}}{\theta^n}\mathrm{d}x=\frac{n}{n+2}\theta^2,$$

及 $D(X_{(n)}^*)=E[(X_{(n)}^*)^2]-E^2[X_{(n)}^*]=\frac{n}{n+2}\theta^2-\left(\frac{n}{n+1}\theta\right)^2=\frac{n}{(n+2)(n+1)^2}\theta^2,$

得 $$D(\hat{\theta}_2)=\left(\frac{n+1}{n}\right)^2D(X_{(n)}^*)=\frac{\theta^2}{(n+2)n},$$

显然，当 $n>1$ 时$\frac{1}{n(n+2)}<\frac{1}{3n}$，故$\hat{\theta}_2$ 比$\hat{\theta}_1$ 有效.

### 7.3.3 一致性

上面的无偏性与有效性标准是在样本容量 $n$ 固定的前提下提出的. 当样本容量 $n$ 增大时，样本中包含的总体信息将增多，估计量作为样本的函数，其包含的总体信息也会增多. 一个基本而自然的要求是，随着 $n$ 的增大，估计量越来越逼近所估参数的真值. 这就是一致性标准.

**定义 7.5** 设$\hat{\theta}(X_1,X_2,\cdots,X_n)$为参数 $\theta$ 的估计量，若对任意的 $\theta\in\Theta$ 及任意的$\varepsilon>0$，有

$$\lim_{n\to\infty}P(|\hat{\theta}(X_1,X_2,\cdots,X_n)-\theta|\leqslant\varepsilon)=1,\tag{7.6}$$

则称$\hat{\theta}(X_1,X_2,\cdots,X_n)$为 $\theta$ 的**一致估计量**.

**例 7.16** 设总体 $X$ 的 $k$ 阶原点矩 $E(X^k)=\alpha_k$ 存在，$(X_1,X_2,\cdots,X_n)$是 $X$ 的样本，试证明样本 $k$ 阶原点矩 $A_k=\frac{1}{n}\sum_{i=1}^n X_i^k$ 是 $\alpha_k$ 的一致估计量.

**证明** 因为 $X_1,X_2,\cdots,X_n$ 相互独立且与 $X$ 同分布，故 $X_1^k,X_2^k,\cdots,X_n^k$ 相互独立且与 $X^k$ 同分布，于是有

$$E(X_1^k)=E(X_2^k)=\cdots=E(X_n^k)=\alpha_k.$$

由辛钦大数定律知，对任意 $\varepsilon>0$，有

$$\lim_{n\to\infty}P\left(\left|\frac{1}{n}\sum_{i=1}^n X_i^k-\alpha_k\right|\leqslant\varepsilon\right)=1,$$

即样本 $k$ 阶原点矩是参数 $\alpha_k$ 的一致估计量.

可以证明，总体原点矩的连续函数 $u=g(\alpha_1,\alpha_2,\cdots,\alpha_k)$的矩估计 $\hat{u}=g(A_1,A_2,\cdots,A_k)$

$\left(\text{其中 } A_k=\dfrac{1}{n}\sum_{i=1}^{n}X_i^k\right)$ 是一致估计量;在一定的条件下,待估参数的极大似然估计量也具有一致性.

# 7.4 区间估计

## 7.4.1 区间估计的概念

点估计法直接给出未知参数的具体估计值,简单明确而便于应用.但对于估计值与参数真值偏差多少、可信程度又如何这样的问题,点估计法却无法回答.解决这一问题的一个直观想法是,给定一个可信程度(概率)要求,然后基于样本来寻求一个未知参数值的范围(区间),使能以给定的可信概率相信该区间包含了未知参数的真值,从而也能以所给概率相信该区间中任一点作为参数估计值时与参数真值的偏差不超过该区间的长度,这就是区间估计的基本思想.一般定义如下.

**定义 7.6** 设总体 $X$ 的分布函数为 $F(x;\theta)$,其中 $\theta$ 是未知参数,$(X_1,X_2,\cdots,X_n)$ 为 $X$ 的样本,给定 $\alpha(0<\alpha<1)$,若统计量 $\underline{\theta}=\underline{\theta}(X_1,X_2,\cdots,X_n)$ 和 $\overline{\theta}=\overline{\theta}(X_1,X_2,\cdots,X_n)$ 满足

$$P(\underline{\theta}<\theta<\overline{\theta})=1-\alpha, \tag{7.7}$$

则称区间 $(\underline{\theta},\overline{\theta})$ 是参数 $\theta$ 的**置信水平**为 $1-\alpha$ 的**置信区间**,$\underline{\theta}$ 和 $\overline{\theta}$ 分别称为**置信下限**和**置信上限**,$1-\alpha$ 称为**置信水平**(或置值度).

值得注意的是,区间 $(\underline{\theta},\overline{\theta})$ 的上、下限都是统计量,从而置信区间是随机区间.随着样本观察值的不同,随机区间 $(\underline{\theta},\overline{\theta})$ 产生不同的具体区间.(7.7)式的意义是,随机区间 $(\underline{\theta},\overline{\theta})$ 包含 $\theta$ 真值的概率为 $1-\alpha$,而不是 $\theta$ 的真值落在区间 $(\underline{\theta},\overline{\theta})$ 内的概率为 $1-\alpha$.换句话说,若反复抽样多次(各次抽取的样本容量都是 $n$),则每组样本观测值都确定一个具体区间 $(\underline{\theta},\overline{\theta})$,每个这样的区间要么包含 $\theta$ 的真值,要么不包含 $\theta$ 的真值,按伯努利大数定理,在所得的几个区间中,包含 $\theta$ 真值的约占 $100(1-\alpha)\%$,不包含 $\theta$ 真值的约占 $100\alpha\%$.例如,若 $\alpha=0.05$,反复抽样 1000 次,则得到的 1000 个区间中包含 $\theta$ 真值的约占 95%,对每组样本观察值确定的具体区间而言,它属于包含 $\theta$ 真值的区间的置信概率为 $100\times(1-0.05)\%=95\%$,而不能说一个具体的区间以 95% 的概率包含 $\theta$.

下面着重讨论正态总体均值和方差的区间估计问题.

## 7.4.2 单个正态总体均值的区间估计

设已给定置信水平为 $1-\alpha$,并设 $(X_1,X_2,\cdots,X_n)$ 是正态总体 $N(\mu,\sigma^2)$ 的样本,$\overline{X}$ 和 $S^2$ 分别是样本均值和样本方差.对总体均值 $\mu$ 作区间估计,分总体方差 $\sigma^2$ 已知和未知两种情况.

**1. $\sigma^2$ 已知情形**

由定义 7.6 知,对于给定的置信水平 $1-\alpha$,求 $\mu$ 的置信区间的关键是求满足

$$P(\underline{\mu}<\mu<\overline{\mu})=1-\alpha$$

的统计量 $\underline{\mu}(X_1,X_2,\cdots,X_n)$ 和 $\overline{\mu}(X_1,X_2,\cdots,X_n)$,上式中的不等式可视为由含有参数 $\mu$ 和某统计量的适当不等式解得.因此,取 $\mu$ 的估计量 $\overline{\mu}=\overline{X}$,则有

$$U=\frac{\overline{X}-\mu}{\sigma/\sqrt{n}}\sim N(0,1). \tag{7.8}$$

对给定的 $\alpha(0<\alpha<1)$，据正态分布的上侧 $\alpha$ 分位点定义，存在双侧分位点 $\pm u_{\alpha/2}$（见图7.1），使

$$P(|U|<u_{\alpha/2})=P\left(\left|\frac{\overline{X}-\mu}{\sigma/\sqrt{n}}\right|<u_{\alpha/2}\right)=1-\alpha. \quad (7.9)$$

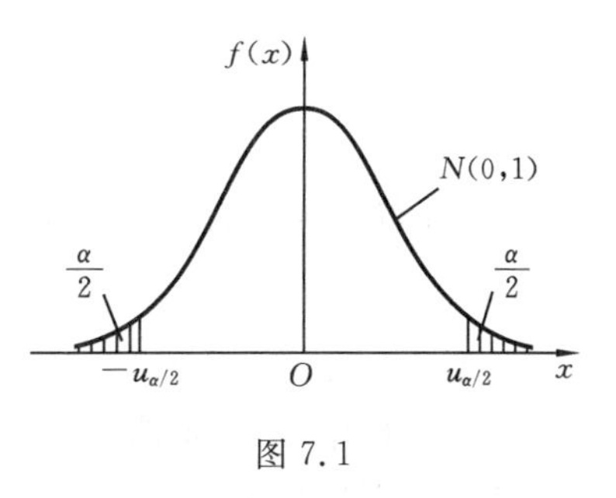


图 7.1

(7.9)式等价于

$$P\left(\overline{X}-\frac{\sigma}{\sqrt{n}}u_{\alpha/2}<\mu<\overline{X}+\frac{\sigma}{\sqrt{n}}u_{\alpha/2}\right)=1-\alpha.$$

由此得到在 $\sigma^2$ 已知情形下 $\mu$ 的置信水平为 $1-\alpha$ 的置信区间为

$$\left(\overline{X}-\frac{\sigma}{\sqrt{n}}u_{\alpha/2},\overline{X}+\frac{\sigma}{\sqrt{n}}u_{\alpha/2}\right). \quad (7.10)$$

参考上面的讨论，可归纳区间估计的一般步骤如下：

(1) 取待估参数 $\theta$ 的一个点估计 $\hat{\theta}(X_1,X_2,\cdots,X_n)$，并构造一个包含 $\theta$ 与 $\hat{\theta}$ 的随机变量 $G(\theta,\hat{\theta})$，使得 $G(\theta,\hat{\theta})$ 的分布为已知且与 $\theta$ 无关.

(2) 对于给定的置信水平 $1-\alpha$，定出两个常数 $a,b$，使得

$$P(a<G(\theta,\hat{\theta})<b)=1-\alpha.$$

(3) 将(2)中式子等价变形为

$$P(\underline{\theta}(X_1,X_2,\cdots,X_n)<\theta<\underline{\theta}(X_1,X_2,\cdots,X_n))=1-\alpha.$$

则得 $\theta$ 为置信水平为 $1-\alpha$ 的置信区间 $(\underline{\theta},\overline{\theta})$.

通常称(1)中的 $G(\theta,\hat{\theta})$ 为**枢轴变量**，而称这种利用枢轴变量构造置信区间的方法为**枢轴变量法**.

**例 7.17**　某企业生产的滚珠直径 $X$ 服从正态分布 $N(\mu,0.0006)$. 现从产品中随机抽取 6 颗检测，测得它们的直径（单位：mm）如下：1.46，1.51，1.49，1.48，1.52，1.51. 试求滚珠平均直径 $\mu$ 的置信水平为 95%的置信区间.

**解**　这里 $1-\alpha=0.95$，$\alpha=0.05$，$\sigma^2=0.0006$，$n=6$. 查 $N(0,1)$ 分布表，得 $u_{\alpha/2}=u_{0.025}=1.96$，由给出的数据算得 $\bar{x}=1.495$. 故由(7.10)式得平均直径 $\mu$ 的置信水平为 95%的置信区间为

$$(1.495-1.96\times\sqrt{0.0006/6},1.495+1.96\sqrt{0.0006/6}),$$

即

$$(1.4754,1.5146), \quad (7.11)$$

这就是说估计滚珠平均直径的值在 1.4754 mm 与 1.5146 mm 之间，这个估计的可信度为 95%，若以此区间的任一值作为 $\mu$ 的近似值，其误差不大于

$$2\times1.96\times\sqrt{0.0006/6}\ \text{mm}=0.0392\ \text{mm},$$

这个误差估计的可信度为 95%.

记置信区间(7.10)式的长度为 $l$，则

$$l=\frac{2\sigma}{\sqrt{n}}u_{\alpha/2}.$$

由此可见 $l$ 与 $n,\alpha$ 的关系是：

(1) 对给定 $\alpha$，区间长度 $l$ 随 $n$ 的增加而减小；

(2) 对给定 $n$，区间长度 $l$ 随 $\alpha$ 的减小（即置信水平 $1-\alpha$ 增大）而增大.

**注意**　在同一置信水平下，置信区间的选取不唯一，例如，在例 7.17 中，令 $\alpha=0.01+$

0.04,由

$$P\left(-u_{0.04}<\frac{\overline{X}-\mu}{\sigma}<u_{0.01}\right)=95\%,$$

查 $N(0,1)$ 分布表,得 $u_{0.04}=2.33$,$u_{0.01}=1.75$,所以 $\mu$ 的另一个置信水平为95%的置信区间为

$$(\overline{X}-2.33\sigma/\sqrt{n},\overline{X}+1.75\sigma/\sqrt{n}),$$

其区间长度 $l_2=4.08\sigma/\sqrt{n}=0.0408$. 由于(7.11)式的区间长度 $l_1=0.0392$,故 $l_2>l_1$.

在同一置信水平下,置信区间的长度越小,意味着估计的精度越高. 由于随机变量 $U$ 的概率密度函数的图形是单峰且对称的,故当样本容量 $n$ 固定时,(7.10)式所示置信区间是置信水平为 $1-\alpha$ 的所有置信区间中长度最短的,因此我们用它作为 $\mu$ 的置信水平为 $1-\alpha$ 的置信区间.

**2. $\sigma^2$ 未知情形**

此时不能采用(7.10)式给出的区间,因为其中含未知参数 $\sigma$,由于 $S^2$ 是 $\sigma^2$ 的无偏估计,将(7.8)式中的 $\sigma$ 换成 $S=\sqrt{S^2}$,由第六章6.1节推论1知,随机变量

$$t=\frac{\overline{X}-\mu}{S/\sqrt{n}}\sim t(n-1). \tag{7.12}$$

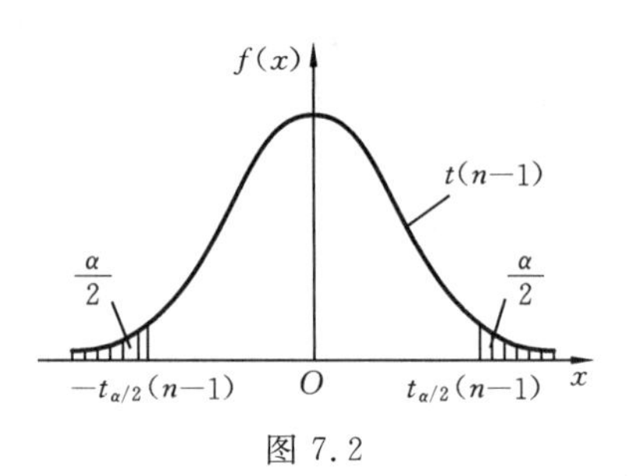

图 7.2

对给定 $\alpha(0<\alpha<1)$,查 $t$ 分布表,可得 $t(n-1)$ 分布的双侧分位点 $t_{\alpha/2}(n-1)$ 的值(见图7.2),使得

$$P(|t|<t_{\alpha/2}(n-1))=P\left(\left|\frac{\overline{X}-\mu}{S/\sqrt{n}}\right|<t_{\alpha/2}(n-1)\right)=1-\alpha,$$

即

$$P\left(\overline{X}-\frac{S}{\sqrt{n}}t_{\alpha/2}(n-1)<\mu<\overline{X}+\frac{S}{\sqrt{n}}t_{\alpha/2}(n-1)\right)=1-\alpha.$$

所以,在 $\sigma^2$ 未知情形下 $\mu$ 的置信水平为 $1-\alpha$ 的置信区间为

$$\left(\overline{X}-\frac{S}{\sqrt{n}}t_{\alpha/2}(n-1),\overline{X}+\frac{S}{\sqrt{n}}t_{\alpha/2}(n-1)\right). \tag{7.13}$$

在例7.17中,若总体方差未知,则可按(7.13)式求 $\mu$ 的置信区间. 这时,$\alpha=0.05$,查 $t$ 分布表得 $t_{\alpha/2}(n-1)=t_{0.025}(5)=2.57$. 由所给数据算出 $s=0.0226$,将上述值代入(7.13)式,得参数 $\mu$ 的置信水平为95%的置信区间为

$$(1.4715,1.5187).$$

实际问题中,总体方差 $\sigma^2$ 未知的情况居多,故(7.13)式较(7.10)式有更大的实用价值.

### 7.4.3 单个正态总体方差的区间估计

设总体 $X\sim N(\mu,\sigma^2)$,$(X_1,X_2,\cdots,X_n)$ 是 $X$ 的样本,对总体方差 $\sigma^2$ 作区间估计,同样分成 $\mu$ 已知和未知两种情形,此处,根据实际情况的需要,只讨论 $\mu$ 未知的情况.

由第六章定理6.2知,随机变量

$$\chi^2=\frac{(n-1)S^2}{\sigma^2}\sim\chi^2(n-1),$$

给定 $\alpha(0<\alpha<1)$,依 $\chi^2$ 分布的上侧 $\alpha$ 分位点定义(见图7.3),有

$$P\left(\chi^2_{1-\alpha/2}(n-1)<\frac{(n-1)S^2}{\sigma^2}<\chi^2_{\alpha/2}(n-1)\right)=1-\alpha.$$

查 $\chi^2(n-1)$ 分布表，可得 $\chi^2_{\alpha/2}(n-1)$ 和 $\chi^2_{1-\alpha/2}(n-1)$ 的值，于是，

$$P\left(\frac{(n-1)S^2}{\chi^2_{\alpha/2}(n-1)}<\sigma^2<\frac{(n-1)S^2}{\chi^2_{1-\alpha/2}(n-1)}\right)=1-\alpha. \tag{7.14}$$

故 $\sigma^2$ 的置信水平为 $1-\alpha$ 的置信区间为

$$\left(\frac{(n-1)S^2}{\chi^2_{\alpha/2}(n-1)},\frac{(n-1)S^2}{\chi^2_{1-\alpha/2}(n-1)}\right).$$

由(7.14)式，可以得到标准差 $\sigma$ 的一个置信水平为 $1-\alpha$ 的置信区间

$$\left(\frac{\sqrt{n-1}S}{\sqrt{\chi^2_{\alpha/2}(n-1)}},\frac{\sqrt{n-1}S}{\sqrt{\chi^2_{1-\alpha/2}(n-1)}}\right). \tag{7.15}$$

应该指出，当概率密度曲线的图形不对称时，如 $\chi^2$ 分布和 $F$ 分布，习惯上仍取对称的分位点(如用图 7.3 中的分位点 $\chi^2_{1-\alpha/2}(n-1)$ 与 $\chi^2_{\alpha/2}(n-1)$)来确定置信区间，但这样确定的置信区间的长度并不是最短，由于求最短置信区间的计算太繁杂，通常采用(7.14)式与(7.15)式来估计方差与标准差的置信水平为$1-\alpha$ 的置信区间.

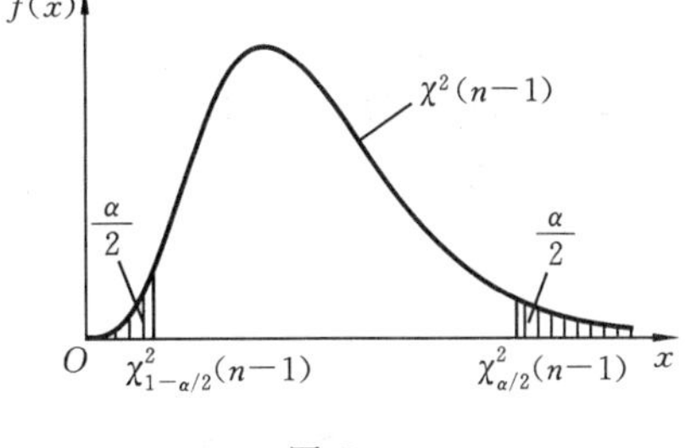


图 7.3

**例 7.18**　从自动车床加工的一批零件中随机地抽取 16 件，测得各零件的长度如下(单位：cm)：

2.15　2.10　2.12　2.10　2.14　2.11　2.15　2.13

2.13　2.11　2.14　2.13　2.12　2.13　2.10　2.14

设零件长度服从正态分布，试求零件长度标准差 $\sigma$ 的置信水平为 95%的置信区间.

**解**　这里 $1-\alpha=95\%$，$\frac{\alpha}{2}=0.025$，$n=16$，查 $\chi^2$ 分布表得 $\chi^2_{0.025}(15)=27.488$，$\chi^2_{0.975}=6.262$，经计算得

$$\overline{X}=2.125,\quad S^2=0.000293.$$

由(7.15)式得零件长度标准差的置信水平为 95%的置信区间为

$$\left(\frac{\sqrt{15}}{\sqrt{27.488}}\times\sqrt{0.000293},\frac{\sqrt{15}}{\sqrt{6.262}}\times\sqrt{0.000293}\right),$$

也即(0.0127,0.0265).

### 7.4.4　两个正态总体均值差的区间估计

在实际中常遇到这样的情况，产品的某一质量指标 $X$ 服从正态分布 $N(\mu_1,\sigma_1^2)$，由于原料、设备、工艺及操作人员的变动，可能引起总体均值、方差有所变动. 设变化后的指标 $Y$ 服从正态分布 $N(\mu_2,\sigma_2^2)$. 为知道这些变化有多大，需要考虑两个正态总体均值差 $\mu_1-\mu_2$ 或方差比 $\sigma_1^2/\sigma_2^2$ 的区间估计问题.

设已给定置信水平为 $1-\alpha$，并设$(X_1,X_2,\cdots,X_{n_1})$是总体 $X\sim N(\mu_1,\sigma_1^2)$的样本，$(Y_1,Y_2,\cdots,Y_{n_2})$是总体 $Y\sim N(\mu_2,\sigma_2^2)$的样本，且这两个样本相互独立. 记 $\overline{X}$，$\overline{Y}$ 分别是总体 $X$ 和 $Y$ 的样本均值，$S_1^2$，$S_2^2$ 分别是总体 $X$ 和 $Y$ 的样本方差. 对总体均值 $\mu_1-\mu_2$ 作区间估计，分如下两种情况讨论.

**1. $\sigma_1^2$ 和 $\sigma_2^2$ 均为已知**

由于 $\overline{X}$ 和 $\overline{Y}$ 分别是 $\mu_1$ 和 $\mu_2$ 的无偏估计，故 $\overline{X}-\overline{Y}$ 是 $\mu_1-\mu_2$ 的无偏估计，由 $\overline{X}$ 与 $\overline{Y}$ 相互独立及 $\overline{X}\sim N(\mu_1,\sigma_1^2/n_1)$，$\overline{Y}\sim N(\mu_2,\sigma_2^2/n_2)$ 得

$$\overline{X}-\overline{Y}\sim N(\mu_1-\mu_2,\sigma_1^2/n_1+\sigma_2^2/n_2),$$

所以随机变量

$$U=\frac{\overline{X}-\overline{Y}-(\mu_1-\mu_2)}{\sqrt{\dfrac{\sigma_1^2}{n_1}+\dfrac{\sigma_2^2}{n_2}}}\sim N(0,1),$$

类似于单个总体的情况，可求得 $\mu_1-\mu_2$ 的一个置信水平为 $1-\alpha$ 的置信区间为

$$\left(\overline{X}-\overline{Y}-\sqrt{\frac{\sigma_1^2}{n_1}+\frac{\sigma_2^2}{n_2}}u_{\frac{\alpha}{2}},\overline{X}-\overline{Y}+\sqrt{\frac{\sigma_1^2}{n_1}+\frac{\sigma_2^2}{n_2}}u_{\frac{\alpha}{2}}\right). \tag{7.16}$$

**2. $\sigma_1^2$ 和 $\sigma_2^2$ 均未知，但 $\sigma_1^2=\sigma_2^2=\sigma^2$**

此时，由第六章定理 6.2 的推论 3，有

$$\frac{\overline{X}-\overline{Y}-(\mu_1-\mu_2)}{S_w\sqrt{\dfrac{1}{n_1}+\dfrac{1}{n_2}}}\sim t(n_1+n_2-2),$$

其中，$S_w^2=\dfrac{(n_1-1)S_1^2+(n_2-1)S_2^2}{n_1+n_2-2}$，$S_w=\sqrt{S_w^2}$. 从而得 $\mu_1-\mu_2$ 的一个置信水平为 $1-\alpha$ 的置信区间为

$$\left(\overline{X}-\overline{Y}-t_{\alpha/2}(n_1+n_2-2)S_w\sqrt{\frac{1}{n_1}+\frac{1}{n_2}},\overline{X}-\overline{Y}+t_{\alpha/2}(n_1+n_2-2)S_w\sqrt{\frac{1}{n_1}+\frac{1}{n_2}}\right). \tag{7.17}$$

在(7.16)式、(7.17)式所示的 $\mu_1-\mu_2$ 的置信区间中，若置信下限大于零，则可认为 $\mu_1>\mu_2$；若置信上限小于零，则可认为 $\mu_1<\mu_2$；若置信区间含零，则认为 $\mu_1$ 与 $\mu_2$ 没有显著差别.

**例 7.19** 为提高某一化工生产过程的得率，试采用一种新的催化剂. 为慎重起见，在实验工厂进行试验. 设采用原来的催化剂进行了 $n_1=8$ 次试验，得到得率的平均值 $\bar{x}=91.73$，样本方差 $s_1^2=3.98$；又采用了新的催化剂进行了 $n_2=8$ 次试验，得到得率的平均值 $\bar{y}=93.75$，样本方差 $s_2^2=4.02$，假定两总体都服从正态分布，且方差相等，试求总体均值差 $\mu_1-\mu_2$ 的置信水平为 95%的置信区间.

**解** 按实际情况，可以认为两总体的样本是相互独立的. 依题意，$\alpha=0.05$，$n_1=n_2=8$. 查 $t$ 分布表可得 $t_{0.025}(14)=2.1448$，计算得

$$s_w^2=(7\times 3.89+7\times 4.02)/14=3.955,\quad s_w=\sqrt{s_w^2}=1.989,$$

于是，由(7.17)式得所求两总体均值差 $\mu_1-\mu_2$ 的置信水平为 95%的置信区间为

$$\left(\bar{x}-\bar{y}-s_w\times t_{0.025}(14)\sqrt{\frac{1}{8}+\frac{1}{8}},\bar{x}-\bar{y}+s_w\times t_{0.025}(14)\sqrt{\frac{1}{8}+\frac{1}{8}}\right)$$
$$=(-2.02-2.13,-2.02+2.13)=(-4.15,0.11).$$

由于所得置信区间包含零，因此在实际中我们就认为采用这两种催化剂所得到的得率的均值没有显著差别.

## 7.4.5 两个正态总体方差比的区间估计

设$(X_1,X_2,\cdots,X_{n_1})$是总体 $X\sim N(\mu_1,\sigma_1^2)$的样本，$(Y_1,Y_2,\cdots,Y_{n_2})$是总体 $Y\sim N(\mu_2,\sigma_2^2)$的

样本,且两组样本相互独立.要求两总体方差比 $\sigma_1^2/\sigma_2^2$ 的置信水平为 $1-\alpha$ 的置信区间,我们仅讨论 $\mu_1$ 和 $\mu_2$ 均未知的情况.

由第六章定理 6.2 的推论 2 知,随机变量

$$F=\frac{S_1^2/\sigma_1^2}{S_2^2/\sigma_2^2}\sim F(n_1-1,n_2-1),$$

且分布 $F(n_1-1,n_2-1)$ 不依赖参数 $\sigma_1^2$ 和 $\sigma_2^2$.由 $F$ 分布的上侧 $\alpha$ 分位点定义知(见图 7.4),

$$P\left\{F_{1-\alpha/2}(n_1-1,n_2-1)<\frac{S_1^2/\sigma_1^2}{S_2^2/\sigma_2^2}<F_{\alpha/2}(n_1-1,n_2-1)\right\}=1-\alpha,$$

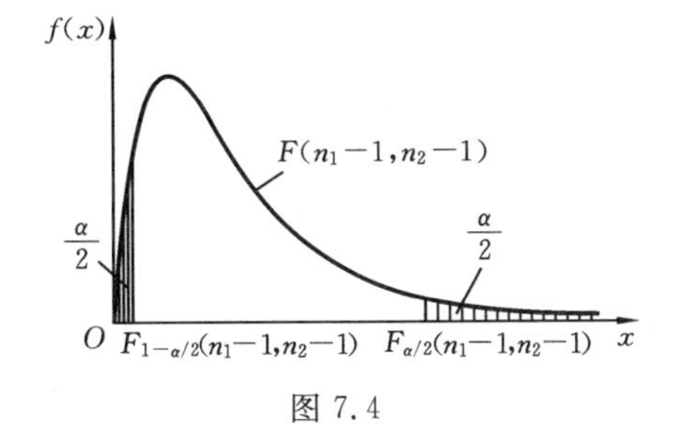


图 7.4

亦即

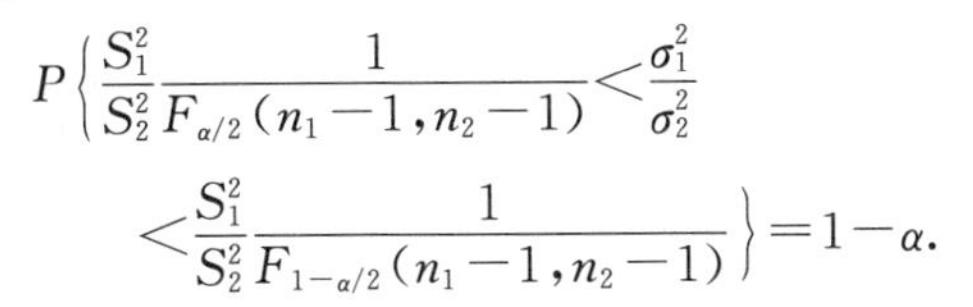

$$P\left\{\frac{S_1^2}{S_2^2}\frac{1}{F_{\alpha/2}(n_1-1,n_2-1)}<\frac{\sigma_1^2}{\sigma_2^2}<\frac{S_1^2}{S_2^2}\frac{1}{F_{1-\alpha/2}(n_1-1,n_2-1)}\right\}=1-\alpha.$$

于是得 $\sigma_1^2/\sigma_2^2$ 的一个置信水平为 $1-\alpha$ 的置信区间为

$$\left(\frac{S_1^2}{S_2^2}\frac{1}{F_{\alpha/2}(n_1-1,n_2-1)},\frac{S_1^2}{S_2^2}\frac{1}{F_{1-\alpha/2}(n_1-1,n_2-1)}\right). \tag{7.18}$$

**例 7.20**　两台车床生产同一种型号的滚珠,已知两车床生产的滚珠直径 $X,Y$ 分别服从正态分布 $N(\mu_1,\sigma_1^2),N(\mu_2,\sigma_2^2)$,其中 $\mu_i,\sigma_i^2(i=1,2)$ 均未知.由甲、乙两车床的产品中分别抽出 25 个和 15 个测量直径,并计算得 $s_1^2=6.38,s_2^2=5.15$,求两总体方差比 $\sigma_1^2/\sigma_2^2$ 的置信水平为 90%的置信区间.

**解**　依题意,$\alpha=0.1,n_1=25,n_2=15$,查 $F$ 分布表得

$$F_{0.05}(24,14)=2.35,\quad F_{0.95}(24,14)=\frac{1}{F_{0.05}(14,24)}=\frac{1}{2.13}.$$

故由(7.18)式得 $\sigma_1^2/\sigma_2^2$ 的一个置信水平为 90%的置信区间为

$$\left(\frac{6.38}{5.15}\times\frac{1}{2.35},\frac{6.38}{5.15}\times 2.13\right),$$

也即

$$(0.527,2.639).$$

由于该置信区间包含数 1,在实际中我们认为 $\sigma_1^2,\sigma_2^2$ 两者没有显著差别,即认为两台机床加工的精度差不多.

### 7.4.6　单侧置信区间

前面讨论参数区间估计,对未知参数给出的置信区间都是同时具有置信上、下限的双侧置信区间.在某些实际问题中,往往只需要估计未知参数的下限或上限.例如,设备、元件等的寿命,越长越好,故我们常会关心平均寿命的下限;相反,产品不合格率越低越好,这时我们又会关心不合格率的上限.这就需要考虑形如 $(\underline{\theta},+\infty)$ 或 $(-\infty,\overline{\theta})$ 的置信区间.为此,我们引出单侧置信区间的概念.

**定义 7.7**　设总体 $X$ 的分布函数为 $F(x;\theta)$,其中 $\theta$ 是未知参数.又设 $(X_1,X_2,\cdots,X_n)$ 是 $X$ 的样本.对于给定的 $\alpha(0<\alpha<1)$,若统计量 $\underline{\theta}=\underline{\theta}(X_1,X_2,\cdots,X_n)$ 满足

$$P(\theta>\underline{\theta})=1-\alpha,$$

则称随机区间 $(\underline{\theta},+\infty)$ 是 $\theta$ 的置信水平为 $1-\alpha$ 的**单侧置信区间**,$\underline{\theta}$ 称为**单侧置信下限**;若统计

量$\overline{\theta}=\overline{\theta}(X_1,X_2,\cdots,X_n)$满足

$$P(\theta<\overline{\theta})=1-\alpha,$$

则称随机区间$(-\infty,\overline{\theta})$是$\theta$的置信水平为$1-\alpha$单侧置信区间,$\overline{\theta}$称为**单侧置信上限**.

求单侧置信区间的方法与求双侧置信区间的方法类似,下面通过一个例子来介绍单侧置信限的求法.

**例 7.21** 从一批灯泡中随机地取 5 只作寿命试验,测得寿命(单位:h)为

1050, 1100, 1120, 1250, 1280

设灯泡寿命服从正态分布,求灯泡寿命平均值的置信水平为 0.95 的单侧置信下限.

**解** 设总体$X\sim N(\mu,\sigma^2)$,其中$\mu,\sigma^2$均未知,因为随机变量

$$\frac{(\overline{X}-\mu)}{S}\sqrt{n}\sim t(n-1),$$

查$t$分布表,可得满足条件

$$P\left(\frac{\overline{X}-\mu}{S}\sqrt{n}<t_\alpha(n-1)\right)=1-\alpha$$

的分位点值$t_\alpha(n-1)$,于是$\mu$的置信水平为$1-\alpha$的单侧置信区间为

$$\left(\overline{X}-t_\alpha(n-1)\frac{S}{\sqrt{n}},+\infty\right). \tag{7.19}$$

由题设知$\alpha=0.05,n=5,\overline{x}=1160,s^2=9950$,查$t$分布表,$t_{0.05}(4)=2.1318$,故$\mu$的置信水平为$1-\alpha$的单侧置信下限为

$$\underline{\mu}=\overline{x}-\frac{s}{\sqrt{n}}t_\alpha(n-1)=1065.$$

类似地,可求出$\mu$的单侧置信上限为$\overline{\mu}=\overline{X}+t_\alpha(n-1)\frac{S}{\sqrt{n}}$;单侧置信区间为$\left(-\infty,\overline{X}+t_\alpha(n-1)\frac{S}{\sqrt{n}}\right)$.

**注意** 对总体方差及两总体的均值差或方差比的单侧置信区间可类似求得.至于对参数是作双侧区间估计还是作单侧区间估计,则要由实际需要来决定.

## 习 题 七

**7.1** 填空题.

(1) 设总体$X$的概率密度为

$$f(x;\theta)=\begin{cases}e^{-(x-\theta)}, & x\geqslant 0,\\ 0, & x<0,\end{cases}$$

而$X_1,X_2,\cdots,X_n$是来自总体$X$的样本,则未知参数$\theta$的矩估计量为______.

(2) 设 1,0,0,1 是来自两点分布总体$X\sim B(1,p)$的样本观察值,则参数$q=1-p$的矩估计值为______.

(3) 设$\overline{X}$和$S^2$是来自二项分布总体$X\sim B(m,p)$的样本均值和样本方差,样本容量为$n$,若用$\overline{X}+kS^2$作为$mp^2$的无偏估计,则$k=$______.

(4) 设$\hat{\theta}_1$和$\hat{\theta}_2$都是$\theta$的无偏估计,且$D(\hat{\theta}_1)=\sigma^2,D(\hat{\theta}_2)=\sigma^2$,构造一个新的无偏估计

$$\hat{\theta}=c\,\hat{\theta}_1+(1-c)\hat{\theta}_2,\quad 0\leqslant c\leqslant 1,$$

如果$\hat{\theta}_1$和$\hat{\theta}_2$相互独立,为使$D(\hat{\theta})$达最小,应有$c=$______.

(5) 设总体 $X$ 的概率密度为

$$f(x;\theta)=\begin{cases}\dfrac{2x}{3\theta^2}, & \theta<x<2\theta,\\ 0, & 其他,\end{cases}$$

其中,$\theta$ 为未知参数,$X_1,X_2,\cdots,X_n$ 为来自总体 $X$ 的样本,令 $c\sum_{i=1}^{n}X_i^2$ 是 $\theta^2$ 的无偏估计量,则 $c=$______。

(6) 在天平上重复称量一重为 $a$ 的物品,假设各次称量结果相互独立,且同服从正态分布 $N(a,0.2^2)$. 若以 $\overline{X}_n$ 表示 $n$ 次称量结果的算术平均值,则为使

$$P(|\overline{X}_n-a|<0.1)\geqslant 0.95,$$

$n$ 的最小值应不小于自然数______.

(7) 设 $x_1,x_2,\cdots,x_n$ 为来自总体 $N(\mu,\sigma^2)$ 的样本观测值,样本均值 $\overline{x}=9.5$,参数 $\mu$ 的置信度为 95% 的双侧置信区间的置信上限为 10.8,则 $\mu$ 的置信度为 95% 的双侧置信区间为______。

**7.2** 单项选择题.

(1) 设总体 $X\sim N(\mu,\sigma^2)$,其中 $\mu$ 已知,$\sigma^2\neq 0$ 为未知参数,$X_1,X_2,\cdots,X_n$ 是来自总体 $X$ 的样本,$\overline{X}$ 为样本均值,则 $\sigma^2$ 的极大似然估计量为(　　).

(A) $\hat{\sigma}^2=\dfrac{1}{n-1}\sum_{i=1}^{n}(X_i-\overline{X})^2$　　(B) $\hat{\sigma}^2=\dfrac{1}{n}\sum_{i=1}^{n}(X_i-\overline{X})^2$

(C) $\hat{\sigma}^2=\dfrac{1}{n-1}\sum_{i=1}^{n}(X_i-\mu)^2$　　(D) $\hat{\sigma}^2=\dfrac{1}{n}\sum_{i=1}^{n}(X_i-\mu)^2$

(2) 设 $n$ 个随机变量 $X_1,X_2,\cdots,X_n$ 独立同分布,

$$DX_1=\sigma^2,\quad \overline{X}=\frac{1}{n}\sum_{i=1}^{n}X_i,\quad S^2=\frac{1}{n-1}\sum_{i=1}^{n}(X_i-\overline{X})^2,$$

则(　　).

(A) $S$ 是 $\sigma$ 的无偏估计量　　(B) $S$ 是 $\sigma$ 的极大似然估计量

(C) $S$ 是 $\sigma$ 的一致估计量　　(D) $S$ 与 $\overline{X}$ 相互独立

(3) 设 $X_1,X_2,\cdots,X_n$ 是总体 $X\sim N(0,\sigma^2)$ 的样本,则未知参数 $\sigma^2$ 的无偏估计量为(　　).

(A) $\hat{\sigma}^2=\dfrac{1}{n-1}\sum_{i=1}^{n}X_i^2$　　(B) $\hat{\sigma}^2=\dfrac{1}{n}\sum_{i=1}^{n}X_i^2$

(C) $\hat{\sigma}^2=\dfrac{1}{n+1}\sum_{i=1}^{n}X_i^2$　　(D) $\hat{\sigma}^2=\dfrac{1}{n}\sum_{i=1}^{n}(X_i-\overline{X})^2$

(4) 设正态总体均值 $\mu$ 的置信区间长度 $l=2\dfrac{S}{\sqrt{n}}t_{\alpha}(n-1)$,则其置信水平为(　　).

(A) $1-\alpha$　　(B) $\alpha$　　(C) $1-\dfrac{\alpha}{2}$　　(D) $1-2\alpha$

(5) 设总体 $X\sim N(\mu,\sigma^2)$,当 $\sigma^2$ 未知时,$\mu$ 的置信区间长度为 $l_1$,在置信水平不变的条件下,用 $\sigma^2$ 的无偏估计 $S^2$ 作为 $\sigma^2$ 的已知值,所得 $\mu$ 的置信区间长度为 $l_2$,则(　　).

(A) $l_1=l_2$　　(B) $l_1>l_2$　　(C) $l_1<l_2$　　(D) $l_1$ 与 $l_2$ 无一定序关系

**7.3** 为考察某种轮胎的使用寿命,随机地抽取 12 只轮胎试用,测得它们的寿命(单位:万公里)如下:

4.68　4.85　4.32　4.85　4.61　5.02　4.60　4.58　4.72　4.38　4.70　5.20

试求此种轮胎的平均寿命 $\mu$ 和寿命方差 $\sigma^2$ 的矩估计值,并计算样本方差 $S^2$.

**7.4** 设$(X_1,X_2,\cdots,X_n)$为总体 $X$ 的样本,求下述各总体的概率密度或分布列中的未知参数的矩估计量.

(1)
$$f(x)=\begin{cases}\theta c^{\theta}x^{-(\theta+1)}, & x>c,\\ 0, & 其他,\end{cases}$$

其中 $c>0$ 为已知,$\theta>1$ 为未知参数.

(2)
$$f(x)=\begin{cases}\sqrt{\theta}\,x^{\sqrt{\theta}-1}, & 0\leqslant x\leqslant 1,\\ 0, & \text{其他},\end{cases}$$
其中 $\theta>0$ 为未知参数.

(3)
$$f(x)=\begin{cases}\dfrac{x}{\theta^2}\mathrm{e}^{-x^2/(2\theta^2)}, & x>0,\\ 0, & \text{其他},\end{cases}$$
其中 $\theta>0$ 为未知参数.

(4)
$$f(x)=\begin{cases}\dfrac{1}{\theta}\mathrm{e}^{-(x-\mu)/\theta}, & x\geqslant\mu,\\ 0, & \text{其他},\end{cases}$$
其中 $\theta>0,\theta,\mu$ 为未知参数.

(5) $P(X=x)=\dfrac{\lambda^x}{x!}\mathrm{e}^{-\lambda},x=0,1,2,\cdots,\lambda,\lambda>0$,

其中 $\lambda$ 为未知参数.

**7.5** 求上题中各未知参数的极大似然估计量.

**7.6** 设总体 $X$ 的分布列为

| $X$ | 1 | 2 | 3 |
|---|---|---|---|
| $P_k$ | $\theta^2$ | $2\theta(1-\theta)$ | $(1-\theta)^2$ |

其中 $\theta(0<\theta<1)$ 为未知参数,已知取得了样本观察值 $x_1=1,x_2=2,x_3=1$,求 $\theta$ 的矩估计值和极大似然估计值.

**7.7** 设总体 $X$ 的概率密度为
$$f(x;\theta)=\begin{cases}\dfrac{1}{1-\theta}, & \theta<x<1,\\ 0, & \text{其他},\end{cases}$$
其中 $\theta$ 为未知参数,$X_1,X_2,\cdots,X_n$ 为来自总体 $X$ 的样本。求:(1) $\theta$ 的矩估计量;(2) $\theta$ 的极大似然估计量。

**7.8** 设 $(X_1,X_2,\cdots,X_n)$ 是正态总体 $N(\mu,\sigma^2)$ 的样本,其中 $\mu,\sigma^2$ 均未知,试求 $P(\overline{X}<t)$ 的极大似然估计.

**7.9** 设一名货运司机在 5 年内发生交通事故的次数服从泊松分布,对 136 名货运司机的调查结果见下表,其中 $r$ 表示一货运司机 5 年内发生交通事故的次数,$m$ 表示观察到的货运司机人数.

| $r$ | 0 | 1 | 2 | 3 | 4 | 5 |
|---|---|---|---|---|---|---|
| $m$ | 56 | 43 | 22 | 8 | 5 | 2 |

(1) 求一名货运司机在 5 年内发生交通事故的平均次数的极大似然估计;

(2) 求一名货运司机在 5 年内不发生交通事故的概率的极大似然估计.

**7.10** 某工程师为了解一台天平的质量,用该天平对一物体的质量做 $n$ 次测量,该物体的质量 $\mu$ 是已知的。设 $n$ 次测量结果 $X_1,X_2,\cdots,X_n$ 相互独立且均服从正态分布 $N(\mu,\sigma^2)$。该工程师记录的是 $n$ 次测量的绝对误差 $Z_i=|X_i-\mu|(i=1,2,\cdots,n)$,试利用 $Z_1,Z_2,\cdots,Z_n$ 估计 $\sigma$。(1) 求 $Z_i$ 的概率密度;(2) 利用一阶矩求 $\sigma$ 的矩估计量;(3)求 $\sigma$ 的极大似然估计量。

**7.11** 设 $X_1,X_2,\cdots,X_n$ 是来自总体 $X\sim U(0,\theta)$ 的样本,求总体均值 $\mu$ 与方差 $\sigma^2$ 的极大似然估计.

**7.12** 设总体 $X$ 的概率密度为
$$f(x;\theta)=\begin{cases}\dfrac{3x^2}{\theta^3}, & 0<x<\theta,\\ 0, & \text{其他},\end{cases}$$
其中 $\theta\in(0,+\infty)$ 为未知参数,$X_1,X_2,X_3$ 为来自总体 $X$ 的样本,令 $T=\max\{X_1,X_2,X_3\}$。(1) 求 $T$ 的概率密度;(2) 确定 $a$,使得 $aT$ 为 $\theta$ 的无偏估计。

**7.13** 设总体 $X$ 在区间 $(0,2\theta)$ 上服从均匀分布,$X_1,X_2,X_3$ 为其样本. 试证明样本均值 $\overline{X}$ 与 $\dfrac{2}{3}\max\limits_{1\leqslant i\leqslant 3}X_i$

都是 $\theta$ 的无偏估计量，并比较它们谁更有效.

**7.14**　设总体 $X$ 服从参数为 $\lambda$ 的泊松分布，即

$$P(X=k)=\frac{\lambda^k}{k!}e^{-\lambda},\quad k=0,1,2,\cdots,$$

$(X_1,X_2,\cdots,X_n)$ 是 $X$ 的样本，试求 $\lambda^2$ 的无偏估计.

**7.15**　设总体 $X\sim N(\mu,\sigma^2)$，$(X_1,X_2,\cdots,X_n)$ 是 $X$ 的样本，试确定常数 $c$，使 $c\sum_{i=1}^{n-1}(X_{i+1}-X_i)^2$ 为 $\sigma^2$ 的无偏估计.

**7.16**　设 $\hat{\theta}$ 是参数 $\theta$ 的无偏估计，且有 $D\hat{\theta}>0$，证明 $\hat{\theta}^2=(\hat{\theta})^2$ 不是 $\theta^2$ 的无偏估计.

**7.17**　设从均值为 $\mu$，方差为 $\sigma^2(\sigma^2>0)$ 的总体中，分别抽取容量为 $n_1,n_2$ 的两独立样本，$\overline{X}_1$ 和 $\overline{X}_2$ 分别是两样本的均值. 试证：对于任意常数 $a,b(a+b=1)$，$Y=a\overline{X}_1+b\overline{X}_2$ 都是 $\mu$ 的无偏估计，并确定常数 $a,b$ 使 $D(Y)$ 达到最小.

**7.18**　某旅行社为调查当地每一旅游者的日平均消费额，随机地访问了 100 名旅游者，得知日平均消费额 $\bar{x}=80$ 元，根据经验，已知旅游者日消费额服从正态分布，且方差 $\sigma^2=12^2$，求该地旅游者日平均消费额 $\mu$ 的置信水平为 95%的置信区间.

**7.19**　某批牛奶中被混入了一种有害物质三聚氰胺，现从中随机抽取 220 盒进行检测，得到每公斤牛奶中三聚氰胺的含量(单位：mg/kg)如下：

0.86　1.53　1.57　1.81　0.99　1.09　1.29　1.78　1.29　1.58

假设可以认为这批牛奶中三聚氰胺的含量服从正态分布 $N(\mu,\sigma^2)$，试求：

(1) 含量均值 $\mu$ 的置信水平为 90%的置信区间；

(2) 含量标准差 $\sigma$ 的置信水平为 90%的置信区间.

**7.20**　某地为研究农业家庭与非农业家庭的人口状况，独立、随机地调查了 50 户农业居民和 60 户非农业居民. 经计算知农业居民家庭平均每户 4.5 人，非农业居民家庭平均每户 3.75 人，已知农业居民家庭人口分布为 $N(\mu,1.8^2)$，非农业居民家庭人口分布为 $N(\mu,2.1^2)$，试求 $\mu_1-\mu_2$ 的置信水平为 99%的置信区间.

**7.21**　为比较甲、乙两种型号的步枪子弹的枪口速度，随机地取甲型子弹 10 发，算得枪口速度的平均值 $\bar{x}=500(\mathrm{m/s})$，标准差 $s_1=1.10(\mathrm{m/s})$；随机地取乙型子弹 20 发，得枪口速度平均值 $\bar{y}=496(\mathrm{m/s})$，标准差 $s_2=1.20(\mathrm{m/s})$. 设两总体近似地服从正态分布，并且方差相等，求两总体均值 $\mu_1-\mu_2$ 的置信水平为 95%的置信区间.

**7.22**　设某产品的生产工艺发生了改变，在改变前后分别测得了若干件产品的技术指标，其结果为

改变前：21.6，　22.8，　22.1，　21.2，　20.5，　21.9，　21.4

改变后：24.1，　23.8，　24.7，　24.0，　23.7，　24.3，　24.5，　23.9

假设该产品的技术指标服从正态分布，方差 $\sigma^2$ 未知且在工艺改变前后不变，试估计工艺改变后，该技术指标的置信水平为 95%的平均值变化的范围.

**7.23**　在上题中若工艺改变前后总体方差 $\sigma^2$ 有所改变，试计算工艺改变后的总体方差 $\sigma_1^2$ 与工艺改变前的总体方差 $\sigma_2^2$ 的比 $\sigma_1^2/\sigma_2^2$ 的置信水平为 95%的置信区间.

**7.24**　研究机器 A 和机器 B 生产的钢管内径，随机抽取机器 A 生产的管子 18 只，测得样本方差 $s_1^2=0.34(\mathrm{mm}^2)$；随机抽取机器 B 生产的管子 13 只，测得样本方差 $s_2^2=0.29(\mathrm{mm}^2)$. 设两样本相互独立，且由机器 A、机器 B 生产的管子的内径分别服从正态分布 $N(\mu_1,\sigma_1^2)$，$N(\mu_2,\sigma_2^2)$，这里 $\mu_i,\sigma_i^2(i=1,2)$ 均未知，试求方差比 $\sigma_1^2/\sigma_2^2$ 的置信水平为 0.90 的置信区间.

**7.25**　从一批灯泡中随机地抽取 16 只灯泡作寿命试验，测得它们的寿命(单位：h)如下：

1502　1480　1485　1511　1514　1527　1603　1480

1532　1580　1490　1470　1520　1505　1485　1540

设灯泡寿命 $X$ 服从正态分布，试求灯泡平均寿命的置信水平为 95%的置信下限.

**7.26**　测得两个民族中各 5 位成年人的身高(单位：cm)如下：

| A民族 | 162.6 | 170.2 | 172.7 | 165.1 | 157.5 |
|---|---|---|---|---|---|
| B民族 | 175.3 | 177.8 | 167.6 | 180.3 | 182.9 |

设两样本分别来自总体 $N(\mu_1,\sigma^2)$,$N(\mu_2,\sigma^2)$,$\mu_1,\mu_2,\sigma^2$ 未知,两样本独立,求 $\mu_1-\mu_2$ 的置信水平为0.90的置信区间.

# 第八章　假设检验

统计推断的另一个重要问题是假设检验问题，它包括检验总体的分布或总体的分布中所含的参数．为推断总体的某些性质，提出关于总体检验的各种假设，这些假设既可能来自对实际问题的观测而提出，也可能来自理论的分析而确定．假设检验就是根据样本提供的信息对所提出的假设作出判断：接受或拒绝．判断给定的假设的方法称为假设检验．如果假设是对总体的参数提出的，则称为参数假设检验，否则称为非参数假设检验．下面我们分别进行讨论．

## 8.1　假设检验的基本概念

### 8.1.1　问题的提出

在实际中我们经常会碰到这样一些问题：(1) 产品自动生产线工作是否正常？(2) 某种新生产方法是否会降低产品成本？(3) 治疗某疾病的新药是否比旧药疗效更好？(4) 厂商声称产品质量符合标准，是否可信？这些都是假设检验所处理的问题．下面通过几个具体例子来说明假设检验问题的提法及其类型．

**例 8.1**　某洗衣粉生产车间用一台包装机包装洗衣粉，额定标准为每袋净重 500 g，包装机正常工作时，包装量 $X$ 服从正态分布 $N(500,2^2)$，为了检验包装机工作是否正常，在装好的洗衣粉中，任取一袋，测出 $x=508$ (g)，问包装机工作是否正常？若测出 $x=498$(g)，这时能认为包装机工作正常吗？

我们已知每袋的包装量 $X$ 服从正态分布，现在关心的是，它是否装得太多(或太少)，如果装得总是偏多(少)，那说明包装量 $X$ 的分布中均值已经不是 500 g，而是比 500 g 大(小)的某个值了．因此本问题是在已知总体 $X$ 服从正态分布且 $\sigma$ 已知的前提下，作均值是否为某指定常数的一种检验．

**例 8.2**　设甲、乙两车间生产的电灯泡寿命(单位：h)都服从正态分布，从甲、乙车间分别抽得 50 个、60 个样品．测得其寿命数据如下．

甲车间：$n_1=50$，$\bar{x}=1282$ h，$s_1=80$ h．

乙车间：$n_1=60$，$\bar{y}=1208$ h，$s_1=94$ h．

问甲、乙两个车间的灯泡寿命可以认为是相同的吗？

这个问题就是在两个总体的分布类型皆已知为正态分布的前提下，检验它们的方差是否相同，均值是否相同．

**例 8.3**　自动车床加工中轴，从成品中抽取 11 根，测量它们的直径(单位：mm)数据如下：

10.52，10.41，10.32，10.18，10.64，10.77，10.82，10.87，10.59，10.38，10.49．

问这批零件的直径服从正态分布吗？

以上三个问题(例 8.1、例 8.2、例 8.3)都是假设检验中常见的问题．一般来说，假设检验依问题的性质可以分为**参数检验**和**非参数检验**两大类型.如果总体分布的类型已知,检验的目的是对总体的参数及其有关性质作出判断,这类问题称为**参数检验**.我们举的前两个例子就是参数检验问题.如果总体的分布类型不确知(或完全未知),检验的目的是作出一般性论断(如分布属于某种类型,两个变量是独立的,两分布是相同的,等等),这类问题称为**非参数检验**.例8.3就是分布的正态性检验,这属于非参数检验.本章对这两类问题分别介绍一些检验方法.

### 8.1.2 假设检验的基本原理

我们用一个例子来说明假设检验的基本原理.

假定某人声称他的袋中有10个同等大小的球,5个红色的,5个白色的.于是我们来做有放回的摸球试验,每次摸一球,观察其颜色,结果5次摸球中都是红球,那么,我们对此人声称的“袋中的红白球各占一半”的说法该怎么看呢?显然,我们面临两种选择:一种是承认他的说法是真的,这次摸球“比较有运气”,所以5次全摸中红球;另一种是否认他的说法,“哪会有如此运气呢?!”对于后一种想法,还应该有理论上的分析,给予更有说服力的论证.我们是这样来分析的:

不妨认为“红球占1/2”这一命题是真的,令

$$X_i=\begin{cases}1, & \text{第 } i \text{ 次摸得红球},\\ 0, & \text{第 } i \text{ 次摸得白球}\end{cases}\quad (i=1,2,\cdots,5),$$

则在有放回的摸球试验中,我们可认定其模型为

$$X_i\sim\begin{pmatrix}0 & 1\\ 1/2 & 1/2\end{pmatrix}.$$

5次摸球摸得的红球数 $X=\sum_{i=1}^{5}X_i\sim B(5,0.5)$,于是5次摸球中都是红球的概率为

$$P(X=5)=\frac{1}{2^5}=0.0312.$$

这是“一个小概率事件”,即做100次这样的试验,大概只有3次会摸出这种“5次全红”的结果.然而我们做了一次试验,这个结果就发生了,我们有这么好的运气吗?凭常识我们知道这是不太可能的.当然“$X=5$”这个事件不是绝对不可能发生,因此比较科学严谨的说法是:我们宁冒0.0312的风险否定“袋中的红白球各占一半”的说法.

以上分析是统计学上进行“假设检验”的主要思想,它在逻辑上是一种反证法的推理过程.即不妨认为$H$命题是真的,在这一前提下进行数学推导,得到一个矛盾的结果,于是我们认为$H$命题不成立,而接受反命题$\overline{H}$.但在统计学中所谓“矛盾”和通常数学中的“矛盾”不同,这里我们是指“小概率事件”原则上在一次试验中是不会出现的.若出现就认为“有矛盾”.另一个不同点是,在数学证明中,一旦假设$H$被推翻,$\overline{H}$被接受是确定的,而统计学中否定假设$H$还应指出“冒多大”的风险,如以上例子是冒0.03的风险或说不超过0.05的风险.

自然要问概率小到什么程度才算是“小概率事件”呢?这个小概率的值对检验有什么影响?

从上面的讨论中我们可以看到这个小概率事件的概率越小,否定原假设就越有说服力,因而确定这个小概率的值就关系到检验结论的说服力问题.通常取$\alpha=0.05$,但有时为了加强否定原假设的说服力而取$\alpha=0.01$,甚至取$\alpha=0.001$.关于这个小概率的更深刻含义,我们将在后面(两类错误)进一步说明.

### 8.1.3　假设检验的步骤

总结以上摸球的分析过程，实质上我们是按以下步骤进行的.

(1) 对要检验的问题提出一个原始假设(或称零假设)，用 $H_0$ 表示(它往往是我们所怀疑的命题，但不妨假设它是真的，这一点将在下一节(两类错误)中再进一步说明)，如摸球问题中

$$H_0:红球所占比例\ p=0.5$$

由 $H_0$ 知隐含着另一对立命题，用 $H_1$ 表示，称为对立假设或备择假设，如摸球问题中

$$H_1:红球所占比例\ p\neq 0.5.$$

如果我们拒绝 $H_0$，就接受 $H_1$.

(2) 在不妨认为 $H_0$ 是真的前提下，可从理论上得到总体 $X$ 服从一个概率分布 $F_{H_0}$，比如摸球问题中 $X\sim B(1,0.5)$. 并对它进行抽样得到样本$(X_1,X_2,\cdots,X_n)$.

(3) 构造一个统计量 $T(X_1,X_2,\cdots,X_n)$，选一个风险水平 $\alpha$，它应该是一个小概率值，比如取 $\alpha=0.05$，但有时为了加强否定原假设的说服力而取 $\alpha=0.01$，甚至取 $\alpha=0.001$. 选定一个否定域 $W_\alpha$，使得在 $H_0$ 成立的条件下，能够推出

$$P(T\in W_\alpha)\leqslant\alpha,$$

即在 $H_0$ 成立的条件下事件$\{T\in W_\alpha\}$是小概率事件，$W_\alpha$ 称为**拒绝域**. 其选择方法后面将逐步介绍.

(4) 对实际试验结果计算 $T(X_1,X_2,\cdots,X_n)$的值 $t=T(x_1,\cdots,x_n)$，判定$\{t\in W_\alpha\}$是否发生，由此作出判断：

(a) 若$\{t\in W_\alpha\}$，则拒绝 $H_0$，而接受 $H_1$；

(b) 若$\{t\notin W_\alpha\}$，则接受 $H_0$.

### 8.1.4　两类错误

必须说明的是，在 8.1.3 节(a)的情况下，否定 $H_0$，接受 $H_1$ 是有风险的，即可能会犯错误，也就是说 $H_0$ 是真的，但小概率事件$\{T\in W_\alpha\}$也有可能会发生，从而造成拒绝 $H_0$，接受 $H_1$，此时我们犯了弃真错误，也称为第一类错误，犯弃真错误的概率不超过 $\alpha$. 这个概率用式子表示为 $P(T\in W_\alpha\mid H_0\ 成立)\leqslant\alpha$，以后我们简称在检验水平 $\alpha$ 下否定 $H_0$ 接受 $H_1$. 如果检验结果属于 8.1.3 节(b)，即$\{t\notin W_\alpha\}$，则结论为：在检验水平 $\alpha$ 下检验结果与 $H_0$ 假设无显著差异.

同样在 $H_0$ 实际上不成立时，但$\{T\notin W_\alpha\}$使得我们错误地接受 $H_0$，我们犯了受伪错误，也称为第二类错误. 犯这类错误的概率用 $\beta$ 表示，即 $P(T\notin W_\alpha\mid H_1\ 成立)=\beta$，见表 8.1.

**表 8.1　两类错误**

| 决　策 | 实际情况 | |
|---|---|---|
| | $H_0$ 为真 | $H_0$ 为假 |
| 接受 $H_0$ | 正确 | 第二类错误(b) |
| 拒绝 $H_0$ | 第一类错误(a) | 正确 |

我们自然希望犯这两种错误的概率越小越好. 一般来说，当样本容量一定时，两类错误的概率不可能同时减小，要使弃真错误的概率减小，受伪错误的概率就会增大；要使受伪错误的概率减小，弃真错误的概率就会增大. 若同时减小这两种错误的概率，或减小其中之一而不致

增加另一类错误的概率,则只有增加样本容量,而这在实际工作中往往做不到.因此作检验时,通常是控制犯第一类错误的概率,使它不超过 $\alpha$,而不考虑犯第二类错误的概率 $\beta$.这个 $\alpha$ 取多大,要根据实际情况而定,主要取决于犯第一类错误的后果.如果后果严重,$\alpha$ 可小点;反之取大一些.

### 8.1.5　原假设的选取原则

我们由样本提供的信息对总体 $X$ 原有的分布 $F_0(x,\theta)$ 或总体 $X$ 的分布 $F(x,\theta)$ 中的参数 $\theta\in\Theta_0$ 有所怀疑,这个怀疑是否正确,我们是基于概率意义下的反证法来进行检验的,同时我们要遵循控制犯第一类错误的原则,这使得我们拒绝原假设时犯错误的风险很小.因此,在选取原假设时,我们把受到怀疑但必须有充分的证据才能拒绝的命题作为原假设,把后果严重的错误作为第一类错误.

如果总体 $X$ 的分布为 $F(x,\theta)$,我们只是对总体的参数 $\theta$ 的取值范围做检验,我们先求出 $\theta$ 一个较优的点估计量 $\hat{\Theta}$,如果按标准或历史资料表明 $\theta\in\Theta_0$,现在根据样本得到的估计值 $\hat{\theta}\notin\Theta_0$,此时,我们对 $\theta\in\Theta_0$ 产生了怀疑,把 $\theta\in\Theta_0$ 作为原假设.

例如,某厂生产的螺钉,其强度指标 $X\sim N(\mu,\sigma^2)$,按标准 $\mu=68$,我们知道样本均值 $\overline{X}$ 是 $\mu$ 的一个优良的估计量,若从整批螺钉中抽取容量 $n=36$ 的样本,测得 $\overline{x}=68.5$,现在对这批螺钉"符合标准"产生了怀疑,为此进行检验的原假设 $H_0$ 为 $\mu=68$.

再比如,为监测空气质量,某城市环保部门每天对空气中的 PM2.5 进行一次随机测试.在最近两周的检测中,得到每立方米空气中 PM2.5 的数值(单位:微克)为:86.9,94.9,80.0,81.6,86.6,85.8,78.6,77.3,76.1,92.2,87.0,73.2,72.4,61.7.假定前两周每立方米空气中 PM2.5 的均值为 80 微克,要检验空气中 PM2.5 与前两周相比是否有显著下降,我们该如何入选原假设呢?

首先我们根据样本算出样本均值 $\overline{x}=81.02$,发现 $\overline{x}>80$,我们怀疑"空气中 PM2.5 与前两周相比下降($\mu\leqslant 80$)"的说法,因此,$H_0:\mu\leqslant 80$.

## 8.2　参数假设检验

本节讨论单个总体均值 $\mu$ 和方差 $\sigma^2$ 的假设检验,两个总体均值差、方差相等的假设检验.

### 8.2.1　单个正态总体均值 $\mu$ 的假设检验

设总体 $X\sim N(\mu,\sigma^2)$,$(X_1,X_2,\cdots,X_n)$ 为 $X$ 的样本,我们要对 $\mu$ 作显著性检验:

(1) 双侧假设检验

$$H_0:\mu=\mu_0,\quad H_1:\mu\neq\mu_0;\tag{8.1}$$

(2) 右边单侧检验

$$H_0:\mu\leqslant\mu_0,\quad H_1:\mu>\mu_0;\tag{8.2}$$

(3) 左边单侧检验

$$H_0:\mu\geqslant\mu_0,\quad H_1:\mu<\mu_0.\tag{8.3}$$

其中,$\mu_0$ 为已知常数.以上检验又可分为如下两种情况.

**1. $\sigma^2$ 已知时的 $U$ 检验**

(1) 双侧假设检验.

由于 $\overline{X}$ 是 $\mu$ 无偏估计，所以当双侧假设检验之 $H_0$ 成立时，$|\overline{X}-\mu_0|$ 具有偏小趋势，因此，拒绝域形式可取为 $\{|\overline{X}-\mu_0|>k\}$ 的形式.

考虑检验统计量

$$U=\frac{\overline{X}-\mu_0}{\sigma/\sqrt{n}},$$

当 $H_0$ 成立时，$U\sim N(0,1)$. 对给定的显著性水平 $\alpha$（见图 8.1），有

$$P(|U|>u_{\frac{\alpha}{2}})=\alpha.$$

拒绝域取 $W_\alpha=\{(x_1,x_2,\cdots,x_n):|U|>u_{\frac{\alpha}{2}}\}$. 此检验方法称为 $U$ 检验法. 此时，若 $\mu$ 的真实值为 $\mu_1\neq\mu_0$，则 $\overline{X}\sim N\left(\mu_1,\frac{\sigma^2}{n}\right)$，于是上述检验犯第二类错误的概率

$$\begin{aligned}\beta&=P(|U|\leqslant u_{\alpha/2})=P\left(\mu_0-\frac{\sigma}{\sqrt{n}}\mu_{\alpha/2}\leqslant\overline{X}\leqslant\mu_0+\frac{\sigma}{\sqrt{n}}\mu_{\alpha/2}\right)\\&=\Phi\left(\mu_{\alpha/2}+\sqrt{n}\frac{\mu_0-\mu_1}{\sigma}\right)-\Phi\left(-\mu_{\alpha/2}+\sqrt{n}\frac{\mu_0-\mu_1}{\sigma}\right).\end{aligned}$$

当 $\mu_1<\mu_0$ 时，犯第二类错误的概率 $\beta$ 如图 8.2 所示，其中 $a=\sqrt{n}\frac{\mu_0-\mu_1}{\sigma}$.

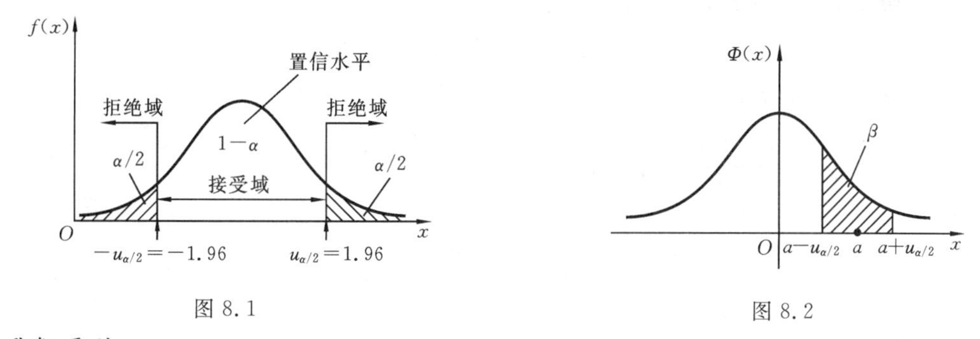


图 8.1　　图 8.2

我们看到：

① 当 $n,\sigma$ 给定时，若 $\alpha$ 减小，此时区间 $(a-\mu_{\alpha/2},a+\mu_{\alpha/2})$ 的中点固定，区间的长度 $2u_{\alpha/2}$ 增大，从而 $\beta$ 增大.

② 当 $\alpha,\sigma$ 给定时，此时区间 $(a-u_{\alpha/2},a+u_{\alpha/2})$ 的长度不变，但随着 $n$ 的增大，区间中点 $a$ 右移. 从而 $\beta$ 减小. 即可通过增加样本容量来减小 $\beta$.

③ 当 $\alpha,n$ 给定时，类似②，随着 $\sigma$ 减小，$\beta$ 亦减小. 即当无法改变 $\alpha,n$ 时，可通过减小试验误差以达到减小 $\beta$ 的目的.

④ 当 $\alpha,\sigma,n$ 给定，真实值 $\mu_1$ 接近于 $\mu_0$ 时，区间 $(a-u_{\alpha/2},a+u_{\alpha/2})$ 的中点 $a$ 左移，导致 $\beta$ 增大，即“真假难辨”时，$\beta$ 增大.

另外一种情形 $\mu_1>\mu_0$ 时，不难发现结论与 $\mu_1<\mu_0$ 时完全是一致的. 本书后面各种检验犯第二类错误的概率 $\beta$ 可作类似分析，其结论和上述结果是一致的. 请读者自己分析.

**例 8.4**　某车间用一台包装机包装葡萄糖. 包得的袋装糖重是一个随机变量 $X$，且 $X\sim N(\mu,\sigma^2)$，当机器正常时，其均值为 $\mu=0.5$ kg，标准差 $\sigma=0.015$ kg. 某日开工后为检验包装机是否正常，随机地抽取它所包装的糖 9 袋，称得净重（单位：kg）为：

0.497，　0.506，　0.518，　0.524，　0.498，　0.511，　0.520，　0.515，　0.512.

问机器是否正常？（$\alpha=0.05$）

**解**　先提出假设

$$H_0:\mu=0.5,\quad H_1:\mu\neq 0.5.$$

作检验用统计量

$$U=\frac{\overline{X}-\mu_0}{\sigma/\sqrt{n}},$$

代入计算，　$\bar{x}=\frac{1}{9}(0.497+\cdots+0.512)=0.511,\quad u_{\frac{\alpha}{2}}=u_{0.025}=1.96,$

$$\frac{|\bar{x}-\mu_0|}{\sigma/\sqrt{n}}=2.2>u_{\alpha/2}=1.96,$$

于是拒绝 $H_0$，认为包装机工作不正常.

(2) 右侧假设检验. 由于 $\overline{X}$ 是 $\mu$ 无偏估计，所以当右侧假设检验之 $H_0$ 成立时 $\overline{X}-\mu_0$ 具有偏小趋势，因此，拒绝域形式可取为 $\{\overline{X}-\mu_0>k\}$ 的形式. 由于

$$\frac{\overline{X}-\mu}{\sigma/\sqrt{n}}\sim N(0,1),$$

所以　$$P\left(\frac{\overline{X}-\mu}{\sigma/\sqrt{n}}>u_\alpha\right)=\alpha,$$

同时当右侧假设检验之 $H_0:\mu\leqslant\mu_0$ 成立时，

$$\frac{\overline{X}-\mu}{\sigma/\sqrt{n}}\geqslant\frac{\overline{X}-\mu_0}{\sigma/\sqrt{n}},$$

于是　$$\left(\frac{\overline{X}-\mu_0}{\sigma/\sqrt{n}}>u_\alpha\right)\subset\left(\frac{\overline{X}-\mu}{\sigma/\sqrt{n}}>u_\alpha\right),$$

故 $H_0$ 成立时，

$$P\left(\frac{\overline{X}-\mu_0}{\sigma/\sqrt{n}}>u_\alpha\right)\leqslant P\left(\frac{\overline{X}-\mu}{\sigma/\sqrt{n}}>u_\alpha\right)=\alpha,$$

所以拒绝域取　$$W=\left(\frac{\overline{X}-\mu_0}{\sigma/\sqrt{n}}>u_\alpha\right).$$

**例 8.5**　据往年统计，某杏园中株产量(单位:kg) $X\sim N(54,3.5^2)$，2006 年单株施肥后，在收获时，任取 10 株单收，结果如下：

59.0，　55.1，　58.1，　57.3，　54.7，　53.6，　55.0，　60.2，　59.4，　58.8.

假定方差不变，问本年度的株产量是否有提高？($\alpha=0.05$)

**解**　历史资料表明 $X\sim N(\mu,3.5^2)$，其中 $\mu=54$，现在 $\bar{x}=57.12>54$，所以取

$$H_0:\mu=54,\quad H_1:\mu>54.$$

因此，是一个右侧检验，拒绝域取

$$W=\left(\frac{\overline{X}-\mu_0}{\sigma/\sqrt{n}}>u_\alpha\right),\quad \mu_0=54.$$

由样本观测值得

$$\bar{x}=57.12,\quad n=10,\quad \sigma=3.5,\quad \frac{\bar{x}-\mu_0}{\sigma/\sqrt{n}}=2.8189>u_\alpha=\mu_{0.05}=1.645,$$

所以拒绝 $H_0$，即认为本年度的株产量较往年有较大提高.

(3) 左侧假设检验. 由于 $\overline{X}$ 是 $\mu$ 无偏估计，所以当左侧假设检验之 $H_0$ 成立时 $\overline{X}-\mu_0$ 具有偏大趋势，因此，拒绝域形式可取为 $\{\overline{X}-\mu_0<-k\}$ 的形式. 由于

$$\frac{\overline{X}-\mu}{\sigma/\sqrt{n}}\sim N(0,1),$$

所以
$$P\left(\frac{\overline{X}-\mu}{\sigma/\sqrt{n}}<-u_{\alpha}\right)=\alpha,$$

同时当左侧假设检验之 $H_0:\mu\geqslant\mu_0$ 成立时，

$$\frac{\overline{X}-\mu}{\sigma/\sqrt{n}}\leqslant\frac{\overline{X}-\mu_0}{\sigma/\sqrt{n}},$$

于是
$$\left(\frac{\overline{X}-\mu_0}{\sigma/\sqrt{n}}<-u_{\alpha}\right)\subset\left(\frac{\overline{X}-\mu}{\sigma/\sqrt{n}}<-u_{\alpha}\right),$$

故 $H_0$ 成立时

$$P\left(\frac{\overline{X}-\mu_0}{\sigma/\sqrt{n}}<-u_{\alpha}\right)\leqslant\alpha,$$

所以拒绝域
$$W=\left(\frac{\overline{X}-\mu_0}{\sigma/\sqrt{n}}<-u_{\alpha}\right).$$

**例 8.6**　已知某炼铁厂的铁水含碳量 $X(\%)$ 在正常情况下服从正态分布 $N(4.55,0.11^2)$，今测得 5 炉铁水含碳量如下：

$$4.28,4.40,4.42,4.35,4.37,$$

方差不变，问铁水的含碳量是否较往常有明显降低？($\alpha=0.05$)

**解**　类似例 8.5，$\bar{x}=4.364<4.55$，因此

$$H_0:\mu=4.55,\quad H_1:\mu<4.55,$$

因此，是一个左侧检验，拒绝域

$$W=\left(\frac{\overline{X}-\mu_0}{\sigma/\sqrt{n}}<-u_{\alpha}\right),\quad \mu_0=4.55,$$

由样本观测值得

$$\bar{x}=4.364,\quad n=5,\quad \sigma=0.11,\quad \frac{\bar{x}-\mu_0}{\sigma/\sqrt{n}}=-3.781<-u_{\alpha}=-\mu_{0.05}=-1.645,$$

所以拒绝 $H_0$，即认为铁水的含碳量有明显下降.

**2. 未知 $\sigma^2$ 时的 $t$ 检验**

在许多实际问题中 $\sigma$ 是未知的，此时可用样本方差 $S^2=\frac{1}{n-1}\sum_{k=1}^{n}(X_k-\overline{X})^2$ 代替 $\sigma^2$.

(1) 双侧检验

$$H_0:\mu=\mu_0,\quad H_1:\mu\neq\mu_0.$$

类似于 $\sigma^2$ 已知的情形，作检验用统计量：

$$T=\frac{\overline{X}-\mu_0}{S/\sqrt{n}}.$$

当 $H_0$ 成立时，$T\sim t(n-1)$，且

$$P(|T|>t_{\frac{\alpha}{2}}(n-1))=\alpha,$$

故拒绝域(见图 8.3)为

$$W_{\alpha}=\{(x_1,x_2,\cdots,x_n):|T|>t_{\alpha/2}(n-1)\}.$$

此检验方法称为 $t$ 检验法.

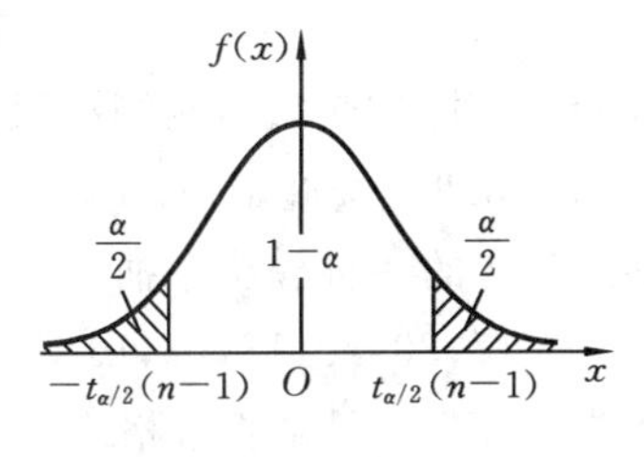


图 8.3

(2) 右侧检验

$$H_0: \mu \leqslant \mu_0, \quad H_1: \mu > \mu_0.$$

类似于 $\sigma^2$ 已知的情形可得拒绝域

$$W = \{(x_1, x_2, \cdots, x_n): T > t_\alpha(n-1)\}.$$

(3) 左侧检验

$$H_0: \mu \geqslant \mu_0, \quad H_1: \mu < \mu_0.$$

类似于 $\sigma^2$ 已知的情形可得拒绝域

$$W = \{(x_1, x_2, \cdots, x_n): T < -t_\alpha(n-1)\}.$$

**例 8.7**　某工厂生产的一种螺钉,标准要求长度是 32.5 mm,实际生产的产品其长度 $X$ 假定服从正态分布,$X \sim N(\mu, \sigma^2)$,其中 $\sigma^2$ 未知,现从该厂生产的一批产品中抽取 6 件,得尺寸数据(单位:mm)如下:

$$32.56, \quad 29.66, \quad 31.64, \quad 30.00, \quad 31.87, \quad 31.03.$$

问这批产品是否合格?($\alpha = 0.01$)

**解**　$$H_0: \mu = 32.5, \quad H_1: \mu \neq 32.5.$$

作检验用统计量

$$T = \frac{\overline{X} - \mu_0}{S/\sqrt{n}},$$

将数据代入计算,

$$|t| = 2.997 < t_{\frac{\alpha}{2}}(n-1) = t_{0.005}(5) = 4.0322,$$

所以接受 $H_0$,认为产品合格.

**例 8.8**　用热敏电阻测温仪间接测量地热勘探井底温度,重复测量 7 次,测得温度(℃):

$$112.0, \quad 113.4, \quad 111.2, \quad 112.0, \quad 114.5, \quad 112.9, \quad 113.6.$$

而用某种精确办法测得温度为 112.6 ℃(可看作真值),试问用热敏电阻测温仪间接测温有无系统偏差(设温度测量值 $X$ 服从正态分布,取 $\alpha = 0.05$)?

**解**　提出假设

$$H_0: \mu = 112.6, \quad H_1: \mu \neq 112.6.$$

取检验用统计量

$$T = \frac{\overline{X} - \mu_0}{S/\sqrt{n}},$$

拒绝域为　$$|T| = \left| \frac{\overline{X} - \mu_0}{S/\sqrt{n}} \right| \geqslant t_{\frac{\alpha}{2}}(n-1)$$

由样本算得　$$\overline{x} = 112.8, \quad s^2 = 1.135^2,$$

故　$$|t| = \left| \frac{112.8 - 112.6}{1.135/\sqrt{7}} \right| = 0.466 < t_{0.025}(6) = 2.4469.$$

接受 $H_0$,即用热敏电阻测温仪间接测温无系统偏差.

**例 8.9**　按规定,每 100 g 的罐头,番茄汁中 VC 的含量不得少于 21 mg,现从生产稳定的某厂生产的一批罐头中抽取 17 个,测得 VC 的含量(单位:mg)为 16,22,21,20,23,21,19,15,14,23,17,20,29,18,22,16,25. 已知 VC 含量服从正态分布,试以 0.025 的显著性水平检验该罐头的 VC 含量是否合格.

**解**　由样本算得,$\overline{x} = 20 < 21$,因此

检验假设：　　$H_0:\mu_0\geqslant 21,\quad H_1:\mu<21.$

检验统计量　　$T=\dfrac{\overline{X}-\mu_0}{S/\sqrt{n}},\quad n=17,\quad \alpha=0.025.$

拒绝域　　$T<-t_\alpha(n-1)=-t_{0.025}(16)=-2.12.$

$$\mu_0=21,\quad \bar{x}=20,\quad s^2=3.87^2,$$

代入计算得 $t=-1.065>-2.12$，所以接受 $H_0$，认为这批罐头的 VC 含量是合格的.

**例 8.10**　用某种农药施入农田中防治病虫害，经三个月后土壤中如有 5 ppm 以上的浓度时，认为仍有残效.在一块已施药的农田中随机取 10 个土样进行分析，其浓度为 4.8，3.2，2.6，6.0，5.4，7.6，2.1，2.5，3.1，3.5(单位：ppm)，问该农药经三个月后是否仍有残效(土壤中残余农药浓度服从正态分布，显著性水平 $\alpha=0.05$)？

**解**　$\bar{x}=4.08<5$，但我们不能轻易否定"农药经三个月后仍有残效"，故我们的检验假设为

$$H_0:\mu\geqslant 5,\quad H_1:\mu<5,$$

这是一个方差未知的左侧检验，拒绝域

$$W=\{(x_1,x_2,\cdots,x_n):T<-t_\alpha(n-1)\}.$$

由样本可算得

$$t=-1.45>-1.83=-t_\alpha(n-1)=-t_{0.05}(9),$$

因此不能拒绝 $H_0$，即在显著性水平 $\alpha=0.05$ 下认为农药仍有残效.

**3. 总体分布未知，但为大样本时的 $U$ 检验**

若总体的分布未知，均值和方差存在，$(X_1,X_2,\cdots,X_n)$ 是来自总体 $X$ 的大样本($n\geqslant 50$)，由独立同分布的中心极限定理，对任意实数 $x$，有

$$\lim_{n\to\infty}P\left(\frac{\sum_{i=1}^{n}X_i-n\mu}{\sqrt{n}\sigma}\leqslant x\right)=\lim_{n\to\infty}P\left(\frac{\overline{X}-\mu}{\sigma/\sqrt{n}}\leqslant x\right)=\Phi(x),$$

即 $\dfrac{\overline{X}-\mu}{\sigma/\sqrt{n}}$ 渐进服从正态分布 $N(0,1)$，因此，当 $\sigma^2$ 已知时，可用 $U$ 检验完成对(8.1)式，(8.2)式，(8.3)式的检验，检验统计量为 $U=\dfrac{\overline{X}-\mu_0}{\sigma/\sqrt{n}}$. 当 $\sigma^2$ 未知时，可用样本方差 $S^2$ 代替方差 $\sigma^2$，此时 $\dfrac{\overline{X}-\mu}{S/\sqrt{n}}$ 渐进服从正态分布 $N(0,1)$，可仿照 $\sigma^2$ 已知情形，用 $U$ 检验完成对(8.1)式，(8.2)式，(8.3)式的检验，检验统计量为 $U=\dfrac{\overline{X}-\mu_0}{S/\sqrt{n}}$.

**例 8.11**　某果园，苹果树剪枝前平均每株产苹果 52 kg，剪枝后任取 50 株单独采收，经核算平均株产量 54 kg，样本标准差 $s=8$ kg，试问剪枝是否提高了株产量？

**解**　此为总体分布未知且方差亦未知的大样本情形下，对 $\mu$ 的假设检验问题.

$$H_0:\mu\leqslant 52,\quad H_1:\mu>52.$$

由于 $n=50$，$\mu_0=52$，$s=8$，得

$$u=\frac{\bar{x}-\mu_0}{s/\sqrt{n}}=1.7678,$$

查表得 $u_{0.05}=1.645$，$u_{0.025}=1.96$，由于 $u_{0.05}<u<u_{0.025}$，故当 $\alpha=0.05$ 时，应拒绝 $H_0$，而当 $\alpha=$

0.025 时,应接受 $H_0$,即剪枝对提高苹果产量有显著作用,但不是十分显著.

### 8.2.2　两个正态总体均值差的检验

设$(X_1,X_2,\cdots,X_{n_1})$是来自正态总体 $X\sim N(\mu_1,\sigma_1^2)$的样本,$(Y_1,Y_2,\cdots,Y_{n_2})$是来自正态总体 $Y\sim N(\mu_2,\sigma_2^2)$的样本,且设两样本独立.分别记它们的样本均值为 $\overline{X},\overline{Y}$,样本方差为 $S_1^2,S_2^2$.

考虑检验假设:

(1) 双侧检验

$$H_0:\mu_1-\mu_2=\delta,\quad H_1:\mu_1-\mu_2\neq\delta; \tag{8.4}$$

(2) 右侧检验

$$H_0:\mu_1-\mu_2\leqslant\delta,\quad H_1:\mu_1-\mu_2>\delta; \tag{8.5}$$

(3) 左侧检验

$$H_0:\mu_1-\mu_2\geqslant\delta,\quad H_1:\mu_1-\mu_2<\delta, \tag{8.6}$$

其中,$\delta$ 是已知常数.下面仅就较常见的 $\delta=0$ 情形进行讨论.一般情况见表 8.2.

**1. $\sigma_1^2,\sigma_2^2$ 已知时的 $U$ 检验**

由于 $$\overline{X}\sim N\left(\mu_1,\frac{\sigma_1^2}{n_1}\right),\quad \overline{Y}\sim N\left(\mu_2,\frac{\sigma_2^2}{n_2}\right),\quad \overline{X}-\overline{Y}\sim N\left(\mu_1-\mu_2,\frac{\sigma_1^2}{n_1}+\frac{\sigma_2^2}{n_2}\right),$$

当双侧检验 $H_0$ 为真时,

$$U=(\overline{X}-\overline{Y})\bigg/\sqrt{\frac{\sigma_1^2}{n_1}+\frac{\sigma_2^2}{n_2}}\sim N(0,1),$$

拒绝域 $W$: $$|U|>u_{\alpha/2}.$$

右侧检验与左侧检验仿照单个正态总体的 $U$ 检验,即可得表 8.2 的结果.

**例 8.12** 从甲、乙两厂生产的钢丝总体 $X,Y$ 中各取 50 根 1 m 长的钢丝做拉力强度试验,得 $\bar{x}=1208,\bar{y}=1282$.设钢丝的抗拉强度服从正态分布,且 $\sigma_x^2=80^2,\sigma_y^2=94^2$,问甲、乙两厂钢丝的抗拉强度是否有明显差别?($\alpha=0.05$)

**解** 设甲、乙两厂生产的钢丝的抗拉强度总体均值分别为 $\mu_x$ 和 $\mu_y$,考虑检验假设

$$H_0:\mu_x=\mu_y,\quad H_1:\mu_x\neq\mu_y,$$

由题意知

$$n_1=n_2=50,\quad \sigma_x=80,\quad \sigma_y=94,\quad \alpha=0.005,\quad \mu_{\alpha/2}=\mu_{0.025}=1.96,$$

由于 $$|u|=|\bar{x}-\bar{y}|\bigg/\sqrt{\frac{\sigma_1^2}{n_1}+\frac{\sigma_2^2}{n_2}}=|1208-1282|\bigg/\sqrt{\frac{80^2}{50}+\frac{94^2}{50}}=4.24>1.96,$$

故拒绝 $H_0$,即在显著性水平 $\alpha=0.05$ 下,认为两厂生产的钢丝的抗拉强度有明显差别.

**2. $\sigma_1^2,\sigma_2^2$ 未知但相等时的 $t$ 检验**

当双侧检验 $H_0$ 为真时,

$$T=\frac{(\overline{X}-\overline{Y})-(\mu_1-\mu_2)}{\sqrt{(n_1-1)S_1^2+(n_2-1)S_2^2}}\sqrt{\frac{n_1n_2(n_1+n_2-2)}{n_1+n}}\sim t(n_1+n_2-2)$$

仿照单个正态总体的 $t$ 检验,即可得拒绝域

$$W:|T|>t_{\alpha/2}(n_1+n_2-2).$$

右侧检验与左侧检验仿照单个正态总体的 $t$ 检验,即可得表 8.2 的结果.

**例 8.13** 在漂白工艺中考察温度对针织品断裂强度的影响,今在 70 ℃和 80 ℃下分别做 8 次和 6 次试验,测得各自的断裂强度 $X$ 和 $Y$ 的观测值.经计算得 $\bar{x}=20.4,\bar{y}=19.3167,s_1^2=$

0.886，$s_2^2=1.0566$，根据以往经验，可以认为 $X$ 和 $Y$ 均服从正态分布，且方差相等，在给定 $\alpha=0.10$ 时，问 70 ℃和 80 ℃对针织品断裂强度有无显著差异？

**解**　由题设，可假定 $X\sim N(\mu_1,\sigma_1^2)$，$Y\sim N(\mu_2,\sigma_2^2)$，考虑检验假设

$$H_0:\mu_x=\mu_y,\quad H_1:\mu_x\neq\mu_y,$$

这是两正态总体方差未知但相等情形下的双侧 $t$ 检验，由 $\alpha=0.10$，$n_1=8$，$n_2=6$，$s_1^2=0.886$，$s_2^2=1.0566$，$t_{\frac{\alpha}{2}}(n_1+n_2-2)=t_{0.01}(12)=1.782$，经计算得

$$|t|=2.0504>1.782.$$

故拒绝 $H_0$，即在显著性水平 $\alpha=0.10$ 下，认为 70 ℃和 80 ℃对针织品断裂强度有显著差异.

**3. 方差不相等且未知，但 $n_1=n_2$（配对问题）**

考虑检验假设：

$$H_0:\mu_1=\mu_2,\quad H_1:\mu_1\neq\mu_2,$$

令 $$Z_i=X_i-Y_i,\quad d=EZ_i=\mu_1-\mu_2,\quad \sigma^2=DZ_i=\sigma_1^2+\sigma_1^2,\ i=1,2,\cdots,n,$$

则 $(Z_1,Z_2,\cdots,Z_n)$ 是正态总体 $Z\sim N(d,\sigma^2)$ 的样本，于是所检验的假设等价于检验假设：

$$H_0:d=0,\quad H_1:d\neq 0.$$

于是用 $t$ 检验法，在 $H_0$ 成立时，统计量

$$T=\frac{\overline{Z}}{S}\sqrt{n}\sim t(n-1),$$

其中 $$\overline{Z}=\frac{1}{n}\sum_{i=1}^{n}Z_i,\quad S^2=\frac{1}{n-1}\sum_{i=1}^{n}(Z_i-\overline{Z})^2.$$

利用 $t$ 检验，得拒绝域

$$W:|T|>t_{\frac{\alpha}{2}}(n-1).$$

**例 8.14**　为比较甲、乙两种橡胶轮胎的耐磨性，从两种轮胎中各抽取 8 个，又各取一个组成一对，再随机地选取 8 架飞机，将 8 对轮胎随机地分配给 8 架飞机做耐磨试验，经飞行一段时间后，测得轮胎磨损数据（单位：mm）如下：

| 甲 | 4900 | 5220 | 5500 | 6020 | 6340 | 7660 | 8650 | 4870 |
|---|---|---|---|---|---|---|---|---|
| 乙 | 4930 | 4900 | 5140 | 5700 | 6110 | 6880 | 7930 | 5010 |

设轮胎磨损量都服从正态分布. 问这两种轮胎的耐磨性有无显著差别.（$\alpha=0.05$）

**解**　因是配对数据，令 $Z=X-Y$，则由题意得 $Z$ 的 8 个观测值：

$$-30,\quad 320,\quad 360,\quad 320,\quad 230,\quad 780,\quad 720,\quad -140.$$

检验的假设等价于检验假设：

$$H_0:d=0,\quad H_1:d\neq 0,$$

经计算得 $\bar{z}=320$，$s^2=102200$，统计量 $T=\frac{\overline{Z}}{S}\sqrt{n}$ 的观测值为 $t=2.83$，查表得

$$t_{\frac{\alpha}{2}}(n-1)=t_{0.025}(7)=2.365,\quad |t|=2.83>2.365,$$

故拒绝 $H_0$，即在显著性水平 $\alpha=0.05$ 下，认为这两种轮胎的耐磨性有显著差别.

以上是对两个正态总体均值差的检验. 但是更多的是总体分布未知，要求对两个总体均差的检验. 要解决这类问题，通常的方法是取两个大样本，由中心极限定理，当 $H_0:\mu_1=\mu_2$ 成立时，有

$$U=\frac{\overline{X}-\overline{Y}}{\sqrt{\frac{\sigma_1^2}{n_1}+\frac{\sigma_2^2}{n_2}}}\sim N(0,1)\ (\text{近似}).$$

当 $\sigma_1^2,\sigma_2^2$ 未知时,用 $S_1^2,S_2^2$ 分别代替 $\sigma_1^2,\sigma_2^2$,有

$$U=\frac{\overline{X}-\overline{Y}}{\sqrt{\frac{S_1^2}{n_1}+\frac{S_2^2}{n_2}}}\sim N(0,1)\ (\text{近似}).$$

这就是说,两个总体的分布未知,但只要是大样本,无论方差知否,**均可用 $U$ 检验进行均值差的检验**.

**例 8.15**　甲、乙两种作物分别在两地种植,设管理条件相同,收获时得以下结果:

甲:$n_1=400\ \text{hm}^2$,平均产量 $\bar{x}=5030$ kg,$s_1=510$ kg;

乙:$n_2=550\ \text{hm}^2$,平均产量 $\bar{y}=5100$ kg,$s_2=500$ kg.

问甲的产量是否比乙的低?

**解**　这两个总体分布均未知,对总体均值差的检验,由于是大样本,故为 $U$ 检验.

$$H_0:\mu_1\geqslant\mu_2,\quad H_1:\mu_1<\mu_2.$$

由题意可得检验统计量

$$U=\frac{\overline{X}-\overline{Y}}{\sqrt{\frac{S_1^2}{n_1}+\frac{S_2^2}{n_2}}}$$

的观测值为 $-2.10599$,$u_\alpha=u_{0.05}=1.645$,现在 $u<-u_\alpha$,故拒绝 $H_0$,即在显著性水平 $\alpha=0.05$ 下,认为甲的产量是比乙的低.

# 8.3　正态总体方差的检验

在实际问题中,有关总体方差的检验问题经常遇到,下面就单个总体和两个总体的情况分别讨论.

## 8.3.1　单个正态总体方差 $\sigma^2$ 的 $\chi^2$ 检验

设总体 $X\sim N(\mu,\sigma^2)$,$(X_1,X_2,\cdots,X_n)$为 $X$ 的样本,其中 $\sigma^2$ 是要作显著性检验的未知参数.要检验的假设为

(1) 双侧检验

$$H_0:\sigma^2=\sigma_0^2,\quad H_1:\sigma^2\neq\sigma_0^2;\tag{8.7}$$

(2) 右边单侧检验

$$H_0:\sigma^2\leqslant\sigma_0^2,\quad H_1:\sigma^2>\sigma_0^2;\tag{8.8}$$

(3) 左边单侧检验

$$H_0:\sigma^2\geqslant\sigma_0^2,\quad H_1:\sigma^2<\sigma_0^2.\tag{8.9}$$

其中,$\sigma_0^2$ 为已知常数.此检验又分 $\mu$ 已知和 $\mu$ 未知两种情形.

### 1. $\mu$ 已知时 $\sigma^2$ 的 $\chi^2$ 检验

由于 $\frac{1}{n-1}\sum\limits_{i=1}^{n}(X_i-\mu)^2$ 是 $\sigma^2$ 的无偏估计,故对双侧检验(8.7),当 $H_0$ 成立时,

$\frac{1}{n-1}\sum_{i=1}^{n}(X_i-\mu)^2$ 应在 $\sigma_0^2$ 附近波动，否则将偏离 $\sigma_0^2$，因此它是已知 $\mu$ 时，检验假设(8.7)的合适统计量，在 $H_0$ 成立时，

$$\chi^2=\frac{1}{\sigma_0^2}\sum_{i=1}^{n}(X_i-\mu)^2\sim\chi^2(n). \tag{8.10}$$

对给定的显著性水平 $\alpha$，得拒绝域

$$W:\chi^2>\chi_{\frac{\alpha}{2}}^2(n) \quad 或\ \chi^2<\chi_{1-\frac{\alpha}{2}}^2(n).$$

对右边单侧检验(8.8)，由于当 $H_0:\sigma^2\leqslant\sigma_0^2$ 成立时，

$$\chi^2=\frac{1}{\sigma_0^2}\sum_{i=1}^{n}(X_i-\mu)^2<\frac{1}{\sigma^2}\sum_{i=1}^{n}(X_i-\mu)^2\sim\chi^2(n),$$

故
$$P(\chi^2>\chi_\alpha^2(n))\leqslant P\left(\frac{1}{\sigma^2}\sum_{i=1}^{n}(X_i-\mu)^2>\chi_\alpha^2(n)\right)=\alpha,$$

因此拒绝域可取
$$W:\chi^2>\chi_\alpha^2(n).$$

用类似方法，对左边单侧检验(8.9)，可得拒绝域

$$W:\chi^2<\chi_{1-\alpha}^2(n).$$

这种检验方法称为 $\chi^2$ 检验.

**2. $\mu$ 未知时 $\sigma^2$ 的 $\chi^2$ 检验**

$\mu$ 未知时，自然用其估计 $\overline{X}$ 代替，这时，样本方差 $S^2$ 是 $\sigma^2$ 的最好估计. 因而，可以用统计量

$$\chi^2=\frac{(n-1)S^2}{\sigma_0^2}=\frac{1}{\sigma_0^2}\sum_{i=1}^{n}(X_i-\overline{X})^2.$$

当检验假设(8.7)的 $H_0$ 成立时，$\chi^2\sim\chi^2(n-1)$，与上述情况类似，可得拒绝域

$$W:\chi^2>\chi_{\alpha/2}^2(n-1) \quad 或 \quad \chi^2<\chi_{1-\alpha/2}^2(n-1).$$

用同样方法可得右边单侧检验(8.8)与左边单侧检验(8.9)的拒绝域. 我们将上述结果列于表 8.2 中.

**例 8.16** 设某厂生产的维尼纶纤度 $X\sim N(\mu,\sigma^2)$，$\sigma=0.048$. 今任取 5 根，测得纤度为 1.32，1.55，1.36，1.40，1.44. 问在显著性水平 $\alpha=0.1$ 下，纤度总体的方差有无显著变化？

**解** 依题意，欲检验假设

$$H_0:\sigma^2=0.048^2, \quad H_1:\sigma^2\neq0.048^2,$$

应用 $\chi^2$ 检验法，查 $\chi^2$ 分布表得

$$\chi_{\frac{\alpha}{2}}^2(n-1)=\chi_{0.05}^2(4)=9.49,$$

$$\chi_{1-\frac{\alpha}{2}}^2(n-1)=\chi_{0.95}^2(4)=0.711.$$

检验统计量的观测值

$$\chi^2=\frac{(n-1)s^2}{\sigma_0^2}=\frac{1}{\sigma_0^2}\sum_{i=1}^{n}(x_i-\overline{x})^2=13.5>9.49,$$

故拒绝 $H_0$，即在显著性水平 $\alpha=0.1$ 下，认为纤度总体的方差有显著变化.

**表 8.2　正态总体参数的假设检验**

| 名称 | 条　件 | $H_0$ | 统　计　量 | 否　定　域 |
| --- | --- | --- | --- | --- |
| $U$ 检验法 | 已知总体的 $\sigma^2$ | $\mu=\mu_0$<br>$\mu\leqslant\mu_0$<br>$\mu\geqslant\mu_0$ | $U=\dfrac{\sqrt{n}(\overline{X}-\mu_0)}{\sigma}$ | $\lvert U\rvert\geqslant u_\alpha$<br>$U>u_\alpha$<br>$U>-u_\alpha$ |
|  | 已知两总体的 $\sigma_1^2$ 和 $\sigma_2^2$ | $\mu_1=\mu_2$<br>$\mu_1\leqslant\mu_2$<br>$\mu_1\geqslant\mu_2$ | $U=\dfrac{(\overline{X}_1-\overline{X}_2)}{\sqrt{\dfrac{\sigma_1^2}{n_1}+\dfrac{\sigma_2^2}{n_2}}}$ | $\lvert U\rvert\geqslant u_\alpha$<br>$U>u_\alpha$<br>$U>-u_\alpha$ |
| $t$ 检验法 | 总体方差未知 | $\mu=\mu_0$<br>$\mu\leqslant\mu_0$<br>$\mu\geqslant\mu_0$ | $T=\dfrac{\sqrt{n}(\overline{X}-\mu_0)}{s}$ | $\lvert T\rvert>t_{\alpha/2}(n-1)$<br>$T>t_\alpha(n-1)$<br>$T<-t_\alpha(n-1)$ |
|  | 已知两总体方差相同(但值未知) | $\mu_1=\mu_2$<br>$\mu_1\leqslant\mu_2$<br>$\mu_1\geqslant\mu_2$ | $T=\dfrac{(\overline{X}_1-\overline{X}_2)}{S_w\sqrt{\dfrac{1}{n_1}+\dfrac{1}{n_2}}}$<br>$S_w=\sqrt{\dfrac{(n_1-1)S_1^2+(n_2-1)S_2^2}{n_1+n_2-2}}$ | $\lvert T\rvert>t_{\alpha/2}(n_1+n_2-2)$<br>$T>t_\alpha(n_1+n_2-2)$<br>$T<-t_\alpha(n_1+n_2-2)$ |
| $\chi^2$ 检验法 |  | $\sigma^2=\sigma_0^2$<br>$\sigma^2\leqslant\sigma_0^2$<br>$\sigma^2\geqslant\sigma_0^2$ | $\chi^2=\dfrac{(n-1)S^2}{\sigma_0^2}$ | $\chi^2>\chi^2_{\alpha/2}(n-1)$<br>或 $\chi^2<\chi^2_{1-\alpha/2}(n-1)$<br>$\chi^2>\chi^2_\alpha(n-1)$<br>$\chi^2<\chi^2_{1-\alpha}(n-1)$ |
| $F$ 检验法 | 两总体均值 $\mu$,方差 $\sigma^2$ 未知,比较两总体方差 | $\sigma_1^2=\sigma_2^2$<br>$\sigma_1^2\leqslant\sigma_2^2$<br>$\sigma_1^2\geqslant\sigma_2^2$ | $F=\dfrac{S_1^2}{S_2^2}$ | $F>F_{\alpha/2}(n_1-1,n_2-1)$<br>或 $F<F_{1-\alpha/2}(n_1-1,n_2-1)$<br>$F>F_\alpha(n_1-1,n_2-1)$<br>$F<F_{1-\alpha}(n_1-1,n_2-1)$ |

### 8.3.2　两个正态总体情形

设$(X_1,X_2,\cdots,X_{n_1})$是来自正态总体 $X\sim N(\mu_1,\sigma_1^2)$的样本,$(Y_1,Y_2,\cdots,Y_{n_2})$是来自正态总体 $Y\sim N(\mu_2,\sigma_2^2)$的样本,且设两样本独立.又分别记它们的样本均值为 $\overline{X},\overline{Y}$,记样本方差为 $S_1^2,S_2^2$,且 $\mu_1,\mu_2,\sigma_1^2,\sigma_2^2$ 均未知,要检验的假设为

(1) 双侧检验

$$H_0:\sigma_1^2=\sigma_2^2,\quad H_1:\sigma_1^2\neq\sigma_2^2;\tag{8.11}$$

(2) 右边单侧检验

$$H_0:\sigma_1^2\leqslant\sigma_2^2,\quad H_1:\sigma_1^2>\sigma_2^2;\tag{8.12}$$

(3) 左边单侧检验

$$H_0:\sigma_1^2\geqslant\sigma_2^2,\quad H_1:\sigma_1^2<\sigma_2^2.\tag{8.13}$$

由于 $S_1^2$ 和 $S_2^2$ 分别是 $\sigma_1^2$ 和 $\sigma_2^2$ 的无偏估计,故当双侧检验(8.11)之 $H_0$ 为真时,$S_1^2/S_2^2$的值

应接近于1,过小或过大都可认为 $H_0$ 不真,由第六章定理知,当 $H_0$ 为真时

$$F=S_1^2/S_2^2\sim F(n_1-1,n_2-1),\qquad (8.14)$$

因此,针对双侧检验(8.11)取 $F$ 作为检验统计量.

对给定水平 $\alpha$(见图 8.4),取

$$W:F\geqslant F_{\frac{\alpha}{2}}(n_1-1,n_2-1)\quad 或$$

$$W:F\leqslant F_{1-\frac{\alpha}{2}}(n_1-1,n_2-1)\qquad (8.15)$$

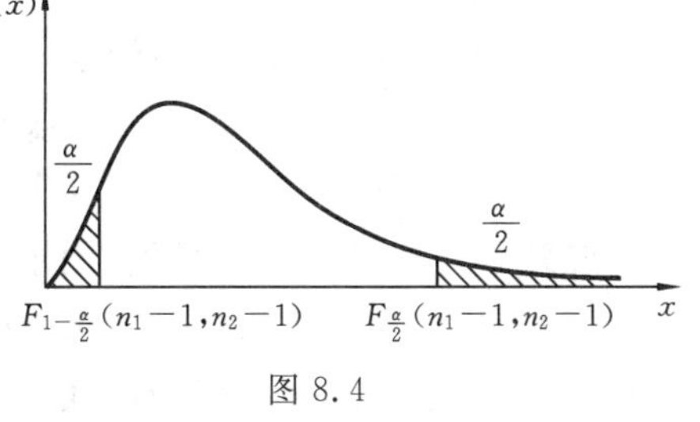

图 8.4

**例 8.17**　用不同的方法冶炼某种金属,分别抽样测得其杂质的含量(单位:百分率)如下:

旧法:26.9　22.8　25.7　23.0　22.3　24.2　26.1　26.4　27.2　30.2
　　24.5　29.5　25.1

新法:22.6　22.5　20.6　23.5　24.3　21.9　20.6　23.2　23.4

设在两种冶炼方法下杂质含量均服从正态分布.问在两种冶炼方法下,杂质含量的方差是否相同?($\alpha=0.05$)

**解**　依题意,欲检验假设

$$H_0:\sigma_1^2=\sigma_2^2,\quad H_1:\sigma_1^2\neq\sigma_2^2,$$

其中两正态总体的均值 $\mu_1$ 和 $\mu_2$ 均未知.经计算得

$$\bar{x}=25.6846,\quad s_1^2=5.86141,\quad \bar{y}=22.5111,\quad s_2^2=1.64111,$$

$$F=\frac{5.86141}{1.64111}=3.5716<4.1998=F_{0.025}(12,8),$$

故不拒绝 $H_0$,即在显著性水平 $\alpha=0.05$ 下可认为方差相同.

类似于前面单边检验的推导,可得:

右边单侧检验:$H_0:\sigma_1^2\leqslant\sigma_2^2,H_1:\sigma_1^2>\sigma_2^2$ 的拒绝域可取

$$W:F\geqslant F_\alpha(n_1-1,n_2-1).$$

左边单侧检验:$H_0:\sigma^2\geqslant\sigma_0^2,H_1:\sigma^2<\sigma_0^2$ 的拒绝域可取

$$W:F\leqslant F_{1-\alpha}(n_1-1,n_2-1).$$

## 8.4　分布拟合检验

前面我们讨论的参数检验都要求总体服从一定的分布,对总体参数的检验是建立在这种分布基础上的.例如,两总体均值比较的 $t$ 检验和两总体方差比较的 $F$ 检验,都要求总体服从正态分布,推断两个或多个总体均值、方差是否相等.但在实际问题中,有时不能预先知道总体服从什么类型的分布,这就需要根据样本来检验关于总体分布的假设.通常的方法是先把抽样所获得的实测数据进行整理作成频率直方图或累积频率直方图,大致看出分布的形状,不过由于抽样的随机性和样本大小的限制,频率直方图或累积频率直方图,总会与假定的理论分布有某种偏差,若这种偏差不是太大,是不显著的,就可以认为这种差异是随机因素所引起的,这时就认为该经验分布确实服从此种理论分布;反之,若这种差异较大,是显著的,就不能认为该经验分布是服从此种理论分布的.我们如何来判明这个差异是显著的或是不显著的呢?这就必须应用假设检验的方法来确定.这种判断总体是否为某种分布的检验问题,通常称为分布的拟合检验,简称为分布拟合检验,它是非参数检验,非参数检验的内容丰富,本书只介绍分布拟合检验.

设 $X$ 为未知总体,$(x_1,x_2,\cdots,x_n)$是来自总体 $X$ 的一个大样本的观测值(一般要求 $n\geqslant 50$),$F_0(x)$是一个完全已知的概率分布函数,此时我们需要检验如下形式的统计假设:

$$H_0: \text{总体分布函数 } F(x)=F_0(x),$$

$$H_1: \text{总体分布函数 } F(x)\neq F_0(x).$$

**注意**　若总体 $X$ 为离散型,则假设$(H_0)$相当于

$$H_0: \text{总体 } X \text{ 的分布律为 } P(X=x_i)=p_i,\quad i=1,2,\cdots;$$

若总体 $X$ 为连续型,则假设$(H_0)$相当于

$$H_0: \text{总体 } X \text{ 的概率密度为 } f(x).$$

一般地,从样本观测值$(x_1,x_2,\cdots,x_n)$来推断总体的分布有两步:根据样本观测值大致地了解总体 $X$ 的可能分布使得假设中的 $F_0(x)$的表达式较为准确;检验总体 $X$ 的分布函数是否为 $F_0(x)$. 下面我们用一个实例来说明这两步的具体做法.

**例 8.18**　从某厂维尼纶正常生产的生产记录中,我们得到维尼纶纤度的数据如下:

| | | | | | | | | | |
|---|---|---|---|---|---|---|---|---|---|
| 1.36 | 1.49 | 1.43 | 1.41 | 1.37 | 1.40 | 1.32 | 1.42 | 1.47 | 1.39 |
| 1.41 | 1.36 | 1.40 | 1.34 | 1.42 | 1.42 | 1.45 | 1.35 | 1.42 | 1.39 |
| 1.44 | 1.42 | 1.39 | 1.42 | 1.42 | 1.30 | 1.34 | 1.42 | 1.37 | 1.36 |
| 1.37 | 1.34 | 1.37 | 1.37 | 1.44 | 1.45 | 1.40 | 1.39 | 1.40 | 1.45 |
| 1.39 | 1.46 | 1.39 | 1.53 | 1.36 | 1.48 | 1.41 | 1.48 | 1.38 | 1.40 |
| 1.36 | 1.45 | 1.50 | 1.43 | 1.38 | 1.43 | 1.44 | 1.44 | 1.39 | 1.45 |
| 1.37 | 1.37 | 1.39 | 1.45 | 1.31 | 1.41 | 1.42 | 1.43 | 1.42 | 1.47 |
| 1.35 | 1.36 | 1.39 | 1.40 | 1.38 | 1.35 | 1.37 | 1.27 | 1.37 | 1.38 |
| 1.42 | 1.40 | 1.41 | 1.37 | 1.46 | 1.36 | 1.32 | 1.48 | 1.42 | 1.42 |
| 1.42 | 1.34 | 1.43 | 1.42 | 1.41 | 1.41 | 1.41 | 1.48 | 1.55 | 1.37 |

试判断维尼纶纤度 $X$ 服从什么分布类型?

**1. 概率密度的近似求法——直方图法**

将样本观测值$(x_1,x_2,\cdots,x_n)$按下面方法分组:

(1) 找出 $x_1,x_2,\cdots,x_n$ 中最小值和最大值,分别记为 $x_1^*$ 和 $x_n^*$. 例 8.18 的 $x_1^*=1.27$,$x_n^*=1.55$;

(2) 取 $a$ 比 $x_1^*$ 略小一些,$b$ 比 $x_n^*$ 略大一些,使区间$(a,b)$包含全体样本观测值 $x_1,x_2,\cdots,x_n$. 将区间$[a,b]$等分为 $m$ 个子区间($m$ 的值与 $n$ 有关,一般当样本容量$n\geqslant 50$时,分为 10 到 25 组为宜,且应使得每个子区间至少包含一个样本观测值),得分点 $a_i(i=1,2,\cdots,m-1)$,且

$$a=a_0<a_1<a_2<\cdots<a_{m-1}<a_m=b,$$

其中

$$a_i=a+\frac{b-a}{m}i,\quad i=0,1,2,\cdots,m.$$

例 8.18 取 $a=1.265$(比 $x_1^*$ 小半个单位),$b=1.560$(比 $x_n^*$ 大半个单位),则 $b-a\approx 0.3$,取每组组距(子区间长度)为 0.03,将区间$[a,b]$等分为 $m$ 个子区间,如表8.3的第 1 列.

**表 8.3　例 8.18 概率密度的近似求法**

| 组　　限 | 组　中　值 | 频数 $n_i$ | 频率 $f_i$ | 累 积 频 率 |
|---|---|---|---|---|
| 1.265～1.295 | 1.28 | 1 | 0.01 | 0.01 |
| 1.295～1.325 | 1.31 | 4 | 0.04 | 0.05 |

续表

| 组　限 | 组中值 | 频数 $n_i$ | 频率 $f_i$ | 累积频率 |
|---|---|---|---|---|
| 1.325～1.355 | 1.34 | 7 | 0.07 | 0.12 |
| 1.355～1.385 | 1.37 | 22 | 0.22 | 0.34 |
| 1.385～1.415 | 1.40 | 23 | 0.23 | 0.57 |
| 1.415～1.445 | 1.43 | 25 | 0.25 | 0.82 |
| 1.445～1.475 | 1.46 | 10 | 0.10 | 0.92 |
| 1.475～1.505 | 1.49 | 6 | 0.06 | 0.98 |
| 1.505～1.535 | 1.52 | 1 | 0.01 | 0.99 |
| 1.535～1.560 | 1.55 | 1 | 0.01 | 100 |

(3) 记 $n_i(i=1,2,\cdots,m)$ 为样本观测值落在第 $i$ 个子区间 $(a_{i-1},a_i]$ 的个数，称为**频数**，显然有 $\sum\limits_{i=1}^{m} n_i = n$，于是 $f_i=\dfrac{n_i}{n}$ 是样本观测值落在区间 $(a_{i-1},a_i]$ 中的频率. 在 $Oxy$ 平面上，对每个 $i$ $(1\leqslant i\leqslant m)$，以区间 $(a_{i-1},a_i]$ 为底，以 $y_i=\dfrac{f_i}{a_i-a_{i-1}}$ 为高，作一排直的长方形，如图 8.4 所示，此图形称为**直方图**.

由大数定律知，总体 $X$ 落入(取值于)区间 $(a_{i-1},a_i]$ 的概率近似地等于样本观测值落于区间 $(a_{i-1},a_i]$ 上的频率 $f_i$，即

$$P(a_{i-1}<X\leqslant a_i)\approx f_i,\quad i=1,2,\cdots,m.$$

若总体的概率密度为 $f(x)$，则有

$$\int_{a_{i-1}}^{a_i} f(x)\mathrm{d}x = P(a_{i-1} < X \leqslant a_i) \approx f_i,\quad i=1,2,\cdots,m.$$

若 $f(x)$ 在区间 $[a,b]$ 上连续，由积分中值定理知

$$f_i=\frac{n_i}{n}\approx f(\xi_i)(a_i-a_{i-1}),\quad \xi_i\in(a_{i-1},a_i).$$

于是

$$f(\xi_i)\approx\frac{f_i}{a_i-a_{i-1}}.$$

由此可知，当 $n$ 充分大时，直方图的外廓曲线(阶梯折线)近似于总体 $X$ 的概率密度曲线. 因此，利用直方图法，我们可以大致地描述总体 $X$ 的概率密度的概貌.

对例 8.18，从直方图(见图 8.5)看，它像正态分布的概率密度曲线，是不是还要经过统计检验后才能确认.

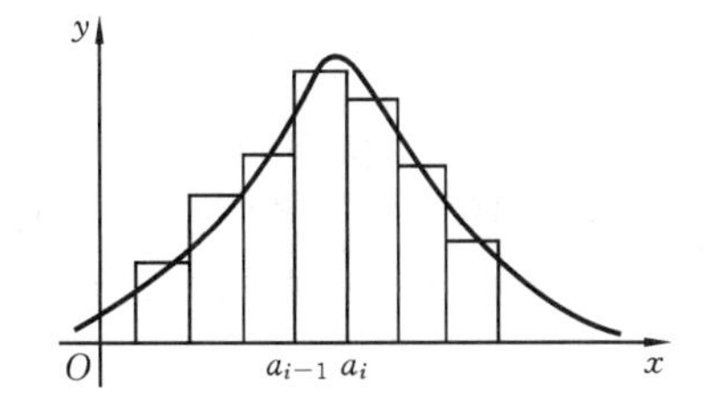


图 8.5

**2. 总体分布的假设检验**

设总体 $X$ 的分布函数 $F(x)$ 为未知，$(X_1,X_2,\cdots,X_n)$ 为总体 $X$ 的样本，欲根据样本检验假设

$$H_0:F(x)=F_0(x),$$

其中 $F_0(x)$ 是一个完全已知的概率分布函数，备择假设一般不必写出，对上述假设作显著性检验.

如何作出检验呢？我们由样本观测值计算

$$x_1^* = \min_{1\leqslant i\leqslant n}\{x_i\}, \quad x_n^* = \max_{1\leqslant i\leqslant n}\{x_i\},$$

根据 $x_1^*$ 和 $x_n^*$ 的取值情况,把数轴$(-\infty, +\infty)$分成 $m$ 个互不相交的区间$(a_{i-1}, a_i]$, $i=1,2,\cdots,m$,使得

$$a_0 < a_1 < a_2 < \cdots < a_{m-1} < a_m,$$

要求 $a_0 > x_1^*$ 和 $a_m < x_n^*$,为方便计,记 $a_0=-\infty$, $a_m=+\infty$. $X$ 的 $n$ 个观测值落入第 $i$ 个子区间 $I_i=(a_{i-1}, a_i]$的频数 $n_i$ 和频率$\frac{n_i}{n}$ $(i=1,2,\cdots,m)$分别称为**经验频数**和**经验频率**.

当 $H_0$ 成立时,总体 $X$ 落入区间 $I_i$ 的概率

$$p_i = F_0(a_i) - F(a_{i-1}), \quad i=1,2,\cdots,m,$$

于是 $X$ 落入区间 $I_i$ 的理论频数 $\nu_i = np_i$. 依照概率与频率的关系,如果 $H_0$ 成立,则 $\sum_{i=1}^{m}(n_i - np_i)^2$ 不应太大. 基于这一思想,K. Pearson 于 1900 年引入了定理 8.1 中的 $\chi^2$ 统计量(常称为 Pearson $\chi^2$ 统计量);Fisher 于 20 世纪 20 年代指出了K. Pearson在论证 $\chi^2$ 统计量的自由度的疏忽,完善了检验方法.

**定理 8.1**　当 $H_0$ 真时,不论 $F_0(x)$是什么分布,统计量

$$\chi^2 = \sum_{i=1}^{m}\frac{(n_i - np_i)^2}{np_i} = \sum_{i=1}^{m}\frac{n_i^2}{np_i} - n$$

的极限分布为 $\chi^2(m-1)$.

根据上述定理利用统计量即可检验假设,由样本观测值算出统计量的观测值,当 $\chi^2 > \chi_\alpha^2(m-1)$时,拒绝 $H_0$,否则接受 $H_0$.

在检验中应注意以下几点:

(1) 必须使用大样本,一般要求 $n \geqslant 50$.

(2) 当 $F_0(x)$并不是完全已知的,其中含有 $r$ 个未知参数时,先要利用样本估计各个参数,从而得到 $p_i$ 的相应估计 $\hat{p}_i$,此时 $\chi^2$ 统计量的极限分布为 $\chi^2(m-r-1)$. 因此,当 $\chi^2 > \chi_\alpha^2(m-r-1)$时,拒绝 $H_0$,否则接受 $H_0$.

(3) 要求落入各个区间 $I_i$ 的理论概率 $p_i$ 均较小,即区间个数应适当大.

(4) 要求理论频数 $\nu_i = np_i \geqslant 5$. 若有 $\nu_j < 5$,则将区间 $I_j = (a_{j-1}, a_j]$与相邻区间合并,直至所有区间上的理论频数都不小于 5(在合并区间的同时,也要合并实测频数以及理论频数),合并后的小区间数记为 $m^*$,则统计量 $\chi^2$ 的自由度为 $m^*-r-1$.

**例 8.19**　关于例 8.18 的检验.

**解**　由例 8.18 的结果,检验假设为

$$H_0: 总体\ X \sim N(\mu, \sigma^2),$$

其中 $\mu$ 和 $\sigma^2$ 是未知参数.

由于正态总体参数 $\mu$ 和 $\sigma^2$ 的极大似然估计值分别为

$$\hat{\mu} = \bar{x} = 1.406,$$

$$\hat{\sigma}^2 = \frac{1}{n}\sum_{i=1}^{n}(x_i - \bar{x})^2 = 0.0023,$$

故检验假设为

$$H_0: 总体\ X \sim N(1.406, 0.0023).$$

$\chi^2$ 检验的计算可在原先作直方图的基础上进行，为了便于用标准正态分布表计算 $p_i$（或 $\hat{p}_i$），一般可将数据标准化，即令

$$z=\frac{x-\mu}{\sigma}=\frac{x-1.406}{0.048}.$$

由此得表 8.4，在表 8.4 中，第 1 列第 1 区间的上限 $-2.30$ 是表 8.3 中第 1 列区间的上限 1.295经过上述变换的结果，其他各区间的上下限也都如此. 各种计算结果均列入表中，例如，第 3 列 8.98 是这样计算出来的：

$$\hat{p}_3=\Phi(-1.06)-\Phi(-1.60)=0.1446-0.0548=0.0898,$$

所以，$n\hat{p}_3=100\times0.0898=8.98$. 其余类推.

在表 8.4 中，第 1、2 列区间和第 9、10 区间内，$np_1$ 与 $np_2$ 和 $np_9$ 与 $np_{10}$ 都小于 5，因此，将第 1、2 两区间与第 3 个区间合并，并将第 9、10 两区间与第 8 区间合并.

取 $\alpha=0.1$，因合并了区间，$m^*=6$，又估计了两个参数，$r=2$，所以 Pearson $\chi^2$ 统计量的自由度为 $m^*-r-1=6-2-1=3$. 查表得 $\chi^2_{0.1}(3)=6.251$. 由于

$$\chi^2=102.527-100=2.527<6.251=\chi^2_{0.1}(3),$$

故在显著性水平 $\alpha=0.1$ 下，接受 $H_0$，认为维尼纶纤度 $X\sim N(1.406,0.0023)$ 分布.

**表 8.4　例 8.18 的结果检验**

| $z$ 的组限 | $n_i$ | $n\hat{p}_i$ | $n_i^2$ | $n_i^2/(np_i)$ |
|---|---|---|---|---|
| $-\infty\sim-2.30$ | 1 | 1.07 | | |
| $-2.30\sim-1.60$ | 4 | 4.41 | | |
| $-1.60\sim-1.06$ | 7 | 8.98 | 144 | 9.959 |
| $-1.06\sim-0.44$ | 22 | 18.54 | 484 | 26.106 |
| $-0.44\sim0.19$ | 23 | 24.53 | 529 | 21.565 |
| $0.19\sim0.81$ | 25 | 21.57 | 625 | 28.975 |
| $0.81\sim1.43$ | 10 | 13.26 | 100 | 7.545 |
| $1.43\sim2.05$ | 6 | 5.62 | | |
| $2.05\sim2.65$ | 1 | 1.65 | | |
| $2.65\sim+\infty$ | 1 | 0.37 | 64 | 8.377 |
| $\sum$ | 100 | | | 102.527 |

# 8.5　$p$ 值检验法

前面讨论的假设检验方法称为临界值法，此法得到的结论是简单的，在给定的显著性水平下，不是拒绝原假设，就是接受原假设. 但应用中可能会出现这样的情况：在一个较大的显著性水平（如 $\alpha=0.05$）下得到拒绝原假设的结论，而在一个较小的显著性水平（如 $\alpha=0.01$）下却得到接受原假设的结论.

假如这时一个人主张选显著性水平 $\alpha=0.05$，而另一个人主张选显著性水平 $\alpha=0.01$，则第一个人的结论是拒绝，而第二个人的结论是接受，如何处理这一问题呢？

**例 8.20** 一支香烟中的尼古丁含量 $X \sim N(\mu,1)$,质量标准规定 $\mu$ 不能超过 1.5 mg,现从某厂生产的香烟中随机地抽取 20 支,测得平均每支香烟尼古丁含量为 $\bar{x}=1.97$ mg,试问该厂生产的香烟尼古丁含量是否符合标准的规定?

按题意,需要检验假设

$$H_0:\mu \leqslant 1.5, \quad H_1:\mu > 1.5,$$

这是一个有关正态总体下方差已知时对总体均值的单边假设检验问题,采用 $u$ 检验法得拒绝域为 $U=\sqrt{n}\dfrac{\overline{X}-\mu_0}{\sigma}$,由已知数据可算得

$$U=\sqrt{n}\frac{\overline{X}-\mu_0}{\sigma}=\sqrt{20}\times\frac{1.97-1.5}{1}=2.1.$$

表 8.5 列出了显著性水平 $\alpha$ 取不同值时相应的拒绝域和检验结论.

**表 8.5 例 8.20 中的拒绝域**

| 显著性水平 | 拒 绝 域 | 检 验 结 论 |
|---|---|---|
| $\alpha=0.05$ | $U \geqslant 1.645$ | 拒绝 $H_0$ |
| $\alpha=0.025$ | $U \geqslant 1.96$ | 拒绝 $H_0$ |
| $\alpha=0.01$ | $U \geqslant 2.33$ | 不拒绝 $H_0$ |
| $\alpha=0.005$ | $U \geqslant 2.58$ | 不拒绝 $H_0$ |

由此可以看出,对同一个假设检验问题,不同的 $\alpha$ 可能有不同的检验结论.

假设检验依据的是样本信息,样本信息中包含了支持或反对原假设的证据,因此需要我们来探求一种定量表述样本信息中证据支持或反对原假设的强度.现在换一个角度分析例8.20,在 $\mu=1.5$ 时,此时 $U \sim N(0,1)$,可算得 $P(U \geqslant 2.1)=0.0179$,当 $\alpha$ 以 0.0179 为基准做比较时,则上述检验问题的结论如表 8.6 所示.

**表 8.6 以 0.0179 为基准的检验问题的结论**

| 显著性水平 | 拒 绝 域 | 检 验 结 论 |
|---|---|---|
| $\alpha<0.0179$ | $U>u_\alpha(u_\alpha>2.1)$ | 不拒绝 |
| $\alpha \geqslant 0.0179$ | $U \leqslant u_\alpha(u_\alpha \leqslant 2.1)$ | 拒绝 |

通过上述分析可知,本例中由样本信息确定的 0.0179 是一个重要的值,它是能用观测值 2.1 做出"拒绝 $H_0$"的最小的显著性水平,这个值就是此检验法的 $p$ 值.

一般在一个假设检验中,利用观测值能够做出的拒绝原假设的最小显著性水平称为该检验的 $p$ 值.按 $p$ 值的定义,用 $X$ 表示检验用的统计量,样本数据算出的统计量的值记为 $C$.当 $H_0$ 为真时,可算出 $p$ 值。

(1) 左侧检验

$$p=P(X<C);$$

(2) 右侧检验

$$p=P(X>C);$$

(3) 双侧检验

$$p=\text{落在以 } C \text{ 为端点的尾部区域的概率的两倍},$$

也就是说

① $p=2P(X>C)$,$C$ 在分布的右侧

② $p=2P(X<C)$,$C$ 在分布的左侧

特别,如果 $X$ 的分布对称,则

$$p=P(|X|>|C|).$$

对于任意指定的显著性水平 $\alpha$,有以下结论:

(1) 若 $\alpha<p$ 值,则在显著性水平 $\alpha$ 下不拒绝原假设.

(2) 若 $\alpha\geqslant p$ 值,则在显著性水平 $\alpha$ 下拒绝原假设。

有了这两条结论就能方便地确定 $H_0$ 的拒绝域.这种利用 $p$ 值来检验假设的方法称为 $p$ 值检验法.

$p$ 值反映了样本信息中所包含的反对原假设 $H_0$ 的依据的强度,$p$ 值是已经观测到的一个小概率事件的概率,$p$ 值越小,越有可能不成立,说明样本信息中反对原假设的依据的强度越强、越充分.一般,若 $p\leqslant0.01$,称拒绝 $H_0$ 的依据很强或称检验是高度显著的;若 $0.01<p\leqslant0.05$,称拒绝 $H_0$ 的依据是强的或称检验是显著的;若 $0.05<p\leqslant0.1$,称拒绝 $H_0$ 的依据是弱的或称检验是不显著的;若 $p>0.1$,一般来说,没有理由拒绝.

## 习　题　八

**8.1**　填空题.

在下列各题中,假设总体服从正态分布 $N(\mu,\sigma^2)$.

(1) 检验假设 $H_0:\mu=\mu_0,H_1:\mu\neq\mu_0$,若 $\alpha=0.05$ 时拒绝 $H_0$,那么当 $\alpha=0.10$ 时,一定______ $H_0$.

(2) 检验假设 $H_0:\mu\leqslant\mu_0,H_1:\mu>\mu_0$,若 $\alpha=0.10$ 时接受 $H_0$,那么当 $\alpha=0.05$ 时,一定______ $H_0$.

(3) 检验假设 $H_0:\mu\geqslant\mu_0,H_1:\mu<\mu_0$,若 $\alpha=0.025$ 时接受 $H_1$,那么当 $\alpha=0.05$ 时,一定______ $H_1$.

(4) 在对 $\mu$ 的检验中,已知拒绝域是 $|t|\geqslant t_{0.025}(n-1)$,则 $H_0$:______,$H_1$:______,$\alpha=$______.

(5) 在对 $\mu$ 的检验中,已知拒绝域是 $z\geqslant u_{0.10}$,则 $H_0$:______,$H_1$:______,$\alpha=$______.

**8.2**　选择题.

(1) 单个正态总体当方差未知时,检验数学期望采用的是 $t$ 检验法,检验统计量是(　　).

(A) $\dfrac{\overline{X}-\overline{Y}}{S_w\sqrt{\dfrac{1}{n_1}+\dfrac{1}{n_2}}}$　(B) $\dfrac{(n-1)S^2}{\sigma^2}$　(C) $\dfrac{\overline{X}-\mu_0}{\sigma/\sqrt{n}}$　(D) $\dfrac{\overline{X}-\mu_0}{S/\sqrt{n}}$

(2) $H_0:\mu\geqslant\mu_0,H_1:\mu<\mu_0$,对 $\alpha=0.05$,当(　　)时认为 $\mu$ 明显小于 $\mu_0$.

(A) $\dfrac{\bar{x}-\mu_0}{s/\sqrt{n}}>t_{0.05}(n-1)$　(B) $\dfrac{\bar{x}-\mu_0}{s/\sqrt{n}}<-t_{0.05}(n-1)$

(C) $\dfrac{\bar{x}-\mu_0}{s/\sqrt{n}}>t_{0.025}(n-1)$　(D) $\dfrac{\bar{x}-\mu_0}{s/\sqrt{n}}<-t_{0.025}(n-1)$

(3) 数学期望分别为 $\mu_1,\mu_2$ 的两个独立正态总体,经检验认为 $\mu_1$ 和 $\mu_2$ 差异显著,则检验假设是(　　).

(A) $H_0:\mu_1\leqslant\mu_2,H_1:\mu_1>\mu_2$　(B) $H_0:\mu_1\geqslant\mu_2,H_1:\mu_1<\mu_2$

(C) $H_0:\mu_1=\mu_2,H_1:\mu_1\neq\mu_2$　(D) $H_0:\sigma_1^2=\sigma_2^2,H_1:\sigma_1^2\neq\sigma_2^2$

(4) 数学期望分别为 $\mu_1,\mu_2$ 的两个独立正态总体,方差未知但相等,对 $\alpha=0.05$,检验假设 $H_0:\mu_1\leqslant\mu_2$,$H_1:\mu_1>\mu_2$ 的拒绝域为(　　).

(A) $\left|\dfrac{\overline{X}-\overline{Y}}{S_w\sqrt{\dfrac{1}{n_1}+\dfrac{1}{n_2}}}\right|\geqslant t_{0.025}(n_1+n_2-2)$　(B) $\dfrac{\overline{X}-\overline{Y}}{S_w\sqrt{\dfrac{1}{n_1}+\dfrac{1}{n_2}}}\geqslant t_{0.025}(n_1+n_2-2)$

(C) $\dfrac{\overline{X}-\overline{Y}}{S_w\sqrt{\dfrac{1}{n_1}+\dfrac{1}{n_2}}}\geqslant t_{0.05}(n_1+n_2-2)$　　(D) $\dfrac{\overline{X}-\overline{Y}}{S_w\sqrt{\dfrac{1}{n_1}+\dfrac{1}{n_2}}}\geqslant -t_{0.05}(n_1+n_2-2)$

(5) 总体 $X\sim N(\mu,\sigma^2)$，$\mu$ 未知，样本容量为 $n$，已知检验 $H_0:\sigma^2=0.1$，$H_1:\sigma^2\neq 0.1$ 的拒绝域的临界值为 $\chi^2_{0.05}(8)$，则 $n$ 和显著性水平 $\alpha$ 为(　　).

(A) 8 和 0.05　　(B) 8 和 0.10　　(C) 9 和 0.05　　(D) 9 和 0.10

(6) 总体 $X\sim N(\mu,\sigma^2)$，$\mu$ 未知，$X_1,X_2,\cdots,X_n$ 为样本，则在显著水平 0.10 下，检验 $H_0:\sigma^2\leqslant 4$，$H_1:\sigma^2>4$ 的拒绝域为(　　).

(A) $\dfrac{(n-1)S^2}{2}\geqslant\chi^2_{0.10}(n-1)$　　(B) $\dfrac{(n-1)S^2}{4}\geqslant\chi^2_{0.10}(n)$

(C) $\dfrac{(n-1)S^2}{4}\geqslant\chi^2_{0.10}(n-1)$　　(D) $\dfrac{(n-1)S^2}{4}\geqslant\chi^2_{0.05}(n-1)$

(7) 总体 $X\sim N(1,\sigma^2)$，$X_1,X_2,\cdots,X_n$ 为样本，则在显著性水平 0.10 下，检验 $H_0:\sigma^2\geqslant 2$，$H_1:\sigma^2<2$ 的拒绝域为(　　).

(A) $\dfrac{(n-1)S^2}{2}\leqslant\chi^2_{0.90}(n-1)$　　(B) $\dfrac{(n-1)S^2}{2}\geqslant\chi^2_{0.90}(n-1)$

(C) $\dfrac{(n-1)S^2}{2}\geqslant\chi^2_{0.10}(n-1)$　　(D) $\dfrac{(n-1)S^2}{2}\leqslant\chi^2_{0.10}(n-1)$

(8) $X\sim N(\mu_1,\sigma_1^2)$ 与 $Y\sim N(\mu_2,\sigma_2^2)$ 独立，样本容量分别为 $n_1,n_2$，样本方差分别为 $S_1^2,S_2^2$，在显著性水平 $\alpha$ 下，检验 $H_0:\sigma_1^2\geqslant\sigma_2^2$，$H_1:\sigma_1^2<\sigma_2^2$ 的拒绝域为(　　).

(A) $\dfrac{S_2^2}{S_1^2}\geqslant F_\alpha(n_2-1,n_1-1)$　　(B) $\dfrac{S_2^2}{S_1^2}\geqslant F_{1-\alpha/2}(n_2-1,n_1-1)$

(C) $\dfrac{S_2^2}{S_1^2}\leqslant F_\alpha(n_1-1,n_2-1)$　　(D) $\dfrac{S_2^2}{S_1^2}\leqslant F_{1-\alpha/2}(n_1-1,n_2-1)$

(9) $X\sim N(\mu_1,\sigma_1^2)$ 与 $Y\sim N(\mu_2,\sigma_2^2)$ 独立，样本容量分别为 $n_1,n_2$，样本方差分别为 $S_1^2,S_2^2$，在显著性水平 $\alpha$ 下，检验 $H_0:\sigma_1^2=\sigma_2^2$，$H_1:\sigma_1^2\neq\sigma_2^2$ 的接受域为(　　).

(A) $F_{1-\alpha/2}(n_2-1,n_1-1)<\dfrac{S_1^2}{S_2^2}<F_{\alpha/2}(n_2-1,n_1-1)$

(B) $F_{1-\alpha/2}(n_2-1,n_1-1)<\dfrac{S_2^2}{S_1^2}<F_{\alpha/2}(n_2-1,n_1-1)$

(C) $F_{1-\alpha}(n_2-1,n_1-1)<\dfrac{S_2^2}{S_1^2}<F_\alpha(n_2-1,n_1-1)$

(D) $F_{1-\alpha/2}(n_1-1,n_2-1)<\dfrac{S_2^2}{S_1^2}<F_{\alpha/2}(n_1-1,n_2-1)$

**8.3**　某种元件，要求其使用寿命不得低于 1000 h，现从一批这种元件中随机抽取 25 件，测得其寿命样本均值为 950 h，样本标准差为 100 h. 已知该种元件寿命服从正态分布，试问这批元件是否可认为合格($\alpha=0.05$)？

**8.4**　按规定，某种饮料自动销售机售出的每杯饮料为 222 mL，今随机取 36 杯，测得平均每杯 219 mL，标准差为 14.2 mL. 假设每杯饮料的量 $X$ 服从正态分布，是否可以认为售出的饮料平均每杯为 222 mL($\alpha=0.05$)？

**8.5**　在一台设备的组装中，可以用零件乙替代零件甲，而且零件乙制造简单造价低，为检验两种零件的质量，分别取了 5 只零件进行强度($\mathrm{kg/cm^2}$)测试，结果分别如下：

| 甲 | 88 | 87 | 92 | 90 | 91 |
|---|---|---|---|---|---|
| 乙 | 89 | 89 | 90 | 84 | 88 |

假设两种零件的强度均服从正态分布且方差相同，甲乙两种零件的强度差异是否显著($\alpha=0.10$)？

**8.6**　某工厂试验用一种新工艺处理污水，为了比较两种工艺的处理效果，安排两种工艺同时独立地处理污水.工厂阶段性地分别从用新老工艺处理过的水中抽取了 10 个水样，测得悬浮物的均值(mg/L)分别为 $\bar{x}=408$，$\bar{y}=412$，方差分别为 $s_1^2=20$，$s_2^2=22$，假设经处理的水中悬浮物含量都服从正态分布，且方差相同，是否可以认为新工艺处理的水中悬浮物含量比老工艺处理的低($\alpha=0.05$)?

**8.7**　对 A，B 两种导线进行检测，分别从这两种导线中各取出 96 根，测得其电阻的平均值($\Omega$)分别为 $\bar{x}_1=8.86$，$\bar{x}_2=9.87$，标准差分别为 $s_1=2.01$，$s_2=2.14$.是否有理由认为 A 种导线的电阻比 B 种导线的电阻小($\alpha=0.01$)?

**8.8**　某药厂在广告中声称该药品对某种疾病的治愈率为 80%，一家医院对这种药品临床使用了 120 例，治愈 85 人，问药厂的广告是否真实($\alpha=0.02$)?

**8.9**　10 个失眠者，服用甲乙两种安眠药，延长睡眠时间(h)如下：

| 甲 | 1.9 | 0.8 | 1.1 | 0.1 | −0.1 | 4.4 | 5.5 | 1.6 | 4.6 | 3.4 |
|---|---|---|---|---|---|---|---|---|---|---|
| 乙 | 0.7 | −1.6 | −0.2 | −1.2 | −0.1 | 3.4 | 3.7 | 0.8 | 0 | 2.0 |

在显著水平 $\alpha=0.05$ 下，试用逐对比较法和两正态总体均值差的 $t$ 检验法，检验这两种药的治疗效果是否有显著性差异，并分析两种检验结果.

**8.10**　机器正常时加工的零件长度服从标准差为 0.02 cm 的正态分布，为检验加工的精度，随机抽取了 16 件，测得标准差为 0.017 cm，零件的平均长度不变，试检验加工精度是否有变化($\alpha=0.05$)?

**8.11**　在正常情况下，维尼纶纤度服从正态分布，方差 $\sigma^2$ 不大于 $0.048^2$，某日抽取 5 根纤维，测得纤度分别为 1.32，1.55，1.36，1.40，1.44，这天生产的维尼纶纤度的均匀性是否正常($\alpha=0.05$)?

**8.12**　一自动车床加工零件的长度 $X$ 服从正态分布 $N(\mu,\sigma^2)$，车床工作正常时，加工的零件长度均值为 10.5 cm，标准差不超过 0.45 cm.经过一段时间生产后，要检验这台车床工作是否正常，为此抽取该车床加工的 31 个零件，测得数据如下：

| 零件长度($x_i$) | 10.1 | 10.3 | 10.6 | 11.2 | 11.5 | 11.8 | 12.0 |
|---|---|---|---|---|---|---|---|
| 频数 | 1 | 3 | 7 | 10 | 6 | 3 | 1 |

问此车床工作是否正常($\alpha=0.05$)?

**8.13**　为比较不同季节出生的女婴体重的方差，从某年 12 月和 6 月出生的女婴中分别随机抽取 6 名及 10 名，测其体重(g)如下：

12 月：3520，2960，2560，2960，3260，3960

6 月：3220，3220，3760，3000，2920，3740，3060，3080，2940，3060

假定新生女婴体重服从正态分布，问新生女婴体重的方差是否冬季的比夏季的小($\alpha=0.05$)?

**8.14**　某地区为检验正常成年人血液中红细胞的数量是否与性别有关，分别抽取了 156 名男性和 74 名女性进行化验，化验结果男性平均红细胞为 465.13 万/mm$^3$，标准差 54.80 万/mm$^3$ 女性平均红细胞为422.16 万/mm$^3$，标准差为 49.20 万/mm$^3$.假设正常成年人血液中红细胞数服从正态分布，该地区正常成年人血液中的红细胞数与性别是否有关($\alpha=0.10$)?

**8.15**　自 1965 年 1 月 1 日到 1971 年 2 月 9 日的 2231 天中，全世界记录到的里氏震级 4 级及 4 级以上的地震共 162 次，相继两次地震间隔天数如下：

| $X$ | [0,5) | [5,10) | [10,15) | [15,20) | [20,25) | [25,30) | [30,35) | [35,40) | ≥40 |
|---|---|---|---|---|---|---|---|---|---|
| 频数 | 50 | 31 | 26 | 17 | 10 | 8 | 6 | 6 | 8 |

试检验相继两次地震间隔天数 $X$ 是否服从期望等于 $\theta$ 的指数分布($\alpha=0.05$)?

# 第九章 线性统计模型

数学的一个重要研究任务就是研究变量与变量之间的关系，变量间的关系有三类.

(1) 函数关系：由一个(组)变量的值可以完全确定另一个(组)变量的值. 如乘出租车起步价为 5 元，3 km 以上按 1.4 元/km 计价，则乘车费 $y$(元)与行驶里程 $x$(km)有函数关系

$$y=\begin{cases}5, & x\leqslant 3,\\ 5+1.4(x-3), & x>3.\end{cases}$$

因此由行驶里程 $x$ 可以完全确定乘车费 $y$.

(2) 独立关系：一个(组)变量的取值不受另一个(组)变量取值的影响. 例如，一个人的收入不会受到他体重的影响(当体重在正常范围内时)，即人的收入 $y$ 与体重 $x$ 是独立关系. 当然一个学生的身高也不会影响他的数学成绩，即学生的身高 $x$ 与数学成绩 $y$ 是独立关系.

(3) 相关关系(统计关系)：一个(组)变量的取值受到另一个(组)变量取值的影响，但不能由后者的取值完全确定. 例如，身材高大的人体重较重，身材矮小的人体重偏轻，但由人的身高并不能完全确定他的体重，因为有许多身高相同的人体重并不一样，即一个人的身高 $x$ 与他的体重 $y$ 具有相关关系.

显然相关关系是介于函数关系与独立关系之间的一种变量间的关系，本章将建立简单的统计模型来分析和研究这种关系.

## 9.1 回归分析

### 9.1.1 问题的提出

表 9.1 是我国 1997—2006 年间能源消耗与国民经济发展的数据(资料来源于《中华人民共和国国家统计年鉴 2007》，中国统计出版社)，表中的 $x$ 为电力生产较上一年增长的百分比，$y$ 为国民生产总值(GDP)较上一年增长的百分比(按可比价计算).

**表 9.1 电力生产增长率与 GDP 增长率的数据**

| 年 度 | 1997 | 1998 | 1999 | 2000 | 2001 | 2002 | 2003 | 2004 | 2005 | 2006 |
|---|---|---|---|---|---|---|---|---|---|---|
| $x$/(%) | 5.0 | 2.9 | 6.2 | 9.4 | 9.2 | 11.7 | 15.5 | 15.3 | 13.5 | 14.6 |
| $y$/(%) | 9.3 | 7.8 | 7.6 | 8.4 | 8.3 | 9.1 | 10.0 | 10.1 | 10.4 | 11.1 |

从表 9.1 中数据大致可感觉到，如果某年电力生产的增长率较低($x$ 值较小)，那么该年的 GDP 增长率也较低($y$ 值较小)，反之在电力生产增长率较高($x$ 值较大)的年份，相应的 GDP 增长率也较高($y$ 值较大). 为了更清楚地看出这种关系，我们以 $x$ 为横坐标，$y$ 为纵坐标画出这些数据的**散点图**(见图 9.1)，从图 9.1 中可以看出电力生产增长率和 GDP 增长率构成的二维数据点似乎在围绕着一条直线波动，但又不是完全在一条直线上，说明电力生产增长率的变

化与 GDP 增长率的变化是存在相互影响的，但这两个量的任何一个都不能完全决定另一个的取值，这就是我们前面所说的相关关系. 对此我们可以提出如下问题：

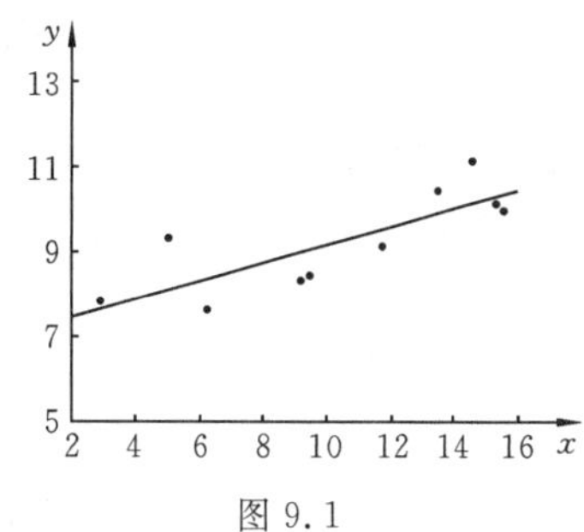

图 9.1

(1) 可否建立一个数学模型来合理地描述这种相关关系.

(2) 通过(1)所建立的数学模型，可否由模型中一个变量的取值来推测另一个变量的取值.

(3) 可否通过设计试验手段获取"优质"的数据，使问题(1)和(2)得到更加令人满意的结果，也就是说，通过优化数据的获取技术，来构造与实际拟合的更好的数学模型，从而可以更精确地推测未知变量.

## 9.1.2　一元线性回归模型

我们先为两个变量的相关关系建立统计模型，为简单起见，设其中一个变量 $x$ 为可控制的非随机变量，另一个变量 $Y$ 为可观察的随机变量，虽然 $x$ 的值不能确定 $Y$ 的值，但可以设想 $x$ 的值能确定 $Y$ 的数学期望，并与 $Y$ 的数学期望呈线性函数关系，即当 $x$ 的值给定时，$Y$ 的数学期望为

$$E(Y|x)=\beta_0+\beta_1 x, \tag{9.1}$$

其中 $\beta_0$ 和 $\beta_1$ 为待定常数. 还可以设想 $Y$ 之所以不能由 $x$ 的值完全确定，是因为 $Y$ 还受到除 $x$ 以外的许多变量的影响，这些变量中的每一个对 $Y$ 的影响都很微弱，其累积影响可记为

$$\varepsilon=Y-E(Y|x), \tag{9.2}$$

由概率知识知 $\varepsilon$ 为随机变量，其数学期望 $E\varepsilon=0$，方差 $D\varepsilon=DY$，记为 $\sigma^2$，于是我们建立了如下一元线性回归模型：

$$\begin{cases} Y=\beta_0+\beta_1 x+\varepsilon, \\ E\varepsilon=0, D\varepsilon=\sigma^2, \end{cases} \tag{9.3}$$

称 $x$ 为**回归变量**或**自变量**，称 $Y$ 为**响应变量**或**因变量**，称 $\varepsilon$ 为**随机误差**或**随机干扰**，称 $\beta_0$ 和 $\beta_1$ 为**回归系数**，方差 $\sigma^2$ 和 $\beta_0$，$\beta_1$ 为回归模型的**未知参数**.

对于模型(9.3)我们要解决如下问题：

(1) 估计 $\beta_0$，$\beta_1$ 和 $\sigma^2$，得到确定的回归模型，这是第七章的参数估计问题.

(2) 检验模型对实际数据的拟合程度，这是第八章的假设检验问题.

(3) 对给定的输入值 $x$，预测输出值 $Y$，对希望的输出值 $Y$ 控制输入值 $x$，这也是统计中的估计问题.

## 9.1.3　最小二乘法

现在将视线回到图 9.1，如果我们已有变量 $x$ 和 $y$ 的观察数据 $(x_i, y_i)$，$i=1,2,\cdots,n$，要寻求图 9.1 中的一条直线，使其能很好地拟合这些观察数据，这意味着确定直线的截距 $\beta_0$ 和斜率 $\beta_1$ 使这些数据点与直线偏差最小，而这个偏差的简单合理的描述是**残差平方和**(见图 9.2)：

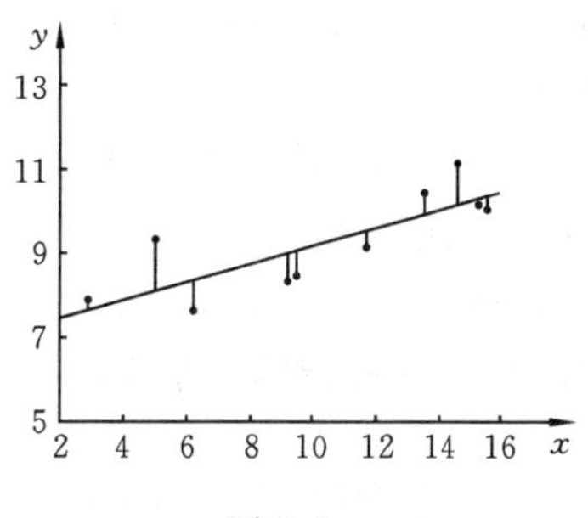

图 9.2

$$Q(\beta_0,\beta_1)=\sum_{i=1}^{n}(y_i-\beta_0-\beta_1 x)^2\ ,\tag{9.4}$$

于是估计 $\beta_0$ 和 $\beta_1$ 成为求残差平方和 $Q(\beta_0,\beta_1)$的最小值点.将 $Q(\beta_0,\beta_1)$分别对 $\beta_0$ 和 $\beta_1$ 求偏导并令其为零,则有

$$\frac{\partial Q}{\partial \beta_0}=-2\sum_{i=1}^{n}(y_i-\beta_0-\beta_1 x_i)=0,\tag{9.5}$$

$$\frac{\partial Q}{\partial \beta_1}=-2\sum_{i=1}^{n}(y_i-\beta_0-\beta_1 x_i)x_i=0,\tag{9.6}$$

得到下面正则方程:

$$\begin{cases}\beta_0 n+\beta_1\sum\limits_{i=1}^{n}x_i=\sum\limits_{i=1}^{n}y_i,\\ \beta_0\sum\limits_{i=1}^{n}x_i+\beta_1\sum\limits_{i=1}^{n}x_i^2=\sum\limits_{i=1}^{n}x_iy_i.\end{cases}\tag{9.7}$$

设 $\bar{x}=\frac{1}{n}\sum_{i=1}^{n}x_i,\bar{y}=\frac{1}{n}\sum_{i=1}^{n}y_i$,解方程组(9.7)得到 $\beta_0$ 和 $\beta_1$ 的解

$$\hat{\beta}_1=\frac{\sum\limits_{i=1}^{n}x_iy_i-n\bar{x}\bar{y}}{\sum\limits_{i=1}^{n}x_i^2-n\bar{x}^2},\quad \hat{\beta}_0=\bar{y}-\hat{\beta}_1\bar{x},\tag{9.8}$$

称$\hat{\beta}_0$ 和$\hat{\beta}_1$ 为回归系数 $\beta_0$ 和 $\beta_1$ 的**最小二乘估计**,以$\hat{\beta}_0$ 为截距,$\hat{\beta}_1$ 为斜率所作的直线称为**经验回归直线**或**经验回归方程**:

$$\hat{y}=\hat{\beta}_0+\hat{\beta}_1 x.$$

**例 9.1** 利用表 9.1 中数据建立国民生产总值增长率 $y$ 对电力生产增长率 $x$ 的经验回归直线.

**解** 由表 9.1 的 $n=10$ 对数据可以算得

$$\bar{x}=10.33,\quad \bar{y}=9.21,\quad \hat{\beta}_0=7.046,\quad \hat{\beta}_1=0.209,$$

于是所求经验回归直线为

$$\hat{y}=7.046+0.209x.$$

这就是图 9.1 和图 9.2 中的直线.

由于回归分析的广泛应用,目前许多计算器都设有统计功能键,可以直接计算$\hat{\beta}_0$ 和$\hat{\beta}_1$,而一般的统计软件则可以计算更丰富的统计量观察值,例如,9.1.7 小节的多元回归系数(9.38)式,9.1.5 小节的模型检验统计量,9.2 节的方差分析表等,第十章介绍了 Excel 软件在这方面的操作方法.

最小二乘法是用变量间的函数关系来拟合实际观察数据的基本方法,所谓"拟合"是指在几何上让空间中的数据点尽可能地靠近所求函数的图像,所谓"最小二乘"是指在数值上使所求函数值与因变量观察值之差的平方(二次方)和达到最小.最小二乘法的使用对问题的统计背景(如分布、期望、方差等)并无要求,因此它也是其他非随机数学分支的常用方法.

### 9.1.4 正态假设下的极大似然估计及性质

现在用第七章中的统计方法估计模型(9.3)中的未知参数 $\beta_0,\beta_1$ 和 $\sigma^2$,首先对模型(9.3)

中的随机误差作正态分布假设

$$\begin{cases} Y=\beta_0+\beta_1 x+\varepsilon, \\ \varepsilon \sim N(0,\sigma^2), \end{cases} \tag{9.9}$$

或假设总体分布为

$$Y\sim N(\beta_0+\beta_1 x,\sigma^2), \tag{9.10}$$

将试验数据$(x_i,Y_i)$视为从总体中抽取的样本，即

$$Y_i\sim N(\beta_0+\beta_1 x_i,\sigma^2),\quad i=1,2,\cdots,n, \tag{9.11}$$

且相互独立，其似然函数为

$$L(\beta_0,\beta_1,\sigma^2)=\prod_{i=1}^{n}\frac{1}{\sqrt{2\pi}\sigma}\mathrm{e}^{-\frac{(y_i-\beta_0-\beta_1 x_i)^2}{2\sigma^2}}=(2\pi\sigma^2)^{-\frac{n}{2}}\exp\left\{-\frac{Q(\beta_0,\beta_1)}{2\sigma^2}\right\}, \tag{9.12}$$

其中 $Q(\beta_0,\beta_1)$为(9.4)式所描述的残差平方和，显然对任何 $\sigma^2$，$\beta_0$ 和 $\beta_1$ 取(9.8)式的最小二乘估计$\hat{\beta}_0$ 和$\hat{\beta}_1$ 时似然函数达到最大.将 $L(\hat{\beta}_0,\hat{\beta}_1,\sigma^2)$的对数对 $\sigma^2$ 求偏导并令其为零，即

$$\frac{\partial \ln L}{\partial \sigma^2}=-\frac{n}{2\sigma^2}+\frac{Q(\hat{\beta}_0,\hat{\beta}_1)}{2\sigma^4}=0, \tag{9.13}$$

便得到 $\beta_0$，$\beta_1$ 和 $\sigma^2$ 的极大似然估计值

$$\hat{\beta}_0=\bar{y}-\frac{l_{xy}}{l_{xx}}\bar{x},\quad \hat{\beta}_1=\frac{l_{xy}}{l_{xx}},\quad \hat{\sigma}^2=\frac{Q(\hat{\beta}_0,\hat{\beta}_1)}{n}=\frac{l_{xx}l_{yy}-l_{xy}^2}{nl_{xx}}, \tag{9.14}$$

其中

$$l_{xx}=\sum_{i=1}^{n}(x_i-\bar{x})^2,\quad l_{yy}=\sum_{i=1}^{n}(y_i-\bar{y})^2,\quad l_{xy}=\sum_{i=1}^{n}(x_i-\bar{x})(y_i-\bar{y}). \tag{9.15}$$

表达式(9.14)的推导作为习题 9.1 留给读者完成，一些计算器也设置了相应的按键来计算 $l_{xx}$，$l_{yy}$和 $l_{xy}$.

下面将$\hat{\beta}_0$ 和$\hat{\beta}_1$ 视为样本 $Y_1,Y_2,\cdots,Y_n$ 的函数讨论其分布和数字特征，为此先将$\hat{\beta}_1$ 改写成下面形式(见习题 9.2)

$$\hat{\beta}_1=\sum_{i=1}^{n}\frac{(x_i-\bar{x})}{l_{xx}}Y_i. \tag{9.16}$$

由此可见$\hat{\beta}_1$ 是 $Y_1,Y_2,\cdots,Y_n$ 的线性函数.因为随机变量 $Y_1,Y_2,\cdots,Y_n$ 相互独立且服从正态分布(9.11)，由第三章所学知识知$\hat{\beta}_1$ 也服从正态分布，将 $EY_i=\beta_0+\beta_1 x_i$ 和 $DY_i=\sigma^2$，$i=1,2,\cdots,n$ 代入(9.16)式可算出$\hat{\beta}_1$ 的期望和方差(见习题 9.3).

$$E\hat{\beta}_1=\sum_{i=1}^{n}\frac{(x_i-\bar{x})}{l_{xx}}EY_i=\beta_1, \tag{9.17}$$

$$D\hat{\beta}_1=\sum_{i=1}^{n}\left[\frac{(x_i-\bar{x})}{l_{xx}}\right]^2 DY_i=\frac{\sigma^2}{l_{xx}}. \tag{9.18}$$

由于$\hat{\beta}_1$ 和 $\bar{Y}$ 都是 $Y_1,Y_2,\cdots,Y_n$ 的线性函数，$\hat{\beta}_0=\bar{Y}-\hat{\beta}_1\bar{x}$ 也是 $Y_1,Y_2,\cdots,Y_n$ 的线性函数，从而也服从正态分布，其数学期望为

$$E\hat{\beta}_0=E\bar{Y}-\bar{x}E\hat{\beta}_1=\beta_0. \tag{9.19}$$

将$\hat{\beta}_0$ 写成 $Y_1,Y_2,\cdots,Y_n$ 的线性函数的形式，就可计算$\hat{\beta}_0$ 的方差(见习题 9.4)，即

$$D\hat{\beta}_0=\left(\frac{1}{n}+\frac{\bar{x}^2}{l_{xx}}\right)\sigma^2. \tag{9.20}$$

利用协方差的性质(定理 4.6)还可以导出$\hat{\beta}_0$ 和$\hat{\beta}_1$ 的协方差(见习题 9.5)

$$\operatorname{Cov}(\hat{\beta}_0,\hat{\beta}_1)=-\frac{\bar{x}}{l_{xx}}\sigma^2. \tag{9.21}$$

最后我们不加证明地给出 $\hat{\sigma}^2$ 的分布

$$n\hat{\sigma}^2/\sigma^2=Q(\hat{\beta}_0,\hat{\beta}_1)/\sigma^2\sim\chi^2(n-2), \tag{9.22}$$

且与$(\hat{\beta}_0,\hat{\beta}_1)$相互独立.

由(9.17)式、(9.19)式和(9.22)式可知,估计量$\hat{\beta}_0$,$\hat{\beta}_1$ 和$\frac{n}{n-2}\hat{\sigma}^2$ 分别为未知参数 $\beta_0$,$\beta_1$ 和 $\sigma^2$ 的无偏估计量,而通过(9.18)式、(9.20)式和(9.22)式可以进一步讨论这些估计量的有效性和一致性.

**例 9.2** 为了研究大气压强与水的沸点的相关关系,福布斯(Forbes)(1857)进行了一项试验,得到了不同大气压强(用水银英寸表示)下相应的水的沸点值(用华氏温度表示),其数据见表 9.2.

**表 9.2 大气压强与水的沸点的数据**

| 沸点 $x$ | 194.5 | 194.3 | 197.9 | 198.4 | 199.4 | 199.9 | 200.9 | 201.1 | 201.4 |
|---|---|---|---|---|---|---|---|---|---|
| 大气压强 $y$ | 20.79 | 20.79 | 22.40 | 22.67 | 23.15 | 23.35 | 23.89 | 23.99 | 24.02 |
| 沸点 $x$ | 201.3 | 203.6 | 204.6 | 209.5 | 208.6 | 210.7 | 211.9 | 212.2 | |
| 大气压强 $y$ | 24.01 | 25.14 | 26.57 | 28.49 | 27.76 | 29.04 | 29.88 | 30.06 | |

若沸点 $x$ 与压强 $Y$ 满足模型 $Y=\beta_0+\beta_1x+\varepsilon, E\varepsilon=0, D\varepsilon=\sigma^2$,试建立 $Y$ 对 $x$ 的经验回归方程,并给出 $\beta_0$ 和 $\beta_1$ 的估计精度.

**解** 由表 9.2 中的 $n=17$ 对数据可以算得 $\bar{x}=202.95$,$\bar{y}=25.059$,$l_{xx}=530.78$,$l_{xy}=277.54$,$\hat{\beta}_1=0.523$,$\hat{\beta}_0=-81.064$,即压强 $Y$ 对沸点 $x$ 的经验回归直线为

$$\hat{y}=-81.064+0.523x.$$

再由(9.18)式和(9.20)式算得$\hat{\beta}_1$ 和$\hat{\beta}_0$ 的方差

$$D\hat{\beta}_1=\frac{\sigma^2}{530.78}=0.00188\sigma^2,\quad D\hat{\beta}_0=\left(\frac{1}{17}+\frac{202.95^2}{530.78}\right)\sigma^2=77.659\sigma^2.$$

易见 $\beta_1$ 的估计值比 $\beta_0$ 的估计值精确得多.

### 9.1.5 模型的检验

我们注意到对任何成对的两组数据$(x_i,y_i)$,$i=1,2,\cdots,n$,无论它们是否适合模型(9.3),都可以由最小二乘估计(9.8)拟合出一条回归直线,因此有必要对模型的实用性进行验证,下面介绍两个假设检验的方法来达到这一目的.

**1. 相关性检验——$F$ 检验**

通过第四章的学习我们知道两个随机变量 $X$ 与 $Y$ 的相关系数 $\rho_{xy}$ 刻画了它们之间的线性相关程度,因此我们可以通过检验统计假设:

$$H_0:\rho_{XY}=0,\quad H_1:\rho_{XY}\neq 0$$

来验证 $X$ 与 $Y$ 是否存在显著的相关性,视$(X_i,Y_i)$,$i=1,2,\cdots,n$ 为$(X,Y)$的样本,则 $\rho_{XY}$ 的 Pearson 矩估计为下面的**样本相关系数**

$$r=\frac{\sum_{i=1}^{n}(X_i-\bar{X})(Y_i-\bar{Y})}{\sqrt{\sum_{i=1}^{n}(X_i-\bar{X})^2\sum_{i=1}^{n}(Y_i-\bar{Y})^2}}=\frac{l_{XY}}{\sqrt{l_{XX}}\ \sqrt{l_{YY}}}. \tag{9.23}$$

如果 $r^2$ 太大,则有理由拒绝 $H_0$,认为 $X$ 与 $Y$ 之间存在显著相关,从而适合线性回归模型,对模型(9.10)中的$(x,Y)$可以证明

$$F=(n-2)\frac{r^2}{1-r^2}=\frac{(n-2)l_{xy}^2}{l_{xx}l_{yy}-l_{xy}^2}\sim F(1,n-2), \tag{9.24}$$

因此对给定显著水平 $\alpha$,$H_0$ 的拒绝域为 $F>F_\alpha(1,n-2)$.

**2. 相关系数的检验—— $t$ 检验**

当 $\beta_1=0$ 时,模型 $Y=\beta_0+\beta_1x+\varepsilon$ 就不能描述 $Y$ 与 $x$ 的相关关系了,因此我们还可以通过检验统计假设

$$H_0:\beta_1=0,\quad H_1:\beta_1\neq 0$$

来验证模型的显著性,由前段给出的$\hat{\beta}_1\sim N(\beta_1,\sigma^2/l_{xx})$,$Q/\sigma^2\sim\chi^2(n-2)$,且两者相互独立,不难导出当 $H_0$ 为真时有(见习题 9.6)

$$T=\frac{\hat{\beta}_1}{\sqrt{Q/(n-2)}}\sqrt{l_{xx}}\sim t(n-2), \tag{9.25}$$

因此,对给定显著水平 $\alpha$,$H_0$ 的拒绝域为 $|T|>t_{\alpha/2}(n-2)$.

**例 9.3**　利用表 9.1 中电力生产增长率与 GDP 增长率的数据检验例 9.1 所建回归模型的显著性(取显著水平 $\alpha=0.05$).

**解**　在例 9.1 中,已得到回归直线 $y=7.046+0.209x$,下面分别用 $F$ 检验法和 $t$ 检验法检验其显著性.

(1) 用 $F$ 检验法:首先计算由(9.23)式定义的样本相关系数

$$r=\frac{8.049}{\sqrt{184.401}\sqrt{12.489}}=0.805,$$

可见电力生产增长率 $x$ 与 GDP 增长率 $y$ 有较强的正相关,将其代入(9.24)式计算 $F$ 统计量的值,并查 $F$ 分布的分位点 $F_{0.05}(1,8)=5.318$,由于

$$F=(10-2)\frac{0.805^2}{1-0.805^2}=14.719>5.318,$$

故应拒绝 $H_0$,即认为 $Y$ 对 $x$ 的直线回归在显著水平 $\alpha=0.05$ 下是显著的.

(2) 用 $t$ 检验法:将回归直线的显著性写成

$$H_0:\beta_1=0,\quad H_1:\beta_1\neq 0,$$

将统计量的值$\hat{\beta}_1=0.209$,$l_{xx}=184.401$,$Q=4.398$ 代入(9.25)式,并查 $t$ 分布的分位点 $t_{0.025}(8)=2.306$,由于

$$t=\frac{0.209}{\sqrt{4.398/(10-2)}}\sqrt{184.401}=3.837>2.306,$$

故应拒绝 $H_0$,即认为 $Y$ 对 $x$ 的直线回归在显著水平 $\alpha=0.05$ 下是显著的.

细心的读者会发现,上面介绍检验回归模型显著性的 $F$ 检验和 $t$ 检验实际上是等价的,因为在(9.24)式和(9.25)式中有 $F=T^2$ 和 $F_\alpha(1,n-2)=[t_{\alpha/2}(n-2)]^2$. 也就是说,对于同一组数据和同样的显著水平,$F$ 检验与 $t$ 检验的结论一定是相同的. 不过从下面的例子将会看到 $t$ 检验还可以对回归模型做进一步的统计工作.

**例 9.4**　F. 高尔顿是英国生物学家兼统计学家,他为了研究父母平均身高 $x$ 与子女平均身高 $y$ 之间的关系,观察了 1074 对父母和子女的平均身高值$(x_i,y_i)$,算得平均值为 $\bar{x}=68$ 英寸,$\bar{y}=69$ 英寸(1 英寸$=2.54$ 厘米),这似乎表明,如果父母的平均身高为 $x$(英寸),则其子女

的平均身高大约为 $y=x+1$(英寸),但高尔顿的进一步研究结果却与此不符:当父母平均身高为 $x=72$ 英寸时,其子女的平均身高仅为 $y=71$ 英寸,而当父母平均身高为 $x=64$ 英寸时,其子女的平均身高达 $y=67$ 英寸.高尔顿于1886年据此提出了一个重要论点:

子代身高会受到父代身高的影响,但身高偏离父代平均水平的父代,其子代身高有回归到子代平均水平的趋势.

"回归分析"因此得名,著名统计学家K.皮尔逊也收集了大量数据对这一问题进行了整理性研究,表9.3是其中一部分数据,试用这些数据来证实高尔顿的论点.

**表9.3 父亲身高与儿子身高的数据**

| 父亲身高 $x$(英寸) | 60 | 62 | 64 | 65 | 66 | 67 | 68 | 70 | 72 | 74 |
|---|---|---|---|---|---|---|---|---|---|---|
| 儿子身高 $y$(英寸) | 63.6 | 65.2 | 66 | 65.5 | 66.9 | 67.1 | 67.4 | 68.3 | 70.1 | 70 |

**解** 我们首先证实高尔顿论点的前半段:"子代身高会受到父代身高的影响",即儿子身高 $y$ 对父亲身高 $x$ 的线性回归是显著的.对表9.3中 $n=10$ 对数据计算

$$\bar{x}=66.8,\quad \bar{y}=67.01,\quad l_{xx}=171.6,\quad l_{yy}=38.592,\quad l_{xy}=79.72,$$

代入(9.14)式得到回归直线

$$\hat{y}=35.977+0.4646x$$

和相关系数的估计 $r=0.98$,将其代入(9.24)式得 $F$ 统计量的值 $F=198.4$,因其大于 $F_{0.05}(1,8)=5.32$,故知 $y$ 对 $x$ 的线性回归是显著的.

接下来证实高尔顿论点的后半段:"身高偏离父代平均水平的父代,其子代身高有回归到子代平均水平的趋势",即子代身高偏离子代平均水平的程度 $|y-\bar{y}|$ 应小于父代身高偏离父代平均水平的程度 $|x-\bar{x}|$.如果用观察数据的平均值 $\bar{x}$ 和 $\bar{y}$ 分别表示父代身高平均水平和子代身高平均水平,并由此建立子代身高偏离平均水平的程度 $(y-\bar{y})$ 对父代身高偏离平均水平的程度 $(x-\bar{x})$ 的回归模型

$$y_i-\bar{y}=b_0+b_1(x_i-\bar{x})+\varepsilon_i, \tag{9.26}$$

$$\varepsilon_i\sim N(0,\sigma^2),\quad i=1,2,\cdots n,\text{相互独立}.$$

不难验证 $b_0$ 和 $b_1$ 的最小二乘估计(亦为极大似然估计)为

$$\hat{b}_0=0,\quad \hat{b}_1=\hat{\beta}_1=\frac{l_{xy}}{l_{xx}}$$

(见习题9.7),于是验证高尔顿的论点就变成检验假设

$$H_0:b_1\geqslant 1,\quad H_1:b_1<1\text{(高尔顿的论点)}.$$

由(9.25)式可以推出当 $b_1=1$ 时,

$$T=\frac{\hat{b}_1-1}{\sqrt{Q/(n-2)}}\sqrt{l_{xx}}\sim t(n-2).$$

若 $T$ 的值偏小,则支持 $H_1$(高尔顿的论点),对显著水平 $\alpha=0.05$ 查 $t$ 分布的分位点.$t_{0.05}(8)=1.860$,由于

$$t=\frac{0.4646-1}{\sqrt{1.494/8}}\sqrt{171.6}=-16.232<1.860,$$

故拒绝 $H_0$(此处采用单侧假设检验),即高尔顿的论点得以证实.

从例9.4可以看出 $t$ 检验法可以对回归模型的回归系数 $\beta_0$ 和 $\beta_1$ 的取值进行检验.一般在显著水平 $\alpha$ 下检验统计假设

$$H_0:\beta_1=b_1,\quad H_1:\beta_1\neq b_1,$$

$H_0$ 的拒绝域为

$$|T_1| = \frac{|\hat{\beta}_1 - b_1|}{\sqrt{Q/(n-2)}}\sqrt{l_{xx}} > t_{\alpha/2}(n-2). \tag{9.27}$$

在显著水平 $\alpha$ 下检验统计假设

$$H_0: \beta_0 = b_0, \quad H_1: \beta_0 \neq b_0,$$

$H_0$ 的拒绝域为

$$|T_0| = \frac{|\hat{\beta}_0 - b_0| \Big/ \sqrt{\dfrac{1}{n} + \dfrac{\bar{x}^2}{l_{xx}}}}{\sqrt{Q/(n-2)}} > t_{\alpha/2}(n-2). \tag{9.28}$$

### 9.1.6 预测与控制

回归分析模型(9.3)的简单应用就是对给定的输入值 $x$ 预测输出值 $Y$，这时 $Y$ 的数学期望为 $E(Y|x) = \beta_0 + \beta_1 x$，由于最小二乘估计 $\hat{\beta}_0$ 和 $\hat{\beta}_1$ 分别为 $\beta_0$ 和 $\beta_1$ 的无偏估计，用 $E(Y|x)$ 的无偏估计作为 $Y$ 的**预测值**，$\hat{y}$ 是一个自然的选择，即

$$\hat{y} = \hat{\beta}_0 + \hat{\beta}_1 x. \tag{9.29}$$

由(9.18)式、(9.20)式和(9.21)式可推得

$$D\hat{y} = D\,\hat{\beta}_0 + x^2 D\,\hat{\beta}_1 + 2x\mathrm{Cov}(\hat{\beta}_0, \hat{\beta}_1) = \left(\frac{1}{n} + \frac{\bar{x}^2}{l_{xx}} + \frac{x^2}{l_{xx}} - 2x\frac{\bar{x}}{l_{xx}}\right)\sigma^2$$

$$= \left[\frac{1}{n} + \frac{(x-\bar{x})^2}{l_{xx}}\right]\sigma^2.$$

下面考察 $\hat{Y}$ 对 $Y$ 的预测精度. 因为 $\hat{Y}$ 是原有观测结果的函数，$Y$ 为未来的观测结果，所以 $\hat{Y}$ 与 $Y$ 相互独立，加之两者的数学期望相同，因此用 $\hat{Y}$ 预测 $Y$ 的**均方误差**为

$$E(\hat{Y}-Y)^2 = D(\hat{Y}-Y) = D\hat{Y} + DY = \left[1 + \frac{1}{n} + \frac{(x-\bar{x})^2}{l_{xx}}\right]\sigma^2. \tag{9.30}$$

上式表明预测精度与模型的输入值 $x_1, x_2, \cdots, x_n, x$ 有下面关系：

(1) 数据量 $n$ 越大，预测精度越高；

(2) 输入数据 $x_1, x_2, \cdots, x_n$ 越分散($l_{xx}$ 越大)，预测精度越高；

(3) 输入值 $x$ 离输入数据中心 $\bar{x}$ 越近，预测精度越高.

如果模型的随机误差 $\varepsilon_i \sim N(0, \sigma^2)$，则上述推导还表明

$$\hat{Y} - Y \sim N\left(0, \left[1 + \frac{1}{n} + \frac{(x-\bar{x})^2}{l_{xx}}\right]\sigma^2\right). \tag{9.31}$$

记 $\sigma_u^2 = 1 + \dfrac{1}{n} + \dfrac{(x-\bar{x})^2}{l_{xx}}$，由(9.22)式知 $Q/\sigma^2 \sim \chi^2(n-2)$，且与$(\hat{\beta}_0, \hat{\beta}_1)$独立，从而与 $\hat{Y} = \hat{\beta}_0 + \hat{\beta}_1 x$ 独立. 又 $Y$ 与 $Y_1, Y_2, \cdots, Y_n$ 独立，从而也与 $Q$ 独立，由 $t$ 分布的构造可推出

$$\frac{(\hat{Y}-Y)/\sigma_u}{\sqrt{Q/(n-2)}} \sim t(n-2). \tag{9.32}$$

由此可获得一个 $Y$ 的置信度为 $1-\alpha$ 的**预测区间**

$$\left(\hat{Y} - t_{\alpha/2}(n-2)\sigma_u\sqrt{Q/(n-2)}, \hat{Y} + t_{\alpha/2}(n-2)\sigma_u\sqrt{Q/(n-2)}\right). \tag{9.33}$$

**例 9.5** 试由例 9.2 中所得的回归直线预测当水的沸点是 201.5(华氏)度时，大气压强的值，并计算其预测的均方误差和 0.95 的预测区间.

**解** 将 $x=201.5$ 代入例 9.2 所得的回归直线，得到预测值

$$\hat{y}=-81.064+0.523\times201.5=24.299.$$

由(9.30)式算得预测的均方误差为

$$E(\hat{Y}-Y)^2=\left[1+\frac{1}{17}+\frac{(201.5-202.95)^2}{530.78}\right]\sigma^2=1.0628\sigma^2.$$

对置信度 $1-\alpha=0.95$,由(9.33)式算得预测区间为(23.787,24.811).

记预测区间(9.33)式的半个长度为 $\delta(x)=t_{\alpha/2}(n-2)\sigma_u\sqrt{Q/(n-2)}$,则以回归直线 $\hat{y}(x)=\hat{\beta}_0+\hat{\beta}_1x$ 为中心,预测区间形成一个带状区域

$$y_1(x)=\hat{y}(x)-\delta(x),\quad y_2(x)=\hat{y}(x)+\delta(x).\tag{9.34}$$

图 9.3 显示了例 9.5 中由沸点预测压强的预测带($1-\alpha=0.99$),从中可以看出预测带在 $x=\bar{x}$ 处最窄,$x$ 偏离 $\bar{x}$ 越远,预测带越宽,这是预测均方误差(9.30)式随 $x$ 的变化规律导致的结果.

如果我们希望观察值在区间 $(y_1(x),y_2(x))$ 内,那么由(9.34)式可以解出相应的 $x_1$ 和 $x_2$,使当输入值 $x\in(x_1,x_2)$ 时,输出值以 $1-\alpha$ 的概率落入 $(y_1(x),y_2(x))$. 这就是**控制问题**.

当 $n$ 充分大时,$t_{\alpha/2}(n-2)\approx u_{\alpha/2}$,$\sigma_u^2\approx1$,预测带(9.34)式就近似成为

$$y_1(x)=\hat{\beta}_0+\hat{\beta}_1x-u_{\alpha/2}\sqrt{\frac{Q}{n-2}},\quad y_2(x)=\hat{\beta}_0+\hat{\beta}_1x+u_{\alpha/2}\sqrt{\frac{Q}{n-2}}.\tag{9.35}$$

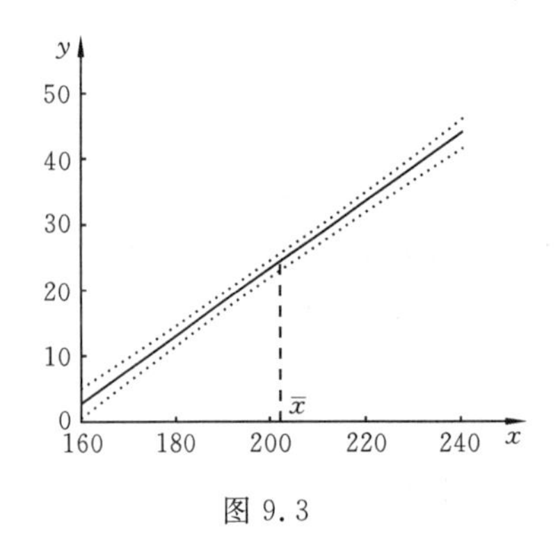


图 9.3

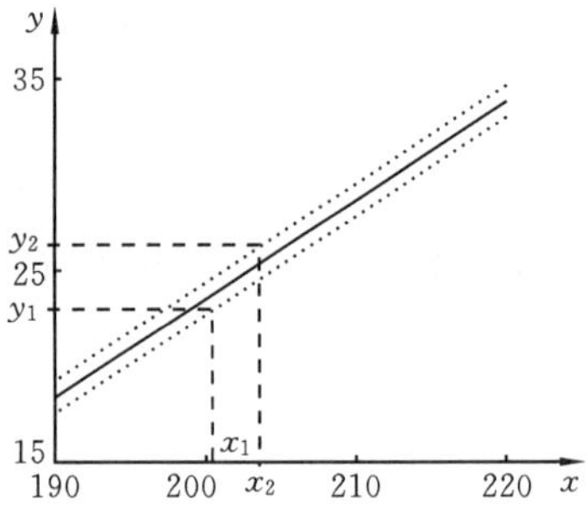

图 9.4

因此不难解出 $x$ 的控制区域(见图 9.4)

$$x_1=\left(y_1-\hat{\beta}_0+u_{\alpha/2}\sqrt{\frac{Q}{n-2}}\right)\Big/\hat{\beta}_1,\quad x_2=\left(y_2-\hat{\beta}_0-u_{\alpha/2}\sqrt{\frac{Q}{n-2}}\right)\Big/\hat{\beta}_1.$$

从上式不难看出,若要求解满足 $x_1<x_2(\hat{\beta}_1>0)$,必须要求

$$y_2-y_1>2u_{\alpha/2}\sqrt{\frac{Q}{n-2}},$$

即所希望的区间$(y_1,y_2)$不能太小,否则控制不能实现,这一点从图 9.4 也能看出来.

## 9.1.7　几点推广

**1. 多元线性回归**

当影响输出量 $y$ 的主要变量不止一个 $x$ 时,可将模型(9.3)推广到多元线性回归模型

$$\begin{cases}Y_i=\beta_0+\beta_1x_{i1}+\cdots+\beta_kx_{ik}+\varepsilon_i\\ E\varepsilon_i=0,\quad D\varepsilon_i=\sigma^2,\quad i=1,2,\cdots,n,\\ \mathrm{Cov}(\varepsilon_i,\varepsilon_j)=0\quad(i\neq j).\end{cases}\tag{9.36}$$

记向量 $\boldsymbol{Y}=(Y_1,Y_2,\cdots,Y_n)^{\mathrm{T}}$,$\boldsymbol{\beta}=(\beta_0,\beta_1,\cdots,\beta_k)^{\mathrm{T}}$,$\boldsymbol{\varepsilon}=(\varepsilon_1,\varepsilon_2,\cdots,\varepsilon_n)^{\mathrm{T}}$,矩阵 $\boldsymbol{X}=(x_{ij})_{n\times(k+1)}$

(其中 $x_{i0}=1$，即 $\boldsymbol{X}$ 的第 1 列元素均为 1)，$\boldsymbol{I}$ 为单位矩阵，则(9.36)式可写成矩阵表达式

$$\begin{aligned} &\boldsymbol{Y}=\boldsymbol{X\beta}+\boldsymbol{\varepsilon}, \\ &E\boldsymbol{\varepsilon}=\boldsymbol{0}, \quad D\boldsymbol{\varepsilon}=\sigma^2\boldsymbol{I}, \end{aligned} \tag{9.37}$$

称 $\boldsymbol{Y}$ 为**响应向量**，$\boldsymbol{X}$ 为**设计矩阵**，$\boldsymbol{\beta}$ 为**回归系数向量**，$\boldsymbol{\varepsilon}$ 为**随机误差向量**. 可以证明，如果矩阵 $\boldsymbol{X}^{\mathrm{T}}\boldsymbol{X}$ 可逆，则当 $\boldsymbol{\beta}$ 取**最小二乘估计**

$$\hat{\boldsymbol{\beta}}=(\hat{\beta}_0,\hat{\beta}_1,\cdots,\hat{\beta}_k)^{\mathrm{T}}=(\boldsymbol{X}^{\mathrm{T}}\boldsymbol{X})^{-1}\boldsymbol{X}^{\mathrm{T}}\boldsymbol{Y} \tag{9.38}$$

时，**残差平方和**

$$Q=\sum_{i=1}^{n}(Y_i-\beta_0-\beta_1x_{i1}-\cdots-\beta_kx_{ik})^2=(\boldsymbol{Y}-\boldsymbol{X\beta})^{\mathrm{T}}(\boldsymbol{Y}-\boldsymbol{X\beta})$$

达到最小.

**2. 可化为线性的曲线回归**

在实际情况中，试验结果 $Y$ 与输入条件 $x$ 并不呈明显的线性关系，即 $Y$ 的条件数学期望 $E(Y|x)$ 不是 $x$ 的线性函数，这时可以对 $x$ 作某种函数变换 $\tilde{x}=g(x)$ 使 $E(Y|x)=\beta_0+\beta_1g(x)$，这样就可用线性回归模型

$$Y=\beta_0+\beta_1\tilde{x}+\varepsilon$$

来研究 $Y$ 对 $x$ 的曲线回归，如求 $\beta_0,\beta_1,\sigma^2$ 的估计，对回归的显著性进行检验，对 $Y$ 进行预测等，都与 9.1.3 小节至 9.1.6 小节同样进行.

那么变换 $\tilde{x}=g(x)$ 如何取呢？通常有三条途径：

(1) 根据问题实际背景的专业理论或实际经验取定 $g(x)$；

(2) 根据数据 $(x_i,y_i)$ 的散点图试取，如 $\tilde{x}=\ln x$，$\tilde{x}=\mathrm{e}^x$，$\tilde{x}=\sqrt{x}$ 等，使残差平方和 $Q$ 尽可能小；

(3) 取适当的 $k$，使 $\tilde{x}=b_1x+b_2x^2+\cdots+b_kx^k$，在这种变换下进行回归分析称为**多项式回归**.

令 $x_1=x,x_2=x^2,\cdots,x_k=x^k$，多项式回归模型就可化为多元线性回归模型：

$$Y=\beta_0+\beta_1x+\beta_2x^2+\cdots+\beta_kx^k+\varepsilon=\beta_0+\beta_1x_1+\beta_2x_2+\cdots+\beta_kx_k+\varepsilon.$$

这样可直接用(9.38)式计算 $\beta_0,\beta_1,\cdots,\beta_k$ 的最小二乘估计.

**例 9.6**　对表 9.1 中电力生产增长率 $x$ 和 GDP 增长率 $y$ 进行二次多项式回归.

**解**　将表 9.1 中数据写成矩阵形式

$$\boldsymbol{X}=\begin{pmatrix} 1 & 1 & 1 & 1 & 1 & 1 & 1 & 1 & 1 & 1 \\ 5.0 & 2.9 & 6.2 & 9.4 & 9.2 & 11.7 & 15.5 & 15.3 & 13.5 & 14.6 \\ 25.0 & 8.4 & 38.4 & 88.4 & 84.6 & 136.9 & 240.3 & 234.1 & 182.3 & 213.2 \end{pmatrix}^{\mathrm{T}}$$

$$\boldsymbol{Y}=(9.3\quad 7.8\quad 7.6\quad 8.4\quad 8.3\quad 9.1\quad 10.0\quad 10.1\quad 10.4\quad 11.1)^{\mathrm{T}}$$

则可由(9.38)式计算出回归乘数的最小二乘估计为

$$\hat{\boldsymbol{\beta}}=(\boldsymbol{X}^{\mathrm{T}}\boldsymbol{X})^{-1}\boldsymbol{X}^{\mathrm{T}}\boldsymbol{Y}=\begin{pmatrix} 8.402 \\ -0.145 \\ 0.018 \end{pmatrix},$$

即 $Y$ 对 $x$ 的二次多项式回归方程为

$$\hat{y}=8.402-0.145x+0.018x^2.$$

图 9.5(a)显示出它的图形.

依次在设计矩阵 $\boldsymbol{X}$ 后面添加 $x^k$ 列，可以类似地得到更高次数的多项式回归方程，表 9.4

列出不同次数多项式回归的显著性.

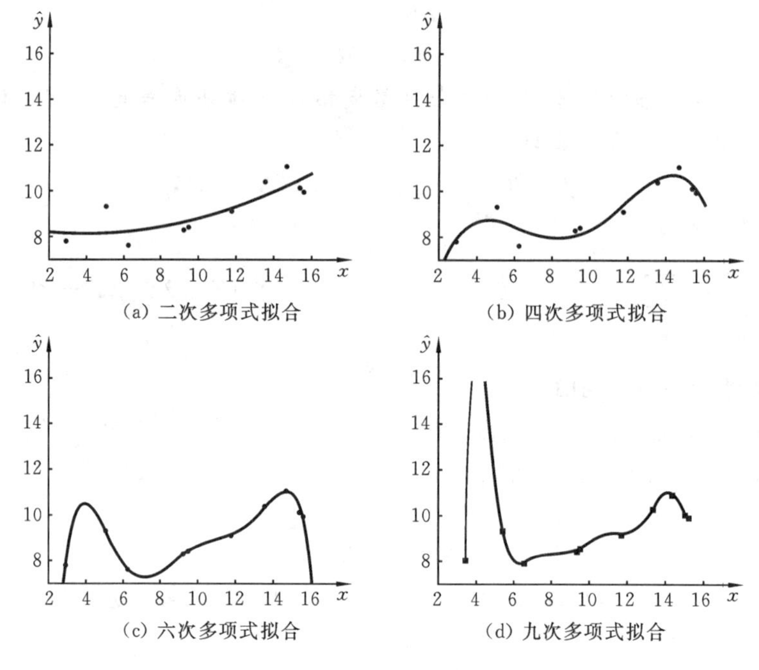


图 9.5

**表 9.4　多项式回归的次数与拟合效果的关系**

| 多项式次数 $k$ | 1 | 2 | 3 | 4 | 5 | 6 |
|---|---|---|---|---|---|---|
| 残差平方和 $Q$ | 4.398 | 3.673 | 3.616 | 1.447 | 1.430 | 0.129 |
| 样本相关系数 $r$ | 0.805 | 0.840 | 0.843 | 0.940 | 0.941 | 0.995 |

从表 9.4 容易看出随着回归多项式次数的增加,残差平方和 $Q$ 减小,相关系数 $r$ 增大,这都说明回归效果越来越好,图 9.5(a)、(b)、(c)也似乎直观地表明了这一点.但这些回归曲线是对现有的有限几个观察点的拟合,如果拟合过度,新出现的观察数据点就可能与现有曲线存在较大的偏差,另外高次多项式曲线还会出现大幅振荡现象(见图 9.5(d)),因此,多项式回归不宜取太高的次数.

**3. 回归诊断**

回归诊断是检查回归模型与实际数据的差异并改进模型的一类统计方法,它包含非常丰富的内容,本书仅通过一个实例简单介绍对统计数据中奇异值的处理.

假设我们已经由观察数据点$(x_i, y_i)(i=1,2,\cdots,n)$获得了一条回归直线(或曲线),如果在这些观察数据的散点图中有个别点远离回归直线(曲线),而剔除这样的点后,拟合的回归直线(曲线)有很大的改观,我们就称这样的点为**离群点或奇异点**.

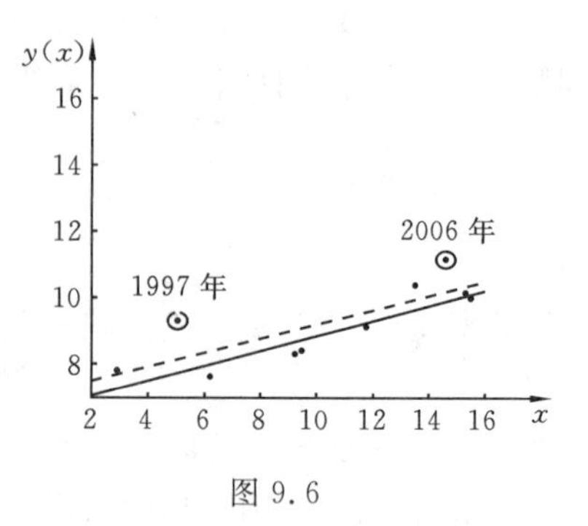


图 9.6

例如,在例 9.1 中有两个点离回归直线较远,剔除这两个点后,回归直线(图 9.6 中的实线)为

$$\hat{y}=6.583+0.227x,$$

相应的残差平方和 $Q=1.300$,相关系数 $r=0.920$,与例9.3

的结果相比，其回归效果有较大的改善.

对奇异值不应轻率地剔除，要具体分析它出现的机理后再作处理，对于由于较大观察误差产生的奇异值和由于有其他重要因素影响产生的奇异值应该区别对待.

例如，例 9.1 中的数据是在 1997—2006 年我国经济发展的一个上升周期的电力生产增长率和 GDP 增长率，而图 9.6 中的两个奇异点分别为 1997 年和 2006 年的数据，它们处于这轮经济发展的“拐点”处，剔除这两个点，可使回归模型能更准确地反映经济发展平稳上升时电力生产增长率与 GDP 增长率之间的相关关系，也预示着在经济发展的“拐点”处，这两个增长率指标的相关关系会发生变异，反过来说，奇异点的出现是否成为经济发展出现转折的一个信号呢？

**4. 试验设计**

当回归分析模型中的回归变量（自变量）$x$ 可以控制时，我们可合理地选取输入值 $x$ 进行试验，使回归效果更好，这就是**试验设计**问题.

对于一元线性回归模型而言，由于$\hat{\beta}_0$ 和$\hat{\beta}_1$ 分别为回归系数 $\beta_0$ 和 $\beta_1$ 的无偏估计，由(9.20)式和(9.18)式可知，减小 $\bar{x}^2$ 和增大 $l_{xx}$ 可以减小$\hat{\beta}_0$ 和$\hat{\beta}_1$ 的方差（此时也是均方误差），从而提高估计量的有效性. 由(9.30)式可知增大 $l_{xx}$ 还可以减小预测值 $\hat{Y}$ 的均方误差.

于是取如下的输入值$(x_1, x_2, \cdots, x_n)$，能使$\hat{\beta}_0$，$\hat{\beta}_1$ 和 $\hat{Y}$ 的均方误差最小：以 $x=0$ 为中心，一半 $x_i$ 取 $c$，另一半 $x_i$ 取 $-c$，且正数 $c$ 尽可能最大. 这样可以使 $\bar{x}=0$，$l_{xx}=\sum\limits_{i=1}^{n}(x_i-\bar{x})^2$ 达到最大.

不过上述设计并不可取，因为所有输入值 $x_i$ 均分布在 $c$ 和 $-c$ 两个点上，将无法正确呈现出 $x$ 与 $Y$ 的相关关系，即不能提供对回归模型进行显著性检验的足够信息，可取的设计是：对数据进行中心化使 $\bar{x}=0$（若回归分析的目的在于预测 $x=x_0$ 处的 $Y$，则使 $\bar{x}=x_0$），在区间$(-c,c)$内安排适量的 $x_i$，使观察数据$(x_i, y_i)$的散点图能清晰呈现出一条直线或曲线，然后在该区间的两个端点处安排尽可能多的点，以提高估计量的有效性.

对于多元线性回归模型而言，可选取适当的输入向量$(x_{i1}, x_{i2}, \cdots, x_{ik})$使设计矩阵 $\boldsymbol{X}$ 列满秩，以保证最小二乘估计(9.38)式的唯一存在性，且 $\boldsymbol{X}^{\mathrm{T}}\boldsymbol{X}$ 的行列式越大，回归系数的估计$(\hat{\beta}_0, \hat{\beta}_1, \cdots, \hat{\beta}_k)$越稳定. 一个理想的设计是 $\boldsymbol{X}$ 为列正交矩阵，这时对 $\boldsymbol{\beta}$ 的估计简化为对 $\boldsymbol{Y}$ 的正交变换$\hat{\boldsymbol{\beta}}=\boldsymbol{X}^{\mathrm{T}}\boldsymbol{Y}$.

## 9.2 方差分析

### 9.2.1 问题的提出

方差分析是英国著名统计学家费歇尔在 20 世纪 20 年代创立的，那时，他在英国一个农业试验站工作，需要进行许多田间试验，为分析这些试验结果，他发明了方差分析方法.

**例 9.7** 为了鉴别三个品种小麦产量的差异，分别随机地挑选了 4 块、5 块和 3 块地试种，其产量（单位：斤/亩）如下：

品种Ⅰ：390，410，372，385

品种Ⅱ：375，348，354，364，362

品种Ⅲ:412,383,408

这里试验结果是小麦的亩产量,影响试验结果的主要因素是小麦的品种,要解决的问题是不同品种的小麦产量是否明显不同.

由于方差分析在理论上严谨,在应用上简单易行,目前已广泛应用于工业、生物、经济和社会等各个领域,下面是一个体育竞赛成绩分析的例子.

**例 9.8**　表 9.5 列出了 2008 年北京奥运会 8 月 18 日进行的男子 50 m 步枪三种姿势决赛成绩(单位:环),试由这些数据判断下面说法是否符合实际:(A)"只要进入决赛就是国际一流运动员,因为他们的成绩相差无几";(B)"奥运奖牌获得者可谓世界顶级运动员,他们的实力难分伯仲,但其他进入决赛的运动员的水平与他们相比还是有一定差距的";(C)"越到最后关头,运动员的心理压力越大,因此最后一枪往往失去水准,埃蒙斯就是一个典型的例子".

**表 9.5　2008 年北京奥运会男子 50 m 步枪三种姿势决赛成绩**

| 运动员 | 名次 | 各轮次射击环数 | | | | | | | | | |
|---|---|---|---|---|---|---|---|---|---|---|---|
| 邱健 | 1 | 10.2 | 8.8 | 10.5 | 10.6 | 9.3 | 9.4 | 10.0 | 10.3 | 10.4 | 10.0 |
| 尤里·苏霍鲁科夫 | 2 | 9.5 | 9.5 | 9.8 | 9.9 | 10.1 | 9.1 | 10.2 | 10.1 | 10.4 | 9.8 |
| 拉伊蒙德·德贝韦茨 | 3 | 7.7 | 10.2 | 7.9 | 9.5 | 10.0 | 10.5 | 9.2 | 10.0 | 9.9 | 10.8 |
| 玛特·埃蒙斯 | 4 | 9.7 | 10.2 | 10.5 | 10.1 | 10.5 | 10.0 | 10.1 | 10.0 | 9.8 | **4.4** |
| 托马斯·法尔尼克 | 5 | 10.0 | 9.4 | 9.7 | 9.4 | 9.8 | 9.9 | 9.9 | 10.1 | 9.4 | 10.3 |
| 马里奥·克内格勒 | 6 | 8.2 | 10.1 | 9.4 | 10.2 | 10.2 | 10.3 | 10.4 | 10.2 | 10.1 | 9.3 |
| 瓦莱里安·索韦普拉纳 | 7 | 8.8 | 9.2 | 10.3 | 10.1 | 10.0 | 10.1 | 7.9 | 9.5 | 9.2 | 10.0 |
| 韦比约恩·贝格 | 8 | 9.4 | 8.8 | 8.6 | 10.6 | 8.0 | 10.2 | 9.5 | 9.6 | 10.0 | 9.8 |

这里试验的结果是射击环数,影响试验结果的主要因素是运动员(问题(A)、(B))和射击的轮次(问题(C)),要解决的问题是参加决赛的运动员的排名以及射击的轮次对射击环数是否有明显的影响.

综上所述,方差分析是研究试验条件与试验结果相关性的统计方法,影响试验结果的试验条件称为**因素**或**因子**,因素可能处的不同状态称为**水平**. 如例 9.7 的试验为单因素 3 水平试验,例 9.8 的试验为双因素(运动员的排名和射击轮次)试验,其水平分别为 8 和 2.

## 9.2.2　单因素方差分析模型

方差分析产生的另一个起因是:在回归模型 $Y=\beta_0+\beta x+\varepsilon$ 中,自变量为非量化的(如例 9.7 中的品种)或离散的(如例 9.8 的排名和轮次)变量时,如何描述 $Y$ 与 $x$ 的相关性.

解决这一问题的一个自然方法是建立虚拟变量. 比如,描述人的性别时可用"0"和"1"分别表示"男"和"女",但由于当 $x=0$ 时,$Y=\beta_0+\beta x=\beta_0$ 不能反映 $x$ 对 $Y$ 的影响程度,故改用虚拟向量来描述非量化因素的水平. 比如,在例 9.7 中用(1,0,0)表示品种Ⅰ,(0,1,0)表示品种Ⅱ,(0,0,1)表示品种Ⅲ,这样输入 $x=(1,0,0)$ 时,4 次试验结果记为 $Y_{11},\cdots,Y_{14}$,输入 $x=(0,1,0)$ 时,5 次试验结果记为 $Y_{21},\cdots,Y_{25}$,输入 $x=(0,0,1)$ 时,3 次试验结果记为 $Y_{31},\cdots,Y_{33}$,按多元回归模型的记法,模型的观察值向量和设计矩阵分别为

$$\boldsymbol{Y}=\begin{pmatrix}Y_{11}\\ \vdots \\ Y_{14}\\ Y_{21}\\ \vdots \\ Y_{25}\\ Y_{31}\\ \vdots \\ Y_{33}\end{pmatrix},\quad \boldsymbol{X}=\begin{pmatrix}1&0&0\\ \vdots&\vdots&\vdots\\ 1&0&0\\ 0&1&0\\ \vdots&\vdots&\vdots\\ 0&1&0\\ 0&0&1\\ \vdots&\vdots&\vdots\\ 0&0&1\end{pmatrix}\begin{matrix}\left.\begin{matrix}\\ \\ \\ \end{matrix}\right\}4\text{ 行}\\ \left.\begin{matrix}\\ \\ \\ \end{matrix}\right\}5\text{ 行}\\ \left.\begin{matrix}\\ \\ \\ \end{matrix}\right\}3\text{ 行}\end{matrix}. \tag{9.39}$$

再记回归系数向量 $\boldsymbol{\mu}=(\mu_1,\cdots,\mu_3)^{\mathrm{T}}$，随机误差向量 $\boldsymbol{\varepsilon}=(\varepsilon_{11},\cdots,\varepsilon_{14},\varepsilon_{21},\cdots,\varepsilon_{25},\varepsilon_{31},\cdots,\varepsilon_{33})^{\mathrm{T}}$，就可以用模型

$$\boldsymbol{Y}=\boldsymbol{X\mu}+\boldsymbol{\varepsilon} \tag{9.40}$$

来研究品种与产量的相关关系了.

一般，对单因素 $r$ 水平的试验，在第 $i$ 个水平下重复试验 $n_i$ 次，共试验 $n=n_1+n_2+\cdots+n_r$ 次，记 $n\times r$ 阶设计矩阵 $\boldsymbol{X}=(x_{ij})$，与(9.39)式类似，$\boldsymbol{X}$ 由一些 0 和 1 构成，第 $1\sim n_1$ 行为 $(1,0,\cdots,0)$，第$(n_1+1)\sim(n_1+n_2)$行为 $(0,1,0,\cdots,0)$，…，最后 $n_r$ 行为 $(0,\cdots,0,1)$，$\boldsymbol{Y}=(Y_{ij})$为 $n$ 维观察值向量，$Y_{ij}$ 为第 $i$ 个水平下的第 $j$ 次试验结果，$\boldsymbol{\mu}=(\mu_1,\mu_2,\cdots,\mu_r)^{\mathrm{T}}$ 为 $r$ 维待估参数向量. $n$ 次试验的随机误差构成 $n$ 维向量 $\boldsymbol{\varepsilon}=(\varepsilon_{ij})$，且假设 $\varepsilon_{ij}\sim N(0,\sigma^2)$，$i=1,2,\cdots,r,j=1,2,\cdots,n_i$，相互独立，则模型矩阵表达式(9.40)的各个分量为

$$\begin{cases}Y_{ij}=\mu_i+\varepsilon_{ij},\\ \varepsilon_{ij}\sim N(0,\sigma^2),\text{相互独立},\\ i=1,2,\cdots,r,j=1,2,\cdots,n_i,n=n_1+n_2+\cdots+n_r.\end{cases} \tag{9.41}$$

这就是通常意义下的方差分析模型，它可视为多元线性回归模型的一个特殊形式. 由(9.38)式不难算得 $\mu_i$ 的最小二乘估计也是极大似然估计，即

$$\hat{\mu}_i=\frac{1}{n_i}\sum_{j=1}^{n_i}Y_{ij}=\overline{Y}_i,\quad i=1,2,\cdots,r. \tag{9.42}$$

类似(9.14)式的推导可以得到 $\sigma^2$ 的极大似然估计

$$\hat{\sigma}^2=\frac{1}{n_i}\sum_{i=1}^{r}\sum_{j=1}^{n_i}(Y_{ij}-\overline{Y}_i)^2. \tag{9.43}$$

不过对方差分析感兴趣的问题是因素对试验结果是否有显著影响，也就是说当因素取不同水平(模型中的 $i$ 不同)时，试验结果 $Y_{ij}$ 的数学期望 $\mu_i$ 是否明显不同，这自然可以写成对统计假设

$$H_0:\mu_1=\cdots=\mu_r,\quad H_1:\mu_i\text{ 不全相同}$$

的检验，这是方差分析的主要目的. 它也可以看成是对第八章中两个正态总体均值差异检验的推广.

### 9.2.3 平方和分解和方差分析表

将所有试验结果分成 $r$ 组，第 $i$ 组试验结果 $Y_{i1},\cdots,Y_{in_i}$ 为来自正态总体 $N(\mu_i,\sigma^2)$的样本，其样本均值为(9.42)式，样本方差(去掉因子 $1/(n_i-1)$)为(9.43)式的部分和 $\sum\limits_{j=1}^{n_i}(Y_{ij}-\overline{Y}_i)^2$.

如果 $H_0$ 为真,则全部试验结果 $Y_{ij}(i=1,2,\cdots,r,j=1,2,\cdots,n_i)$ 为来自同一正态总体 $N(\mu,\sigma^2)$ 的样本,其样本均值为

$$\bar{Y}=\frac{1}{n}\sum_{i=1}^{r}\sum_{j=1}^{n_i}Y_{ij}=\frac{1}{n}\sum_{i=1}^{r}n_i\bar{Y}_i, \tag{9.44}$$

样本方差(去掉因子 $1/(n-1)$)为

$$S_T=\sum_{i=1}^{r}\sum_{j=1}^{n_i}(Y_{ij}-\bar{Y})^2. \tag{9.45}$$

现将 $S_T$ 的第 $i$ 部分和分离出第 $i$ 组($i=1,2,\cdots,r$)结果的方差

$$\begin{aligned}\sum_{j=1}^{n_i}(Y_{ij}-\bar{Y})^2&=\sum_{j=1}^{n_i}(Y_{ij}-\bar{Y}_i+\bar{Y}_i-\bar{Y})^2\\&=\sum_{j=1}^{n_i}(Y_{ij}-\bar{Y}_i)^2+\sum_{j=1}^{n_i}(\bar{Y}_i-\bar{Y})^2+2(\bar{Y}_i-\bar{Y})\sum_{j=1}^{n_i}(Y_{ij}-\bar{Y}_i)\\&=\sum_{j=1}^{n_i}(Y_{ij}-\bar{Y}_i)^2+n_i(\bar{Y}_i-\bar{Y})^2,\end{aligned}$$

将上式对 $i$ 求和得

$$S_T=\sum_{i=1}^{r}\sum_{j=1}^{n_i}(Y_{ij}-\bar{Y})^2=\sum_{i=1}^{r}\sum_{j=1}^{n_i}(Y_{ij}-\bar{Y}_i)^2+\sum_{i=1}^{r}n_i(\bar{Y}_i-\bar{Y})^2=S_E+S_A. \tag{9.46}$$

平方和分解式(9.46)所表达的思想如下:

**总平方和** $S_T$ 反映了全部试验结果的变差,它可以分解成两部分:一部分是(9.46)式右边第一项,称为**误差平方和** $S_E$,它反映了各组试验结果内部的变差,也称为**组内平方和**;另一部分是(9.46)式右边第二项,称为**效应平方和** $S_A$,它反映了由于因素 $A$ 取不同水平造成试验结果的变差,因它表现为各组样本均值间的变差,故也称其为**组间平方和**. 显然若 $H_0$ 为真,各总体均值 $\mu_i$ 相同应使得各样本均值 $\bar{Y}_i$ 差异不大,从而导致 $S_A$ 在 $S_T$ 中占的比例较小,反之,如果这一比例偏大,等价地 $S_A/S_E$ 偏大,则应该拒绝 $H_0$.

$S_A/S_E$ 是否偏大要由其分布来确定. 对于取自正态总体 $N(\mu_i,\sigma^2)$ 的样本 $Y_{i1},\cdots,Y_{in_i}$ 而言,由定理 6.2 知 $\frac{1}{\sigma^2}\sum_{j=1}^{n_i}(Y_{ij}-\bar{Y}_i)^2\sim\chi^2(n_i-1)$,且与 $\bar{Y}_i$ 独立,注意到 $\bar{Y}$ 仅为 $\bar{Y}_i$ 的函数(9.44)式,可推得 $\sum_{j=1}^{n_i}(Y_{ij}-\bar{Y}_i)^2$ 与 $n_i(\bar{Y}_i-\bar{Y})^2$ 独立,再由各样本的独立性及 $\chi^2$ 分布的可加性,将上述的两项分别对 $i$ 求和,即得 $S_E/\sigma^2\sim\chi^2(n-r)$,且与 $S_A$ 独立. 进一步还可以证明如果 $H_0$ 为真(见习题 9.10),$S_A/\sigma^2\sim\chi^2(r-1)$,这样在假设 $H_0$ 下,导出 $S_A/S_E$ 的分布为

$$F=\frac{S_A/(r-1)}{S_E/(n-r)}=\frac{\bar{S}_A}{\bar{S}_E}\sim F(r-1,n-r), \tag{9.47}$$

于是对给定的显著水平 $\alpha$,$H_0$ 的拒绝域为 $F>F_\alpha(r-1,n-r)$.

作为方差分析的规范形式,将上述分析过程列成如表 9.6 所示的方差分析表.

**表 9.6　方差分析表**

| 方差来源 | 平方和 | 自由度 | 均方 | F 比 | P 值 |
|---|---|---|---|---|---|
| 因子 $A$ | $S_A$ | $r-1$ | $\bar{S}_A$ | $\bar{S}_A/\bar{S}_E$ | $p$ |
| 误差 $E$ | $S_E$ | $n-r$ | $\bar{S}_E$ | | |
| 总和 | $S_T$ | $n-1$ | | | |

设 $F \sim F(r-1, n-r)$，如果由试验数据算得 $F$ 比值 $\overline{S}_A/\overline{S}_E = f$，则 $p = P(F > f)$，通常 $p < 0.05$ 时拒绝 $H_0$，即认为因素 $A$ 对试验结果有显著影响，$p$ 越小说明因素 $A$ 对试验结果的影响越显著，比如当 $p > 0.01$ 时可以认为因素 $A$ 对试验结果的影响高度显著. 拒绝 $H_0$ 后，(9.42)式就是对各个不同 $\mu_i$ 的无偏估计.

一般的统计软件都能直接算出方差分析表中的数值. 参见第十章 Excel 的相关操作.

**例 9.9**　由例 9.7 中小麦亩产量的数据进行方差分析，以判断小麦品种是否对小麦亩产量有显著影响.

**解**　这是一个单因素 3 水平的试验，即 $r=3, n_1=4, n_2=5, n_3=3$，将各个计算结果列成表 9.7，表中数值表明小麦的品种对小麦的亩产量有非常显著的影响.

**表 9.7　小麦品种与产量的方差分析表**

| 方差来源 | 平方和 | 自由度 | 均方 | $F$ 值 | $P$ 值 |
|---|---|---|---|---|---|
| 品种 | 3588.050 | 2 | 1794.025 | 9.573 | 0.0001 |
| 误差 | 1686.617 | 9 | 187.402 | | |
| 总计 | 5274.657 | 11 | | | |

这时可以由(9.42)式计算各个 $\mu_i$ 的估计值：

$$\bar{y}_1 = 389.25, \quad \bar{y}_2 = 360.60, \quad \bar{y}_3 = 401.33,$$

因此可以认为品种Ⅲ的亩产量最高，品种Ⅱ的亩产量最低.

如果方差分析的结果是因素 $A$ 对试验结果影响不显著，则从理论上讲就没有必要分别用 $\overline{Y}_i$ 估计 $\mu_i$ 了，因为这时 $\mu_1 = \cdots = \mu_r = \mu$，而 $\overline{Y}$ 是 $\mu$ 的无偏估计. 但如果从实际问题上看 $\bar{y}_1, \cdots, \bar{y}_r$ 仍有不可忽视的差异，$H_0$ 未被拒绝是因为误差平方和 $S_E$ 太大，从而导致较小的 $F$ 值和较大的 $P$ 值，那么很有可能是 $S_E$ 中含有除 $A$ 以外的其他因素，而这些因素对试验结果有显著的影响. 下面两小节就分别对双因素和多因素试验的方差分析作简单介绍.

## 9.2.4　双因素试验的方差分析

若要检验两个因素 $A$ 和 $B$ 对试验结果 $Y$ 影响的显著性，其中因素 $A$ 有 $r$ 个水平 $A_1, A_2, \cdots, A_r$，因素 $B$ 有 $s$ 个水平 $B_1, B_2, \cdots, B_s$，则试验可按表 9.8 来安排. 表中的 $Y_{ij}$ 为因素 $A$ 取水平 $A_i$、因素 $B$ 取水平 $B_j$ 时的试验结果，$\overline{Y}_{i\cdot}$ 为第 $i$ 行数据的均值，$\overline{Y}_{\cdot j}$ 为第 $j$ 列数据的均值，$\overline{Y}$ 为全部数据的均值，即

**表 9.8　双因素试验安排**

| $B$ \ $A$ | $B_1$ | $\cdots$ | $B_s$ | $\overline{Y}_{i\cdot}$ | $(\overline{Y}_{i\cdot} - \overline{Y})^2$ |
|---|---|---|---|---|---|
| $A_1$ | $Y_{11}$ | $\cdots$ | $Y_{1s}$ | $\overline{Y}_{1\cdot}$ | $(\overline{Y}_{1\cdot} - \overline{Y})^2$ |
| $\vdots$ | $\vdots$ | | $\vdots$ | $\vdots$ | $\vdots$ |
| $A_r$ | $Y_{r1}$ | $\cdots$ | $Y_{rs}$ | $\overline{Y}_{r\cdot}$ | $(\overline{Y}_{r\cdot} - \overline{Y})^2$ |
| $\overline{Y}_{\cdot j}$ | $\overline{Y}_{\cdot 1}$ | $\cdots$ | $\overline{Y}_{\cdot s}$ | $\overline{Y}$ | $S_A$ |
| $(\overline{Y}_{\cdot j} - \overline{Y})^2$ | $(\overline{Y}_{\cdot 1} - \overline{Y})^2$ | $\cdots$ | $(\overline{Y}_{\cdot s} - \overline{Y})^2$ | $S_B$ | $S_T$ |

$$\overline{Y}_{i\cdot} = \frac{1}{s}\sum_{j=1}^{s} Y_{ij}, \quad i = 1, 2, \cdots, r,$$

$$\overline{Y}_{\cdot j}=\frac{1}{r}\sum_{i=1}^{r}Y_{ij},\quad j=1,2,\cdots,s,$$

$$\overline{Y}=\frac{1}{rs}\sum_{i=1}^{r}\sum_{j=1}^{s}Y_{ij}=\frac{1}{r}\sum_{i=1}^{r}\overline{Y}_{i\cdot}=\frac{1}{s}\sum_{j=1}^{s}\overline{Y}_{\cdot j}. \tag{9.48}$$

因为 $\overline{Y}_{i\cdot}-\overline{Y}$ 反映了由因素 $A$ 取水平 $A_i$ 造成试验结果与总平均的偏差，$\overline{Y}_{\cdot j}-\overline{Y}$ 反映了由因素 $B$ 取水平 $B_j$ 造成试验结果与总平均的偏差，所以可以将试验结果 $Y_{ij}$ 作如下分解：

$$Y_{ij}=\overline{Y}+(\overline{Y}_{i\cdot}-\overline{Y})+(\overline{Y}_{\cdot j}-\overline{Y})+(Y_{ij}-\overline{Y}_{i\cdot}-\overline{Y}_{\cdot j}+\overline{Y}),\quad i=1,2,\cdots,r,\quad j=1,2,\cdots,s. \tag{9.49}$$

(9.49)式右边的第一项表示试验结果的总体平均水平，第二项表示因素 $A$ 取水平 $A_i$ 对 $Y_{ij}$ 的影响，第三项表示因素 $B$ 取水平 $B_j$ 对 $Y_{ij}$ 的影响，最后一项表示除因素 $A$ 和 $B$ 以外的其他因素对 $Y_{ij}$ 的影响，对双因素试验而言可认为这些因素对 $Y_{ij}$ 影响不显著，故视为随机误差，据此我们建立如下(无交互作用)双因素试验方差分析模型

$$\begin{cases}Y_{ij}=\mu+\alpha_i+\beta_j+\varepsilon_{ij},\quad i=1,2,\cdots,r,j=1,2,\cdots,s,\\ \varepsilon_{ij}\sim N(0,\sigma^2),\text{且诸 }\varepsilon_{ij}\text{ 相互独立},\end{cases} \tag{9.50}$$

并称 $\mu$ 为**总效应**，$\alpha_i$ 为水平 $A_i$ 的**效应**，$\beta_j$ 为水平 $B_j$ 的**效应**. $\varepsilon_{ij}$ 为随机误差，由 $\Sigma_i(\overline{Y}_{i\cdot}-\overline{Y})=\Sigma_j(\overline{Y}_{\cdot j}-\overline{Y})=0$ 可要求 $\Sigma_i\alpha_i=\Sigma_j\beta_j=0$，于是检验因素 $A$ 影响试验结果的显著性，可表示为检验统计假设

$$H_{0A}:\alpha_1=\cdots=\alpha_r=0,\quad H_{1A}:\alpha_1,\cdots,\alpha_r\text{ 不全为零}; \tag{9.51}$$

检验因素 $B$ 影响试验结果的显著性，可表示为检验统计假设

$$H_{0B}:\beta_1=\cdots=\beta_s=0,\quad H_{1B}:\beta_1,\cdots,\beta_s\text{ 不全为零}. \tag{9.52}$$

为检验(9.51)式和(9.52)式，将(9.49)式右边第一项移至左边，两边平方后对下标 $i$ 和 $j$ 求和，注意到右边三项平方后的交叉项求和均为零(见习题 9.11)，即可推出类似(9.46)式的平方和分解式

$$S_T=S_A+S_B+S_E, \tag{9.53}$$

其中

$$S_T=\sum_{i=1}^{r}\sum_{j=1}^{s}(Y_{ij}-\overline{Y})^2, \tag{9.54}$$

$$S_A=s\sum_{i=1}^{r}(\overline{Y}_{i\cdot}-\overline{Y})^2,\quad S_B=r\sum_{j=1}^{s}(\overline{Y}_{\cdot j}-\overline{Y})^2, \tag{9.55}$$

$$S_E=\sum_{i=1}^{r}\sum_{j=1}^{s}(Y_{ij}-\overline{Y}_{i\cdot}-\overline{Y}_{\cdot j}+\overline{Y})^2, \tag{9.56}$$

$S_T$ 称为**总平方和**，$S_A$ 称为**因素 $A$ 的效应平方和**，$S_B$ 称为**因素 $B$ 的效应平方和**，$S_E$ 称为**误差平方和**.

可以证明，当 $H_{0A}$ 为真时，

$$F_A=\frac{S_A/(r-1)}{S_E/(r-1)(s-1)}=\frac{\overline{S}_A}{\overline{S}_E}\sim F(r-1,(r-1)(s-1)), \tag{9.57}$$

当 $H_{0B}$ 为真时，

$$F_B=\frac{S_B/(s-1)}{S_E/(r-1)(s-1)}=\frac{\overline{S}_B}{\overline{S}_E}\sim F(s-1,(r-1)(s-1)), \tag{9.58}$$

故在显著水平 $\alpha$ 下，$H_{0A}$ 的拒绝域为 $F_A>F_\alpha(r-1,(r-1)(s-1))$，$H_{0B}$ 的拒绝域为 $F_B>F_\alpha(s-1,(r-1)(s-1))$.

与单因素方差分析一样，双因素方差分析的过程也列成规范的方差分析表(见表 9.9).

表 9.9　双因素试验的方差分析表

| 方差来源 | 平方和 | 自由度 | 均方 | F 比值 | P 值 |
|---|---|---|---|---|---|
| 因素 A | $S_A$ | $r-1$ | $\bar{S}_A$ | $\bar{S}_A/\bar{S}_E$ | $p_A$ |
| 因素 B | $S_B$ | $s-1$ | $\bar{S}_B$ | $\bar{S}_B/\bar{S}_E$ | $p_B$ |
| 误差 | $S_E$ | $(r-1)(s-1)$ | $\bar{S}_E$ | | |
| 总和 | $S_T$ | $rs-1$ | | | |

一般的统计软件均可直接获得表 9.9 中的数值. 参见第十章 Excel 相关操作. 若不方便使用统计软件，表 9.8 提供了计算各平方和的表格算法：$S_A$ 为最后一列数值和的 $s$ 倍，$S_B$ 为最后一行数值和的 $r$ 倍，$S_T$ 为所有数据样本方差的 $(rs-1)$ 倍（计算器可直接计算），$S_E=S_T-S_A-S_B$.

当方差分析表 9.9 中的 $p_A<\alpha$（显著水平）时拒绝 $H_{0A}$，同样当 $p_B<\alpha$ 时拒绝 $H_{0B}$.

拒绝 $H_{0A}$ 和 $H_{0B}$ 意味着因素 $A$ 和 $B$ 对试验结果有显著影响，这时模型中效应参数的无偏估计为

$$\hat{\mu}=\bar{Y},\quad \hat{\alpha}_i=\bar{Y}_{i\cdot}-\bar{Y},\quad i=1,2,\cdots,r,\quad \hat{\beta}_j=\bar{Y}_{\cdot j}-\bar{Y},\quad j=1,2,\cdots,s. \tag{9.59}$$

**例 9.10**　奥运会射击决赛成绩. 由表 9.5 中数据进行方差分析，判断例 9.8 提出的问题 (A)、(B)、(C).

**解**　问题(A)和(C)的较为严谨的提法为：

(A)不同(名次)运动员的射击成绩的差异是否显著？

(C)不同轮次的射击成绩是否差异显著？

这是双因素试验，其中因素 $A$（运动员）有 $r=8$ 个水平，因素 $C$（轮次）有 $s=10$ 个水平. 将数据代入(9.54)式～(9.56)式或按表 9.8 计算的结果填入表 9.10. 表中 $P$ 值说明因素 $A$ 和因素 $B$ 对试验结果均无显著影响，也就是说数据支持例 9.8 中的观点(A)，而不支持观点(C).

表 9.10　奥运会射击决赛成绩的双因素方差分析表

| 方差来源 | 平方和 | 自由度 | 均方 | F 值 | P 值 |
|---|---|---|---|---|---|
| 运动员 | 2.524 | 7 | 0.361 | 0.423 | 0.885 |
| 轮次 | 6.097 | 9 | 0.677 | 0.794 | 0.623 |
| 误差 | 53.741 | 63 | 0.853 | | |
| 总和 | 62.362 | 79 | | | |

为判断观点(B)须对表 9.5 中数据重新划分，这时因素 $B$（运动员）仅有两个水平：$B_1$ 为奖牌获得者，有 $n_1=30$ 个试验数据（表 9.5 的前三行）；$B_2$ 为非奖牌获得者，有 $n_2=50$ 个试验数据（表 9.5 的后五行），将其作单因素二水平试验方差分析表（见表 9.11）. 可以看到虽然表 9.11的 $P$ 值 0.431 比表 9.10 的 $P$ 值 0.885 小很多，但仍不足以说明奖牌获得者的射击成绩与非奖牌获得者有显著差异. 也就是说，表 9.5 的数据不支持例 9.8 的观点(B). 有意思的是将同样方法用于 2008 年北京奥运会的女子 10 m 气手枪射击决赛成绩，其方差分析结果是支持观点(B)的（见习题 9.12）.

**表 9.11 奥运会射击奖牌因素方差分析表**

| 方差来源 | 平方和 | 自由度 | 均方 | $F$值 | $P$值 |
|---|---|---|---|---|---|
| 奖牌 | 0.496 | 1 | 0.496 | 0.626 | 0.431 |
| 误差 | 61.866 | 78 | 0.793 | | |
| 总和 | 62.362 | 79 | | | |

## 9.2.5 多因素正交表设计的方差分析

要检验多个因素对试验结果影响的显著性,需要在每个因素的各个水平搭配下进行试验.比如一个试验涉及 4 个因素,每个因素有 4 个水平,如果对所有水平搭配进行全面试验,试验次数达 $4^4=256$ 次,这在实际应用中往往是不现实的.即使做了全面试验,要将试验数据合理地排在如同表 9.8 的一张表中也不是一件轻松的事.

解决这个问题的一个办法就是只进行部分试验,如何进行部分试验获取尽可能多的信息来分析多个因素对试验结果影响的显著性,这是统计学的一个重要研究分支 —— 试验设计,它包含很丰富的内容.这里我们仅通过一个实例简单介绍一个试验设计工具 —— 正交表及其方差分析.

表 9.12 的中间部分就是一个正交表 $L_8(2^7)$,它相当于一个由 1 和 2 构成的 8 行 7 列矩阵,可以看出 1 和 2 在这个矩阵中的分布非常“均匀”:

(1) 在任何一列中 1 和 2 出现的次数一样,均为 4 次;

(2) 任何两列所有可能的数对(1,1),(1,2),(2,1)和(2,2)出现的次数一样,均为 4 次.

一般正交表的记号为 $L_n(r^m)$,它是由 $r$ 个不同的元数排成的 $n$ 行 $m$ 列表,它可以用来安排最多 $m$ 个因素(包括误差因素)的试验,每个因素可取 $r$ 个水平(误差因素不计水平数),仅做 $n$ 次试验即可分析 $m-1$ 个因素对试验结果影响的显著性.比如 $L_8(2^7)$可以安排最多 6 个 2 水平的因素,未安排因素的列均作为误差因素,共做 8 次试验.其中第一次试验所有因素取 1 水平,第二次试验前三个因素取 1 水平,后四个因素取 2 水平,……,最后一次试验第 3,5,6 个因素取 1 水平,其他因素取 2 水平,试验结果排在表 9.12 的最后一列.

**表 9.12 正交表 $L_8(2^7)$ 及数据计算**

| 列号 / 行号 | 1 | 2 | 3 | 4 | 5 | 6 | 7 | 试验结果 |
|---|---|---|---|---|---|---|---|---|
| | $A$ | $B$ | $A\times B$ | $C$ | $A\times C$ | $B\times C$ | | |
| 1 | 1 | 1 | 1 | 1 | 1 | 1 | 1 | $Y_1=9.93$ |
| 2 | 1 | 1 | 1 | 2 | 2 | 2 | 2 | $Y_2=9.52$ |
| 3 | 1 | 2 | 2 | 1 | 1 | 2 | 2 | $Y_3=10.09$ |
| 4 | 1 | 2 | 2 | 2 | 2 | 1 | 1 | $Y_4=10.19$ |
| 5 | 2 | 1 | 2 | 1 | 2 | 1 | 2 | $Y_5=9.26$ |
| 6 | 2 | 1 | 2 | 2 | 1 | 2 | 1 | $Y_6=9.80$ |
| 7 | 2 | 2 | 1 | 1 | 2 | 2 | 1 | $Y_7=9.72$ |
| 8 | 2 | 2 | 1 | 2 | 1 | 1 | 2 | $Y_8=9.95$ |
| $\overline{Y}_{i1}$ | 9.933 | 9.628 | 9.778 | 9.751 | 9.943 | 9.833 | 9.911 | $\overline{Y}=9.807$ |
| $\overline{Y}_{i2}$ | 9.681 | 9.986 | 9.836 | 9.863 | 9.671 | 9.781 | 9.703 | |
| $S_i$ | 0.128 | 0.258 | 0.007 | 0.025 | 0.147 | 0.005 | 0.086 | $S_T=0.656$ |

接下来用表 9.12 进行平方和分解的计算，首先对每个因素 $i$(第 $i$ 列)在相同水平 $j$ 下的试验结果 $Y_{ijt}(t=1,2,\cdots,s)$ 计算平均值 $\bar{Y}_{ij}$ 和总平均值 $\bar{Y}$，即

$$\bar{Y}_{ij}=\frac{1}{s}\sum_{t=1}^{s}Y_{ijt},\quad i=1,2,\cdots,m,\quad j=1,2,\cdots,r,$$

$$\bar{Y}=\frac{1}{n}\sum_{k=1}^{n}Y_k=\frac{1}{r}\sum_{j=1}^{r}\bar{Y}_{ij}. \tag{9.60}$$

比如表 9.12 中的 $\bar{Y}_{21}$ 为 $Y_1,Y_2,Y_5$ 和 $Y_6$ 的平均值，即

$$\bar{Y}_{21}=(9.93+9.52+9.26+9.80)/4=9.628,$$

再计算每个因素 $i$ 的效应平方和 $S_i$，它是每列 $\bar{Y}_{i1},\cdots,\bar{Y}_{ir}$ 的离差平方和的 $s$ 倍，$s$ 为因素 $i$ 取各个水平的重复试验次数，即

$$S_i=s\sum_{j=1}^{r}(\bar{Y}_{ij}-\bar{Y})^2,\quad i=1,2,\cdots,m. \tag{9.61}$$

可以证明，所有试验结果 $Y_1,Y_2,\cdots,Y_n$ 的总离差平方和 $S_T$ 等于上述各因素效应平方和 $S_i$ 的和，即

$$S_T=\sum_{k=1}^{n}(Y_k-\bar{Y})^2=\sum_{i=1}^{m}S_i. \tag{9.62}$$

在双因素 $A$ 和 $B$ 的试验中，还有一个不可忽视的因素，就是由于 $A$ 和 $B$ 的不同水平搭配对试验结果的影响，它往往与 $A$ 的效应和 $B$ 的效应不一样，我们称之为 $A$ 与 $B$ 的交互效应，记为 $A\times B$. 比如，考虑车型和司机对油耗的影响，一般说来，新车型油耗低，旧车型油耗高，老司机油耗低，新司机油耗高，但对于常年驾驶老车型的老司机来说，可能是老司机驾驶老车型油耗低，老司机驾驶新车型反而油耗高了. 又比如，在例 9.8 中说的射击运动员在决赛的最后一轮射击中，由于心理压力大造成水平失常，这种现象是否在排名靠前的运动员中更明显呢？这就要考虑排名因素与轮次因素对成绩的交互效应了. 在应用正交表安排多因素试验时，任何两个因素的交互效应都可以作为一个附加因素排在正交表中特定的一列.

**例 9.11**　奥运会射击决赛成绩. 利用 2008 年北京奥运会 10 m 气手枪(男，女)决赛成绩，分析下面三个因素及其交互作用的影响.

| 因　　素 | 水平 1 | 水平 2 |
|---|---|---|
| 运动员名次 $A$ | 奖牌获得者 | 非奖牌获得者 |
| 射击轮次 $B$ | 第 1、10 轮 | 中间 8 轮 |
| 运动员性别 $C$ | 女运动员 | 男运动员 |

**解**　为考虑因素 $C$，记录了该项目的男、女两组数据：$2\times 80=160$ 个环数，为削弱异常值的影响，表 9.12 中的试验结果采用各因素不同的水平搭配下的平均环数(其中女子 10 m 气手枪决赛的原始记录见习题 9.12 的表 9.15)，比如表 9.12 中的 $Y_1$ 为女子决赛中奖牌获得者的第 1、10 轮环数(共 6 个)的平均值，$Y_2$ 为男子决赛中奖牌获得者的第 1、10 轮环数(共 6 个)的平均值，以次类推. 之所以将射击轮次因素的 1 水平设置成“第 1、10 轮”，是因为在原始记录中第 1 轮的成绩也有偏低迹象，这样可以增强心理因素的效应.

按(9.60)式、(9.61)式和(9.62)式计算得到表 9.12 后三行的数据，从而得到 6 因素(包括交互效应)的方差分析表 9.13. 从表中 $P$ 值看，所有的因素(包括交互作用)对试验结果的影响均不显著，就本例实际问题而言，我们可以作出如下判断：

表 9.13　奥运会射击成绩方差分析表

| 方差来源 | 平方和 | 自由度 | 均方 | $F$ 值 | $P$ 值 |
|---|---|---|---|---|---|
| $A$ | 0.128 | 1 | 0.128 | 1.486 | 0.437 |
| $B$ | 0.256 | 1 | 0.256 | 2.999 | 0.333 |
| $A\times B$ | 0.007 | 1 | 0.007 | 0.078 | 0.827 |
| $C$ | 0.025 | 1 | 0.025 | 0.296 | 0.683 |
| $A\times C$ | 0.147 | 1 | 0.147 | 1.710 | 0.416 |
| $B\times C$ | 0.005 | 1 | 0.005 | 0.061 | 0.846 |
| 误差 | 0.086 | 1 | 0.086 | | |
| 总和 | 0.656 | 7 | | | |

2008 年北京奥运会 10 m 气手枪男女决赛成绩说明：

(1) 进入决赛的选手射击成绩没有明显差别，无论是否获得奖牌，均为世界一流水平.

(2) 进入决赛的选手不同轮次的射击成绩没有明显差别，说明世界一流运动员都有良好的心理素质.“埃蒙斯现象”不具有代表性，其成绩应视为奇异值，这与媒体称之为“离奇的一幕”是一致的.

(3) 在射击项目中并无性别差异，男女运动员处于同一水平.

**小结**

线性统计模型是用来分析随机变量 $Y$ 与输入量 $x$ 的相关关系的应用统计方法，其本质是给定 $x$ 时，将 $Y$ 的条件期望表示为 $x$ 的线性函数 $E(Y|x)=a+bx$.

回归分析和方差分析都是线性统计模型的特例，其主要区别在于：回归分析中的 $x$ 可以连续变化，其主要统计目标为由 $x$ 预测 $Y$. 方差分析中的 $x$ 为离散变量或为非数量指标. 其主要统计目标在于检验 $x$ 对 $Y$ 影响的显著性.

## 习　题　九

**9.1**　按(9.15)式的记号，证明估计量 $\hat{\beta}_0$，$\hat{\beta}_1$ 和 $\hat{\sigma}^2$ 可以表示成 $l_{xx}$，$l_{xy}$ 和 $l_{yy}$ 的函数式(9.14).

**9.2**　由习题 9.1 证明的结果推导(9.16)式.

**9.3**　利用期望和方差的性质推导(9.17)式和(9.18)式.

**9.4**　利用方差的性质推导(9.20)式.

**9.5**　利用 $\hat{\beta}_1$ 的表达式(9.16)，将 $\hat{\beta}_0$ 也写成 $Y_1,Y_2,\cdots,Y_n$ 的线性函数，进而利用协方差的性质推导 $\mathrm{Cov}(\beta_0,\beta_1)$ 的表达式(9.21).

**9.6**　利用 $\hat{\beta}_1$、$Q/\sigma^2$ 的分布及 $t$ 分布的构造证明(9.25)式.

**9.7**　设 $\bar{x}$ 和 $\bar{Y}$ 分别为 $x_1,x_2,\cdots,x_n$ 和 $Y_1,Y_2,\cdots,Y_n$ 的平均值，对数据进行中心化变换

$$x_i^*=x_i-\bar{x},\quad Y_i^*=Y_i-\bar{Y},\quad i=1,2,\cdots,n,$$

对数据 $(x_i^*,Y_i^*)$ 建立一元线性回归模型(9.3)，并求 $\beta_0$ 和 $\beta_1$ 的最小二乘估计.

**9.8**　在对铜线含碳量对于电阻的效应的研究中，得到以下数据：

| 含碳量 $x$/(%) | 0.10 | 0.30 | 0.40 | 0.55 | 0.70 | 0.80 | 0.95 |
|---|---|---|---|---|---|---|---|
| 电阻 $y$(20 ℃时 $\mu\Omega$) | 15 | 18 | 19 | 21 | 22.6 | 23.8 | 26 |

设对于给定的 $x$，$Y$ 为正态变量，且方差与 $x$ 无关.

(1) 求线性回归方程 $\hat{y}=\hat{\beta}_0+\hat{\beta}_1 x$；

(2) 试在显著水平 $\alpha=0.05$ 下检验(1)中结果的显著性；

(3) 求 $x_0=0.50$ 处电阻 $Y$ 的预测值及置信度为 0.95 的预测区间.

**9.9**　表 9.14 列出了在 8 个不同温度(标准单位)下，冶炼某种合金的韧度(标准单位).

(1) 用最小二乘法将这些值拟合成一条形如 $y=\beta_0+\beta_1 x$ 的直线.

(2) 用最小二乘法将这些值拟合成一条形如 $y=\beta_0+\beta_1 x+\beta_2 x^2$ 的抛物线.

(3) 在一张图上描出表 9.14 中的 8 个数据点，画出(1)得到的直线和(2)得到的抛物线.

**表 9.14　冶炼温度与合金韧度数据**

| 温度 | 0.5 | 1.0 | 1.5 | 2.0 | 2.5 | 3.0 | 3.5 | 4.0 |
|---|---|---|---|---|---|---|---|---|
| 韧度 | 40 | 41 | 43 | 42 | 44 | 42 | 43 | 42 |

**9.10**　设 $Y_{i1},\cdots,Y_{in_i}$ 为来自正态总体 $N(\mu_i,\sigma^2)$ 的样本，$\bar{Y}_i(i=1,2,\cdots,r)$ 为样本均值(见式(9.42))，$\bar{Y}$ 为总平均(见式(9.44)). 试在条件 $n_1=\cdots=n_r=s$ 和 $\mu_1=\cdots=\mu_r=\mu(H_0)$ 下证明 $S_A/\sigma^2\sim\chi^2(r-1)$. 其中效应平方和 $S_A$ 由(9.46)式定义.

(提示：将 $\bar{Y}_1\cdots\bar{Y}_r$ 视为正态总体 $N(\mu,\sigma^2)$ 的样本，利用定理 6.2 结论推导.)

**9.11**　对于数据 $Y_{ij},i=1,2,\cdots,r,j=1,2,\cdots,s,\bar{Y}_{j}.\ ,\bar{Y}._j$ 和 $\bar{Y}$ 为(9.48)式定义的平均值，证明

$$\sum_{i=1}^{r}(\bar{Y}_{i\cdot}-\bar{Y})=0,\quad \sum_{j=1}^{s}(\bar{Y}_{\cdot j}-\bar{Y})=0,$$

$$\sum_{i=1}^{r}(Y_{ij}-\bar{Y}_{i\cdot}-\bar{Y}_{\cdot j}+\bar{Y})=0,\quad j=1,2,\cdots,s,$$

$$\sum_{j=1}^{s}(Y_{ij}-\bar{Y}_{i\cdot}-\bar{Y}_{\cdot j}+\bar{Y})=0,\quad i=1,2,\cdots,r.$$

**9.12**　表 9.15 列出了 2008 年北京奥运会女子 10 m 气手枪的决赛成绩，试由表中数据进行方差分析，列出方差分析表，并由此判断($\alpha=0.05$)：

(1) 不同运动员的成绩是否有显著差异？

(2) 不同轮次的射击成绩是否差异显著？

(3) 奖牌获得者的成绩是否明显高于非奖牌获得者.

**表 9.15　北京奥运会女子 10 m 气手枪决赛成绩**

| 运　动　员 | 名次 | 各轮次射击环数 | | | | | | | | | |
|---|---|---|---|---|---|---|---|---|---|---|---|
| 郭文珺 | 1 | 10.0 | 10.5 | 10.4 | 10.4 | 10.1 | 10.3 | 9.4 | 10.7 | 10.8 | 9.7 |
| 纳塔利娅·帕杰林娜 | 2 | 10.0 | 8.5 | 10.0 | 10.2 | 10.6 | 10.5 | 9.8 | 9.7 | 9.5 | 9.3 |
| 妮诺·萨卢克瓦泽 | 3 | 9.8 | 10.3 | 10.0 | 9.5 | 10.2 | 10.7 | 10.4 | 10.6 | 9.1 | 10.8 |
| 维多利亚·柴卡 | 4 | 9.3 | 9.4 | 10.4 | 10.1 | 10.2 | 10.5 | 9.2 | 10.5 | 9.8 | 8.6 |
| 莱万多夫斯卡·萨贡 | 5 | 8.1 | 10.3 | 9.2 | 9.9 | 9.8 | 10.4 | 9.9 | 9.4 | 10.7 | 9.6 |
| 亚斯娜·舍卡里奇 | 6 | 10.2 | 9.6 | 9.9 | 9.9 | 9.3 | 9.1 | 9.7 | 10.0 | 9.3 | 9.9 |
| 米拉·内万苏 | 7 | 8.7 | 9.3 | 9.2 | 10.3 | 9.8 | 10.0 | 9.7 | 9.9 | 9.9 | 9.7 |
| 卓格巴德拉赫·蒙赫珠勒 | 8 | 9.3 | 10.0 | 8.7 | 8.3 | 9.2 | 9.5 | 8.5 | 10.7 | 9.2 | 9.2 |

**9.13**　"七星彩"体育彩票每周日、二、五开奖三次，表 9.16 列出了该彩票不同省份一周内的销售额(单位：万元)，如果这些数据为出自同方差正态分布的样本，试进行双因素方差分析，判断开奖时间 $A$ 和省份 $B$ 分别对彩票销售额是否有显著影响.

**表 9.16　"七星彩"体育彩票销售额**

| 开奖时间 | 安徽 | 湖北 | 河南 | 云南 | 河北 |
|---|---|---|---|---|---|
| 周日 | 91 | 170 | 222 | 165 | 136 |
| 周二 | 90 | 169 | 221 | 166 | 134 |
| 周五 | 115 | 206 | 280 | 204 | 163 |

**9.14**　试验证下面的表是一张正交表,写出它的记号.

(1) 按此表安排两个三水平因素的试验,对这两个因素的效应以及两者的交互效应进行方差分析;

(2) 按此表安排三个三水平因素的试验,并对其效应进行方差分析;

(3) 能否以此表安排四个三水平因素的试验? 若能,如何进行方差分析?

| 行号＼列号 | 1 | 2 | 3 | 4 |
|---|---|---|---|---|
| 1 | 1 | 1 | 1 | 1 |
| 2 | 1 | 2 | 2 | 2 |
| 3 | 1 | 3 | 3 | 3 |
| 4 | 2 | 1 | 2 | 3 |
| 5 | 2 | 2 | 3 | 1 |
| 6 | 2 | 3 | 1 | 2 |
| 7 | 3 | 1 | 3 | 2 |
| 8 | 3 | 2 | 1 | 3 |
| 9 | 3 | 3 | 2 | 1 |

# 第十章　概率统计实验

概率统计广泛应用于自然科学、工程技术、社会科学、医学、农业、经济等几乎所有的领域，已成为适用于各学科领域的通用数据分析方法.本章将Excel软件与概率统计教学相结合，通过概率统计实验让学生掌握分析随机数据的基本方法，深入理解概率统计问题的实质，并能根据实验结果进行合理解释并论证数据中的统计规律，揭示现象的理论成因.

本章主要阐述概率统计方法在Excel软件下的实现，通过具体实例进行分析和计算，着重介绍数据的描述统计分析、常见概率分布的计算与分析、数据的随机模拟以及推断统计分析方法.

## 10.1　数据的描述分析

Excel办公软件拥有众多的函数来实现计算及分析功能，如计算常见的概率分布函数值、概率密度函数值、均值和方差等；它也能绘制各种统计图表，直观呈现数据的基本统计特征.除此之外，Excel通过加载宏的方式可以实现更强的数据分析功能.

### 10.1.1　加载Excel 2013数据分析模块

本节以Excel 2013为例介绍加载“数据分析”模块的操作步骤，Excel其他版本也可加载相应的“数据分析”模块.

**操作步骤：**

(1) 打开Excel 2013工作文件→单击【文件】按钮→单击【选项】按钮，则弹出【Excel选项】窗口，如图10.1所示.

(2) 在弹出的【Excel选项】窗口下→单击【加载项】→在【管理(A)：】右方选择【Excel加载项】选项卡→单击【转到】按钮，如图10.2所示.

(3) 在弹出的【加载宏】窗口下→勾选【分析工具库】和【分析工具库-VBA】→在右侧单击【确定】按钮，如图10.3所示.

(4)返回Excel 2013工作文档，单击【数据】选项卡→单击【数据分析】，在弹出的新窗口即可看到“数据分析”模块中所包含的分析工具，如图10.4所示.

### 10.1.2　描述统计

**例10.1**　对2016年中国六个城市的地区生产总值及增速数据进行描述分析.

**实验内容一：数据的基本统计特征**

实验步骤：

(1) 将数据输入Excel工作表，如图10.5所示.单击【数据】选项卡→单击【数据分析】，在弹出的对话框中选择【描述统计】→在右侧单击【确定】按钮.

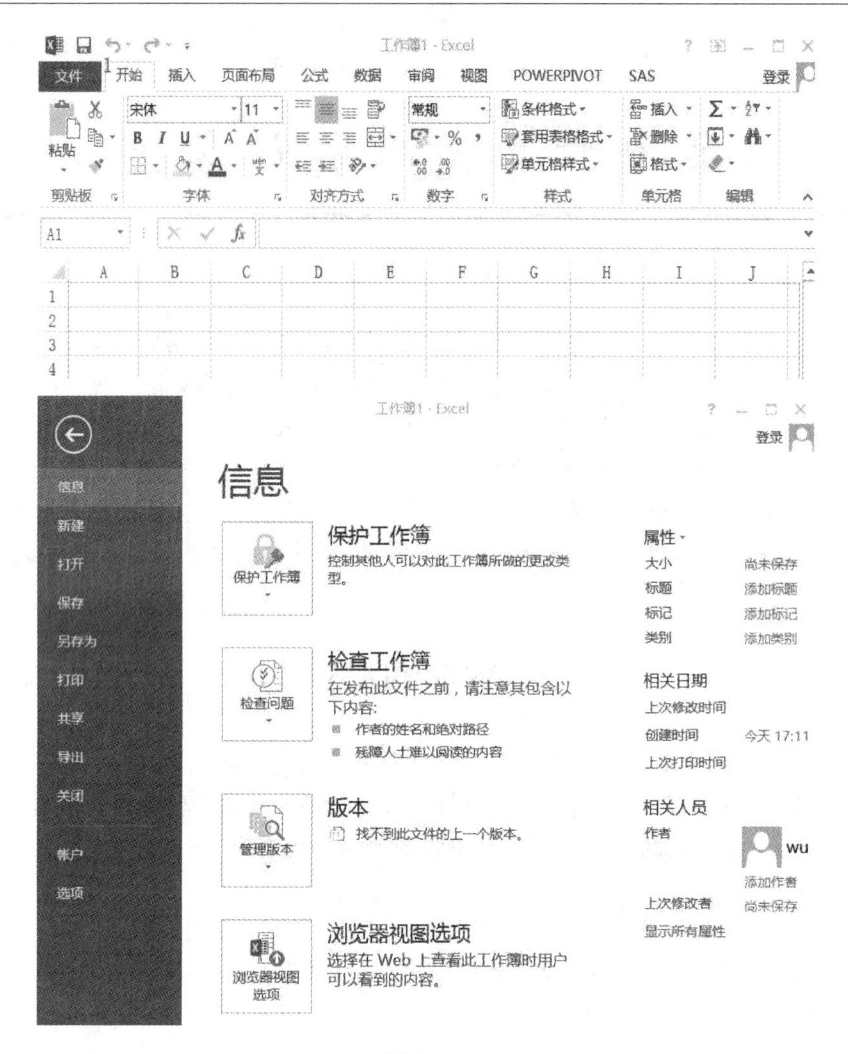
工作簿1 - Excel
文件
开始
插入
页面布局
公式
数据
审阅
视图
POWERPIVOT
SAS
登录
粘贴
宋体
11
常规
条件格式
套用表格格式
单元格样式
插入
删除
格式
剪贴板
字体
对齐方式
数字
样式
单元格
编辑
A1
信息
新建
打开
保存
另存为
打印
共享
导出
关闭
帐户
选项
保护工作簿
控制其他人可以对此工作簿所做的更改类型。
检查工作簿
在发布此文件之前，请注意其包含以下内容:
作者的姓名和绝对路径
残障人士难以阅读的内容
检查问题
版本
找不到此文件的上一个版本。
管理版本
浏览器视图选项
选择在 Web 上查看此工作簿时用户可以看到的内容。
属性
大小
尚未保存
标题
添加标题
标记
添加标记
类别
添加类别
相关日期
上次修改时间
创建时间
今天 17:11
上次打印时间
相关人员
作者
wu
添加作者
上次修改者
尚未保存
显示所有属性

图 10.1

Excel 选项
常规
公式
校对
保存
语言
高级
自定义功能区
快速访问工具栏
加载项
3
信任中心
查看和管理 Microsoft Office 加载项。
加载项
名称
位置
类型
活动应用程序加载项
Microsoft Office PowerPivot for Excel 2013
C:\...lientAddIn.dll
COM 加载项
Power View
C:\...ExcelClient.dll
COM 加载项
加载项:
Microsoft Office PowerPivot for Excel 2013
发布者:
Microsoft Corporation
兼容性:
没有可用的兼容性信息
位置:
C:\Program Files\Microsoft Office\Office15\ADDINS\PowerPivot Excel Add-in\PowerPivotExcelClientAddIn.dll
说明:
Microsoft Office PowerPivot for Excel 2013
管理(A):
Excel 加载项
转到(G)...
4
确定
取消

图 10.2

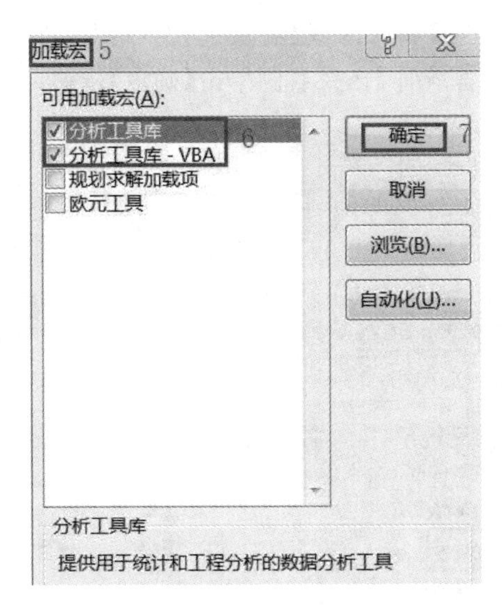


图 10.3

图 10.4

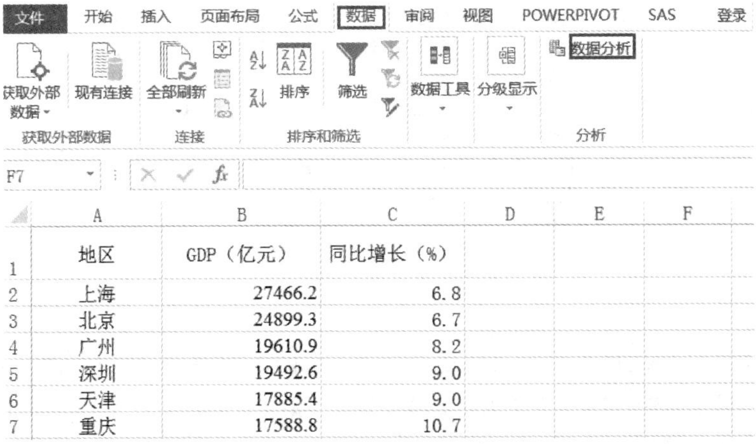

| | A | B | C | D | E | F |
|---|---|---|---|---|---|---|
| 1 | 地区 | GDP（亿元） | 同比增长（%） | | | |
| 2 | 上海 | 27466.2 | 6.8 | | | |
| 3 | 北京 | 24899.3 | 6.7 | | | |
| 4 | 广州 | 19610.9 | 8.2 | | | |
| 5 | 深圳 | 19492.6 | 9.0 | | | |
| 6 | 天津 | 17885.4 | 9.0 | | | |
| 7 | 重庆 | 17588.8 | 10.7 | | | |

图 10.5

(2) 在【描述统计】对话框的【输入区域】输入：\$B\$1：\$C\$7→【分组方式】选择：逐列→勾选【标志位于第一行】和【汇总统计】→在右侧单击【确定】按钮，如图 10.6 所示.

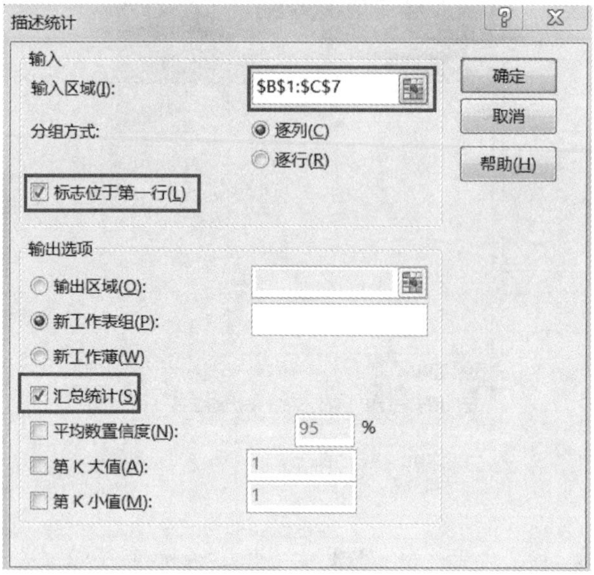

图 10.6

(3) 数据的基本统计特征在 Excel 的一个新工作表组中呈现，如图 10.7 所示. 2016 年六个城市的地区生产总值均值为 21157.19 亿元，同比增长率均值为 8.4%，其他数字特征如方差、峰度、偏度等均能得到. 图 10.7 中，“平均”指样本均值；“标准误差”指样本均值的标准差；“区域”指极差或全距.

| | A | B | C | D |
|---|---|---|---|---|
| 1 | GDP (亿元) | | 同比增长 (%) | |
| 2 | | | | |
| 3 | 平均 | 21157.19 | 平均 | 8.4 |
| 4 | 标准误差 | 1657.372 | 标准误差 | 0.619139 |
| 5 | 中位数 | 19551.77 | 中位数 | 8.6 |
| 6 | 众数 | #N/A | 众数 | 9 |
| 7 | 标准差 | 4059.716 | 标准差 | 1.516575 |
| 8 | 方差 | 16481296 | 方差 | 2.3 |
| 9 | 峰度 | -0.9143 | 峰度 | -0.54009 |
| 10 | 偏度 | 0.962849 | 偏度 | 0.308074 |
| 11 | 区域 | 9877.39 | 区域 | 4 |
| 12 | 最小值 | 17588.76 | 最小值 | 6.7 |
| 13 | 最大值 | 27466.15 | 最大值 | 10.7 |
| 14 | 求和 | 126943.1 | 求和 | 50.4 |
| 15 | 观测数 | 6 | 观测数 | 6 |

图 10.7

数据的基本统计特征也可以直接使用 Excel 自带的函数得到，操作方法是：单击 Excel 标题栏【公式】，选择【其他函数】→【分组方式】→【统计】，则可看到 Excel 自带的统计函数，表 10.1给出了计算描述统计量的几个常用函数.

表 10.1 Excel 中的描述统计函数

| 函 数 名 | 语 法 | 功 能 |
| --- | --- | --- |
| AVERAGE | AVERAGE(number1,number2,…) | 返回算术平均数 |
| COUNT | COUNT(value1,value2,…) | 返回数字个数 |
| KURT | KURT(number1,number2,…) | 返回峰态系数 |
| MEDIAN | MEDIAN (number1,number2,…) | 返回中位数 |
| MODE. MULT | MODE. MULT (number1,number2,…) | 返回众数 |
| QUARTILE. EXC | QUARTILE. EXC(array,quart) | 返回四分位数 |
| SKEW | SKEW (number1,number2,…) | 返回偏态系数 |
| STDEV. P | STDEV. P (number1,number2,…) | 返回总体标准差 |
| STDEV. S | STDEV. S (number1,number2,…) | 返回样本标准差 |
| VAR. P | VAR. P (number1,number2,…) | 返回总体方差 |
| VAR. S | VAR. S (number1,number2,…) | 返回样本方差 |

**实验内容二:数据的排序**

实验步骤:

选择图 10.5 中 GDP 数据,单击【开始】选项卡→选择【降序】,在弹出的对话框【降序提醒】中给出排序依据【扩展选定区域】→单击【排序】按钮. 如图 10.8 所示,六个城市的数据按属性 GDP 数值的降序排列.

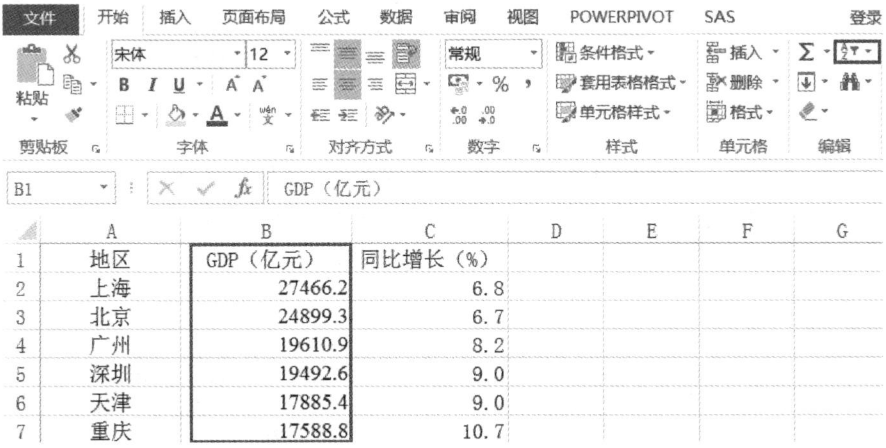

| | A | B | C |
| --- | --- | --- | --- |
| 1 | 地区 | GDP (亿元) | 同比增长 (%) |
| 2 | 上海 | 27466.2 | 6.8 |
| 3 | 北京 | 24899.3 | 6.7 |
| 4 | 广州 | 19610.9 | 8.2 |
| 5 | 深圳 | 19492.6 | 9.0 |
| 6 | 天津 | 17885.4 | 9.0 |
| 7 | 重庆 | 17588.8 | 10.7 |

图 10.8

若在【降序提醒】中给出排序依据【以当前选定区域排序】,则只对 GDP 单列数据进行排序,其他列的数据均保持不变. 另外,对数据也可进行升序、自定义排序及数据筛选等.

**实验内容三:绘制统计图**

统计图可以直观简洁地呈现数据的统计规律,快速有效地传递信息,给人以清晰明确的印象. 一个统计图包括标题、坐标轴、图表区、绘图区与图例等部分. 利用 Excel 2013 提供的统计图可以绘制常见的柱形图、折线图、散点图、饼图和组合图等. 柱形图用于显示一定范围内数据的变化,易于比较各组数据之间的差别. 折线图可以显示连续数据在相等时间间隔下变化的趋势. 下面绘制例 10.1 中 2016 年中国六个城市地区生产总值及增速数据的统计图.

实验步骤：

(1) 将例 10.1 中数据按属性 GDP 数值降序排列后，用鼠标全选数据，单击【插入】选项卡→单击【图表】，在弹出的对话框中选择【所有图表】→单击【组合】→在右侧单击【簇状柱形图-次坐标轴上的折线图】，在【次坐标轴】勾选“同比增长“→单击【确定】，如图 10.9 所示.

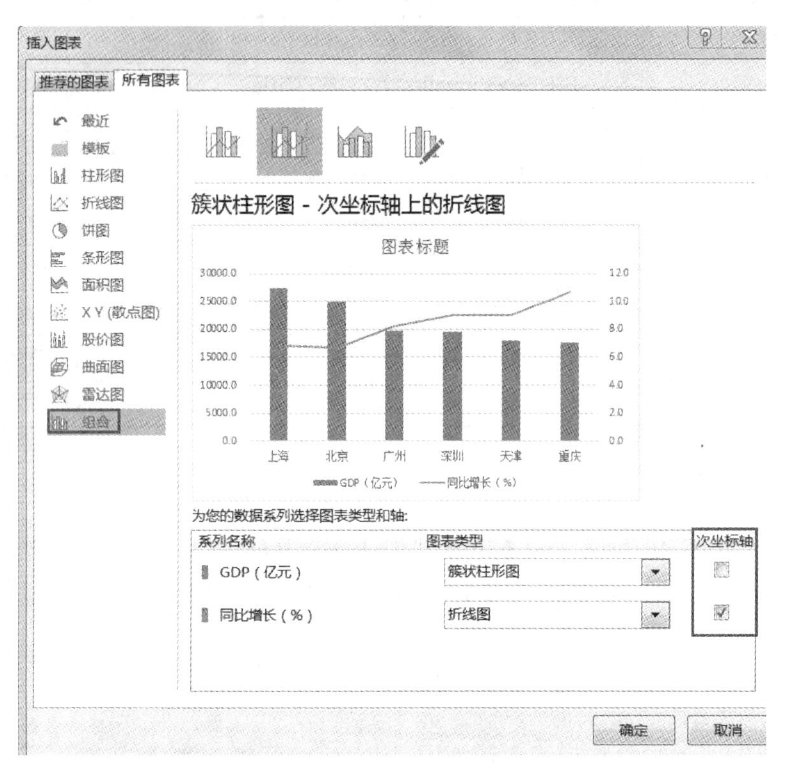


图 10.9

(2) 在 Excel 工作表中出现组合图，如图 10.10 所示，鼠标右击图中蓝色柱形部分，选择【添加数据标签】→单击【添加数据标签】，则可在图中添加数据；单击【设置数据标签格式】，可对标签名称及位置等进行设置. 鼠标左击“图表标题”，可修改标题名称；鼠标右击“图表标题”，可设置图表标题格式.

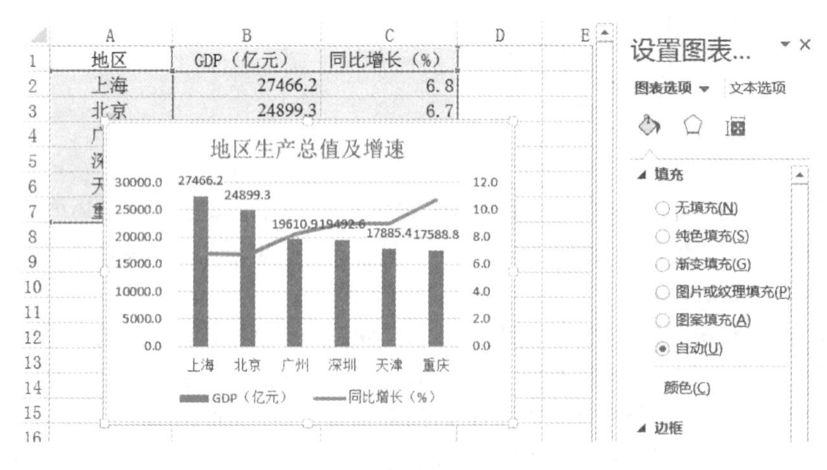


图 10.10

## 10.2　常见概率分布

**例 10.2**　美国某啤酒公司为旗下品牌 A 做了一次大胆而冒险的营销活动，借此挑战其竞争对手——某啤酒品牌 B. 在美国橄榄球超级杯大赛的中场休息时间，公司 A 现场举行了一场别开生面的啤酒盲品会，令人吃惊的是，邀请的参与者竟全部是喜欢啤酒品牌 B 的忠实用户，共计 100 名. 广告的奥妙在于，即使是那些自认为喜欢品牌 B 的啤酒爱好者，在盲品时却发现自己更偏爱品牌 A. 为保证品鉴会的公正性，啤酒公司特意邀请一位裁判来监督整个活动过程.

啤酒品牌 A 举办的啤酒盲品会，为什么只邀请喜欢品牌 B 的参与者？首先，假设啤酒品牌 A 喝起来并无特别之处，与同类品牌 B 几乎没有太大区别. 任何参与者盲品的结果如同抛均匀硬币一样，各有 50%的机会. 现在分析三种可能方案，方案(1)：若从球场喜欢喝啤酒的观众中随机选取 100 人，他们基本上分辨不出啤酒品牌 A 与 B 的差别. 因此，取两种品牌的啤酒进行盲品测试，每个参与者猜对品牌的概率约为 50%，即约有 1/2 的人会选择品牌 A，此结果无法完成一次有说服力的广告营销. 方案(2)：若只从忠实于品牌 A 的啤酒爱好者中随机选取参与者，同样只有约 1/2 的人在盲品时选择品牌 A，而另外 1/2 的人则“不小心”地选择了品牌 B. 方案(3)：若只从忠实于品牌 B 的啤酒爱好者中随机选取参与者，这样会有约 1/2 的人在盲品时选择品牌 A，而这正是啤酒品牌 A 所希望的广告效果.

因此，此广告营销的高明之处恰恰在于参与者只从喜欢品牌 B 的啤酒爱好者中随机选取，故下面按方案(3)进行概率计算. 假设 100 名参与者在啤酒盲品时选择品牌 A 的人数为随机变量 $X$，每人的选择相互独立，则 $X$ 服从二项分布 $B(n,p)$，其中 $n=100$，$p=0.5$. 利用 Excel 中的统计函数 BINOM. DIST 计算选择品牌 A 不同人数的概率.

$$P(X=10)\approx 1.37\times 10^{-17},\quad P(X>40)\approx 0.97,\quad P(X<30)\approx 3.93\times 10^{-5}.$$

由上述结果可知，即使啤酒品鉴会是电视直播，选择品牌 A 的参与者人数小于 30 的概率也是极低的，而超过 40 人的概率则高达 97%，说明该广告营销活动貌似大胆，实际却是可行的.

啤酒品鉴会难道就没有风险了吗？如果参与者人数减少为 10 人，则 $X$ 服从二项分布 $B(10,0.5)$，同样利用函数 BINOM. DIST 计算选择品牌 A 人数的概率.

$$P(X=4)\approx 0.21,\quad P(X>4)\approx 0.62,\quad P(X\leqslant 3)\approx 0.17.$$

虽然选择品牌 A 的参与者人数大于 4 人的概率超过 60%，但人数小于或等于 3 的概率已为 17%，说明现场广告营销效果不佳的风险还是不容忽视的.

进一步分析，如果参与者人数增加为 1000 人，广告营销风险如何重新评价？若假设喜欢品牌 B 的参与者在啤酒品鉴时选择品牌 A 的概率降低为 0.4，又该如何评估该广告营销方案的合理性？借助于 Excel 的概率计算功能，广告策划方能寻找到合适的参与者及人数，既保证广告营销活动风险较低，同时也合理地控制成本.

**实验内容：常见概率分布的计算**

实验步骤：

单击 Excel 标题栏【公式】，选择【数据分析】→【分组方式】→【统计】，选择概率统计函数；或者在 Excel 工作表中直接输入相应的概率分布计算函数. 常用的函数参见表 10.2，函数用法举例如下：

(1) $X \sim B(100,0.4)$

$$P(X=10)=\text{BINOM. DIST}(10,100,0.4,\text{FALSE})\approx 1.962\times 10^{-11},$$

$$P(X\leqslant 30)=\text{BINOM. DIST}(30,100,0.4,\text{TRUE})\approx 0.025.$$

(2) $X \sim N(1,4)$

$$P(X\leqslant 3)=\text{NORM. DIST}(3,1,2,1)\approx 0.841,$$

$$f_X(3)=\text{NORM. DIST}(3,1,2,0)\approx 0.121.$$

**表 10.2　Excel 中常用的概率分布计算函数**

| 函　数　名 | 语　　法 | 功　　能 |
|---|---|---|
| BINOM. DIST | BINOM. DIST (number_s, trials, probability_s, cumulative) | 二项分布概率 |
| EXPON. DIST | EXPON. DIST (x, lambda, cumulative) | 指数分布概率 |
| F. DIST | F. DIST(x, deg_freedom1, deg_freedom2, cumulative) | $F$ 分布概率 |
| NORM. DIST | NORM. DIST (x, mean, standard_dev, cumulative) | 正态分布概率 |
| POISSON. DIST | POISSON. DIST (x, mean, cumulative) | 泊松分布概率 |
| T. DIST | T. DIST(x, deg_freedom, cumulative) | 左尾 $t$ 分布概率 |

## 10.3　随机模拟方法

### 10.3.1　产生随机数

**例 10.3**　对例 10.2 啤酒广告营销方案进行随机模拟,分析啤酒品鉴会失败的风险.

**实验内容一:产生常见分布的随机数**

实验步骤:

单击 Excel 标题栏【数据】→【数据分析】→【随机数发生器】→【确定】,在弹出的新窗口输入【变量个数】为 1,【随机数个数】为 100,【分布】选择为二项式,【参数】【p(A)=】0.5→【试验次数=】100→【输出区域】为:$A$3:$A$102,单击右侧【确定】按钮,则在 Excel 工作表的指定区域输出服从二项分布 $B(100,0.5)$的随机数 100 个,如图 10.11 第 A 列所示.

利用 Excel 数据分析模块中的随机数发生器可以产生 7 种随机数,分别是均匀分布、正态分布、两点分布、二项分布、泊松分布、按相同步长产生的重复序列及指定离散分布的随机数.

**实验内容二:绘制直方图**

利用实验内容一产生的 100 个服从二项分布 $B(100,0.5)$的随机数绘制直方图.

实验步骤:

(1) 首先确定直方图的接收区域,该区域的下界要略小于 100 个数据的最小值,而上界则略大于最大值,故接收区域选择为[30,80],步长为 5,如图 10.11 中 Excel 工作表区域第 B 列所示.

(2) 单击 Excel 标题栏【数据】→【数据分析】→【直方图】→【确定】,在弹出的【直方图】新窗口中选择【输入区域】为:$A$3:$A$102,【接收区域】为:$B$3:$B$13,选择【输出区域】为:$D$3,勾选【图表输出】,单击【确定】按钮,则在 Excel 工作表指定区域绘制数据的直方图,如图 10.11 所示.

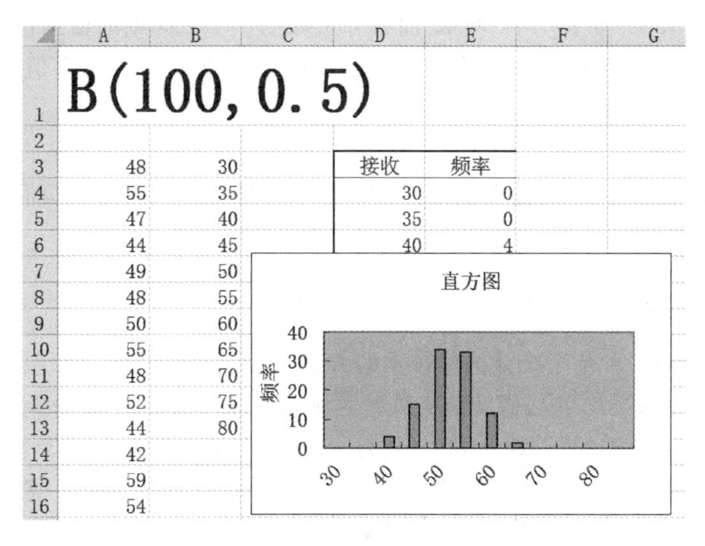


图 10.11

假设啤酒品鉴会参与者人数 $X \sim B(n,p)$，其中 $n=100, p=0.5$，随机模拟 100 次的试验结果表明选择了啤酒品牌 A 的参与者人数主要分布在区间[40,65]之间，该广告营销活动失败的风险是极低的. 若改变二项分布参数的取值，可用随机模拟方法同理进行分析. 例如，$n=10$ 或 1000，$p=0.4$，这时需要重新评估啤酒品鉴会活动的风险.

**例 10.4**　设随机变量 $X$ 的概率分布函数为

$$F(x)=x-\frac{1}{4}x^2,\quad 0\leqslant x\leqslant 2,$$

试产生服从该分布的随机数 500 个，并计算数据的百分位数，即将一组数值型数据按升序排列后，处于 $p\%$ 位置的数值称为第 $p$ 百分位数.

**实验内容一：产生指定分布的随机数**

若随机变量 $X$ 的概率分布函数 $F(x)$ 是连续的，则随机变量 $Y=F(X)$ 服从区间[0,1]上的均匀分布(证明见本书 2.3.2 节). 于是，首先产生服从均匀分布 $U[0,1]$ 的随机数 $y$，然后计算反函数值，即

$$x=F^{-1}(y)=2[1-(1-y)^{1/2}],\quad 0\leqslant y\leqslant 1,$$

则 $x$ 是服从指定分布 $F(x)$ 的随机数.

实验步骤：

(1) 产生区域[0,1]上的随机数. 单击 Excel 标题栏【数据】→【数据分析】→【随机数发生器】→【确定】，在弹出的【随机数发生器】新窗口中选择【变量个数】为 1，【随机数个数】为 500，选择【分布】为均匀，【参数】介于 0 与 1，【输出选项】点选【输出区域】为：$A：$A，则在 Excel 工作表指定区域产生服从均匀分布 $U[0,1]$ 的随机数.

(2) 计算 $x$ 值. 在 Excel 工作表 $B$1 处输入命令：=2*(1-SQRT(1-A1))，即返回 $x$ 的一个观测值. 将鼠标光标位置放在工作表 $B$1 处的右下角，当标志变为实心十字交叉时，持续按住鼠标左键，拖动十字交叉标志至工作表 $B$500 处，则可得到服从指定分布 $F(x)$ 的随机数 500 个.

**实验内容二：计算百分位数**

分位数是衡量数据位置的量度，常用的有中位数、上四分位数和下四分位数，在 Excel 中

有对应的函数进行计算,如表 10.1 所示.而百分位数提供了更详细的信息,可以反映各数据项分布的情况.第 $p$ 百分位数是指,至少有 $p\%$ 的数据项小于或等于这个值,且至少有 $(100-p)\%$ 的数据项大于或等于这个值.

实验步骤:

在 Excel 工作表＄C＄1 处输入命令:=PERCENTILE(B:B,0.9),即得到第 B 列区域数据的第 90 个百分点的值.

## 10.3.2 蒙特卡罗模拟

蒙特卡罗模拟是一种基于统计抽样技术的方法,基本思想最早来源于概率实验家蒲丰在 1777 年所做的"蒲丰投针"试验,借助随机试验方法来估算圆周率 $\pi$.蒙特卡罗方法通过模拟随机过程来估计某个感兴趣的量,现已成为科学计算的重要组成部分.

**例 10.5** 用蒙特卡罗方法估算圆周率 $\pi$.在直角坐标系 $Oxy$ 的第一象限以原点为中心,画四分之一的单位圆,则它的面积为 $\pi/4$.假设在平面区域 $[0,1]^2$ 内均匀抽样 $n$ 个点,其中抽到了四分之一圆内的点 $m$ 个.若 $n$ 足够大,则 $\frac{m}{n}\approx\frac{\pi}{4}$,即

$$\pi\approx\frac{4m}{n}.$$

**实验内容一:用蒙特卡罗方法估算圆周率 $\pi$**

实验步骤:

(1) 首先产生区域 $[0,1]^2$ 上的随机数.单击 Excel 标题栏【数据】→【数据分析】→【随机数发生器】→【确定】,在弹出的【随机数发生器】新窗口中选择【变量个数】为 2,【随机数个数】为 10000,选择【分布】为均匀,【参数】介于 0 与 1,【输出选项】点选【输出区域】为:＄A:＄B,则在 Excel 工作表指定区域产生服从区域 $[0,1]^2$ 上均匀分布的随机数 $(x,y)$ 共计 10000 个,如图 10.12 第 A 和 B 列所示.

(2) 判断随机数是否落在第一象限单位圆 $x^2+y^2\leqslant 1$ 内,并计算个数 $m$.在 Excel 工作表＄C＄1 处输入命令:=IF(A1^2 + B1^2 <=1,1,0).即,若随机数 $(x_1,y_1)$ 落在单位圆内,则输出 1,否则输出 0.将鼠标光标位置放在工作表＄C＄1 处的右下角,当标志变为实心十字交叉时,持续按住鼠标左键,拖动十字交叉标志至工作表＄C＄10000 处,则可判断每个随机数是否落在单位圆内,结果见图 10.12 的第 C 列.在工作表＄E＄1 处输入:=SUM(C:C),得到落在单位圆内的随机数个数 $m=7858$.

(3) 估算圆周率 $\pi$.在 Excel 工作表＄E＄2 处输入:=4 * SUM(C1:C10000)/10000,输出结果是圆周率约为 3.1432,如图 10.12 所示.

**实验内容二:绘制散点图**

实验步骤:

(1) 首先对数据进行排序.选择图 10.12 第 C 列数据,单击【开始】选项卡→选择【降序】,在弹出的对话框【降序提醒】中给出排序依据【扩展选定区域】→单击【排序】按钮.即,排在前 7858 位的数据均落在第一象限单位圆内,余下的数据则在圆外,如图 10.13 所示.

(2) 绘制落在单位圆内的样本点的散点图.在 Excel 工作表中选择:＄A＄1:＄B＄7858,单击【插入】选项卡→选择【推荐的图表】,在弹出的对话框【插入图表】中选择【散点图】→单击【确定】按钮.

|  | A | B | C | D | E |
|---|---|---|---|---|---|
| 1 | 0.820643 | 0.871242 | 0 | 圆内个数 | 7858 |
| 2 | 0.273446 | 0.599841 | 1 | pai= | 3.1432 |
| 3 | 0.07004 | 0.667959 | 1 |  |  |
| 4 | 0.128666 | 0.070315 | 1 |  |  |
| 5 | 0.366771 | 0.436995 | 1 |  |  |
| 6 | 0.632862 | 0.933439 | 0 |  |  |
| 7 | 0.727195 | 0.201178 | 1 |  |  |
| 8 | 0.766015 | 0.987701 | 0 |  |  |
| 9 | 0.1854 | 0.776269 | 1 |  |  |
| 10 | 0.315043 | 0.713858 | 1 |  |  |

图 10.12

(3) 添加落在单位圆外的样本点散点图.鼠标右击散点图中单位圆内部分,点击【选择数据】,在弹出的对话框【选择数据源】中选择【图例项(系列)】→单击【添加】按钮,在弹出的对话框【编辑数据系列】中选择【系列名称】为:系列 2,【X 轴系列值】为:=Sheet2! ＄A＄7859:＄A＄10000,【Y 轴系列值】为:=Sheet2! ＄B＄7859:＄B＄10000,单击【确定】按钮,则绘制出 10000 个样本点的散点图,如图 10.13 所示,深色部分为落在单位圆内的 7858 个样本点,浅色部分为落在圆外的 2142 个样本点.

|  | A | B | C | D | E | F | G |
|---|---|---|---|---|---|---|---|
| 1 | 0.27345 | 0.59984 | 1 | 圆内个数 | 7858 |  |  |
| 2 | 0.07004 | 0.66796 | 1 | pai= | 3.1432 |  |  |
| 3 | 0.12867 | 0.07031 | 1 |  |  |  |  |
| 4 | 0.36677 | 0.43699 | 1 |  |  |  |  |
| 5 | 0.7272 | 0.20118 | 1 |  |  |  |  |
| 6 | 0.1854 | 0.77627 | 1 |  |  |  |  |
| 7 | 0.31504 | 0.71386 | 1 |  |  |  |  |
| 8 | 0.2758 | 0.24845 | 1 |  |  |  |  |
| 9 | 0.30497 | 0.33067 | 1 |  |  |  |  |
| 10 | 0.10181 | 0.34184 | 1 |  |  |  |  |
| 11 | 0.70232 | 0.08695 | 1 |  |  |  |  |
| 12 | 0.49562 | 0.35896 | 1 |  |  |  |  |
| 13 | 0.12787 | 0.99109 | 1 |  |  |  |  |
| 14 | 0.30549 | 0.33973 | 1 |  |  |  |  |
| 15 | 0.71685 | 0.29075 | 1 |  |  |  |  |
| 16 | 0.64769 | 0.75103 | 1 |  |  |  |  |
| 17 | 0.86779 | 0.01779 | 1 |  |  |  |  |

图 10.13

**例 10.6**　用蒙特卡罗方法研究大数定律.假设一枚均匀硬币出现正面的概率为 0.5,将硬币重复抛掷 1000 次,用随机模拟方式观察出现正面的频率变化情况.

**实验内容:用蒙特卡罗方法观察频率变化**

实验步骤:

(1) 在 Excel 工作表＄D＄2 处预设出现正面的概率值为 0.5,如图 10.14 所示.

(2) 在 Excel 工作表＄A＄2 处输入:=IF(RAND()<＄D＄2,1,0),其中 RAND()产生区间[0,1]上的均匀分布随机数,然后用函数 IF 进行判断,若 RAND()产生的数值小于＄D＄2 处的数值 0.5,则输出数字 1,否则输出数字 0,即在＄A＄2 处输出第一次抛硬币随机试验

的结果.

(3) 将鼠标光标位置放在工作表＄A＄2处的右下角,当标志变为实心十字交叉时,持续按住鼠标左键,拖动十字交叉标志至工作表＄A＄1001处,则生成1000次抛硬币的模拟结果,如图10.14第A列所示.

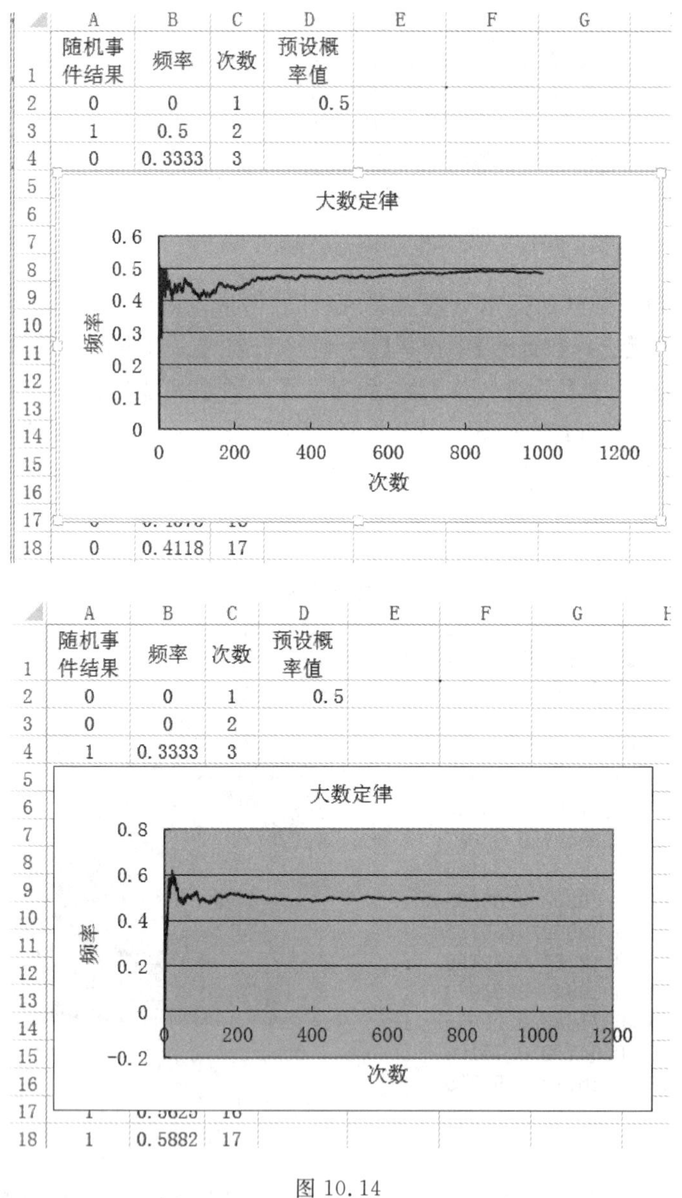


图 10.14

(4) 分析出现正面的频率变化情况.

在Excel工作表＄B＄2处输入:=COUNTIF(A＄2:A2,1)/COUNT(A＄2:A2);

在＄B＄3处输入:=COUNTIF(A＄2:A3,1)/COUNT(A＄2:A3),…

其中COUNTIF函数用来统计指定区域内取值为特定数值(本例为1)的单元格数,而COUNT函数用来统计指定区域内所有数值的单元格数.

(5) 在Excel工作表中选择范围:＄B＄1:＄B＄1001,单击【插入】选项卡→选择【推荐的图表】，在弹出的对话框【插入图表】中选择【折线图】→单击【确定】按钮. 鼠标右击图形，可设置图表区域格式. 如图 10.14 所示，抛均匀硬币的结果虽然是随机的，但是随着试验次数的增加，出现正面的频率总是趋于稳定，且稳定到同一个值，这验证了大数定律的结论.

# 10.4　抽样与参数估计

## 10.4.1　简单随机抽样

**例 10.7**　从 84 名学生中抽取一个容量为 10 的样本.

**实验内容：抽取随机样本**

实验步骤：

(1) 录入学生学号数据到 Excel 工作表的第 A 列，考虑到学号是分类型变量，因此分配给每个学生一个数字代码，分别为 1，2，…，并将代码对应相应的学号录入到工作表的第 B 列. 若变量是数值型的，则可省略此步骤.

(2) 单击【数据】选项卡→选择【数据分析】，在弹出的对话框【数据分析】中选择【抽样】→单击【确定】按钮.

(3) 在对话框【抽样】中选择【输入区域】为：$B：$B，勾选【标志】→【抽样方法】中点选【随机】→【样本数】为 10，选择【输出区域】为：$C：$C，单击【确定】按钮，即得到要抽样的样本代码.

## 10.4.2　参数估计

研究一个总体时，所关心的参数主要有总体均值、总体比例和总体方差等. 本节介绍用 Excel 2013 来估计总体参数的置信区间，不同情况下总体均值的区间估计结果参见表 10.3.

**表 10.3　总体均值的双侧置信区间**

| 总体分布 | 样本量 | 总体方差已知 | 总体方差未知 |
|---|---|---|---|
| 正态分布 | 大样本($n\geqslant 30$) | $\bar{x}\pm u_{\alpha/2}\frac{\sigma}{\sqrt{n}}$ | $\bar{x}\pm u_{\alpha/2}\frac{s}{\sqrt{n}}$ |
| | 小样本($n<30$) | $\bar{x}\pm u_{\alpha/2}\frac{\sigma}{\sqrt{n}}$ | $\bar{x}\pm t_{\alpha/2}(n-1)\frac{s}{\sqrt{n}}$ |
| 非正态分布 | 大样本($n\geqslant 30$) | $\bar{x}\pm u_{\alpha/2}\frac{\sigma}{\sqrt{n}}$ | $\bar{x}\pm u_{\alpha/2}\frac{s}{\sqrt{n}}$ |

**例 10.8**　已知某种商品的月销售量服从正态分布，试估计该商品平均月销售量 95% 的置信区间. 现随机抽取 15 个月的销售记录(单位：件)如下：

1472　1492　1519　1509　1499　1505　1496　1515

1510　1496　1517　1506　1488　1500　1492

**实验内容：参数的区间估计**

考虑总体服从正态分布，总体方差未知时均值的置信水平为 95% 的置信区间.

实验步骤：

(1) 录入月销售量数据到 Excel 工作表的第 A 列，单击【公式】选项卡→选择【插入函数】，在弹出的对话框【插入函数】中选择类别【统计】→选择函数【AVERAGE】→单击【确定】按钮.

或者,在 Excel 工作表指定位置直接输入:=AVERAGE(A:A),计算出第 A 列数据的均值 $\overline{x}$ =1501.11.

(2) 单击【插入函数】→选择类别【统计】→选择函数【STDEV. S】→单击【确定】按钮. 或者,在 Excel 工作表指定位置输入:=STDEV. S (A:A),计算出第 A 列数据的标准差 $s=$ 12.48.

(3) 单击【插入函数】→选择类别【统计】→选择函数【T. INV. 2T】→单击【确定】按钮,在对话框【Probability】输入 0.05,在【Deg_freedom】输入 14,该函数返回 $t$ 分布的双侧分位数 $t_{\alpha/2}(14)=2.144787$. 或者,在 Excel 工作表指定位置输入:=T. INV. 2T (0.05,14),可得到相同结果.

(4) 由表 10.3 的公式得到总体均值的置信区间为 $1501.11 \pm 2.144787 \times 12.48/\sqrt{15} \approx (1494.20, 1508.02)$. 或者,使用 Excel 2013 中的函数 CONFIDENCE. T 计算置信区间的半径,在 Excel 工作表指定位置输入:=CONFIDENCE. T (0.05,12.48,15),输出结果为6.911,即可得到相同的置信区间估计结果.

## 10.5 假设检验

研究参数假设检验问题时,涉及的参数主要有总体均值、总体比例和总体方差. 因为检验的参数不同,所以计算检验统计量的方法会有所不同,本节只介绍总体均值的假设检验问题.

### 10.5.1 单个正态总体均值的假设检验

假设单个总体服从正态分布,检验总体均值与某指定值之间在统计意义下是否存在显著性差异. 当总体方差已知时做单一样本的 $z$ 检验,而当总体方差未知时做单一样本的 $t$ 检验.

**例 10.9** 表 10.4 所示的是研究人员测量的 50 个健康成年人的体温(单位:℃)数据,试检验正常人平均体温与 37 ℃是否存在显著性差异(显著性水平为 95%).

**表 10.4 50 个健康成年人的体温** 单位:℃

| | | | | | | | | | |
|---|---|---|---|---|---|---|---|---|---|
| 37.1 | 36.9 | 37.6 | 36.1 | 37.1 | 37.0 | 36.6 | 36.1 | 36.7 | 36.8 |
| 36.9 | 36.6 | 36.7 | 37.1 | 36.2 | 36.7 | 37.2 | 37.1 | 37.2 | 37.0 |
| 36.9 | 36.2 | 37.3 | 36.6 | 36.3 | 36.9 | 36.4 | 37.0 | 36.3 | 37.0 |
| 37.1 | 36.7 | 36.9 | 36.5 | 37.5 | 37.0 | 36.6 | 36.6 | 37.1 | 36.1 |
| 36.4 | 36.9 | 36.4 | 36.7 | 36.9 | 37.1 | 37.3 | 36.9 | 36.7 | 37.0 |

**实验内容:单一样本 $t$ 检验**

首先绘制数据的直方图,如图 10.15 所示.

假设总体为健康成年人体温,由图 10.15 所示的结果可假设总体服从正态分布. 当总体方差未知时,总体均值的假设检验使用单一样本的 $t$ 检验. 原假设为 $H_0:\mu=37$;对立假设为 $H_1:\mu\neq 37$,检验统计量为 $T$ 统计量:

$$T=\frac{\overline{X}-\mu}{s/\sqrt{n}}\sim t(n-1)$$

拒绝域为$(-\infty,-t_{\alpha/2}(n-1)]\cup[t_{\alpha/2}(n-1),+\infty)$.

实验步骤:

(1) 录入健康成年人体温数据到 Excel 工作表的第 A 列，在第 B 列输入检验值 37，如图 10.16 所示.

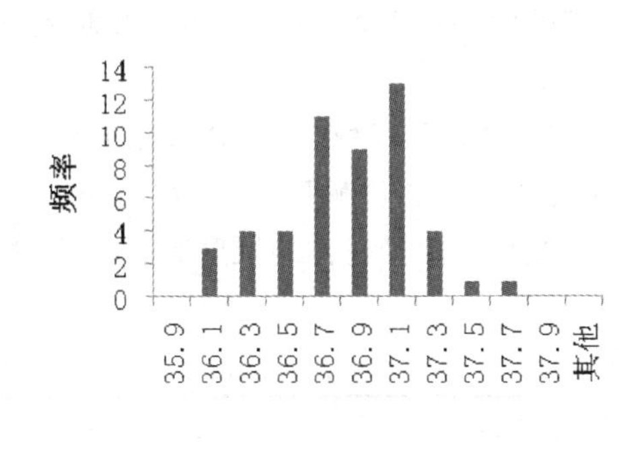


图 10.15

D7

| | A | B | C |
|---|---|---|---|
| 1 | 正常体温 | 检验值 | |
| 2 | 37.1 | 37 | |
| 3 | 36.9 | 37 | |
| 4 | 37.6 | | |
| 5 | 36.1 | | |
| 6 | 37.1 | | |

图 10.16

(2) 单击【数据】选项卡→选择【数据分析】，在弹出的对话框【数据分析】中选择【t-检验：双样本异方差假设】→单击【确定】按钮.

(3) 在弹出的对话框【t-检验：双样本异方差假设】中选择输入【变量 1 的区域】为：\$A\$1：\$A\$51，【变量 2 的区域】为：\$B\$1：\$B\$3，勾选【标志】→【输出区域】为：\$C\$2，单击【确定】按钮，操作如图 10.17 所示，输出结果如图 10.18 所示.

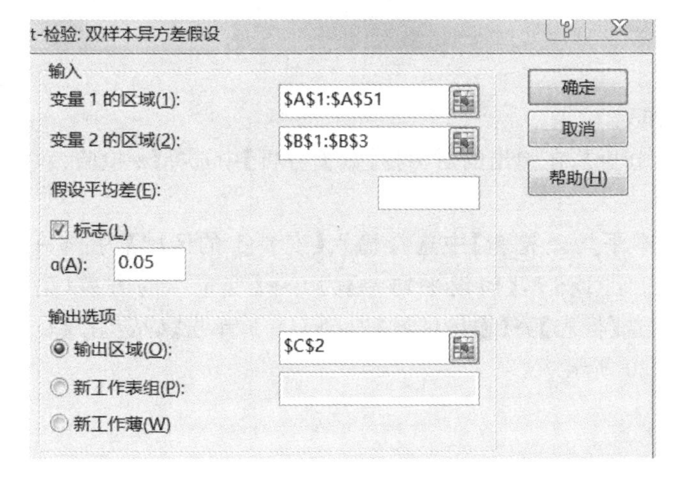


图 10.17

| C | D | E |
|---|---|---|
| t-检验：双样本异方差假设 | | |
| | 正常体温 | 检验值 |
| 平均 | 36.8 | 37 |
| 方差 | 0.13102 | 0 |
| 观测值 | 50 | 2 |
| 假设平均差 | 0 | |
| df | 49 | |
| t Stat | -3.90702 | |
| P(T<=t) 单尾 | 0.000143 | |
| t 单尾临界 | 1.676551 | |
| P(T<=t) 双尾 | 0.000287 | |
| t 双尾临界 | 2.009575 | |

图 10.18

图 10.18 结果显示，检验值 $t=-3.90702$，而 $t$ 双尾临界值为 2.009575，即 $t$ 值在拒绝域内，故拒绝原假设. 另外，事件 $P(|T|\leqslant t)$ 的概率即双尾 $p$ 值为 0.000287，已远远小于 $\alpha=0.05$，同样拒绝原假设. 因此，在显著性水平 95% 下认为健康成年人的平均体温与 37 ℃存在显著性差异.

## 10.5.2　两个正态总体均值差的检验

除对单个总体的参数进行检验外，实际工作还经常需要对来自两个总体的参数进行检验. 本节主要讨论两个正态总体均值之差的检验，检验程序类似一个总体的情形，但统计量的计算要复杂一些.

## 一、两独立样本均值之差的检验

检验两个相互独立的样本是否来自具有相同均值的总体，即对两个不同总体均值之间是否存在显著性差异进行检验. 检验的前提条件为：被比较的两组样本相互独立，没有配对关系；两个总体均服从正态分布.

**例 10.10**　某铸造厂技术人员为提高缸体的耐磨性而研制了一种镍合金铸件以取代已有的一种铜合金铸件. 现从两个总体中分别独立抽取一个样本进行铸件硬度测试，数据如表 10.5 所示. 假设两个总体硬度均服从正态分布，方差均为 3，试检验两种铸件的硬度有无显著性差异(显著性水平为 95%).

**表 10.5　铸件硬度**　　　　单位：°N/mm²

| 镍合金 | 73 | 69.8 | 71.2 | 69.5 | 71.7 | 72.5 |
|---|---|---|---|---|---|---|
| 铜合金 | 70.1 | 66.0 | 67.2 | 65.1 | 68.2 | 64.2 |

**实验内容：两独立样本的 $z$ 检验**

假设两总体服从正态分布且方差已知时，进行两独立样本均值之差的 $z$ 检验. 原假设为 $H_0:\mu_1-\mu_2=0$；对立假设为 $H_1:\mu_1-\mu_2\neq 0$，检验统计量为 $Z$ 统计量：

$$Z=(\overline{X}-\overline{Y})\Big/\sqrt{\frac{\sigma_1^2}{n_1}+\frac{\sigma_2^2}{n_2}}\sim N(0,1),$$

拒绝域为 $(-\infty,-u_{\alpha/2}]\cup[u_{\alpha/2},+\infty)$.

实验步骤：

(1) 录入铸件硬度数据到 Excel 工作表.

(2) 单击【数据】选项卡→选择【数据分析】，在弹出的对话框【数据分析】中选择【z-检验：双样本平均差假设】→单击【确定】按钮.

(3) 在弹出的对话框【z-检验：双样本平均差检验】中选择输入【变量 1 的区域】为：\$A\$1：\$A\$7，【变量 2 的区域】为：\$B\$1：\$B\$7，【假设平均差】为 0→【变量 1 的方差(已知)】为 3，【变量 2 的方差(已知)】为 3，勾选【标志】→【输出区域】为：\$C\$1，单击【确定】按钮. 操作如图 10.19 所示，输出结果如图 10.20 所示.

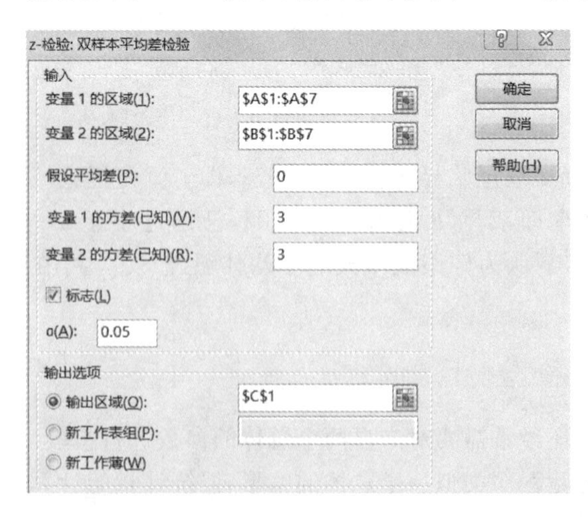


图 10.19

| | A | B | C | D | E |
|---|---|---|---|---|---|
| 1 | 镍合金 | 铜合金 | z-检验：双样本均值分析 | | |
| 2 | 73 | 70.1 | | | |
| 3 | 69.8 | 66.0 | | 镍合金 | 铜合金 |
| 4 | 71.2 | 67.2 | 平均 | 71.28333 | 66.8 |
| 5 | 69.5 | 65.1 | 已知协方差 | 3 | 3 |
| 6 | 71.7 | 68.2 | 观测值 | 6 | 6 |
| 7 | 72.5 | 64.2 | 假设平均差 | 0 | |
| 8 | | | z | 4.483333 | |
| 9 | | | P(Z<=z) 单尾 | 3.67E-06 | |
| 10 | | | z 单尾临界 | 1.644854 | |
| 11 | | | P(Z<=z) 双尾 | 7.35E-06 | |
| 12 | | | z 双尾临界 | 1.959964 | |

图 10.20

图 10.20 结果显示，检验值 $z=4.483333$，而 $z$ 双尾临界值为 1.959964，即 $z$ 值在拒绝域

内，故拒绝原假设. 另外，事件 $P(|Z|\leqslant z)$ 的概率 $p$ 值为 $7.35\times10^{-6}$，已远远小于 $\alpha=0.05$，因此也拒绝原假设. 于是，在显著性水平 95%下认为两种铸件硬度存在显著性差异.

**例 10.11** 假设例 10.10 中两个总体硬度均服从正态分布，方差未知但相等，试检验镍合金铸件的硬度是否显著高于铜合金铸件的硬度(显著性水平为 95%).

**实验内容：两独立样本的 $t$ 检验**

假设两个总体均服从正态分布，方差未知但相等，则进行两独立样本均值之差的 $t$ 检验. 镍合金铸件硬度均值为 $\mu_1$，铜合金铸件硬度均值为 $\mu_2$. 原假设为 $H_0:\mu_1-\mu_2\leqslant0$；对立假设为 $H_1:\mu_1-\mu_2>0$，检验统计量为 $T$ 统计量：

$$T=\frac{(\overline{X}-\overline{Y})-(\mu_1-\mu_2)}{\sqrt{(n_1-1)S_1^2+(n_2-1)S_2^2}}\sqrt{\frac{n_1n_2(n_1+n_2-2)}{n_1+n_2}}\sim t(n_1+n_2-2),$$

拒绝域为 $(-\infty,-t_\alpha(n_1+n_2-2)]$.

实验步骤：

(1) 录入铸件硬度数据到 Excel 工作表.

(2) 单击【数据】选项卡→选择【数据分析】，在弹出的对话框【数据分析】中选择【t-检验：双样本等方差假设】→单击【确定】按钮.

(3) 在弹出的对话框【t-检验：双样本等方差假设】中选择输入【变量 1 的区域】为：\$A\$1：\$A\$7，【变量 2 的区域】为：\$B\$1：\$B\$7，【假设平均差】为 0，勾选【标志】→【输出区域】为：\$C\$1，单击【确定】按钮，输出结果如图 10.21 所示.

| | A | B | C | D | E |
|---|---|---|---|---|---|
| 1 | 镍合金 | 铜合金 | t-检验：双样本等方差假设 | | |
| 2 | 73 | 70.1 | | | |
| 3 | 69.8 | 66.0 | | 镍合金 | 铜合金 |
| 4 | 71.2 | 67.2 | 平均 | 71.28333 | 66.8 |
| 5 | 69.5 | 65.1 | 方差 | 1.997667 | 4.66 |
| 6 | 71.7 | 68.2 | 观测值 | 6 | 6 |
| 7 | 72.5 | 64.2 | 合并方差 | 3.328833 | |
| 8 | | | 假设平均差 | 0 | |
| 9 | | | df | 10 | |
| 10 | | | t Stat | 4.256137 | |
| 11 | | | P(T<=t) 单尾 | 0.000837 | |
| 12 | | | t 单尾临界 | 1.812461 | |
| 13 | | | P(T<=t) 双尾 | 0.001673 | |
| 14 | | | t 双尾临界 | 2.228139 | |

图 10.21

图 10.21 结果显示，检验值 $t$ 为 $4.256137>0$，而 $t$ 单尾临界值为 1.812461，即 $t$ 值在拒绝域内，故拒绝原假设. 同时，考虑单侧检验的 $p$ 值，即 $P(T\geqslant4.256137)=0.000837$，它已远远小于 $\alpha=0.05$. 因此，在显著性水平 95%下认为镍合金铸件的硬度显著高于铜合金铸件的硬度.

## 二、两配对样本均值之差的检验

对两个总体均值之差进行显著性差异检验，有时抽样方式并不是独立的，而是互相关联的，例如两样本是配对抽取的. 两配对样本 $t$ 检验一般用于同一研究对象(或两配对对象)分别给予两种不同处理的效果对比，或者同一研究对象(或两配对对象)处理前后的效果比较.

该检验的前提条件为：被比较的两组样本是配对的，样本数必须相同，两组样本值的先后顺序是对应的,即样本一的第 $i$ 个值对应着样本二的第 $i$ 个值,顺序不能随便更改;两个总体均服从正态分布.

**例 10.12**　为检验两种安眠药疗效,抽样观察 10 个失眠患者分别服药后延长睡眠时间的情况,得到配对数据如表 10.6 所示.试检验两种药物疗效是否存在显著性差异(显著性水平为 95%).

**表 10.6　安眠药疗效配对数据**

| 甲药延时量 | 1.9 | 0.8 | 1.1 | 0.1 | −0.1 | 4.4 | 5.5 | 1.6 | 4.6 | 3.4 |
|---|---|---|---|---|---|---|---|---|---|---|
| 乙药延时量 | 0.7 | −1.6 | −0.2 | −1.2 | −0.1 | 3.4 | 3.7 | 0.8 | 0.0 | 2.2 |

**实验内容:两配对样本的 $t$ 检验**

原假设为 $H_0:\mu_1-\mu_2=0$;对立假设为 $H_1:\mu_1-\mu_2\neq 0$.令

$$Z_i=X_i-Y_i,\quad d=EZ_i=\mu_1-\mu_2,\quad i=1,2,\cdots,n.$$

则上述假设形式等价于:原假设为 $H_0$: $d=0$; 对立假设为 $H_1$: $d\neq 0$. 对于差值样本 $z_1,z_2,\cdots,z_n$,检验统计量为 $T=\dfrac{\overline{D}}{S_D/\sqrt{n}}\sim t(n-1)$. 其中,$\overline{D}$ 为差值样本的均值;$S_D$ 为差值样本的标准差;$n$ 为样本量.由单一样本的 $t$ 检验得拒绝域为 $(-\infty,-t_{\alpha/2}(n-1)]\cup[t_{\alpha/2}(n-1),+\infty)$.

实验步骤:

(1) 录入安眠药延时量数据到 Excel 工作表.

(2) 单击【数据】选项卡→选择【数据分析】,在弹出的对话框【数据分析】中选择【t-检验:成对双样本均值分析】→单击【确定】按钮.

(3) 在弹出的对话框【t-检验:成对双样本均值分析】中选择输入【变量 1 的区域】为:$A$1:$A$11,【变量 2 的区域】为:$B$1:$B$11,【假设平均差】为 0,勾选【标志】→【输出区域】为:$C$1,单击【确定】按钮,输出结果如图 10.22 所示.

|  | A | B | C | D | E |
|---|---|---|---|---|---|
| 1 | 甲药延时量 | 乙药延时量 | t-检验: 成对双样本均值分析 | | |
| 2 | 1.9 | 0.7 | | | |
| 3 | 0.8 | -1.6 | | 甲药延时量 | 乙药延时量 |
| 4 | 1.1 | -0.2 | 平均 | 2.33 | 0.77 |
| 5 | 0.1 | -1.2 | 方差 | 4.009 | 3.260111 |
| 6 | -0.1 | -0.1 | 观测值 | 10 | 10 |
| 7 | 4.4 | 3.4 | 泊松相关系数 | 0.794451 | |
| 8 | 5.5 | 3.7 | 假设平均差 | 0 | |
| 9 | 1.6 | 0.8 | df | 9 | |
| 10 | 4.6 | 0.0 | t Stat | 3.994896 | |
| 11 | 3.4 | 2.2 | P(T<=t) 单尾 | 0.001567 | |
| 12 | | | t 单尾临界 | 1.833113 | |
| 13 | | | P(T<=t) 双尾 | 0.003134 | |
| 14 | | | t 双尾临界 | 2.262157 | |

图 10.22

图 10.22 结果显示,检验值 $t=3.994896$,它大于 $t$ 双尾临界值 2.262157,即 $t$ 值在拒绝域内,故拒绝原假设.另外,双尾 $p$ 值为 0.003134,已远远小于 $\alpha=0.05$,因此也拒绝原假设.于是,在显著性水平 95%下认为两种安眠药疗效存在显著性差异.

# 10.6 方差分析

方差分析是分析各分类自变量对数值因变量影响是否显著的一种统计方法，用于两个及两个以上样本均值差异的假设检验，通过对数据误差的分析来检验可控因素对研究结果的影响是否显著.现实中的复杂事物，其中往往有许多因素互相制约又互相依存.方差分析能找到对该事物影响显著的因素、各因素之间的交互作用以及显著影响因素的最佳水平等.方差分析又称为"$F$ 检验"，其中 $F$ 检验量是方差之比的形式，Excel 中的数据分析模块可进行方差分析工作.根据资料设计类型的不同，分为单因素方差分析和多因素方差分析.

## 10.6.1 单因素方差分析

单因素方差分析研究单个因素是否对因变量产生显著性影响.

**例 10.13** 某厂生产线生产同一种零件，从每条生产线上随机抽取 5 个零件，测其断裂强度.如图 10.23 所示，试比较它们的断裂强度是否存在显著性差异.

| | A | B | C | D | E |
|---|---|---|---|---|---|
| 1 | 生产线 | A1 | A2 | A3 | A4 |
| 2 | | 1.5 | 8.4 | 3.6 | 9.3 |
| 3 | | 7 | 2.9 | 8.2 | 8.3 |
| 4 | | 0.2 | 5.6 | 3.8 | 7 |
| 5 | | 2.9 | 0.5 | 7.7 | 4.2 |
| 6 | | 1 | 3.4 | 5.9 | 7.5 |

图 10.23

**实验内容:单因素方差分析**

实验步骤:

(1) 单因素方差分析数据输入格式如图 10.23 所示，单因素生产线的 4 个不同水平 A1～A4 各占 Excel 工作表的一列.

(2) 单击【数据】选项卡→选择【数据分析】，在弹出的对话框【数据分析】中选择【方差分析:单因素方差分析】→单击【确定】按钮.

(3) 在弹出的对话框【方差分析:单因素方差分析】中选择【输入区域】为:$B$1:$E$6，【分组方式】选择为【列】，勾选【标志位于第一行】→选择【输出区域】为:$A$8，单击【确定】按钮.输出结果如图 10.24 所示.

图 10.24 首先给出单因素在四个不同水平之下数据的基本统计特征，再给出方差分析结果.其中，检验量 $F$ 值为 3.461629，已大于 $F$ 临界值 3.238872，且检验 $p$ 值 0.041366 小于 $\alpha=0.05$，因此拒绝原假设，即认为该厂四条生产线上零件的断裂强度存在显著性差异.

## 10.6.2 多因素方差分析

多因素方差分析研究两个及以上分类型自变量是否对数值型因变量产生显著性影响.分析时不仅需要分析多个因素对因变量的独立影响，而且需分析多个因素之间的交互作用对因变量的影响是否显著，从而最终找到有利于因变量的最优组合.

**例 10.14** 试分析不同路段、不同时间段以及两个因素的搭配是否对汽车通行时间产生显著性影响，数据如图 10.25 所示.

| 方差分析：单因素方差分析 | | | | | | |
|---|---|---|---|---|---|---|
| | | | | | | |
| SUMMARY | | | | | | |
| 组 | 观测数 | 求和 | 平均 | 方差 | | |
| A1 | 5 | 12.6 | 2.52 | 7.237 | | |
| A2 | 5 | 20.8 | 4.16 | 8.903 | | |
| A3 | 5 | 29.2 | 5.84 | 4.553 | | |
| A4 | 5 | 36.3 | 7.26 | 3.683 | | |
| | | | | | | |
| 方差分析 | | | | | | |
| 差异源 | SS | df | MS | F | P-value | F crit |
| 组间 | 63.2855 | 3 | 21.09517 | 3.461629 | 0.041366 | 3.238872 |
| 组内 | 97.504 | 16 | 6.094 | | | |
| | | | | | | |
| 总计 | 160.7895 | 19 | | | | |

图 10.24

| | A | B | C |
|---|---|---|---|
| 1 | | 路段1 | 路段2 |
| 2 | 高峰期 | 26 | 19 |
| 3 | 高峰期 | 24 | 20 |
| 4 | 高峰期 | 27 | 23 |
| 5 | 高峰期 | 25 | 22 |
| 6 | 高峰期 | 25 | 21 |
| 7 | 非高峰期 | 20 | 18 |
| 8 | 非高峰期 | 17 | 17 |
| 9 | 非高峰期 | 22 | 13 |
| 10 | 非高峰期 | 21 | 16 |
| 11 | 非高峰期 | 17 | 12 |

图 10.25

**实验内容:有交互作用的多因素方差分析**

实验步骤:

(1) 多因素方差分析数据输入格式如图 10.25 所示,两因素两水平的不同搭配共有 4 种,每种各做 5 次重复实验.

(2) 单击【数据】选项卡→选择【数据分析】,在弹出的对话框【数据分析】中选择【方差分析:可重复双因素分析】→单击【确定】按钮.

(3) 在弹出的对话框【方差分析:可重复双因素分析】中选择【输入区域】为:$A$1:$C$11,【每一样本的行数】为 5,选择【输出选项】为【新工作表组】,单击【确定】按钮,则在 Excel 一个新工作表组中输出结果,如图 10.26 所示.

| | A | B | C | D | E | F | G |
|---|---|---|---|---|---|---|---|
| 1 | 方差分析：可重复双因素分析 | | | | | | |
| 2 | | | | | | | |
| 3 | SUMMARY | 路段1 | 路段2 | 总计 | | | |
| 4 | 高峰期 | | | | | | |
| 5 | 观测数 | 5 | 5 | 10 | | | |
| 6 | 求和 | 127 | 105 | 232 | | | |
| 7 | 平均 | 25.4 | 21 | 23.2 | | | |
| 8 | 方差 | 1.3 | 2.5 | 7.066667 | | | |
| 9 | | | | | | | |
| 10 | 非高峰期 | | | | | | |
| 11 | 观测数 | 5 | 5 | 10 | | | |
| 12 | 求和 | 97 | 76 | 173 | | | |
| 13 | 平均 | 19.4 | 15.2 | 17.3 | | | |
| 14 | 方差 | 5.3 | 6.7 | 10.23333 | | | |
| 15 | | | | | | | |
| 16 | 总计 | | | | | | |
| 17 | 观测数 | 10 | 10 | | | | |
| 18 | 求和 | 224 | 181 | | | | |
| 19 | 平均 | 22.4 | 18.1 | | | | |
| 20 | 方差 | 12.93333 | 13.43333 | | | | |
| 21 | | | | | | | |
| 22 | | | | | | | |
| 23 | 方差分析 | | | | | | |
| 24 | 差异源 | SS | df | MS | F | P-value | F crit |
| 25 | 样本 | 174.05 | 1 | 174.05 | 44.06329 | 5.7E-06 | 4.493998 |
| 26 | 列 | 92.45 | 1 | 92.45 | 23.40506 | 0.000182 | 4.493998 |
| 27 | 交互 | 0.05 | 1 | 0.05 | 0.012658 | 0.911819 | 4.493998 |
| 28 | 内部 | 63.2 | 16 | 3.95 | | | |
| 29 | | | | | | | |
| 30 | 总计 | 329.75 | 19 | | | | |

图 10.26

图 10.26 首先给出分类汇总数据的统计特征，然后再给出方差分析结果.结果中有三个检验量 $F$ 值，相当于做了三次方差分析.因素“时间段”分为高峰期和非高峰期，检验值 $F=44.06329$，它大于 $F$ 临界值 4.493998，且检验 $p$ 值 $5.7\times10^{-6}$ 远远小于 $\alpha=0.05$，因此拒绝原假设，认为高峰期和非高峰期的通行时间存在显著性差异.同理，因素“路段”对于通行时间的影响也是显著的.但是，考虑因素“时间段”与因素“路段”的交互作用，检验值 $F=0.012658$，它小于 $F$ 临界值 4.493998，且检验 $p$ 值 0.911819 远大于 $\alpha=0.05$，因此不能拒绝原假设，即认为“时间段”与“路段”的交互作用对通行时间的影响并不显著.

## 10.7 回归分析

回归分析研究多个变量之间的数量依存关系，并把这种关系用适当的数学模型表达出来，进而确定一个或几个变量(自变量)的变化对特定变量(因变量)的影响程度.具体来说，回归分析主要解决三个问题：

(1) 从样本出发，确定变量之间的数学关系式；

(2) 对这些关系式的可信程度进行统计检验，并从影响因变量的诸多自变量中找出哪些变量的影响是显著的，而哪些是不显著的；

(3) 利用已通过检验的数学关系式来估计或预测因变量的取值，并给出可靠程度.

本节介绍一元线性回归，只涉及一个自变量 $x$，且因变量 $y$ 与自变量 $x$ 之间为线性关系.建立回归模型前，需要明确哪个变量是因变量，哪个变量是自变量，通过散点图观察它们之间的关系是否线性.若经过判断可以建立一元线性回归方程，则用最小二乘法估计模型参数，再进行相应的回归方程检验、回归系数检验及残差分析.如果回归模型通过了各种检验，则可以用来预测因变量的取值.

**例 10.15**　设某公司有六个地区分部，各地区的销售额 $Y$ 和渠道费用 $X$ 数据如表 10.7 所示.试分析两者之间的线性关系，并给出回归分析结果.

**表 10.7　六个地区分部的销售额和渠道费用数据**

| 地　区 | 销售额 $Y$ | 渠道费用 $X$ | 地　区 | 销售额 $Y$ | 渠道费用 $X$ |
|---|---|---|---|---|---|
| 1 | 320 | 4700 | 9 | 158 | 2825 |
| 2 | 290 | 4400 | 10 | 176 | 2937 |
| 3 | 170 | 2900 | 11 | 266 | 3875 |
| 4 | 248 | 3650 | 12 | 140 | 2600 |
| 5 | 278 | 4062 | 13 | 332 | 4850 |
| 6 | 260 | 3800 | 14 | 200 | 2975 |
| 7 | 224 | 3387 | 15 | 230 | 3537 |
| 8 | 338 | 4925 | 16 | 350 | 5075 |

**实验内容：一元线性回归分析**

实验步骤：

用 Excel 2013 进行回归分析有两种形式：函数和回归分析宏.若用函数形式，表 10.8 列出了 9 个函数可用于回归建模和预测.

表 10.8　Excel 进行回归分析的函数表

| | |
|---|---|
| INTERCEPT | 返回线性回归模型的截距 |
| SLOPE | 返回线性回归模型的斜率 |
| RSQ | 返回线性回归模型的判定系数 |
| FORECAST | 返回一元线性回归模型的预测值 |
| STEYX | 返回估计的标准误差 |
| TREND | 返回线性回归线的趋势值 |
| GROWTH | 返回指数曲线的趋势值 |
| LINEST | 返回线性回归模型的参数 |
| LOGEST | 返回指数曲线模型的参数 |

利用表 10.8 函数进行回归分析比较烦琐,下面利用回归分析宏的形式进行分析.

(1) 绘制渠道费用 $X$ 和销售额 $Y$ 数据的散点图.如图 10.27 所示,输入数据到 Excel,选择区域:$B$1:$C$17,单击【插入】选项卡→选择【散点图】.图形显示渠道费用 $X$ 和销售额 $Y$ 之间存在明显的线性关系,因此可以进行一元线性回归分析.

(2) 在 Excel 工作表中散点图的数据点部分右击鼠标,选择【添加趋势线】,在弹出的【趋势线选项】中选择【线性】,勾选【显示公式】和【显示 R 平方值】,操作如图 10.28 所示,带回归方程和判定系数的回归直线如图 10.29 所示.判定系数 $R^2$ 为 0.9824,可初步判定一元线性回归直线拟合数据的效果较好,但进一步的回归分析结果需用回归分析宏工具.

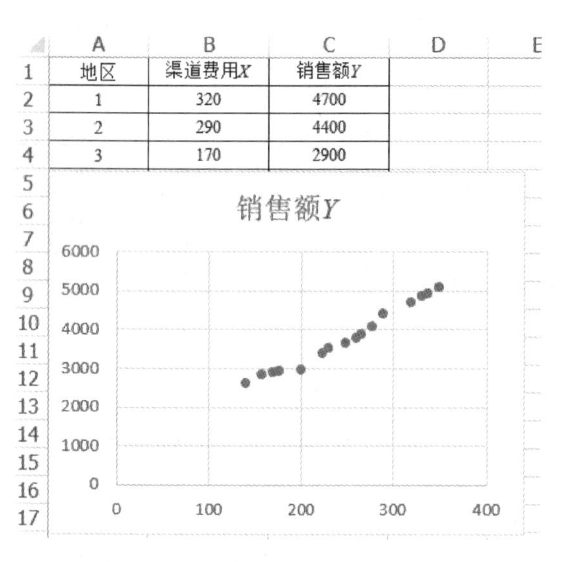


图 10.27

图 10.28

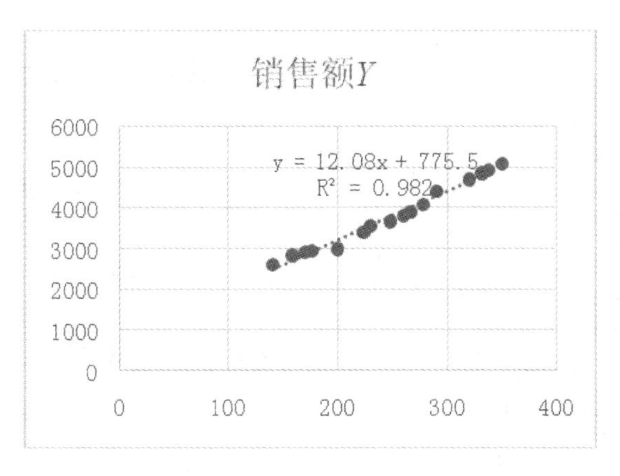


图 10.29

(3) 单击【数据】选项卡→选择【数据分析】,在弹出的对话框【数据分析】中选择【回归】→单击【确定】按钮.

(4) 在弹出的对话框【回归】中输入【Y 值输入区域】为:\$C\$1:\$C\$17,【X 值输入区域】为:\$B\$1:\$B\$17,勾选【标志】,选择【输出选项】为【新工作表组】,勾选【残差图】和【线性拟合图】,单击【确定】按钮,则在 Excel 一个新工作表组中输出结果,如图 10.30 和图 10.31 所示.

| | A | B | C | D | E | F | G | H | I |
|---|---|---|---|---|---|---|---|---|---|
| 1 | SUMMARY OUTPUT | | | | | | | | |
| 2 | | | | | | | | | |
| 3 | 回归统计 | | | | | | | | |
| 4 | Multiple R | 0.99116 | | | | | | | |
| 5 | R Square | 0.9824 | | | | | | | |
| 6 | Adjusted | 0.98115 | | | | | | | |
| 7 | 标准误差 | 112.789 | | | | | | | |
| 8 | 观测值 | 16 | | | | | | | |
| 9 | | | | | | | | | |
| 10 | 方差分析 | | | | | | | | |
| 11 | | df | SS | MS | F | Significance F | | | |
| 12 | 回归分析 | 1 | 9942478 | 9942478 | 781.563 | 1.103E-13 | | | |
| 13 | 残差 | 14 | 178098 | 12721.3 | | | | | |
| 14 | 总计 | 15 | 1E+07 | | | | | | |
| 15 | | | | | | | | | |
| 16 | | Coefficient | 标准误差 | t Stat | P-value | Lower 95% | Jpper 95% | 下限 95.0% | 上限 95.0 |
| 17 | Intercept | 775.552 | 111.145 | 6.97782 | 6.5E-06 | 537.16887 | 1013.94 | 537.169 | 1013.94 |
| 18 | 渠道费用X | 12.0827 | 0.4322 | 27.9564 | 1.1E-13 | 11.155734 | 13.0097 | 11.1557 | 13.0097 |

图 10.30

图 10.30 第一部分为"回归统计","Multiple R"是复相关系数,"R Square"是判定系数,"Adjusted"是调整后的判定系数,"标准误差"是估计的标准误差.第二部分为"方差分析",检验值 $F=781.563$,"Significance F"即检验 $p$ 值为 $1.103\times10^{-13}$,它远远小于 $\alpha=0.05$.因此由方差分析结果,该回归方程通过了检验.第三部分是回归系数的 $t$ 检验结果,其中"t Stat"为检验值 $t$,"p-value"即检验 $p$ 值均远小于 $\alpha=0.05$,故回归系数也通过了检验.

图 10.31 所示的是回归分析的残差输出结果,残差是指实际观察值与回归估计值之差.图 10.31 右上图显示残差在 0 上下随机波动,并且变化幅度在带形区域内,说明选用的回归模型是比较合适的.右下图中一元回归直线预测销售额(红色点)与实际销售额(蓝色点)基本重合,说明该模型的预测效果较好.

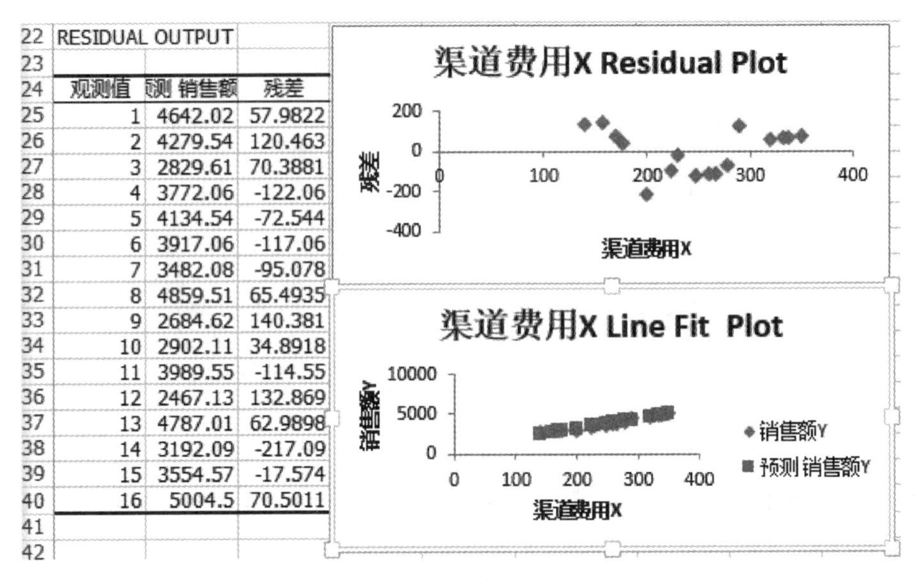

RESIDUAL OUTPUT

| 观测值 | 测 销售额 | 残差 |
|---|---|---|
| 1 | 4642.02 | 57.9822 |
| 2 | 4279.54 | 120.463 |
| 3 | 2829.61 | 70.3881 |
| 4 | 3772.06 | -122.06 |
| 5 | 4134.54 | -72.544 |
| 6 | 3917.06 | -117.06 |
| 7 | 3482.08 | -95.078 |
| 8 | 4859.51 | 65.4935 |
| 9 | 2684.62 | 140.381 |
| 10 | 2902.11 | 34.8918 |
| 11 | 3989.55 | -114.55 |
| 12 | 2467.13 | 132.869 |
| 13 | 4787.01 | 62.9898 |
| 14 | 3192.09 | -217.09 |
| 15 | 3554.57 | -17.574 |
| 16 | 5004.5 | 70.5011 |



图 10.31

**例 10.16** 1973 年,统计学家 F. J. Anscombe 构造出了四组奇特的数据,如表 10.9 所示,试用统计方法分析这四组数据.

**表 10.9 具有不同相关关系的四组数据**

| Ⅰ | | Ⅱ | | Ⅲ | | Ⅳ | |
|---|---|---|---|---|---|---|---|
| $x$ | $y$ | $x$ | $y$ | $x$ | $y$ | $x$ | $y$ |
| 10 | 8.04 | 10 | 9.14 | 10 | 7.46 | 8 | 6.58 |
| 8 | 6.95 | 8 | 8.14 | 8 | 6.77 | 8 | 5.76 |
| 13 | 7.58 | 13 | 8.74 | 13 | 12.74 | 8 | 7.71 |
| 9 | 8.81 | 9 | 8.77 | 9 | 7.11 | 8 | 8.84 |
| 11 | 8.33 | 11 | 9.26 | 11 | 7.81 | 8 | 8.47 |
| 14 | 9.96 | 14 | 8.1 | 14 | 8.84 | 8 | 7.04 |
| 6 | 7.24 | 6 | 6.13 | 6 | 6.08 | 8 | 5.25 |
| 4 | 4.26 | 4 | 3.1 | 4 | 5.39 | 19 | 12.5 |
| 12 | 10.84 | 12 | 9.13 | 12 | 8.15 | 8 | 5.56 |
| 7 | 4.82 | 7 | 7.26 | 7 | 6.42 | 8 | 7.91 |
| 5 | 5.68 | 5 | 4.74 | 5 | 5.73 | 8 | 6.89 |

**实验内容:相关与回归分析**

实验步骤:

(1) 利用 Excel 函数"AVERAGE"和"STDEV. S"计算每列数据的均值和标准差,用函数"CORREL"计算每组变量 $x$ 和 $y$ 的相关系数.结果显示这四组数据中,变量 $x$ 的均值都是 9.0,变量 $y$ 的均值都是 7.5;变量 $x$ 的标准差均为 3.32,变量 $y$ 的标准差均为 2.03;每组中变量 $x$ 与 $y$ 的相关系数均为 0.82(精确到小数点后两位).

(2) 类似例 10.15 方法建立一元线性回归模型,结果显示每组的线性回归直线均为:$y=3$

$+0.5x$，判定系数 $R^2$ 均为 0.67. 单从这些数字看来，这四组数据所反映出的实际情况非常相近.

(3) 类似例 10.15 方法画出四组数据的散点图并添加趋势线，如图 10.32 所示.

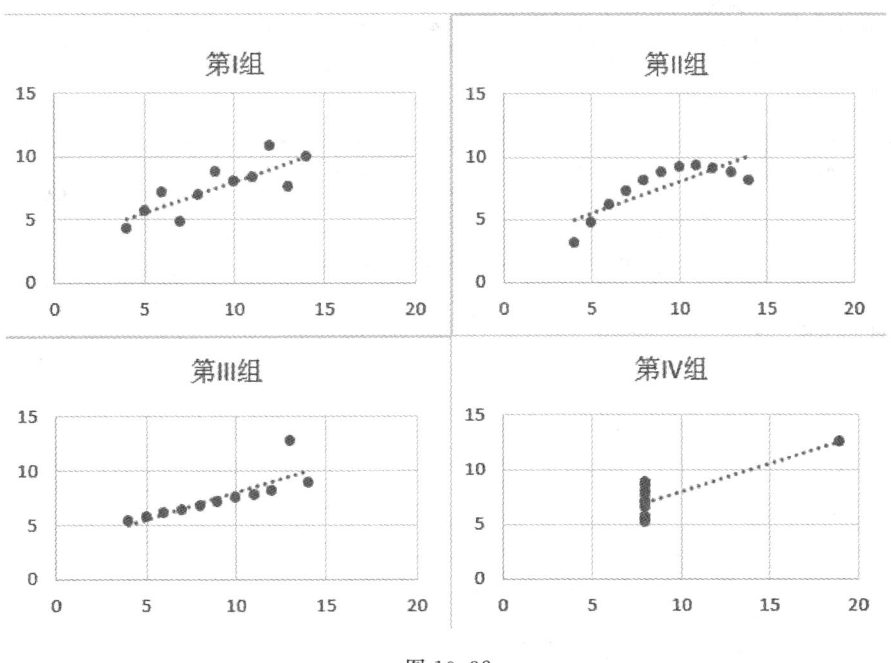


图 10.32

结果显示，这四组数据实际上有着天壤之别. 图 10.32 中第Ⅰ组数据是最"正常"的一组数据，变量 $x$ 和 $y$ 之间存在一定程度的正相关性，于是用一元线性回归模型来拟合数据；第Ⅱ组数据的散点图显示变量 $x$ 和 $y$ 是非线性关系，这时使用线性回归模型是错误的，即使各项统计数字与第Ⅰ组数据恰好都相同；第Ⅲ组数据中变量 $x$ 和 $y$ 之间存在着强正相关性，但是有一个异常值，这导致了上述各个统计数字，尤其是相关系数的偏差；第Ⅳ组数据则是一个更极端的例子，一个异常值导致了整组数据的均数、标准差、相关系数和线性回归直线等统计特征均发生了偏差.

这说明，用统计方法分析数据，首先需要用图表形式呈现数据的基本特征及变量之间的相关性，再利用统计分析技术对数据进行合理地分析及推断，而不仅仅只是简单了解统计公式和软件操作步骤.

# 附表 1　几种常用的概率分布

| 分　布 | 参　数 | 分布律或概率密度 | 数学期望 | 方　差 |
| --- | --- | --- | --- | --- |
| 0-1 分布 | $0<p<1$ | $P\{X=k\}=p^k(1-p)^{1-k}$<br>$k=0,1$ | $p$ | $p(1-p)$ |
| 二项分布 | $n\geqslant 1$<br>$0<p<1$ | $P\{X=k\}=C_n^k p^k(1-p)^{n-k}$<br>$k=0,1,2,\cdots,n$ | $np$ | $np(1-p)$ |
| 帕斯卡分布 | $r\geqslant 1$<br>$0<p<1$ | $P\{X=k\}=C_{k-1}^{r-1}p^r(1-p)^{k-r}$<br>$k=r,r+1,\cdots$ | $\frac{r}{p}$ | $\frac{r(1-p)}{p^2}$ |
| 几何分布 | $0<p<1$ | $P\{X=k\}=p(1-p)^{k-1}$<br>$k=1,2,\cdots$ | $\frac{1}{p}$ | $\frac{1-p}{p^2}$ |
| 超几何分布 | $N,M,n$<br>$(n\leqslant M)$ | $P\{X=k\}=\frac{C_M^k C_{N-M}^{n-k}}{C_N^n}$<br>$k=0,1,2,\cdots,n$ | $\frac{nM}{N}$ | $\frac{nM}{N}\left(1-\frac{M}{N}\right)\left(\frac{N-n}{N-1}\right)$ |
| 泊松分布 | $\lambda>0$ | $P\{X=k\}=\frac{\lambda^k e^{-\lambda}}{k!}$<br>$k=0,1,2,\cdots$ | $\lambda$ | $\lambda$ |
| 均匀分布 | $a<b$ | $f(x)=\begin{cases}\frac{1}{b-a}, & a<x<b\\ 0, & 其他\end{cases}$ | $\frac{a+b}{2}$ | $\frac{(b-a)^2}{12}$ |
| 正态分布 | $\mu$<br>$\sigma>0$ | $f(x)=\frac{1}{\sqrt{2\pi}\sigma}e^{-\frac{(x-\mu)^2}{2\sigma^2}}$ | $\mu$ | $\sigma^2$ |
| $\Gamma$ 分布 | $\alpha>0$<br>$\beta>0$ | $f(x)=\begin{cases}\frac{1}{\beta^\alpha\Gamma(\alpha)}x^{\alpha-1}e^{-x/\beta}, & x>0\\ 0, & 其他\end{cases}$ | $\alpha\beta$ | $\alpha\beta^2$ |
| 指数分布 | $\lambda>0$ | $f(x)=\begin{cases}\lambda e^{-\lambda x}, & x>0\\ 0, & 其他\end{cases}$ | $\frac{1}{\lambda}$ | $\frac{1}{\lambda^2}$ |
| $\chi^2$ 分布 | $n\geqslant 1$ | $f(x)=\begin{cases}\frac{1}{2^{n/2}\Gamma(n/2)}x^{n/2-1}e^{-x/2}, & x>0\\ 0, & 其他\end{cases}$ | $n$ | $2n$ |
| 威布尔分布 | $\eta>0$<br>$\beta>0$ | $f(x)=\begin{cases}\frac{\beta}{\eta}\left(\frac{x}{\eta}\right)^{\beta-1}e^{-\left(\frac{x}{\eta}\right)^\beta}, & x>0\\ 0, & 其他\end{cases}$ | $\eta\Gamma\left(\frac{1}{\beta}+1\right)$ | $\eta^2\left\{\Gamma\left(\frac{2}{\beta}+1\right)-\left[\Gamma\left(\frac{1}{\beta}+1\right)\right]^2\right\}$ |
| 瑞利分布 | $\sigma>0$ | $f(x)=\begin{cases}\frac{x}{\sigma^2}e^{-x^2/(2\sigma^2)}, & x>0\\ 0, & 其他\end{cases}$ | $\sqrt{\frac{\pi}{2}}\sigma$ | $\frac{4-\pi}{2}\sigma^2$ |

续表

| 分　布 | 参　数 | 分布律或概率密度 | 数学期望 | 方　　差 |
| --- | --- | --- | --- | --- |
| $\beta$ 分布 | $\alpha>0$<br>$\beta>0$ | $f(x)=\begin{cases}\dfrac{\Gamma(\alpha+\beta)}{\Gamma(\alpha)+\Gamma(\beta)}x^{\alpha-1}(1-x)^{\beta-1}, & 0<x<1\\ 0, & \text{其他}\end{cases}$ | $\dfrac{\alpha}{\alpha+\beta}$ | $\dfrac{\alpha\beta}{(\alpha+\beta)^2(\alpha+\beta+1)}$ |
| 对数正态分布 | $\mu$<br>$\sigma>0$ | $f(x)=\begin{cases}\dfrac{1}{\sqrt{2\pi}\sigma x}e^{\frac{-(\ln x-\mu)^2}{2\sigma^2}}, & x>0\\ 0, & \text{其他}\end{cases}$ | $e^{\mu+\frac{\sigma^2}{2}}$ | $e^{2\mu+\sigma^2}(e^{\sigma^2}-1)$ |
| 柯西分布 | $a$<br>$\lambda>0$ | $f(x)=\dfrac{1}{\pi}\dfrac{\lambda}{\lambda^2+(x-a)^2}$ | 不存在 | 不存在 |
| $t$ 分布 | $n\geqslant1$ | $f(x)=\dfrac{\Gamma\left(\frac{n+1}{2}\right)}{\sqrt{n\pi}\Gamma(n/2)}\left(1+\dfrac{x^2}{n}\right)^{-(n+1)/2}$ | 0 | $\dfrac{n}{n-2}, n>2$ |
| $F$ 分布 | $n_1, n_2$ | $f(x)=\begin{cases}\dfrac{\Gamma[(n_1+n_2)/2]}{\Gamma(n_1/2)\Gamma(n_2/2)}\left(\dfrac{n_1}{n_2}\right)\left(\dfrac{n_1}{n_2}x\right)^{n_1/2-1}\\ \cdot\left(1+\dfrac{n_1}{n_2}x\right)^{-(n_1+n_2)/2}, & x>0\\ 0, & \text{其他}\end{cases}$ | $\dfrac{n_2}{n_2-2}$<br>$n_2>2$ | $\dfrac{2n_2^2(n_1+n_2-2)}{n_1(n_2-2)^2(n_2-4)}$<br>$n_2>4$ |

# 附表 2 标准正态分布表

$$\Phi(z) = \int_{-\infty}^{z} \frac{1}{\sqrt{2\pi}} e^{-u^2/2} du = P(Z \leqslant z)$$

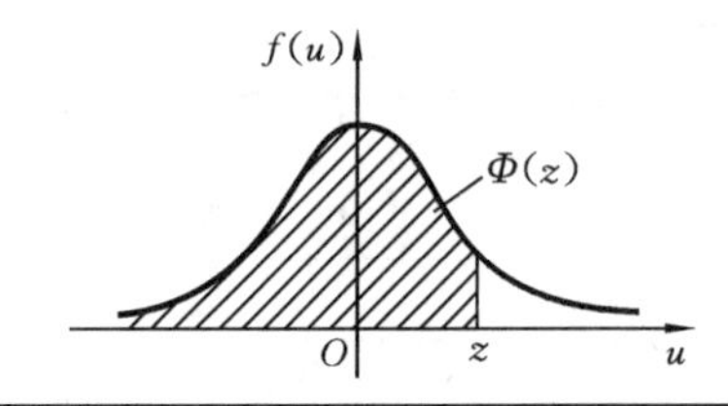


| z | 0 | 1 | 2 | 3 | 4 | 5 | 6 | 7 | 8 | 9 |
|---|---|---|---|---|---|---|---|---|---|---|
| 0.0 | 0.5000 | 0.5040 | 0.5080 | 0.5120 | 0.5160 | 0.5199 | 0.5239 | 0.5279 | 0.5319 | 0.5359 |
| 0.1 | 0.5398 | 0.5438 | 0.5478 | 0.5517 | 0.5557 | 0.5596 | 0.5636 | 0.5675 | 0.5714 | 0.5753 |
| 0.2 | 0.5793 | 0.5832 | 0.5871 | 0.5910 | 0.5948 | 0.5987 | 0.6026 | 0.6064 | 0.6103 | 0.6141 |
| 0.3 | 0.6179 | 0.6217 | 0.6255 | 0.6293 | 0.6331 | 0.6368 | 0.6406 | 0.6443 | 0.6480 | 0.6517 |
| 0.4 | 0.6554 | 0.6591 | 0.6628 | 0.6664 | 0.6700 | 0.6736 | 0.6772 | 0.6808 | 0.6844 | 0.6879 |
| 0.5 | 0.6915 | 0.6950 | 0.6985 | 0.7019 | 0.7054 | 0.7088 | 0.7123 | 0.7157 | 0.7190 | 0.7224 |
| 0.6 | 0.7257 | 0.7291 | 0.7324 | 0.7357 | 0.7389 | 0.7422 | 0.7454 | 0.7486 | 0.7517 | 0.7549 |
| 0.7 | 0.7580 | 0.7611 | 0.7642 | 0.7673 | 0.7703 | 0.7734 | 0.7764 | 0.7794 | 0.7823 | 0.7852 |
| 0.8 | 0.7881 | 0.7910 | 0.7939 | 0.7967 | 0.7995 | 0.8023 | 0.8051 | 0.8078 | 0.8106 | 0.8133 |
| 0.9 | 0.8159 | 0.8186 | 0.8212 | 0.8238 | 0.8264 | 0.8289 | 0.8315 | 0.8340 | 0.8365 | 0.8389 |
| 1.0 | 0.8413 | 0.8438 | 0.8461 | 0.8485 | 0.8508 | 0.8531 | 0.8554 | 0.8577 | 0.8599 | 0.8621 |
| 1.1 | 0.8643 | 0.8665 | 0.8686 | 0.8708 | 0.8729 | 0.8749 | 0.8770 | 0.8790 | 0.8810 | 0.8830 |
| 1.2 | 0.8849 | 0.8869 | 0.8888 | 0.8907 | 0.8925 | 0.8944 | 0.8962 | 0.8980 | 0.8997 | 0.9015 |
| 1.3 | 0.9032 | 0.9049 | 0.9066 | 0.9082 | 0.9099 | 0.9115 | 0.9131 | 0.9147 | 0.9162 | 0.9177 |
| 1.4 | 0.9192 | 0.9207 | 0.9222 | 0.9236 | 0.9251 | 0.9265 | 0.9278 | 0.9292 | 0.9306 | 0.9319 |
| 1.5 | 0.9332 | 0.9345 | 0.9357 | 0.9370 | 0.9382 | 0.9394 | 0.9406 | 0.9418 | 0.9430 | 0.9441 |
| 1.6 | 0.9452 | 0.9463 | 0.9474 | 0.9484 | 0.9495 | 0.9505 | 0.9515 | 0.9525 | 0.9535 | 0.9545 |
| 1.7 | 0.9554 | 0.9564 | 0.9573 | 0.9582 | 0.9591 | 0.9599 | 0.9608 | 0.9616 | 0.9625 | 0.9633 |
| 1.8 | 0.9641 | 0.9648 | 0.9656 | 0.9664 | 0.9671 | 0.9678 | 0.9686 | 0.9693 | 0.9700 | 0.9706 |
| 1.9 | 0.9713 | 0.9719 | 0.9726 | 0.9732 | 0.9738 | 0.9744 | 0.9750 | 0.9756 | 0.9762 | 0.9767 |
| 2.0 | 0.9772 | 0.9778 | 0.9783 | 0.9788 | 0.9793 | 0.9798 | 0.9803 | 0.9808 | 0.9812 | 0.9817 |
| 2.1 | 0.9821 | 0.9826 | 0.9830 | 0.9834 | 0.9838 | 0.9842 | 0.9846 | 0.9850 | 0.9854 | 0.9857 |
| 2.2 | 0.9861 | 0.9864 | 0.9868 | 0.9871 | 0.9874 | 0.9878 | 0.9881 | 0.9884 | 0.9887 | 0.9890 |
| 2.3 | 0.9893 | 0.9896 | 0.9898 | 0.9901 | 0.9904 | 0.9906 | 0.9909 | 0.9911 | 0.9913 | 0.9916 |
| 2.4 | 0.9918 | 0.9920 | 0.9922 | 0.9925 | 0.9927 | 0.9929 | 0.9931 | 0.9932 | 0.9934 | 0.9936 |
| 2.5 | 0.9938 | 0.9940 | 0.9941 | 0.9943 | 0.9945 | 0.9946 | 0.9948 | 0.9949 | 0.9951 | 0.9952 |
| 2.6 | 0.9953 | 0.9955 | 0.9956 | 0.9957 | 0.9959 | 0.9960 | 0.9961 | 0.9962 | 0.9963 | 0.9964 |
| 2.7 | 0.9965 | 0.9966 | 0.9967 | 0.9968 | 0.9969 | 0.9970 | 0.9971 | 0.9972 | 0.9973 | 0.9974 |
| 2.8 | 0.9974 | 0.9975 | 0.9976 | 0.9977 | 0.9977 | 0.9978 | 0.9979 | 0.9979 | 0.9980 | 0.9981 |
| 2.9 | 0.9981 | 0.9982 | 0.9982 | 0.9983 | 0.9984 | 0.9984 | 0.9985 | 0.9985 | 0.9986 | 0.9986 |
| 3.0 | 0.9987 | 0.9990 | 0.9993 | 0.9995 | 0.9997 | 0.9998 | 0.9998 | 0.9999 | 0.9999 | 1.0000 |

注：表中末行系函数值 $\Phi(3.0), \Phi(3.1), \cdots, \Phi(3.9)$.

# 附表 3　泊松分布表

$$1-F(x-1)=\sum_{r=x}^{\infty}\frac{e^{-\lambda}\lambda^{r}}{r!}$$

| $x$ | $\lambda=0.2$ | $\lambda=0.3$ | $\lambda=0.4$ | $\lambda=0.5$ | $\lambda=0.6$ | $\lambda=0.7$ | $\lambda=0.8$ |
|---|---|---|---|---|---|---|---|
| 0 | 1.0000000 | 1.0000000 | 1.0000000 | 1.0000000 | 1.0000000 | 1.0000000 | 1.0000000 |
| 1 | 0.1812692 | 0.2591818 | 0.3296800 | 0.323469 | 0.451188 | 0.503415 | 0.550671 |
| 2 | 0.0175231 | 0.0369363 | 0.0615519 | 0.090204 | 0.121901 | 0.155805 | 0.191208 |
| 3 | 0.0011485 | 0.0035995 | 0.0079263 | 0.014388 | 0.023115 | 0.034142 | 0.047423 |
| 4 | 0.0000568 | 0.0002658 | 0.0007763 | 0.001752 | 0.003358 | 0.005753 | 0.009080 |
| 5 | 0.0000023 | 0.0000158 | 0.0000612 | 0.000172 | 0.000394 | 0.000786 | 0.001411 |
| 6 | 0.0000001 | 0.0000008 | 0.0000040 | 0.000014 | 0.000039 | 0.000090 | 0.000184 |
| 7 | | | 0.0000002 | 0.000001 | 0.000003 | 0.000009 | 0.000021 |
| 8 | | | | | | 0.000001 | 0.000002 |

| $x$ | $\lambda=0.9$ | $\lambda=1.0$ | $\lambda=1.2$ | $\lambda=1.4$ | $\lambda=1.6$ | $\lambda=1.8$ | $\lambda=2.0$ |
|---|---|---|---|---|---|---|---|
| 0 | 1.0000000 | 1.0000000 | 1.0000000 | 1.000000 | 1.000000 | 1.000000 | 1.000000 |
| 1 | 0.593430 | 0.632121 | 0.698806 | 0.753403 | 0.798103 | 0.834701 | 0.864665 |
| 2 | 0.227518 | 0.264241 | 0.337373 | 0.408167 | 0.475069 | 0.537163 | 0.593994 |
| 3 | 0.062857 | 0.080301 | 0.120513 | 0.166502 | 0.216642 | 0.269379 | 0.323324 |
| 4 | 0.013459 | 0.018988 | 0.033769 | 0.053725 | 0.078813 | 0.108708 | 0.142877 |
| 5 | 0.002344 | 0.003660 | 0.007746 | 0.014253 | 0.023682 | 0.036407 | 0.052653 |
| 6 | 0.000343 | 0.000594 | 0.001500 | 0.003201 | 0.006040 | 0.010378 | 0.016564 |
| 7 | 0.000043 | 0.000083 | 0.000251 | 0.000622 | 0.001336 | 0.002569 | 0.004534 |
| 8 | 0.000005 | 0.000010 | 0.000037 | 0.000107 | 0.000260 | 0.000562 | 0.001097 |
| 9 | | 0.000001 | 0.000005 | 0.000016 | 0.000045 | 0.000110 | 0.000237 |
| 10 | | | 0.000001 | 0.000002 | 0.000007 | 0.000019 | 0.000047 |
| 11 | | | | | 0.000001 | 0.000003 | 0.000008 |

| $x$ | $\lambda=2.5$ | $\lambda=3.0$ | $\lambda=3.5$ | $\lambda=4.0$ | $\lambda=4.5$ | $\lambda=5.0$ | |
|---|---|---|---|---|---|---|---|
| 0 | 1.000000 | 1.000000 | 1.000000 | 1.000000 | 1.000000 | 1.000000 | |
| 1 | 0.917915 | 0.950213 | 0.969803 | 0.981684 | 0.988891 | 0.993262 | |
| 2 | 0.712703 | 0.800852 | 0.864112 | 0.908422 | 0.938901 | 0.959572 | |
| 3 | 0.456187 | 0.576810 | 0.679153 | 0.761897 | 0.826422 | 0.875348 | |
| 4 | 0.242424 | 0.352768 | 0.463367 | 0.566530 | 0.657704 | 0.734974 | |
| 5 | 0.108822 | 0.184737 | 0.274555 | 0.371163 | 0.467896 | 0.559507 | |
| 6 | 0.042021 | 0.083918 | 0.142386 | 0.214870 | 0.297070 | 0.384039 | |
| 7 | 0.014187 | 0.033509 | 0.065288 | 0.110674 | 0.168949 | 0.237817 | |

续表

| $x$ | $\lambda=2.5$ | $\lambda=3.0$ | $\lambda=3.5$ | $\lambda=4.0$ | $\lambda=4.5$ | $\lambda=5.0$ | |
|---|---|---|---|---|---|---|---|
| 8 | 0.004247 | 0.011905 | 0.026739 | 0.051134 | 0.086586 | 0.133372 | |
| 9 | 0.001140 | 0.003803 | 0.009874 | 0.021368 | 0.040257 | 0.068094 | |
| 10 | 0.000277 | 0.001102 | 0.003315 | 0.008132 | 0.017093 | 0.031828 | |
| 11 | 0.000062 | 0.000292 | 0.001019 | 0.002840 | 0.006669 | 0.013695 | |
| 12 | 0.000013 | 0.000071 | 0.000289 | 0.000915 | 0.002404 | 0.005453 | |
| 13 | 0.000002 | 0.000016 | 0.000076 | 0.000274 | 0.000805 | 0.002019 | |
| 14 | | 0.000003 | 0.000019 | 0.000076 | 0.000252 | 0.000698 | |
| 15 | | 0.000001 | 0.000004 | 0.000020 | 0.000074 | 0.000226 | |
| 16 | | | 0.000001 | 0.000005 | 0.000020 | 0.000069 | |
| 17 | | | | 0.000001 | 0.000005 | 0.000020 | |
| 18 | | | | | 0.000001 | 0.000005 | |
| 19 | | | | | | 0.000001 | |

# 附表 4　$t$ 分布表

$$P\{t(n)>t_\alpha(n)\}=\alpha$$

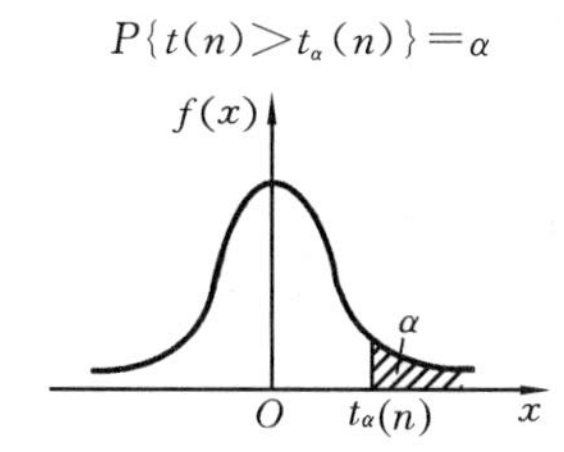


| $n$ \ $\alpha$ | 0.25 | 0.10 | 0.05 | 0.025 | 0.01 | 0.005 |
|---|---|---|---|---|---|---|
| 1 | 1.0000 | 3.0777 | 6.3138 | 12.7062 | 31.8207 | 63.6574 |
| 2 | 0.8165 | 1.8856 | 2.9200 | 4.3027 | 6.9646 | 9.9248 |
| 3 | 0.7649 | 1.6377 | 2.3534 | 3.1824 | 4.5407 | 5.8409 |
| 4 | 0.7407 | 1.5332 | 2.1318 | 2.7764 | 3.7469 | 4.6041 |
| 5 | 0.7267 | 1.4759 | 2.0150 | 2.5706 | 3.3649 | 4.0322 |
| 6 | 0.7176 | 1.4398 | 1.9432 | 2.4469 | 3.1427 | 3.7074 |
| 7 | 0.7111 | 1.4149 | 1.8946 | 2.3646 | 2.9980 | 3.4995 |
| 8 | 0.7064 | 1.3968 | 1.8595 | 2.3060 | 2.8965 | 3.3554 |
| 9 | 0.7027 | 1.3830 | 1.8331 | 2.2622 | 2.8214 | 3.2498 |
| 10 | 0.6998 | 1.3722 | 1.8125 | 2.2281 | 2.7638 | 3.1693 |
| 11 | 0.6974 | 1.3634 | 1.7959 | 2.2010 | 2.7181 | 3.1058 |
| 12 | 0.6955 | 1.3562 | 1.7823 | 2.1788 | 2.6810 | 3.0545 |
| 13 | 0.6938 | 1.3502 | 1.7709 | 2.1604 | 2.6503 | 3.0123 |
| 14 | 0.6924 | 1.3450 | 1.7613 | 2.1448 | 2.6245 | 2.9768 |
| 15 | 0.6912 | 1.3406 | 1.7531 | 2.1315 | 2.6025 | 2.9467 |
| 16 | 0.6901 | 1.3368 | 1.7459 | 2.1199 | 2.5835 | 2.9208 |
| 17 | 0.6892 | 1.3334 | 1.7396 | 2.1098 | 2.5669 | 2.8982 |
| 18 | 0.6884 | 1.3304 | 1.7341 | 2.1009 | 2.5524 | 2.8784 |
| 19 | 0.6876 | 1.3277 | 1.7291 | 2.0930 | 2.5395 | 2.8609 |
| 20 | 0.6870 | 1.3253 | 1.7247 | 2.0860 | 2.5280 | 2.8453 |
| 21 | 0.6864 | 1.3232 | 1.7207 | 2.0796 | 2.5177 | 2.8314 |
| 22 | 0.6858 | 1.3212 | 1.7171 | 2.0739 | 2.5083 | 2.8188 |
| 23 | 0.6853 | 1.3195 | 1.7139 | 2.0687 | 2.4999 | 2.8073 |
| 24 | 0.6848 | 1.3178 | 1.7109 | 2.0639 | 2.4922 | 2.7969 |
| 25 | 0.6844 | 1.3163 | 1.7081 | 2.0595 | 2.4851 | 2.7874 |
| 26 | 0.6840 | 1.3150 | 1.7058 | 2.0555 | 2.4786 | 2.7787 |
| 27 | 0.6837 | 1.3137 | 1.7033 | 2.0518 | 2.4727 | 2.7707 |

续表

| $n$ \ $\alpha$ | 0.25 | 0.10 | 0.05 | 0.025 | 0.01 | 0.005 |
|---|---|---|---|---|---|---|
| 28 | 0.6834 | 1.3125 | 1.7011 | 2.0484 | 2.4671 | 2.7633 |
| 29 | 0.6830 | 1.3114 | 1.6991 | 2.0452 | 2.4620 | 2.7564 |
| 30 | 0.6828 | 1.3104 | 1.6973 | 2.0423 | 2.4573 | 2.7500 |
| 31 | 0.6825 | 1.3095 | 1.6955 | 2.0395 | 2.4528 | 2.7440 |
| 32 | 0.6822 | 1.3086 | 1.6939 | 2.0369 | 2.4487 | 2.7385 |
| 33 | 0.6820 | 1.3077 | 1.6924 | 2.0345 | 2.4448 | 2.7333 |
| 34 | 0.6818 | 1.3070 | 1.6909 | 2.0322 | 2.4411 | 2.7284 |
| 35 | 0.6816 | 0.3062 | 1.6896 | 2.0301 | 2.4377 | 2.7238 |
| 36 | 0.6814 | 1.3055 | 1.6883 | 2.0281 | 2.4345 | 2.7195 |
| 37 | 0.6812 | 1.3049 | 1.6871 | 2.0262 | 2.4314 | 2.7154 |
| 38 | 0.6810 | 1.3042 | 1.6860 | 2.0244 | 2.4286 | 2.7116 |
| 39 | 0.6808 | 1.3036 | 1.6849 | 2.0227 | 2.4258 | 2.7079 |
| 40 | 0.6807 | 1.3031 | 1.6839 | 2.0211 | 2.4233 | 2.7045 |
| 41 | 0.6805 | 1.3025 | 1.6829 | 2.0195 | 2.4208 | 2.7012 |
| 42 | 0.6804 | 1.3020 | 1.6820 | 2.0181 | 2.4185 | 2.6981 |
| 43 | 0.6802 | 1.3016 | 1.6811 | 2.0167 | 2.4163 | 2.6951 |
| 44 | 0.6801 | 1.3011 | 1.6802 | 2.0154 | 2.4141 | 2.6923 |
| 45 | 0.6800 | 1.3006 | 1.6794 | 2.0141 | 2.4121 | 2.6806 |

# 附表5　$\chi^2$ 分布表

$$P\{\chi^2(n)>\chi_\alpha^2(n)\}=\alpha$$

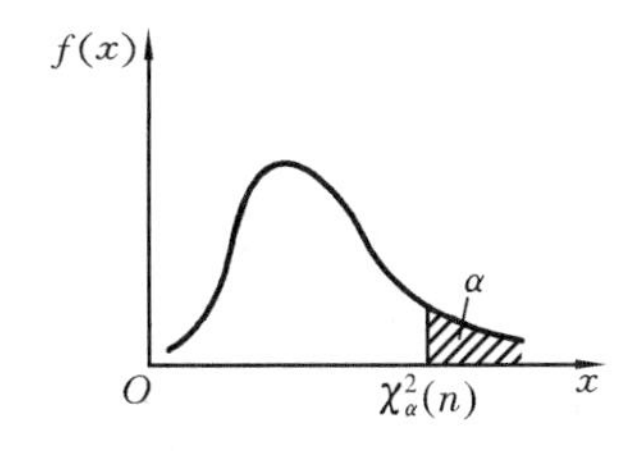


| $n$ \ $\alpha$ | 0.995 | 0.99 | 0.975 | 0.95 | 0.90 | 0.75 |
|---|---|---|---|---|---|---|
| 1 | — | — | 0.001 | 0.004 | 0.016 | 0.102 |
| 2 | 0.010 | 0.020 | 0.051 | 0.103 | 0.211 | 0.575 |
| 3 | 0.072 | 0.115 | 0.216 | 0.352 | 0.584 | 1.213 |
| 4 | 0.207 | 0.297 | 0.484 | 0.711 | 1.064 | 1.923 |
| 5 | 0.412 | 0.554 | 0.831 | 1.145 | 1.610 | 2.675 |
| 6 | 0.676 | 0.872 | 1.237 | 1.635 | 2.204 | 3.455 |
| 7 | 0.989 | 1.239 | 1.690 | 2.167 | 2.833 | 4.255 |
| 8 | 1.344 | 1.646 | 2.180 | 2.733 | 3.490 | 5.071 |
| 9 | 1.735 | 2.088 | 2.700 | 3.325 | 4.168 | 5.899 |
| 10 | 2.156 | 2.558 | 3.247 | 3.940 | 4.865 | 6.737 |
| 11 | 2.603 | 3.053 | 3.816 | 4.575 | 5.578 | 7.584 |
| 12 | 3.074 | 3.571 | 4.404 | 5.226 | 6.304 | 8.438 |
| 13 | 3.565 | 4.107 | 5.009 | 5.892 | 7.042 | 9.299 |
| 14 | 4.075 | 2.660 | 5.629 | 6.571 | 7.790 | 10.165 |
| 15 | 4.601 | 5.229 | 6.262 | 7.261 | 8.547 | 11.037 |
| 16 | 5.142 | 5.812 | 6.908 | 7.962 | 9.312 | 11.912 |
| 17 | 5.697 | 6.408 | 7.564 | 8.672 | 10.085 | 12.792 |
| 18 | 6.265 | 7.015 | 8.231 | 9.390 | 10.865 | 13.675 |
| 19 | 6.844 | 7.633 | 8.907 | 10.117 | 11.651 | 14.562 |
| 20 | 7.434 | 8.260 | 9.591 | 10.851 | 12.443 | 15.452 |
| 21 | 8.034 | 8.897 | 10.283 | 11.591 | 13.240 | 16.344 |
| 22 | 8.643 | 9.542 | 10.982 | 12.338 | 14.042 | 17.240 |
| 23 | 9.260 | 10.196 | 11.689 | 13.091 | 14.848 | 18.137 |
| 24 | 9.886 | 10.856 | 12.401 | 13.848 | 15.659 | 19.037 |
| 25 | 10.520 | 11.524 | 13.120 | 14.611 | 16.473 | 19.939 |
| 26 | 11.160 | 12.198 | 13.844 | 15.379 | 17.292 | 20.843 |

续表

| n \ α | 0.995 | 0.99 | 0.975 | 0.95 | 0.90 | 0.75 |
|---|---|---|---|---|---|---|
| 27 | 11.808 | 12.879 | 14.573 | 16.151 | 18.114 | 21.749 |
| 28 | 12.461 | 13.565 | 15.308 | 16.928 | 18.939 | 22.657 |
| 29 | 13.121 | 14.257 | 16.047 | 17.708 | 19.768 | 23.567 |
| 30 | 13.787 | 14.954 | 16.791 | 18.493 | 20.599 | 24.478 |
| 31 | 14.458 | 15.655 | 17.539 | 19.281 | 21.434 | 25.390 |
| 32 | 15.134 | 16.362 | 18.291 | 20.072 | 22.271 | 26.304 |
| 33 | 15.815 | 17.074 | 19.047 | 20.807 | 23.110 | 27.219 |
| 34 | 16.501 | 17.789 | 19.806 | 21.664 | 23.952 | 28.136 |
| 35 | 17.192 | 18.509 | 20.569 | 22.465 | 24.797 | 29.054 |
| 36 | 17.887 | 19.233 | 21.336 | 23.269 | 25.613 | 29.973 |
| 37 | 18.586 | 19.960 | 22.106 | 24.075 | 26.492 | 30.893 |
| 38 | 19.289 | 20.691 | 22.878 | 24.884 | 27.343 | 31.815 |
| 39 | 19.996 | 21.426 | 23.654 | 25.695 | 28.196 | 32.737 |
| 40 | 20.707 | 22.164 | 24.433 | 26.509 | 29.051 | 33.660 |
| 41 | 21.421 | 22.906 | 25.215 | 27.326 | 29.907 | 34.585 |
| 42 | 22.138 | 23.650 | 25.999 | 28.144 | 30.765 | 35.510 |
| 43 | 22.859 | 24.398 | 26.785 | 28.965 | 31.625 | 36.430 |
| 44 | 23.584 | 25.143 | 27.575 | 29.787 | 32.487 | 37.363 |
| 45 | 24.311 | 25.901 | 28.366 | 30.612 | 33.350 | 38.291 |

| n \ α | 0.25 | 0.10 | 0.05 | 0.025 | 0.01 | 0.005 |
|---|---|---|---|---|---|---|
| 1 | 1.323 | 2.706 | 3.841 | 5.024 | 6.635 | 7.879 |
| 2 | 2.773 | 4.605 | 5.991 | 7.378 | 9.210 | 10.597 |
| 3 | 4.108 | 6.251 | 7.815 | 9.348 | 11.345 | 12.838 |
| 4 | 5.385 | 7.779 | 9.488 | 11.143 | 13.277 | 14.860 |
| 5 | 6.626 | 9.236 | 11.071 | 12.833 | 15.086 | 16.750 |
| 6 | 7.841 | 10.645 | 12.592 | 14.449 | 16.812 | 18.548 |
| 7 | 9.037 | 12.017 | 14.067 | 16.013 | 18.475 | 20.278 |
| 8 | 10.219 | 13.362 | 15.507 | 17.535 | 20.090 | 21.955 |
| 9 | 11.389 | 14.684 | 16.919 | 19.023 | 21.666 | 23.589 |
| 10 | 12.549 | 15.987 | 18.307 | 20.483 | 23.209 | 25.188 |
| 11 | 13.701 | 17.275 | 19.675 | 21.920 | 24.725 | 26.757 |
| 12 | 14.845 | 18.549 | 21.026 | 23.337 | 26.217 | 28.299 |

续表

| $n$ \ $\alpha$ | 0.25 | 0.10 | 0.05 | 0.025 | 0.01 | 0.005 |
|---|---|---|---|---|---|---|
| 13 | 15.984 | 19.812 | 22.362 | 24.736 | 27.688 | 29.819 |
| 14 | 17.117 | 21.064 | 23.685 | 26.119 | 29.141 | 31.319 |
| 15 | 18.245 | 22.307 | 24.996 | 27.488 | 30.578 | 32.801 |
| 16 | 19.369 | 23.542 | 26.296 | 28.845 | 32.000 | 34.267 |
| 17 | 20.489 | 24.769 | 27.587 | 30.191 | 33.409 | 35.718 |
| 18 | 21.605 | 25.989 | 28.869 | 31.526 | 34.805 | 37.156 |
| 19 | 22.718 | 27.204 | 30.144 | 32.852 | 36.191 | 38.582 |
| 20 | 23.828 | 28.412 | 31.410 | 34.170 | 37.566 | 39.997 |
| 21 | 24.935 | 29.615 | 32.671 | 35.479 | 38.932 | 41.401 |
| 22 | 26.039 | 30.813 | 33.924 | 36.781 | 40.289 | 42.796 |
| 23 | 27.141 | 32.007 | 35.172 | 38.076 | 41.638 | 44.181 |
| 24 | 28.241 | 33.196 | 36.415 | 39.364 | 42.980 | 45.559 |
| 25 | 29.339 | 34.382 | 37.652 | 40.646 | 44.314 | 46.928 |
| 26 | 30.435 | 35.563 | 38.885 | 41.923 | 45.642 | 48.290 |
| 27 | 31.528 | 36.741 | 40.113 | 43.194 | 46.963 | 49.645 |
| 28 | 32.620 | 37.916 | 41.337 | 44.461 | 48.278 | 50.993 |
| 29 | 33.711 | 39.087 | 42.557 | 45.722 | 49.588 | 52.336 |
| 30 | 34.800 | 40.256 | 43.773 | 46.979 | 50.892 | 53.672 |
| 31 | 35.887 | 41.422 | 44.985 | 48.232 | 52.191 | 55.003 |
| 32 | 36.973 | 42.585 | 46.194 | 49.480 | 53.486 | 56.328 |
| 33 | 38.053 | 43.745 | 47.400 | 50.725 | 54.776 | 57.648 |
| 34 | 39.141 | 44.903 | 48.602 | 51.966 | 56.061 | 58.964 |
| 35 | 40.223 | 46.059 | 49.802 | 53.203 | 57.342 | 60.275 |
| 36 | 41.304 | 47.212 | 50.998 | 54.437 | 58.619 | 61.581 |
| 37 | 42.383 | 48.363 | 52.192 | 55.668 | 59.892 | 62.883 |
| 38 | 43.462 | 49.513 | 53.384 | 56.896 | 61.162 | 64.181 |
| 39 | 44.539 | 50.660 | 54.572 | 58.120 | 62.428 | 65.476 |
| 40 | 45.616 | 51.805 | 55.758 | 59.342 | 63.691 | 66.766 |
| 41 | 46.692 | 52.949 | 53.942 | 60.561 | 64.950 | 68.053 |
| 42 | 47.766 | 54.090 | 58.124 | 61.777 | 66.206 | 69.336 |
| 43 | 48.840 | 55.230 | 59.304 | 62.990 | 67.459 | 70.606 |
| 44 | 49.913 | 56.369 | 60.481 | 64.201 | 68.710 | 71.893 |
| 45 | 50.985 | 57.505 | 61.656 | 65.410 | 69.957 | 73.166 |

# 附表 6　$F$ 分布表

$$P\{F(n_1,n_2)>F_\alpha(n_1,n_2)\}=\alpha$$



$\alpha=0.10$

| $n_2$ \ $n_1$ | 1 | 2 | 3 | 4 | 5 | 6 | 7 | 8 | 9 | 10 | 12 | 15 | 20 | 24 | 30 | 40 | 60 | 120 | ∞ |
|---|---|---|---|---|---|---|---|---|---|---|---|---|---|---|---|---|---|---|---|
| 1 | 39.86 | 49.50 | 53.59 | 55.83 | 57.24 | 58.20 | 58.91 | 59.44 | 59.86 | 60.19 | 60.71 | 61.22 | 61.74 | 62.00 | 62.26 | 62.53 | 62.79 | 63.06 | 63.33 |
| 2 | 8.53 | 9.00 | 9.16 | 9.24 | 9.29 | 9.33 | 9.35 | 9.37 | 9.38 | 9.39 | 9.41 | 9.42 | 9.44 | 9.45 | 9.46 | 9.47 | 9.47 | 9.48 | 9.49 |
| 3 | 5.54 | 5.46 | 5.39 | 5.34 | 5.31 | 5.28 | 5.27 | 5.25 | 5.24 | 5.23 | 5.22 | 5.20 | 5.18 | 5.18 | 5.17 | 5.16 | 5.15 | 5.14 | 5.13 |
| 4 | 4.54 | 4.32 | 4.19 | 4.11 | 4.05 | 4.01 | 3.98 | 3.95 | 3.94 | 3.92 | 3.90 | 3.87 | 3.84 | 3.83 | 3.82 | 3.80 | 3.79 | 3.78 | 3.76 |
| 5 | 4.06 | 3.78 | 3.62 | 3.52 | 3.45 | 3.40 | 3.37 | 3.34 | 3.32 | 3.30 | 3.27 | 3.24 | 3.21 | 3.19 | 3.17 | 3.16 | 3.14 | 3.12 | 3.10 |
| 6 | 3.78 | 3.46 | 3.29 | 3.18 | 3.11 | 3.05 | 3.01 | 2.98 | 2.96 | 2.94 | 2.90 | 2.87 | 2.84 | 2.82 | 2.80 | 2.78 | 2.76 | 2.74 | 2.72 |
| 7 | 3.59 | 3.26 | 3.07 | 2.96 | 2.88 | 2.83 | 2.78 | 2.75 | 2.72 | 2.70 | 2.67 | 2.63 | 2.59 | 2.58 | 2.56 | 2.54 | 2.51 | 2.49 | 2.47 |
| 8 | 3.46 | 3.11 | 2.92 | 2.81 | 2.73 | 2.67 | 2.62 | 2.59 | 2.56 | 2.54 | 2.50 | 2.46 | 2.42 | 2.40 | 2.38 | 2.36 | 2.34 | 2.32 | 2.29 |
| 9 | 3.36 | 3.01 | 2.81 | 2.69 | 2.61 | 2.55 | 2.51 | 2.47 | 2.44 | 2.42 | 2.38 | 2.34 | 2.30 | 2.28 | 2.25 | 2.23 | 2.21 | 2.18 | 2.16 |
| 10 | 3.29 | 2.92 | 2.73 | 2.61 | 2.52 | 2.46 | 2.41 | 2.38 | 2.35 | 2.32 | 2.28 | 2.24 | 2.20 | 2.18 | 2.16 | 2.13 | 2.11 | 2.08 | 2.06 |
| 11 | 3.23 | 2.86 | 2.66 | 2.54 | 2.45 | 2.39 | 2.34 | 2.30 | 2.27 | 2.25 | 2.21 | 2.17 | 2.12 | 2.10 | 2.08 | 2.05 | 2.03 | 2.06 | 1.97 |
| 12 | 3.18 | 2.81 | 2.61 | 2.48 | 2.39 | 2.33 | 2.28 | 2.24 | 2.21 | 2.19 | 2.15 | 2.10 | 2.06 | 2.04 | 2.01 | 1.99 | 1.96 | 1.93 | 1.90 |
| 13 | 3.14 | 2.76 | 2.56 | 2.43 | 2.35 | 2.28 | 2.23 | 2.20 | 2.16 | 2.14 | 2.10 | 2.05 | 2.01 | 1.98 | 1.96 | 1.93 | 1.90 | 1.88 | 1.85 |
| 14 | 3.10 | 2.73 | 2.52 | 2.39 | 2.31 | 2.24 | 2.19 | 2.15 | 2.12 | 2.10 | 2.05 | 2.01 | 1.96 | 1.94 | 1.91 | 1.89 | 1.86 | 1.83 | 1.80 |

$\alpha=0.10$　　续表

| $n_2$ \ $n_1$ | 1 | 2 | 3 | 4 | 5 | 6 | 7 | 8 | 9 | 10 | 12 | 15 | 20 | 24 | 30 | 40 | 60 | 120 | ∞ |
|---|---|---|---|---|---|---|---|---|---|---|---|---|---|---|---|---|---|---|---|
| 15 | 3.07 | 2.70 | 2.49 | 2.36 | 2.27 | 2.21 | 2.16 | 2.12 | 2.09 | 2.06 | 2.02 | 1.97 | 1.92 | 1.90 | 1.87 | 1.85 | 1.82 | 1.79 | 1.76 |
| 16 | 3.05 | 2.67 | 2.46 | 2.33 | 2.24 | 2.18 | 2.13 | 2.09 | 2.06 | 2.03 | 1.99 | 1.94 | 1.89 | 1.87 | 1.84 | 1.81 | 1.78 | 1.75 | 1.72 |
| 17 | 3.03 | 2.64 | 2.44 | 2.31 | 2.22 | 2.15 | 2.10 | 2.00 | 2.03 | 2.00 | 1.96 | 1.91 | 1.86 | 1.84 | 1.81 | 1.78 | 1.75 | 1.72 | 1.69 |
| 18 | 3.01 | 2.62 | 2.42 | 2.29 | 2.20 | 2.13 | 2.08 | 2.04 | 2.00 | 1.98 | 1.93 | 1.89 | 1.84 | 1.81 | 1.78 | 1.75 | 1.72 | 1.69 | 1.66 |
| 19 | 2.99 | 2.61 | 2.40 | 2.27 | 2.18 | 2.11 | 2.06 | 2.02 | 1.98 | 1.96 | 1.91 | 1.86 | 1.81 | 1.79 | 1.76 | 1.73 | 1.70 | 1.67 | 1.63 |
| 20 | 2.97 | 2.59 | 2.38 | 2.25 | 2.16 | 2.09 | 2.04 | 2.00 | 1.96 | 1.94 | 1.89 | 1.84 | 1.79 | 1.77 | 1.74 | 1.71 | 1.68 | 1.64 | 1.61 |
| 21 | 2.96 | 2.57 | 2.36 | 2.23 | 2.14 | 2.08 | 2.02 | 1.98 | 1.95 | 1.92 | 1.87 | 1.83 | 1.78 | 1.75 | 1.72 | 1.69 | 1.66 | 1.62 | 1.59 |
| 22 | 2.95 | 2.56 | 2.35 | 2.22 | 2.13 | 2.06 | 2.01 | 1.97 | 1.93 | 1.90 | 1.86 | 1.81 | 1.76 | 1.73 | 1.70 | 1.67 | 1.64 | 1.60 | 1.57 |
| 23 | 2.94 | 2.55 | 2.34 | 2.21 | 2.11 | 2.05 | 1.99 | 1.95 | 1.92 | 1.89 | 1.84 | 1.80 | 1.74 | 1.72 | 1.69 | 1.66 | 1.62 | 1.59 | 1.55 |
| 24 | 2.93 | 2.54 | 2.33 | 2.19 | 2.10 | 2.04 | 1.98 | 1.94 | 1.91 | 1.88 | 1.83 | 1.78 | 1.73 | 1.70 | 1.67 | 1.64 | 1.61 | 1.57 | 1.53 |
| 25 | 2.92 | 2.53 | 2.32 | 2.18 | 2.09 | 2.02 | 1.97 | 1.93 | 1.89 | 1.87 | 1.82 | 1.77 | 1.72 | 1.69 | 1.66 | 1.63 | 1.59 | 1.56 | 1.52 |
| 26 | 2.91 | 2.52 | 2.31 | 2.17 | 2.08 | 2.01 | 1.96 | 1.92 | 1.88 | 1.86 | 1.81 | 1.76 | 1.71 | 1.68 | 1.65 | 1.61 | 1.58 | 1.54 | 1.50 |
| 27 | 2.90 | 2.51 | 2.30 | 2.17 | 2.07 | 2.00 | 1.95 | 1.91 | 1.87 | 1.85 | 1.80 | 1.75 | 1.70 | 1.67 | 1.64 | 1.60 | 1.57 | 1.53 | 1.49 |
| 28 | 2.89 | 2.50 | 2.29 | 2.16 | 2.06 | 2.00 | 1.94 | 1.90 | 1.87 | 1.84 | 1.79 | 1.74 | 1.69 | 1.66 | 1.63 | 1.59 | 1.56 | 1.52 | 1.48 |
| 29 | 2.89 | 2.50 | 2.28 | 2.15 | 2.06 | 1.99 | 1.93 | 1.89 | 1.86 | 1.83 | 1.78 | 1.73 | 1.68 | 1.65 | 1.62 | 1.58 | 1.55 | 1.51 | 1.47 |
| 30 | 2.88 | 2.49 | 2.28 | 2.14 | 2.05 | 1.98 | 1.93 | 1.88 | 1.85 | 1.82 | 1.77 | 1.72 | 1.67 | 1.64 | 1.61 | 1.57 | 1.54 | 1.50 | 1.46 |
| 40 | 2.84 | 2.44 | 2.23 | 2.09 | 2.00 | 1.93 | 1.87 | 1.83 | 1.79 | 1.76 | 1.71 | 1.66 | 1.61 | 1.57 | 1.54 | 1.51 | 1.47 | 1.42 | 1.38 |
| 60 | 2.79 | 2.39 | 2.18 | 2.04 | 1.95 | 1.87 | 1.82 | 1.77 | 1.74 | 1.71 | 1.66 | 1.60 | 1.54 | 1.51 | 1.48 | 1.44 | 1.40 | 1.35 | 1.29 |
| 120 | 2.75 | 2.35 | 2.13 | 1.99 | 1.90 | 1.82 | 1.77 | 1.72 | 1.68 | 1.65 | 1.60 | 1.55 | 1.48 | 1.45 | 1.41 | 1.37 | 1.32 | 1.26 | 1.19 |
| ∞ | 2.71 | 2.30 | 2.08 | 1.94 | 1.85 | 1.77 | 1.72 | 1.67 | 1.63 | 1.60 | 1.55 | 1.49 | 1.42 | 1.38 | 1.34 | 1.30 | 1.24 | 1.17 | 1.00 |

续表

$\alpha=0.05$

| $n_2$ \ $n_1$ | 1 | 2 | 3 | 4 | 5 | 6 | 7 | 8 | 9 | 10 | 12 | 15 | 20 | 24 | 30 | 40 | 60 | 120 | ∞ |
|---|---|---|---|---|---|---|---|---|---|---|---|---|---|---|---|---|---|---|---|
| 1 | 161.4 | 199.5 | 215.7 | 224.6 | 230.2 | 234.0 | 236.8 | 238.9 | 240.5 | 241.9 | 243.9 | 245.9 | 248.0 | 249.1 | 250.1 | 251.1 | 252.2 | 253.3 | 254.3 |
| 2 | 18.51 | 19.00 | 19.16 | 19.25 | 19.30 | 19.33 | 19.35 | 19.37 | 19.38 | 19.40 | 19.41 | 19.43 | 19.45 | 19.45 | 19.46 | 19.47 | 19.48 | 19.49 | 19.50 |
| 3 | 10.13 | 9.55 | 9.28 | 9.12 | 9.01 | 8.94 | 8.89 | 8.85 | 8.81 | 8.79 | 8.74 | 8.70 | 8.66 | 8.64 | 8.62 | 8.59 | 8.57 | 8.55 | 8.53 |
| 4 | 7.71 | 6.94 | 6.59 | 6.39 | 6.26 | 6.16 | 6.09 | 6.04 | 6.00 | 5.96 | 5.91 | 5.86 | 5.80 | 5.77 | 5.75 | 5.72 | 5.69 | 5.66 | 5.63 |
| 5 | 6.61 | 5.79 | 5.41 | 5.19 | 5.05 | 4.95 | 4.88 | 4.82 | 4.77 | 4.74 | 4.68 | 4.62 | 4.56 | 4.53 | 4.50 | 4.46 | 4.43 | 4.40 | 4.36 |
| 6 | 5.99 | 5.14 | 4.76 | 4.53 | 4.39 | 4.28 | 4.21 | 4.15 | 4.10 | 4.06 | 4.00 | 3.94 | 3.87 | 3.84 | 3.81 | 3.77 | 3.74 | 3.70 | 3.67 |
| 7 | 5.59 | 4.74 | 4.35 | 4.12 | 3.97 | 3.87 | 3.79 | 3.73 | 3.68 | 3.64 | 3.57 | 3.51 | 3.44 | 3.41 | 3.38 | 3.34 | 3.30 | 3.27 | 3.23 |
| 8 | 5.32 | 4.46 | 4.07 | 3.84 | 3.69 | 3.58 | 3.50 | 3.44 | 3.39 | 3.35 | 3.28 | 3.22 | 3.15 | 3.12 | 3.08 | 3.04 | 3.01 | 2.97 | 2.93 |
| 9 | 5.12 | 4.26 | 3.86 | 3.63 | 3.48 | 3.37 | 3.29 | 3.23 | 3.18 | 3.14 | 3.07 | 3.01 | 2.94 | 2.90 | 2.86 | 2.80 | 2.79 | 2.75 | 2.71 |
| 10 | 4.96 | 4.10 | 3.71 | 3.48 | 3.33 | 3.22 | 3.14 | 3.07 | 3.02 | 2.98 | 2.91 | 2.85 | 2.77 | 2.74 | 2.70 | 2.66 | 2.62 | 2.58 | 2.54 |
| 11 | 4.84 | 3.98 | 3.59 | 3.36 | 3.20 | 3.09 | 3.01 | 2.95 | 2.90 | 2.85 | 2.79 | 2.72 | 2.65 | 2.61 | 2.57 | 2.53 | 2.49 | 2.45 | 2.40 |
| 12 | 4.75 | 3.89 | 3.49 | 3.26 | 3.11 | 3.00 | 2.91 | 2.85 | 2.80 | 2.75 | 2.69 | 2.62 | 2.54 | 2.51 | 2.47 | 2.43 | 2.38 | 2.34 | 2.30 |
| 13 | 4.67 | 3.81 | 3.41 | 3.18 | 3.03 | 2.92 | 2.83 | 2.77 | 2.71 | 2.67 | 2.60 | 2.53 | 2.46 | 2.42 | 2.38 | 2.34 | 2.30 | 2.25 | 2.21 |
| 14 | 4.60 | 3.74 | 3.34 | 3.11 | 2.96 | 2.85 | 2.76 | 2.70 | 2.65 | 2.60 | 2.53 | 2.46 | 2.39 | 2.35 | 2.31 | 2.27 | 2.22 | 2.18 | 2.13 |
| 15 | 4.54 | 3.68 | 3.29 | 3.06 | 2.90 | 2.79 | 2.71 | 2.64 | 2.59 | 2.54 | 2.48 | 2.40 | 2.33 | 2.29 | 2.25 | 2.20 | 2.16 | 2.11 | 2.07 |
| 16 | 4.49 | 3.63 | 3.24 | 3.01 | 2.85 | 2.74 | 2.66 | 2.59 | 2.54 | 2.49 | 2.42 | 2.35 | 2.28 | 2.24 | 2.19 | 2.15 | 2.11 | 2.06 | 2.01 |
| 17 | 4.45 | 3.59 | 3.20 | 2.96 | 2.81 | 2.70 | 2.61 | 2.55 | 2.49 | 2.45 | 2.38 | 2.31 | 2.23 | 2.19 | 2.15 | 2.10 | 2.06 | 2.01 | 1.96 |
| 18 | 4.41 | 3.55 | 3.16 | 2.93 | 2.77 | 2.66 | 2.58 | 2.51 | 2.46 | 2.41 | 2.34 | 2.27 | 2.19 | 2.15 | 2.11 | 2.06 | 2.02 | 1.97 | 1.93 |
| 19 | 4.38 | 3.52 | 3.13 | 2.90 | 2.74 | 2.63 | 2.54 | 2.48 | 2.42 | 2.38 | 2.31 | 2.23 | 2.16 | 2.11 | 2.07 | 2.03 | 1.98 | 1.93 | 1.88 |

续表

$\alpha=0.05$

| $n_2$ \ $n_1$ | 1 | 2 | 3 | 4 | 5 | 6 | 7 | 8 | 9 | 10 | 12 | 15 | 20 | 24 | 30 | 40 | 60 | 120 | ∞ |
|---|---|---|---|---|---|---|---|---|---|---|---|---|---|---|---|---|---|---|---|
| 20 | 4.35 | 3.49 | 3.10 | 2.87 | 2.71 | 2.60 | 2.51 | 2.45 | 2.39 | 2.35 | 2.28 | 2.20 | 2.12 | 2.08 | 2.04 | 1.99 | 1.95 | 1.90 | 1.84 |
| 21 | 4.32 | 3.47 | 3.07 | 2.84 | 2.68 | 2.57 | 2.49 | 2.42 | 2.37 | 2.32 | 2.25 | 2.18 | 2.10 | 2.05 | 2.01 | 1.96 | 1.92 | 1.87 | 1.81 |
| 22 | 4.30 | 3.44 | 3.05 | 2.82 | 2.66 | 2.55 | 2.46 | 2.40 | 2.34 | 2.30 | 2.23 | 2.15 | 2.07 | 2.03 | 1.98 | 1.94 | 1.89 | 1.84 | 1.78 |
| 23 | 4.28 | 3.42 | 3.03 | 2.80 | 2.64 | 2.53 | 2.44 | 2.37 | 2.32 | 2.27 | 2.20 | 2.13 | 2.05 | 2.01 | 1.96 | 1.91 | 1.86 | 1.81 | 1.76 |
| 24 | 4.26 | 3.40 | 3.01 | 2.78 | 2.62 | 2.51 | 2.42 | 2.36 | 2.30 | 2.25 | 2.18 | 2.11 | 2.03 | 1.98 | 1.94 | 1.89 | 1.84 | 1.79 | 1.73 |
| 25 | 4.24 | 3.39 | 2.99 | 2.76 | 2.60 | 2.49 | 2.40 | 2.34 | 2.28 | 2.24 | 2.16 | 2.09 | 2.01 | 1.96 | 1.92 | 1.87 | 1.82 | 1.77 | 1.71 |
| 26 | 4.23 | 3.37 | 2.98 | 2.74 | 2.59 | 2.47 | 2.39 | 2.32 | 2.27 | 2.22 | 2.15 | 2.07 | 1.99 | 1.95 | 1.90 | 1.85 | 1.80 | 1.75 | 1.69 |
| 27 | 4.21 | 3.35 | 2.96 | 2.73 | 2.57 | 2.46 | 2.37 | 2.31 | 2.25 | 2.20 | 2.13 | 2.06 | 1.97 | 1.93 | 1.88 | 1.84 | 1.79 | 1.73 | 1.67 |
| 28 | 4.20 | 3.34 | 2.95 | 2.71 | 2.56 | 2.45 | 2.36 | 2.29 | 2.24 | 2.19 | 2.12 | 2.04 | 1.96 | 1.91 | 1.87 | 1.82 | 1.77 | 1.71 | 1.65 |
| 29 | 4.18 | 3.33 | 2.93 | 2.70 | 2.55 | 2.43 | 2.35 | 2.28 | 2.22 | 2.18 | 2.10 | 2.03 | 1.94 | 1.90 | 1.85 | 1.81 | 1.75 | 1.70 | 1.64 |
| 30 | 4.17 | 3.32 | 2.92 | 2.69 | 2.53 | 2.42 | 2.33 | 2.27 | 2.21 | 2.16 | 2.09 | 2.01 | 1.93 | 1.89 | 1.84 | 1.79 | 1.74 | 1.68 | 1.62 |
| 40 | 4.08 | 3.23 | 2.84 | 2.61 | 2.45 | 2.34 | 2.25 | 2.18 | 2.12 | 2.08 | 2.00 | 1.92 | 1.84 | 1.79 | 1.74 | 1.69 | 1.64 | 1.53 | 1.51 |
| 60 | 4.00 | 3.15 | 2.76 | 2.53 | 2.37 | 2.25 | 2.17 | 2.10 | 2.04 | 1.99 | 1.92 | 1.84 | 1.75 | 1.70 | 1.65 | 1.59 | 1.53 | 1.47 | 1.39 |
| 120 | 3.92 | 3.07 | 2.68 | 2.45 | 2.29 | 2.17 | 2.09 | 2.02 | 1.96 | 1.91 | 1.83 | 1.75 | 1.66 | 1.61 | 1.55 | 1.50 | 1.43 | 1.35 | 1.25 |
| ∞ | 3.84 | 3.00 | 2.60 | 2.37 | 2.21 | 2.10 | 2.01 | 1.94 | 1.88 | 1.83 | 1.75 | 1.67 | 1.57 | 1.52 | 1.46 | 1.39 | 1.32 | 1.22 | 1.00 |

续表

$\alpha=0.025$

| $n_2$ \ $n_1$ | 1 | 2 | 3 | 4 | 5 | 6 | 7 | 8 | 9 | 10 | 12 | 15 | 20 | 24 | 30 | 40 | 60 | 120 | ∞ |
|---|---|---|---|---|---|---|---|---|---|---|---|---|---|---|---|---|---|---|---|
| 1 | 647.8 | 799.5 | 864.2 | 899.6 | 921.8 | 937.1 | 943.2 | 956.7 | 963.3 | 368.6 | 976.7 | 984.9 | 933.1 | 997.2 | 1001 | 1006 | 1010 | 1014 | 1018 |
| 2 | 38.51 | 39.00 | 39.17 | 39.25 | 39.30 | 39.33 | 39.36 | 39.37 | 39.39 | 39.40 | 39.41 | 39.43 | 39.45 | 39.46 | 39.46 | 39.47 | 39.48 | 39.49 | 39.50 |
| 3 | 17.44 | 16.04 | 15.44 | 15.10 | 14.88 | 14.73 | 14.62 | 14.54 | 14.47 | 14.42 | 14.34 | 14.25 | 14.17 | 14.12 | 14.08 | 14.04 | 13.99 | 13.95 | 13.90 |
| 4 | 12.22 | 10.65 | 9.98 | 9.60 | 9.36 | 9.20 | 9.07 | 8.98 | 8.90 | 8.84 | 8.75 | 8.66 | 8.56 | 8.51 | 8.46 | 8.41 | 8.36 | 8.31 | 8.26 |
| 5 | 10.01 | 8.43 | 7.76 | 7.39 | 7.15 | 6.98 | 6.85 | 6.76 | 6.68 | 6.62 | 6.52 | 6.43 | 6.33 | 6.28 | 6.23 | 6.18 | 6.12 | 6.07 | 6.02 |
| 6 | 8.81 | 7.26 | 6.60 | 6.23 | 5.99 | 5.82 | 5.70 | 5.60 | 5.52 | 5.46 | 5.37 | 5.27 | 5.17 | 5.12 | 5.07 | 5.01 | 4.96 | 4.90 | 4.85 |
| 7 | 8.07 | 6.54 | 5.89 | 5.52 | 5.29 | 5.12 | 4.99 | 4.90 | 4.82 | 4.76 | 4.67 | 4.57 | 4.47 | 4.42 | 4.36 | 4.31 | 4.25 | 4.20 | 4.14 |
| 8 | 7.57 | 6.06 | 5.42 | 5.05 | 4.82 | 4.65 | 4.53 | 4.43 | 4.36 | 4.30 | 4.20 | 4.10 | 4.00 | 3.95 | 3.89 | 3.84 | 3.78 | 3.73 | 3.67 |
| 9 | 7.21 | 5.71 | 5.08 | 4.72 | 4.48 | 4.23 | 4.20 | 4.10 | 4.03 | 3.96 | 3.87 | 3.77 | 3.67 | 3.61 | 3.56 | 3.51 | 3.45 | 3.39 | 3.33 |
| 10 | 6.94 | 5.46 | 4.83 | 4.47 | 4.24 | 4.07 | 3.95 | 3.85 | 3.78 | 3.72 | 3.62 | 3.52 | 3.42 | 3.37 | 3.31 | 3.26 | 3.20 | 3.14 | 3.08 |
| 11 | 6.72 | 5.26 | 4.63 | 4.28 | 4.04 | 3.88 | 3.76 | 3.66 | 3.59 | 3.53 | 3.43 | 3.33 | 3.23 | 3.17 | 3.12 | 3.06 | 3.00 | 2.94 | 2.88 |
| 12 | 6.55 | 5.10 | 4.47 | 4.12 | 3.89 | 3.73 | 3.61 | 3.51 | 3.44 | 3.37 | 3.28 | 3.18 | 3.07 | 3.02 | 2.96 | 2.91 | 2.85 | 2.79 | 2.72 |
| 13 | 6.41 | 4.97 | 4.35 | 4.00 | 3.77 | 3.60 | 3.48 | 3.39 | 3.31 | 3.25 | 3.15 | 3.05 | 2.95 | 2.89 | 2.84 | 2.78 | 2.72 | 2.66 | 2.60 |
| 14 | 6.30 | 4.86 | 4.24 | 3.89 | 3.66 | 3.50 | 3.38 | 3.29 | 3.21 | 3.15 | 3.05 | 2.95 | 2.84 | 2.79 | 2.73 | 2.67 | 2.61 | 2.55 | 2.49 |
| 15 | 6.20 | 4.77 | 4.15 | 3.80 | 3.58 | 3.41 | 3.29 | 3.20 | 3.12 | 3.06 | 2.96 | 2.86 | 2.76 | 2.70 | 2.64 | 2.59 | 2.52 | 2.46 | 2.40 |
| 16 | 6.12 | 4.69 | 4.08 | 3.73 | 3.50 | 3.34 | 3.22 | 3.12 | 3.05 | 2.99 | 2.89 | 2.79 | 2.68 | 2.63 | 2.57 | 2.51 | 2.45 | 2.38 | 2.32 |
| 17 | 6.04 | 4.62 | 4.01 | 3.66 | 3.44 | 3.28 | 3.16 | 3.06 | 2.98 | 2.92 | 2.82 | 2.72 | 2.62 | 2.56 | 2.50 | 2.44 | 2.38 | 2.32 | 2.25 |
| 18 | 5.98 | 4.56 | 3.95 | 3.61 | 3.38 | 3.22 | 3.10 | 3.01 | 2.93 | 2.87 | 2.77 | 2.67 | 2.56 | 2.50 | 2.44 | 2.38 | 2.32 | 2.26 | 2.19 |
| 19 | 5.92 | 4.51 | 3.90 | 3.56 | 3.33 | 3.17 | 3.05 | 2.96 | 2.88 | 2.82 | 2.72 | 2.62 | 2.51 | 2.45 | 2.39 | 2.38 | 2.27 | 2.20 | 2.13 |

$\alpha=0.025$　　续表

| $n_2$ \ $n_1$ | 1 | 2 | 3 | 4 | 5 | 6 | 7 | 8 | 9 | 10 | 12 | 15 | 20 | 24 | 30 | 40 | 60 | 120 | $\infty$ |
|---|---|---|---|---|---|---|---|---|---|---|---|---|---|---|---|---|---|---|---|
| 20 | 5.87 | 4.46 | 3.86 | 3.51 | 3.29 | 3.13 | 3.01 | 2.91 | 2.84 | 2.77 | 2.68 | 2.57 | 2.46 | 2.41 | 2.35 | 2.29 | 2.22 | 2.16 | 2.09 |
| 21 | 5.83 | 4.42 | 3.82 | 3.48 | 3.25 | 3.09 | 2.97 | 2.87 | 2.80 | 2.73 | 2.64 | 2.58 | 2.42 | 2.37 | 2.31 | 2.25 | 2.18 | 2.11 | 2.04 |
| 22 | 5.79 | 4.38 | 3.78 | 3.44 | 3.22 | 3.05 | 2.93 | 2.84 | 2.76 | 2.70 | 2.60 | 2.50 | 2.39 | 2.33 | 2.27 | 2.21 | 2.14 | 2.08 | 2.00 |
| 23 | 5.75 | 4.35 | 3.75 | 3.41 | 3.18 | 3.02 | 2.90 | 2.81 | 2.73 | 2.67 | 2.57 | 2.47 | 2.36 | 2.30 | 2.24 | 2.18 | 2.11 | 2.04 | 1.97 |
| 24 | 5.72 | 4.32 | 3.72 | 3.38 | 3.15 | 2.99 | 2.87 | 2.78 | 2.70 | 2.64 | 2.54 | 2.44 | 2.33 | 2.27 | 2.21 | 2.15 | 2.08 | 2.07 | 1.94 |
| 25 | 5.69 | 4.20 | 3.69 | 3.35 | 3.13 | 2.97 | 2.85 | 2.75 | 2.68 | 2.61 | 2.51 | 2.41 | 2.30 | 2.24 | 2.18 | 2.12 | 2.05 | 1.98 | 1.91 |
| 26 | 5.66 | 4.27 | 3.67 | 3.33 | 3.10 | 2.94 | 2.82 | 2.73 | 2.65 | 2.59 | 2.49 | 2.39 | 1.28 | 2.22 | 2.16 | 2.09 | 2.03 | 1.95 | 1.88 |
| 27 | 5.63 | 4.24 | 3.65 | 3.31 | 3.08 | 2.92 | 2.80 | 2.71 | 2.63 | 2.57 | 2.47 | 2.36 | 1.25 | 2.19 | 2.13 | 2.07 | 2.00 | 1.93 | 1.85 |
| 28 | 5.61 | 4.22 | 3.63 | 3.29 | 3.06 | 2.90 | 2.78 | 2.69 | 2.61 | 2.55 | 2.45 | 2.34 | 2.23 | 2.17 | 2.11 | 2.05 | 1.98 | 1.91 | 1.83 |
| 29 | 5.59 | 4.20 | 3.61 | 3.27 | 3.04 | 2.88 | 2.76 | 2.67 | 2.59 | 2.53 | 2.43 | 2.32 | 2.21 | 2.15 | 2.09 | 2.03 | 1.96 | 1.89 | 1.81 |
| 30 | 5.57 | 4.18 | 3.59 | 3.25 | 3.03 | 2.87 | 2.75 | 2.65 | 2.57 | 2.51 | 2.41 | 2.31 | 3.20 | 2.14 | 2.07 | 2.01 | 1.94 | 1.87 | 1.79 |
| 40 | 5.42 | 4.05 | 3.46 | 3.13 | 2.90 | 2.74 | 2.62 | 2.53 | 2.45 | 2.39 | 2.29 | 2.18 | 2.07 | 2.01 | 1.94 | 1.88 | 1.80 | 1.72 | 1.64 |
| 60 | 5.29 | 3.93 | 3.34 | 3.01 | 2.79 | 2.63 | 2.51 | 2.41 | 2.33 | 2.27 | 2.17 | 2.06 | 1.94 | 1.88 | 1.82 | 1.74 | 1.67 | 1.58 | 1.48 |
| 120 | 5.15 | 3.08 | 3.23 | 2.89 | 2.67 | 2.52 | 2.39 | 2.30 | 2.22 | 2.16 | 2.05 | 1.94 | 1.82 | 1.76 | 1.69 | 1.61 | 1.58 | 1.43 | 1.31 |
| $\infty$ | 5.02 | 3.60 | 3.12 | 2.79 | 2.57 | 2.41 | 2.29 | 2.19 | 2.11 | 2.05 | 1.94 | 1.83 | 1.71 | 1.64 | 1.57 | 1.48 | 1.39 | 1.27 | 1.00 |

续表

$\alpha=0.01$

| $n_2$ \ $n_1$ | 1 | 2 | 3 | 4 | 5 | 6 | 7 | 8 | 9 | 10 | 12 | 15 | 20 | 24 | 30 | 40 | 60 | 120 | $\infty$ |
|---|---|---|---|---|---|---|---|---|---|---|---|---|---|---|---|---|---|---|---|
| 1 | 1052 | 4999.5 | 5403 | 5625 | 5764 | 5859 | 5928 | 5982 | 6022 | 6056 | 6106 | 6157 | 6209 | 6235 | 6261 | 6287 | 6313 | 6339 | 6366 |
| 2 | 98.50 | 99.00 | 99.17 | 99.25 | 99.30 | 99.33 | 99.36 | 99.37 | 99.39 | 99.40 | 99.42 | 99.43 | 99.45 | 99.46 | 99.47 | 99.47 | 99.48 | 99.49 | 99.50 |
| 3 | 24.12 | 30.82 | 29.46 | 28.71 | 28.24 | 27.91 | 27.67 | 27.49 | 27.35 | 27.23 | 27.05 | 26.87 | 26.69 | 26.60 | 26.50 | 26.41 | 26.32 | 26.22 | 26.13 |
| 4 | 21.20 | 18.00 | 16.69 | 15.98 | 15.52 | 15.21 | 14.98 | 14.80 | 14.66 | 14.55 | 14.37 | 14.20 | 14.02 | 13.93 | 13.84 | 13.75 | 13.65 | 13.50 | 13.40 |
| 5 | 16.26 | 13.27 | 12.06 | 11.39 | 10.97 | 10.67 | 10.46 | 10.29 | 10.16 | 10.05 | 9.89 | 9.72 | 9.55 | 9.47 | 9.38 | 9.29 | 9.20 | 9.11 | 9.02 |
| 6 | 13.75 | 10.92 | 9.78 | 9.15 | 8.75 | 8.47 | 8.26 | 8.10 | 7.98 | 7.87 | 7.72 | 7.56 | 7.40 | 7.31 | 7.23 | 7.14 | 7.06 | 6.97 | 6.88 |
| 7 | 12.25 | 9.55 | 8.45 | 7.85 | 7.46 | 7.19 | 6.99 | 6.84 | 6.72 | 6.62 | 6.47 | 6.31 | 6.16 | 6.07 | 5.99 | 5.91 | 5.82 | 5.74 | 5.65 |
| 8 | 11.26 | 8.65 | 7.59 | 7.01 | 6.63 | 6.37 | 6.18 | 6.03 | 5.91 | 5.81 | 5.67 | 5.52 | 5.36 | 5.28 | 5.20 | 5.12 | 5.03 | 4.95 | 4.86 |
| 9 | 10.56 | 8.02 | 6.99 | 6.42 | 6.06 | 5.80 | 5.61 | 5.47 | 5.35 | 5.26 | 5.11 | 4.96 | 4.81 | 4.73 | 4.65 | 4.57 | 4.48 | 4.40 | 4.31 |
| 10 | 10.04 | 7.56 | 6.55 | 5.99 | 5.64 | 5.39 | 5.20 | 5.06 | 4.94 | 4.85 | 4.71 | 4.56 | 4.41 | 4.33 | 4.25 | 4.17 | 4.08 | 4.00 | 3.91 |
| 11 | 9.65 | 7.21 | 6.22 | 5.67 | 5.32 | 5.07 | 4.89 | 4.74 | 4.63 | 4.54 | 4.40 | 4.25 | 4.10 | 4.02 | 3.94 | 3.86 | 3.78 | 3.69 | 3.60 |
| 12 | 9.33 | 6.93 | 5.95 | 5.41 | 5.06 | 4.82 | 4.64 | 4.50 | 4.39 | 4.30 | 4.16 | 4.01 | 3.86 | 3.78 | 3.70 | 3.62 | 3.54 | 3.45 | 3.36 |
| 13 | 9.07 | 6.70 | 5.74 | 5.21 | 4.86 | 4.62 | 4.44 | 4.30 | 4.19 | 4.10 | 3.96 | 3.82 | 3.66 | 3.59 | 3.51 | 3.43 | 3.34 | 3.25 | 3.17 |
| 14 | 8.86 | 6.51 | 5.56 | 5.04 | 4.69 | 4.46 | 4.28 | 4.14 | 4.03 | 3.94 | 3.80 | 3.66 | 3.51 | 3.43 | 3.35 | 3.27 | 3.18 | 3.09 | 3.00 |
| 15 | 8.68 | 6.36 | 5.42 | 4.89 | 4.56 | 4.32 | 4.14 | 4.00 | 3.89 | 3.80 | 3.67 | 3.52 | 3.37 | 3.29 | 3.21 | 3.13 | 3.05 | 2.96 | 2.87 |
| 16 | 8.53 | 6.23 | 5.29 | 4.77 | 4.44 | 4.20 | 4.03 | 3.89 | 3.78 | 3.69 | 3.35 | 3.41 | 3.26 | 3.18 | 3.10 | 3.02 | 2.93 | 2.84 | 2.75 |
| 17 | 8.40 | 6.11 | 5.18 | 4.67 | 4.34 | 4.10 | 3.93 | 3.79 | 3.68 | 3.59 | 3.46 | 3.31 | 3.16 | 3.08 | 3.00 | 2.92 | 2.83 | 2.75 | 2.65 |
| 18 | 8.29 | 6.01 | 5.09 | 4.58 | 4.25 | 4.01 | 3.84 | 3.71 | 3.60 | 3.51 | 3.37 | 3.23 | 3.08 | 3.00 | 2.92 | 2.84 | 2.75 | 2.66 | 2.57 |
| 19 | 8.18 | 5.93 | 5.01 | 4.50 | 4.17 | 3.94 | 3.77 | 3.63 | 3.52 | 3.43 | 3.30 | 3.15 | 3.00 | 2.92 | 2.84 | 2.76 | 2.67 | 2.58 | 2.49 |

续表

$\alpha=0.01$

| $n_2$ \ $n_1$ | 1 | 2 | 3 | 4 | 5 | 6 | 7 | 8 | 9 | 10 | 12 | 15 | 20 | 24 | 30 | 40 | 60 | 120 | $\infty$ |
|---|---|---|---|---|---|---|---|---|---|---|---|---|---|---|---|---|---|---|---|
| 20 | 8.10 | 5.85 | 4.94 | 4.43 | 4.10 | 3.87 | 3.70 | 3.56 | 3.46 | 3.37 | 3.23 | 3.09 | 2.94 | 2.86 | 2.78 | 2.69 | 2.61 | 2.52 | 2.42 |
| 21 | 8.02 | 5.78 | 4.87 | 4.37 | 4.04 | 3.81 | 3.64 | 3.51 | 3.40 | 3.31 | 3.17 | 3.03 | 2.88 | 2.80 | 2.72 | 2.64 | 2.55 | 2.46 | 2.36 |
| 22 | 7.95 | 5.72 | 4.82 | 4.31 | 3.99 | 3.76 | 3.59 | 3.45 | 3.55 | 3.26 | 3.12 | 2.98 | 2.83 | 2.75 | 2.67 | 2.58 | 2.50 | 2.40 | 2.31 |
| 23 | 7.88 | 5.66 | 4.76 | 4.26 | 3.94 | 3.71 | 3.54 | 3.41 | 3.30 | 3.21 | 3.07 | 2.93 | 2.78 | 2.71 | 2.62 | 2.54 | 2.45 | 2.35 | 2.26 |
| 24 | 7.82 | 5.61 | 4.72 | 4.22 | 3.90 | 3.67 | 3.50 | 3.36 | 3.26 | 3.17 | 3.03 | 2.89 | 2.74 | 2.66 | 2.58 | 2.49 | 2.40 | 2.31 | 2.21 |
| 25 | 7.77 | 5.57 | 4.68 | 4.18 | 3.85 | 3.63 | 3.46 | 3.32 | 3.22 | 3.13 | 2.99 | 2.85 | 2.70 | 2.62 | 2.54 | 2.45 | 2.36 | 2.27 | 2.17 |
| 26 | 7.72 | 5.53 | 4.64 | 4.14 | 3.82 | 3.59 | 3.42 | 3.29 | 3.18 | 3.09 | 2.96 | 2.81 | 2.66 | 2.58 | 2.50 | 2.42 | 2.33 | 2.23 | 2.13 |
| 27 | 7.68 | 5.49 | 4.60 | 4.11 | 3.78 | 3.56 | 3.39 | 3.26 | 3.15 | 3.06 | 2.93 | 2.78 | 2.63 | 2.55 | 2.47 | 2.38 | 2.29 | 2.20 | 2.10 |
| 28 | 7.64 | 5.45 | 4.57 | 4.07 | 3.75 | 3.53 | 3.36 | 3.23 | 3.12 | 3.03 | 2.90 | 2.75 | 2.60 | 2.52 | 2.44 | 2.35 | 2.26 | 2.17 | 2.06 |
| 29 | 7.60 | 5.42 | 4.54 | 4.04 | 3.73 | 3.50 | 3.33 | 3.20 | 3.09 | 3.00 | 2.87 | 2.73 | 2.57 | 2.49 | 2.41 | 2.33 | 2.23 | 2.14 | 2.03 |
| 30 | 7.56 | 5.39 | 4.51 | 4.02 | 3.70 | 3.47 | 3.30 | 3.17 | 3.07 | 2.98 | 2.84 | 2.70 | 2.55 | 2.47 | 2.39 | 2.30 | 2.21 | 2.11 | 2.01 |
| 40 | 7.31 | 5.18 | 4.31 | 3.83 | 3.51 | 3.29 | 3.12 | 2.29 | 2.89 | 2.80 | 2.66 | 2.52 | 2.37 | 2.29 | 2.20 | 2.11 | 2.02 | 1.92 | 1.80 |
| 60 | 7.08 | 4.98 | 4.13 | 3.65 | 3.34 | 3.12 | 2.95 | 2.82 | 2.72 | 2.63 | 2.50 | 2.35 | 2.20 | 2.12 | 2.03 | 1.94 | 1.84 | 1.73 | 1.60 |
| 120 | 6.85 | 4.79 | 3.95 | 3.48 | 3.17 | 2.96 | 2.79 | 2.66 | 2.56 | 2.47 | 2.34 | 2.19 | 2.03 | 1.95 | 1.86 | 1.76 | 1.66 | 1.53 | 1.38 |
| $\infty$ | 6.63 | 4.61 | 3.78 | 3.32 | 3.02 | 2.80 | 2.64 | 2.51 | 2.41 | 2.32 | 2.18 | 2.04 | 1.88 | 1.79 | 1.70 | 1.59 | 1.47 | 1.32 | 1.00 |

续表

$\alpha=0.005$

| $n_2$ \ $n_1$ | 1 | 2 | 3 | 4 | 5 | 6 | 7 | 8 | 9 | 10 | 12 | 15 | 20 | 24 | 30 | 40 | 60 | 120 | ∞ |
|---|---|---|---|---|---|---|---|---|---|---|---|---|---|---|---|---|---|---|---|
| 1 | 16211 | 20000 | 21615 | 22500 | 23056 | 23437 | 23715 | 23925 | 24091 | 24224 | 24426 | 24630 | 24836 | 24940 | 25044 | 25148 | 25253 | 25359 | 25465 |
| 2 | 198.5 | 199.0 | 199.2 | 199.2 | 199.3 | 199.3 | 199.4 | 199.4 | 199.4 | 199.4 | 199.4 | 199.4 | 199.4 | 199.5 | 199.5 | 199.5 | 199.5 | 199.5 | 199.5 |
| 3 | 55.55 | 49.80 | 47.47 | 46.19 | 45.39 | 44.84 | 44.43 | 44.13 | 43.88 | 43.69 | 43.39 | 43.08 | 42.78 | 42.62 | 42.47 | 42.31 | 42.15 | 41.99 | 41.83 |
| 4 | 31.33 | 26.28 | 24.26 | 23.15 | 22.46 | 21.97 | 21.62 | 21.35 | 21.14 | 20.97 | 20.70 | 20.44 | 20.17 | 20.03 | 19.89 | 19.75 | 19.61 | 19.47 | 19.32 |
| 5 | 22.78 | 18.31 | 16.53 | 15.56 | 14.94 | 14.51 | 14.20 | 13.96 | 13.77 | 13.62 | 13.38 | 13.15 | 12.90 | 12.78 | 12.66 | 12.53 | 12.40 | 12.27 | 12.14 |
| 6 | 18.63 | 14.54 | 12.92 | 12.03 | 11.46 | 11.07 | 10.79 | 10.57 | 10.39 | 10.25 | 10.03 | 9.81 | 9.59 | 9.47 | 9.36 | 9.24 | 9.12 | 9.00 | 8.88 |
| 7 | 16.24 | 12.40 | 10.88 | 10.05 | 9.52 | 9.16 | 8.89 | 8.68 | 8.51 | 8.38 | 8.18 | 7.97 | 7.75 | 7.65 | 7.53 | 7.42 | 7.31 | 7.19 | 7.08 |
| 8 | 14.69 | 11.04 | 9.60 | 8.81 | 8.30 | 7.95 | 7.69 | 7.50 | 7.34 | 7.21 | 7.01 | 6.81 | 6.61 | 6.50 | 6.40 | 6.29 | 6.18 | 6.06 | 5.95 |
| 9 | 13.61 | 10.11 | 8.72 | 7.96 | 7.47 | 7.13 | 6.88 | 6.69 | 6.54 | 6.42 | 6.23 | 6.03 | 5.83 | 5.73 | 5.62 | 5.52 | 5.41 | 5.30 | 5.19 |
| 10 | 12.83 | 9.43 | 8.08 | 7.34 | 6.87 | 6.54 | 6.30 | 6.12 | 5.97 | 5.85 | 5.66 | 5.47 | 5.27 | 5.17 | 5.07 | 4.97 | 4.86 | 4.75 | 4.64 |
| 11 | 12.23 | 8.91 | 7.60 | 6.88 | 6.42 | 6.10 | 5.86 | 5.68 | 5.54 | 5.42 | 5.24 | 5.05 | 4.86 | 4.76 | 4.65 | 4.55 | 4.44 | 4.34 | 4.23 |
| 12 | 11.75 | 8.51 | 7.23 | 6.52 | 6.07 | 5.76 | 5.52 | 5.35 | 5.20 | 5.09 | 4.91 | 4.72 | 4.53 | 4.43 | 4.33 | 4.23 | 4.12 | 4.01 | 3.90 |
| 13 | 11.37 | 8.19 | 6.93 | 6.23 | 5.79 | 5.48 | 5.25 | 5.08 | 4.94 | 4.82 | 4.64 | 4.46 | 4.27 | 4.17 | 4.07 | 3.97 | 3.87 | 3.76 | 3.65 |
| 14 | 11.06 | 7.92 | 6.68 | 6.00 | 5.56 | 5.26 | 5.03 | 4.86 | 4.72 | 4.60 | 4.43 | 4.25 | 4.06 | 3.96 | 3.86 | 3.76 | 3.66 | 3.55 | 3.44 |
| 15 | 10.80 | 7.70 | 6.48 | 5.80 | 5.37 | 5.07 | 4.85 | 4.67 | 4.54 | 4.42 | 4.25 | 4.07 | 3.88 | 3.79 | 3.69 | 3.58 | 3.48 | 3.37 | 3.26 |
| 16 | 10.58 | 7.51 | 6.30 | 5.64 | 5.21 | 4.91 | 4.69 | 4.52 | 4.38 | 4.27 | 4.10 | 3.92 | 3.73 | 3.64 | 3.54 | 3.44 | 3.33 | 3.22 | 3.11 |
| 17 | 10.38 | 7.35 | 6.16 | 5.50 | 5.07 | 4.78 | 4.56 | 4.39 | 4.25 | 4.14 | 3.97 | 3.79 | 3.61 | 3.51 | 3.41 | 3.31 | 3.21 | 3.10 | 2.98 |
| 18 | 10.22 | 7.21 | 6.03 | 5.37 | 4.96 | 4.66 | 4.44 | 4.28 | 4.14 | 4.03 | 3.86 | 3.68 | 3.50 | 3.40 | 3.30 | 3.20 | 3.10 | 2.99 | 2.87 |
| 19 | 10.07 | 7.09 | 5.92 | 5.27 | 4.85 | 4.56 | 4.34 | 4.18 | 4.04 | 3.93 | 3.76 | 3.59 | 3.40 | 3.31 | 3.21 | 3.11 | 3.00 | 2.89 | 2.78 |

$\alpha=0.005$

续表

| $n_2$ \ $n_1$ | 1 | 2 | 3 | 4 | 5 | 6 | 7 | 8 | 9 | 10 | 12 | 15 | 20 | 24 | 30 | 40 | 60 | 120 | ∞ |
|---|---|---|---|---|---|---|---|---|---|---|---|---|---|---|---|---|---|---|---|
| 20 | 9.94 | 6.99 | 5.82 | 5.17 | 4.76 | 4.47 | 4.26 | 4.09 | 3.96 | 3.85 | 3.68 | 3.50 | 3.32 | 3.22 | 3.12 | 3.02 | 2.92 | 2.81 | 2.69 |
| 21 | 9.83 | 6.89 | 5.73 | 5.09 | 4.68 | 4.39 | 4.18 | 4.01 | 3.88 | 3.77 | 3.60 | 3.43 | 3.24 | 3.15 | 3.05 | 2.95 | 2.84 | 2.73 | 2.61 |
| 22 | 9.73 | 6.81 | 5.65 | 5.02 | 4.61 | 4.32 | 4.11 | 3.94 | 3.81 | 3.70 | 3.54 | 3.36 | 3.18 | 3.08 | 2.98 | 2.88 | 2.77 | 2.66 | 2.55 |
| 23 | 9.63 | 6.73 | 5.58 | 4.95 | 4.54 | 4.26 | 4.05 | 3.88 | 3.75 | 3.64 | 3.47 | 3.30 | 3.12 | 3.02 | 2.92 | 2.82 | 2.71 | 2.60 | 2.48 |
| 24 | 9.55 | 6.66 | 5.52 | 4.89 | 4.49 | 4.20 | 3.99 | 3.83 | 3.69 | 3.59 | 3.42 | 3.25 | 3.06 | 2.97 | 2.87 | 2.77 | 2.66 | 2.55 | 2.43 |
| 25 | 9.48 | 6.60 | 5.46 | 4.84 | 4.43 | 4.15 | 3.94 | 3.78 | 3.64 | 3.54 | 3.37 | 3.20 | 3.01 | 2.92 | 2.82 | 2.72 | 2.61 | 2.50 | 2.38 |
| 26 | 9.41 | 6.54 | 5.41 | 4.79 | 4.38 | 4.10 | 3.89 | 3.73 | 3.60 | 3.49 | 3.38 | 3.15 | 2.97 | 2.87 | 2.77 | 2.67 | 2.56 | 2.45 | 2.33 |
| 27 | 9.34 | 6.49 | 5.36 | 4.74 | 4.34 | 4.06 | 3.85 | 3.69 | 3.56 | 3.45 | 3.28 | 3.11 | 2.93 | 2.83 | 2.73 | 2.63 | 2.52 | 2.41 | 2.29 |
| 28 | 9.28 | 6.44 | 5.32 | 4.70 | 4.30 | 4.02 | 3.81 | 3.65 | 3.52 | 3.41 | 3.25 | 3.07 | 2.89 | 2.79 | 2.69 | 2.59 | 2.48 | 2.37 | 2.25 |
| 29 | 9.23 | 6.40 | 5.28 | 4.66 | 4.26 | 3.98 | 3.77 | 3.61 | 3.48 | 3.38 | 3.21 | 3.04 | 2.86 | 2.76 | 2.66 | 2.56 | 2.45 | 2.33 | 2.21 |
| 30 | 9.18 | 6.35 | 5.24 | 4.62 | 4.23 | 3.95 | 3.74 | 3.58 | 3.45 | 3.34 | 3.18 | 3.01 | 2.82 | 2.73 | 2.63 | 2.52 | 2.42 | 2.30 | 2.18 |
| 40 | 8.83 | 6.07 | 4.98 | 4.37 | 3.99 | 3.71 | 3.51 | 3.35 | 3.22 | 3.12 | 2.95 | 2.78 | 2.60 | 2.50 | 2.40 | 2.30 | 2.18 | 2.06 | 1.93 |
| 60 | 8.49 | 5.79 | 4.73 | 4.14 | 3.76 | 3.49 | 3.29 | 3.13 | 3.01 | 2.90 | 2.74 | 2.57 | 2.39 | 2.29 | 2.19 | 2.08 | 1.96 | 1.82 | 1.69 |
| 120 | 8.18 | 5.54 | 4.50 | 3.92 | 3.55 | 3.28 | 3.09 | 2.93 | 2.81 | 2.71 | 2.54 | 2.37 | 2.19 | 2.09 | 1.98 | 1.87 | 1.75 | 1.61 | 1.41 |
| ∞ | 7.88 | 5.30 | 4.28 | 3.72 | 3.35 | 3.09 | 2.90 | 2.74 | 2.62 | 2.52 | 2.36 | 2.19 | 2.00 | 1.90 | 1.79 | 1.67 | 1.53 | 1.36 | 1.00 |

续表

$\alpha=0.001$

| $n_2$ \ $n_1$ | 1 | 2 | 3 | 4 | 5 | 6 | 7 | 8 | 9 | 10 | 12 | 15 | 20 | 24 | 30 | 40 | 60 | 120 | ∞ |
|---|---|---|---|---|---|---|---|---|---|---|---|---|---|---|---|---|---|---|---|
| 1 | 4053$^+$ | 5000$^+$ | 5404$^+$ | 5625$^+$ | 5764$^+$ | 5859$^+$ | 5929$^+$ | 5981$^+$ | 6023$^+$ | 6056$^+$ | 6107$^+$ | 6158$^+$ | 6209$^+$ | 6235$^+$ | 6261$^+$ | 6287$^+$ | 6313$^+$ | 6340$^+$ | 6366$^+$ |
| 2 | 998.5 | 999.0 | 999.2 | 999.2 | 999.3 | 999.3 | 999.4 | 999.4 | 999.4 | 999.4 | 999.4 | 999.4 | 999.4 | 999.5 | 999.5 | 999.5 | 999.5 | 999.5 | 999.5 |
| 3 | 167.0 | 148.5 | 141.1 | 137.1 | 134.6 | 132.8 | 131.6 | 130.6 | 129.9 | 129.2 | 128.3 | 127.4 | 126.4 | 125.9 | 125.4 | 125.0 | 124.5 | 124.0 | 123.5 |
| 4 | 74.14 | 61.25 | 53.18 | 53.44 | 51.71 | 50.53 | 49.66 | 49.00 | 48.47 | 48.05 | 47.41 | 46.76 | 46.10 | 45.77 | 45.43 | 45.09 | 44.75 | 44.40 | 44.05 |
| 5 | 47.18 | 37.12 | 33.20 | 31.09 | 29.75 | 28.84 | 28.16 | 27.64 | 27.24 | 26.92 | 26.42 | 25.91 | 25.39 | 25.14 | 24.87 | 24.60 | 24.33 | 24.06 | 23.79 |
| 6 | 35.51 | 27.00 | 23.70 | 21.92 | 20.81 | 20.03 | 19.46 | 19.03 | 18.69 | 18.41 | 17.99 | 17.56 | 17.12 | 16.89 | 16.67 | 16.44 | 16.21 | 15.99 | 15.75 |
| 7 | 29.25 | 21.69 | 18.77 | 17.19 | 16.21 | 15.52 | 15.02 | 14.63 | 14.33 | 14.08 | 13.71 | 13.32 | 12.93 | 12.73 | 12.53 | 12.33 | 12.12 | 11.91 | 11.70 |
| 8 | 25.42 | 18.49 | 15.83 | 14.39 | 13.49 | 12.86 | 12.40 | 12.04 | 11.77 | 11.54 | 11.19 | 10.84 | 10.18 | 10.30 | 10.11 | 9.92 | 9.73 | 9.53 | 9.33 |
| 9 | 22.86 | 16.39 | 13.90 | 12.56 | 11.71 | 11.13 | 10.70 | 10.37 | 10.11 | 9.89 | 9.57 | 9.24 | 8.90 | 8.72 | 8.55 | 8.37 | 8.19 | 8.00 | 7.81 |
| 10 | 21.04 | 14.91 | 12.55 | 11.28 | 10.48 | 9.92 | 9.52 | 9.20 | 8.96 | 8.75 | 8.45 | 8.13 | 7.80 | 7.64 | 7.47 | 7.30 | 1.12 | 6.94 | 6.67 |
| 11 | 19.69 | 13.81 | 11.56 | 10.35 | 9.58 | 9.05 | 8.66 | 8.35 | 8.12 | 7.92 | 7.63 | 7.32 | 7.01 | 6.85 | 6.68 | 6.52 | 6.35 | 6.17 | 6.00 |
| 12 | 18.64 | 12.97 | 10.80 | 9.63 | 8.89 | 8.38 | 8.00 | 7.71 | 7.48 | 7.29 | 7.00 | 6.71 | 6.40 | 6.25 | 6.09 | 5.93 | 5.76 | 5.59 | 5.42 |
| 13 | 17.81 | 12.31 | 10.21 | 9.07 | 8.35 | 7.86 | 7.49 | 7.21 | 6.98 | 6.80 | 6.52 | 6.23 | 5.93 | 5.78 | 5.63 | 5.47 | 5.30 | 5.14 | 4.97 |
| 14 | 17.14 | 11.78 | 9.73 | 8.62 | 7.92 | 7.43 | 7.08 | 6.80 | 6.58 | 6.40 | 6.13 | 5.85 | 5.56 | 5.41 | 5.25 | 5.10 | 4.94 | 4.77 | 4.60 |
| 15 | 16.59 | 11.34 | 9.34 | 8.25 | 7.57 | 7.09 | 6.74 | 6.47 | 6.26 | 6.08 | 5.81 | 5.54 | 5.25 | 5.10 | 4.95 | 4.80 | 4.64 | 4.47 | 4.31 |
| 16 | 16.12 | 10.97 | 9.00 | 7.94 | 7.27 | 6.81 | 6.46 | 6.19 | 5.98 | 5.81 | 5.55 | 5.27 | 4.99 | 4.85 | 4.70 | 4.54 | 4.39 | 4.23 | 4.06 |
| 17 | 15.72 | 10.66 | 8.73 | 7.68 | 7.02 | 7.56 | 6.22 | 5.96 | 5.75 | 5.58 | 5.32 | 5.05 | 4.78 | 4.63 | 4.48 | 4.33 | 4.18 | 4.02 | 3.85 |
| 18 | 15.38 | 10.39 | 8.49 | 7.46 | 6.81 | 6.35 | 6.02 | 5.76 | 5.56 | 5.39 | 5.13 | 4.87 | 4.59 | 4.45 | 4.30 | 4.15 | 4.00 | 3.84 | 3.67 |
| 19 | 15.08 | 10.16 | 8.28 | 7.26 | 6.62 | 6.18 | 5.85 | 5.59 | 5.39 | 5.22 | 4.97 | 4.70 | 4.43 | 4.29 | 4.14 | 3.99 | 3.84 | 3.68 | 3.51 |

$\alpha=0.001$　　续表

| $n_2$ \ $n_1$ | 1 | 2 | 3 | 4 | 5 | 6 | 7 | 8 | 9 | 10 | 12 | 15 | 20 | 24 | 30 | 40 | 60 | 120 | ∞ |
|---|---|---|---|---|---|---|---|---|---|---|---|---|---|---|---|---|---|---|---|
| 20 | 14.82 | 9.95 | 8.10 | 7.10 | 6.46 | 6.02 | 5.69 | 5.44 | 5.24 | 5.08 | 4.82 | 4.56 | 4.29 | 4.15 | 4.00 | 3.86 | 3.70 | 3.54 | 3.38 |
| 21 | 14.59 | 9.77 | 7.94 | 6.95 | 6.32 | 5.88 | 5.56 | 5.31 | 5.11 | 4.95 | 4.70 | 4.44 | 4.17 | 4.03 | 3.88 | 3.74 | 3.58 | 3.42 | 3.26 |
| 22 | 14.38 | 9.61 | 7.80 | 6.81 | 6.19 | 5.76 | 5.44 | 5.19 | 4.99 | 4.83 | 4.58 | 4.33 | 4.06 | 3.92 | 3.78 | 3.63 | 3.48 | 3.32 | 3.15 |
| 23 | 14.19 | 9.47 | 7.67 | 6.69 | 6.08 | 5.65 | 5.33 | 5.09 | 4.89 | 4.73 | 4.48 | 4.23 | 3.96 | 3.82 | 3.68 | 3.53 | 3.38 | 3.22 | 3.05 |
| 24 | 14.03 | 9.34 | 7.55 | 6.59 | 5.98 | 5.55 | 5.23 | 4.99 | 4.80 | 4.64 | 4.39 | 4.14 | 3.87 | 3.74 | 3.59 | 3.45 | 3.29 | 3.14 | 2.97 |
| 25 | 13.88 | 9.22 | 7.45 | 6.49 | 5.88 | 5.46 | 5.15 | 4.91 | 4.71 | 4.56 | 4.31 | 4.06 | 3.79 | 3.66 | 3.52 | 3.37 | 3.22 | 3.06 | 2.89 |
| 26 | 13.74 | 9.12 | 7.36 | 6.41 | 5.80 | 5.38 | 5.07 | 4.83 | 4.64 | 4.48 | 4.24 | 3.99 | 3.72 | 3.59 | 3.44 | 3.30 | 3.15 | 2.99 | 2.82 |
| 27 | 13.61 | 9.02 | 7.27 | 6.33 | 5.73 | 5.31 | 5.00 | 4.76 | 4.57 | 4.41 | 4.17 | 3.92 | 3.66 | 3.52 | 3.38 | 3.23 | 3.08 | 2.92 | 2.75 |
| 28 | 13.50 | 8.93 | 7.19 | 6.25 | 5.66 | 5.24 | 4.93 | 4.69 | 4.50 | 4.35 | 4.11 | 3.86 | 3.60 | 3.46 | 3.32 | 3.18 | 3.02 | 2.86 | 2.69 |
| 29 | 13.39 | 8.85 | 7.12 | 6.19 | 5.59 | 5.18 | 4.87 | 4.64 | 4.45 | 4.29 | 4.05 | 3.80 | 3.54 | 3.41 | 3.27 | 3.12 | 2.97 | 2.81 | 2.54 |
| 30 | 13.29 | 8.77 | 7.05 | 6.12 | 5.53 | 5.12 | 4.82 | 4.58 | 4.39 | 4.24 | 4.00 | 3.75 | 3.49 | 3.36 | 3.22 | 3.07 | 2.92 | 2.76 | 2.59 |
| 40 | 12.61 | 8.25 | 6.60 | 5.70 | 5.13 | 4.73 | 4.44 | 4.21 | 4.02 | 3.87 | 3.64 | 3.40 | 3.15 | 3.01 | 2.87 | 2.73 | 2.57 | 2.41 | 2.23 |
| 60 | 11.97 | 7.76 | 6.17 | 5.31 | 4.76 | 4.37 | 4.09 | 3.87 | 3.69 | 3.54 | 3.31 | 3.08 | 2.83 | 2.69 | 2.55 | 2.41 | 2.25 | 2.08 | 1.89 |
| 120 | 11.38 | 7.32 | 5.79 | 4.95 | 4.42 | 4.04 | 3.77 | 3.55 | 3.38 | 3.24 | 3.02 | 2.78 | 2.53 | 2.40 | 2.26 | 2.11 | 1.95 | 1.76 | 1.54 |
| ∞ | 10.83 | 6.91 | 5.42 | 4.62 | 4.10 | 3.74 | 3.47 | 3.27 | 3.10 | 2.96 | 2.74 | 2.51 | 2.27 | 2.12 | 1.99 | 1.84 | 1.66 | 1.45 | 1.00 |

＋表示要将所列数乘以 100

# 部分习题答案

## 习　题　一

**1.1**　(1) $\Omega=\{uu,ud,du,dd\}$.

(2) $\Omega=\{0,1,\cdots\}$.

(3) $\Omega=\{x:x\geqslant 0,x\ \text{m}^3/\text{月}\}$.

(4) $\Omega=\{x:x=0,1,\cdots\}$.

**1.2**　(1) 同等条件下可重复,全部试验结果知,每次出何结果不确定.

(2) $AB=\varnothing$.

(3) 和对应并,积对应交,差对应差,逆对应余集.

**1.3**　$B_0=\overline{A}_1\overline{A}_2\overline{A}_3$，$B_1=A_1\overline{A}_2\overline{A}_3\cup\overline{A}_1A_2\overline{A}_3\cup\overline{A}_1\overline{A}_2A_3$，$B_2=A_1A_2\overline{A}_3\cup A_1\overline{A}_2A_3\cup\overline{A}_1A_2A_3$，

$B_3=A_1A_2A_3$；

$C_0=A_1\cup A_2\cup A_3\cup\overline{A}_1\overline{A}_2\overline{A}_3$，$C_1=A_1\cup A_2\cup A_3$，$C_2=A_1A_2\cup A_1A_3\cup A_2A_3$，$C_3=A_1A_2A_3$；

$C_0=B_0\cup B_1\cup B_2\cup B_3$，$C_1=B_1\cup B_2\cup B_3=\overline{B}_0$，$C_2=B_2\cup B_3$，$C_3=B_3$.

**1.4**　0.3.

**1.5**　(1) $1-p$.　(2) $p+q,1-p,q,1-(p+q)$.　(3) $P(B-A)=0$.　(4) 0.2.

**1.6**　$1-\frac{1}{2!}+\cdots+(-1)^{N-1}\frac{1}{N!}$.

**1.8**　$p=0$.

**1.9**　$p=\frac{2l}{a\pi}$.

**1.10**　$p=\frac{1}{4}$.

**1.11**　(C).

**1.12**　(C).

**1.13**　(C).

**1.14**　$\frac{2}{5}$.

**1.15**　$\frac{3}{7}$.

**1.16**　0.75.

**1.17**　$\frac{k}{n}$.

**1.18**　不成立.

## 习　题　二

**2.1**　(1)

| $X$ | $-1$ | $1$ | $3$ |
|---|---|---|---|
| $P$ | 0.4 | 0.4 | 0.2 |

.　(2) $\frac{19}{27}$.　(3) $\frac{9}{64}$.　(4) $[1,3]$.　(5) 0.8.　(6) 0.2.　(7) $1-\frac{1}{\mathrm{e}}$

**2.2**　(1) (A).　(2) (B).　(3) (B).　(4) (C).　(5) (A).

**2.3**　$$F(x)=\begin{cases}0, & x\leqslant 1,\\ 0.2, & 1<x\leqslant 2,\\ 0.5, & 2<x\leqslant 3,\\ 1, & x\geqslant 3.\end{cases}$$

**2.4** $X\sim B(100,0.2)$.

**2.5**

| $X$ | 0 | 1 | 2 |
|---|---|---|---|
| $P$ | $\frac{4}{5}$ | $\frac{8}{45}$ | $\frac{1}{45}$ |

.

**2.6**

| $X$ | 0 | 1 | 2 | 3 |
|---|---|---|---|---|
| $P$ | $\frac{27}{125}$ | $\frac{54}{125}$ | $\frac{36}{125}$ | $\frac{8}{125}$ |

.

**2.7**

| $X$ | 0 | 1 | 2 | 3 |
|---|---|---|---|---|
| $P$ | $\frac{1}{20}$ | $\frac{9}{20}$ | $\frac{9}{20}$ | $\frac{1}{20}$ |

.

**2.8** $F(x)=\begin{cases}\frac{1}{2}\mathrm{e}^x, & x<0,\\ 1-\frac{1}{2}\mathrm{e}^x, & x\geqslant 0.\end{cases}$

**2.9** (1) $T\sim E(\lambda)$. (2) $Q=\mathrm{e}^{-X\lambda}$.

**2.10** $Y\sim B(4,0.5)$.

**2.11** $a=\sqrt[3]{4}$.

**2.12** (1) $F(x)=\begin{cases}0, & x<-1,\\ \frac{5x+7}{16}, & -1\leqslant x<1,\\ 1, & x\geqslant 1.\end{cases}$ (2) $p=\frac{7}{16}$.

**2.13** $F(y)=\begin{cases}0, & y<0,\\ 1-\mathrm{e}^{-\frac{y}{5}}, & 0\leqslant y<2,\\ 1, & y\geqslant 2.\end{cases}$

**2.14** (1) $\alpha=0.0642$. (2) $\beta=0.009$.

**2.15** (1) $\alpha=1-\sum_{k=0}^{2}C_{100}^{k}0.05^k0.95^{100-k}$. (2) $\alpha\approx 0.87$.

**2.16** $\mu=4$.

**2.17** $f_Y(y)=\frac{3}{\pi}\frac{(1-y)^2}{1+(1-y)^6}$.

**2.18** $f_Y(y)=\begin{cases}\frac{1}{2y}, & \mathrm{e}^2<y<\mathrm{e}^4,\\ 0, & \text{其他}.\end{cases}$

**2.19** $f_Y(y)=\begin{cases}0, & y<1,\\ \frac{1}{y^2}, & y\geqslant 1.\end{cases}$

**2.20** $f_Y(y)=\begin{cases}\frac{3}{8\sqrt{y}}, & 0<y<1,\\ \frac{1}{8\sqrt{y}}, & 1\leqslant y<4,\\ 0, & \text{其他}.\end{cases}$

**2.21** $F_Y(y)=\begin{cases}0, & y<0,\\ y, & 0\leqslant y<1,\\ 1, & y\geqslant 1.\end{cases}$

**2.22** $f_Y(y)=\begin{cases}\dfrac{3}{4}, & 0<y\leqslant 1,\\ \dfrac{1}{4}, & 1<y\leqslant 2,\\ 0, & \text{其他}.\end{cases}$

**2.23** $F_Y(y)=\begin{cases}0, & y\leqslant 0,\\ y, & 0<y<1,\\ 1, & y\geqslant 1.\end{cases}$

**2.29** (1) $F_Y(y)=\begin{cases}0, & y<1,\\ \dfrac{1}{27}(y^3+18), & 1\leqslant y\leqslant 2,\\ 1, & y>2.\end{cases}$ (2) $\dfrac{8}{27}$.

## 习　题　三

**3.1** (1) (D).　(2) (D).　(3) (D).　(4) (B).　(5) (C).

**3.2** (1) $\dfrac{1}{12\pi}e^{-\left\{\frac{(x-1)^2}{8}+\frac{(y+1)^2}{18}\right\}}$, $N(5,(6\sqrt{2})^2)$.　(2) $1-3e^{-3}$.　(3) $\dfrac{5}{7}$.　(4) $\dfrac{25}{48}$.　(5) $\dfrac{\ln 2}{2}$.

**3.3** 否.

**3.4**

| X \ Y | 1 | 3 |  |
|---|---|---|---|
| 0 | 0 | 1/8 |  |
| 1 | 3/8 | 0 |  |
| 2 | 3/8 | 0 |  |
| 3 | 0 | 1/8 |  |
|  |  |  |  |

**3.5**

| X \ Y | 0 | 1 | 2 | 3 |  |
|---|---|---|---|---|---|
| 0 | 0 | 0 | 0 | 1/252 |  |
| 1 | 0 | 0 | 15/252 | 10/252 |  |
| 2 | 0 | 30/252 | 60/252 | 10/252 |  |
| 3 | 10/252 | 60/252 | 30/252 | 0 |  |
| 4 | 10/252 | 15/252 | 0 | 0 |  |
| 5 | 1/252 | 0 | 0 | 0 |  |
|  |  |  |  |  |  |

**3.6** $a=\dfrac{1}{\pi^2}, b=c=\dfrac{\pi}{2}, f(x,y)=\dfrac{4}{\pi^2(4+x^2)(4+y^2)}$.

**3.7** $C=\dfrac{3}{\pi R^3}, P(X^2+Y^2<r^2)=\dfrac{r^2}{R^3}(3R-2r)$.

**3.8**

| Y \ Z | −1 | 1 |  |
|---|---|---|---|
| −1 | 1/4 | 0 |  |
| 1 | 1/2 | 1/4 |  |
|  |  |  |  |

**3.9** (1) $f_X(x)=\begin{cases}3x^2, & 0<x<1,\\ 0, & \text{其他};\end{cases}$ $f_Y(y)=\begin{cases}\dfrac{3}{4}(1-y^2), & |y|<1,\\ 0, & \text{其他};\end{cases}$

$$f(y|x)=\begin{cases}\dfrac{1}{2x}, & 0<x<1,-x<y<x,\\ 0, & \text{其他};\end{cases}\quad f(x|y)=\begin{cases}\dfrac{2x}{1-y^2}, & 0<x<1,-x<y<x,\\ 0, & \text{其他}.\end{cases}$$

(2) $f_X(x)=\begin{cases}x, & 0\leqslant x\leqslant 1,\\ 2-x, & 1<x\leqslant 2,\\ 0, & \text{其他};\end{cases}\quad f_Y(y)=\begin{cases}1, & 0\leqslant y\leqslant 1,\\ 0, & \text{其他};\end{cases}$

$$f(y|x)=\begin{cases}\dfrac{1}{x}, & 0<x<1,0<y<x,\\ \dfrac{1}{2-x}, & 1<x<2,x-1<y<1,\\ 0, & \text{其他};\end{cases}\quad f(x|y)=\begin{cases}1, & 0\leqslant y\leqslant 1,y\leqslant x\leqslant y+1,\\ 0, & \text{其他}.\end{cases}$$

**3.10** $\dfrac{1}{4}$.

**3.11** $\alpha=\dfrac{2}{5},\beta=\dfrac{1}{30}$.

**3.12** (2) $X|_{X+Y=m}\sim B\left(m,\dfrac{\lambda_1}{\lambda_1+\lambda_2}\right)$.

**3.13** $f(x,y)=\begin{cases}\dfrac{1}{x}, & 0<x<1,0<y<x,\\ 0, & \text{其他};\end{cases}\quad f_Y(y)=\begin{cases}1-\ln y, & 0<y<1,\\ 0, & \text{其他};\end{cases}$

$P(X+Y>1)=1-\ln 2$.

**3.14**

| $X$ | $-1$ | $0$ | $1$ |
|---|---|---|---|
| $P$ | $(1-p^2)p^2$ | $(1-p^2)^2+p^4$ | $(1-p^2)p^2$ |

.

**3.15** $\lambda_1\neq\lambda_2$ 时，$f_Z(z)=\begin{cases}\dfrac{\lambda_1\lambda_2}{\lambda_1-\lambda_2}(\mathrm{e}^{-\lambda_2 z}-\mathrm{e}^{-\lambda_1 z}), & z\geqslant 0,\\ 0, & \text{其他};\end{cases}$

$\lambda_1=\lambda_2$ 时，$f_Z(z)=\begin{cases}\lambda_1^2\mathrm{e}^{-\lambda_1 z}z, & z\geqslant 0,\\ 0, & \text{其他}.\end{cases}$

**3.16** $f_L(x)=\begin{cases}\dfrac{x}{2}, & 0<x<2,\\ \dfrac{1}{2}, & 2\leqslant x<4,\\ \dfrac{3-x}{2}, & 4\leqslant x<6,\\ 0, & \text{其他};\end{cases}\quad f_S(x)=\begin{cases}\dfrac{1}{2}(\ln 2-\ln x), & 0<x<2,\\ 0, & \text{其他}.\end{cases}$

**3.17** $f_Z(z)=\dfrac{1}{\pi(1+z^2)},-\infty<z<+\infty$.

**3.18**

$$F_Z(z)=\begin{cases}0, & z<-1,\\ \dfrac{1}{2}(z+1), & -1\leqslant z<0,\\ \dfrac{1}{2}+\dfrac{1}{3}z, & 0\leqslant z<1,\\ \dfrac{5}{6}+\dfrac{1}{6}(z-1), & 1\leqslant z<2,\\ 1, & z\geqslant 2;\end{cases}\quad f_Z(z)=\begin{cases}\dfrac{1}{2}, & -1<z<0,\\ \dfrac{1}{3}, & 0\leqslant z<1,\\ \dfrac{1}{6}, & 1\leqslant z<2,\\ 0, & \text{其他}.\end{cases}$$

**3.19** $F_Z(z)=\begin{cases}0, & z<0,\\ 1-(1-z)^2, & 0\leqslant z<1,\\ 1, & z\geqslant 1;\end{cases}\quad f_Z(z)=\begin{cases}2(1-z), & 0<z<1,\\ 0, & \text{其他}.\end{cases}$

## 习　题　四

**4.1**　$\mu=4$.

**4.2**　(B).

**4.3**　(C).

**4.4**　(A).

**4.5**　$EX=2.7$.

**4.6**　$EX=P(X=1)+2P(X=2)+\cdots+kP(X=k)\geqslant P(X=k)+2P(X=k)+\cdots+kP(X=k)$

$$=P(X=k)(1+2+\cdots+k)\geqslant\frac{k^2}{2}P(X=k)\Rightarrow P(X=k)\leqslant\frac{2EX}{k^2}.$$

**4.7**　设 $X_i$ 为第 $i$ 组的化验次数,$X$ 为总化验次数.

| $X_i$ | 1 | $k+1$ |
|---|---|---|
| $P$ | $0.9^k$ | $1-0.9^k$ |

. $EX_i=0.9^k+(k+1)(1-0.9^k)$.

$EX=\frac{n}{k}EX_i=n\left(1-0.9^k+\frac{1}{k}\right)\Rightarrow k=4$.

**4.8**　$EX=\frac{r}{p}$.

**4.9**　$EX=\frac{1-(1-p)^{n_0}}{p}$.

**4.10**　提示:交换求和符号.

**4.11**　$p=\frac{1}{2}$,最大值为 5.

**4.12**　$EX^2=18.4$.

**4.13**　$DX=\frac{1}{6}$.

**4.14**　$EX=0,DX=\frac{\pi^2}{12}-\frac{1}{12}$.

**4.15**　(1) $EX=0,DX=2$.　(2) 不相关.　(3) 不独立.

**4.16**　$a=\frac{1}{2},b=\frac{1}{\pi},EX=0,DX=\frac{1}{2}$.

**4.17**　$E|X-Y|=\frac{l}{3},D|X-Y|=\frac{l^2}{18}$.

**4.18**　$DZ=\frac{2}{9}$.

**4.19**　4.

**4.20**　(1)

| X \ Y | 0 | 1 |
|---|---|---|
| 0 | $\frac{2}{3}$ | $\frac{1}{12}$ |
| 1 | $\frac{1}{6}$ | $\frac{1}{12}$ |

.

(2) $\rho_{XY}=\frac{\sqrt{15}}{15}$.

**4.21**　$EX=M\left[1-\left(\frac{M-1}{M}\right)^n\right]$.

**4.22**　(1) $a=\sqrt[3]{4}$.　(2) $E\frac{1}{X^2}=\frac{3}{4}$.

**4.23**　提示:参见切比雪夫不等式的证明.

**4.24** $\mu \approx 10.9$.

**4.25** (1) $\rho=0$. (2) 不独立.

**4.26** $EX=1.1, EY=1.3, \mathrm{Cov}(X,Y)=-0.13$.

**4.27** $DXY=E(XY)^2-(EXY)^2=EX^2EY^2-(EX)^2(EY)^2$,将 $EX^2=DX+(EX)^2, EY^2=DY+(EY)^2$ 代入可得.

**4.28** (1) $EZ=\frac{1}{3}, DZ=3$. (2) $\rho_{XZ}=0$.

**4.29** (1)

| W \ Z | 1 | 2 | 3 |
|---|---|---|---|
| 1 | $\frac{1}{9}$ | $\frac{2}{9}$ | $\frac{2}{9}$ |
| 2 | 0 | $\frac{1}{9}$ | $\frac{2}{9}$ |
| 3 | 0 | 0 | $\frac{1}{9}$ |

.

(2) $EZ=\frac{22}{9}$.

**4.30** $D(X_i-\overline{X})=DX_i+D\overline{X}-2\mathrm{Cov}(X_i,\overline{X})=DX_i+\frac{1}{n}DX_i-\frac{2}{n}DX_i=\frac{n-1}{n}\sigma^2$.

同理,可得
$$D(X_j-\overline{X})=\frac{n-1}{n}\sigma^2,$$
$$\mathrm{Cov}(X_i-\overline{X},X_j-\overline{X})=\mathrm{Cov}(X_i,X_j)-\mathrm{Cov}(X_i,\overline{X})-\mathrm{Cov}(\overline{X},X_j)+D\overline{X}$$
$$=-\frac{1}{n}DX_i-\frac{1}{n}DX_j+\frac{1}{n}\sigma^2=-\frac{1}{n}\sigma^2,$$
$$\rho=\frac{-\frac{1}{n}\sigma^2}{\frac{n-1}{n}\sigma^2}=-\frac{1}{n-1}.$$

**4.31** (1) $F_Y(y)=\begin{cases}0, y<0,\\ \frac{3}{4}y, 0\leqslant y<1,\\ \frac{1}{2}+\frac{y}{4}, 1\leqslant y<2,\\ 1, y\geqslant 2.\end{cases}$ (2) $\frac{3}{4}$.

**4.32** (1) $P(Y=k)=\mathrm{C}_{k-1}^{1}\left(\frac{1}{8}\right)^2\left(\frac{7}{8}\right)^{k-2}=(k-1)\left(\frac{1}{8}\right)^2\left(\frac{7}{8}\right)^{k-2}, k=2,3,4,\cdots$. (2) 16.

## 习 题 五

**5.1** (1) $\Phi(x)$. (2) 0.9586.

**5.2** (1) (C). (2) (C). (3) (A)、(B). (4) (A)、(B)、(D). (5) (C).

**5.3** 0.0228.

**5.4** 0.9938.

**5.5** 0.5588.

**5.6** (1) 0.0013. (2) 33.

**5.7** 0.5.

**5.8** (1) 0.9544. (2) 0.5.

**5.9** 0.9708.

**5.10** 0, 0.9664.

**5.11** 138 kW.

**5.12** 643.

**5.13** (1) 0.1802. (2) 443.

**5.14** 0.6826.

**5.15** 98.

**5.16** (1) 0.952, (2) 25.

**5.17** 113.

**5.18** 5336.

**5.19** 0.0124, 926～1074.

**5.20** $\alpha \approx 1-\Phi\left(\dfrac{k-np}{\sqrt{np(1-p)}}\right), k \approx np+u_\alpha\sqrt{np(1-p)}$.

**5.21** $N\left(\dfrac{1}{3}, \dfrac{4}{45n}\right)$.

## 习 题 六

**6.1** (1) (D). (2) (C). (3) (D).

**6.2** (1) $F(n,1)$. (2) $\chi^2(10n)$. (3) $n, n-1, n, \dfrac{2}{n-1}$. (4) $C_n^k p^k(1-p)^{n-k}$. (5) $\lambda^n e^{-\lambda \sum\limits_{i=1}^{n} x_i}$ .

**6.3** $F_5(x)=\begin{cases}0, x<0,\\ \dfrac{2}{5}, 0\leqslant x<1,\\ \dfrac{4}{5}, 1\leqslant x<2,\\ 1, x\geqslant 2,\end{cases}$ $\quad \bar{x}=\dfrac{4}{5}, s^2=\dfrac{7}{10}$.

**6.4** $E\overline{X}=\lambda, D\overline{X}=\dfrac{\lambda}{n}$.

**6.5** $2\Phi\left(\dfrac{\sqrt{2}}{2}\right)-1$.

**6.6** $a=\dfrac{1}{8}, b=\dfrac{1}{12}$.

**6.10** $U\sim t(9)$.

**6.11** $t_{\sqrt{2}\times 1.33}(2)\approx 0.1$.

**6.12** (1) $f_{X_2^*}(x)=\begin{cases} n(n-1)\dfrac{x}{4}\left(1-\dfrac{x}{2}\right)^{n-2}, & 0<x<2,\\ 0, & \text{其他}.\end{cases}$

(2) $P(X_1^*\leqslant 1)=1-\left(\dfrac{1}{2}\right)^n, P(X_n^*\geqslant 1)=1-\left(\dfrac{1}{2}\right)^n$.

## 习 题 七

**7.1** (1) $\overline{X}-1$. (2) $\dfrac{2}{5}$. (3) $-1$. (4) $\dfrac{2}{3}$. (5) $\dfrac{3}{8}n$. (6) 16. (7) (8.2, 10.8).

**7.2** (1) (D). (2) (C). (3) (B). (4) (D). (5) (B).

**7.3** $\mu=4.7092, \hat{\sigma}^2=0.0564$.

**7.4** (1) $\dfrac{\overline{X}}{\overline{X}-C}$. (2) $\left(\dfrac{1-\overline{X}}{\overline{X}}\right)^2$. (3) $\sqrt{\dfrac{2}{\pi}}\overline{X}$.

(4) $\overline{X}-\sqrt{\dfrac{1}{n}\sum\limits_{i=1}^{n}(X_i-\overline{X})^2}, \sqrt{\dfrac{1}{n}\sum\limits_{i=1}^{n}(X_i-\overline{X})^2}$ . (5) $\overline{X}$.

**7.5** （1）$\dfrac{n}{\sum\limits_{i=1}^{n}\ln x_i - n\ln c}$． （2）$\dfrac{n^2}{\left(\sum\limits_{i=1}^{n}\ln X_i\right)^2}$． （3）$\sqrt{\dfrac{\sum\limits_{i=1}^{n}X_i^2}{2n}}$． （4）$X_{(1)}^*$． （5）$\overline{X}$．

**7.6** $\dfrac{5}{6},\dfrac{5}{6}$．

**7.7** $2\overline{X}-1, X_{(1)}^*$．

**7.8** $\Phi\left[n(t-\overline{X})\Big/\sqrt{\sum\limits_{i=1}^{n}(X_i-\overline{X})}\right]$．

**7.9** （1）1.0368． （2）$e^{-1.0386}$．

**7.10** （1）$f(z)=\begin{cases}\dfrac{2}{\sigma}\varphi\left(\dfrac{z}{\sigma}\right), & z>0,\\ 0, & z\leqslant 0.\end{cases}$ （2）$\sqrt{\dfrac{\pi}{2}}\overline{Z}$． （3）$\sqrt{\dfrac{1}{n}\sum\limits_{i=1}^{n}Z_i^2}$．

**7.11** $\hat{\mu}=\dfrac{1}{2}x_{(n)}^*$， $\hat{\sigma}^2=\dfrac{1}{12}x_{(n)}^*$．

**7.12** （1）$f_T(z)=\begin{cases}\dfrac{9x^8}{\theta^9}, & 0<x<\theta,\\ 0, & \text{其他}.\end{cases}$ （2）$\dfrac{10}{9}$．

**7.13** $\overline{X}$ 更有效．

**7.14** $(\overline{X})^2-\dfrac{1}{n}\overline{X}$．

**7.15** $\dfrac{1}{2(n-1)}$．

**7.17** $\dfrac{n_1}{n_1+n_2},\dfrac{n_2}{n_1+n_2}$．

**7.18** (77.6,82.4)．

**7.19** （1）(1.189,1.569)． （2）(0.239,0.537)．

**7.20** (−0.2076,1.7076)．

**7.21** (3.07,4.93)．

**7.22** (2.238,3.282)．

**7.23** (0.063,1.899)．

**7.24** (0.45,2.79)．

**7.25** (1496,∞)．

## 习 题 八

**8.1** （1）拒绝． （2）接受． （3）接受． （4）$\mu=\mu_0,\mu\neq\mu_0$,0.05． （5）$\mu\leqslant\mu_0,\mu>\mu_0$,0.10．

**8.2** （1）(D)． （2）(B)． （3）(C)． （4）(C)． （5）(D)． （6）(C)． （7）(A)． （8）(A)． （9）(B)．

**8.3** 即在显著性水平 $\alpha=0.05$ 下可以认为这批元件是合格的．

**8.4** 可以认为平均每杯饮料是 222 mL．

**8.5** 认为两种零件强度差异不显著．

**8.6** 认为用新工艺处理的水中悬浮物含量明显比老工艺处理低．

**8.7** 认为 A 种导线的电阻比 B 种导线的电阻小．

**8.8** 认为该药厂的广告不真实．

**8.9** （1）成对数据检验法．认为甲、乙两种药的疗效有显著差异．

（2）$t$ 检验法．认为两种药物疗效差异不显著．

**8.10** 认为加工精度无显著性变化.

**8.11** 认为这天生产的维尼纶纤度不均匀.

**8.12** 认为车床工作的稳定性没有显著性变化,认为车床加工的零件长度不是 10 cm,总之认为该车床工作不正常.

**8.13** 不能认为新生女婴体重的方差冬季比夏季小.

**8.14** 认为两总体方差相同,认为该地区正常成年男性与女性血液中红细胞数差异显著.

**8.15** 认为相继两次地震间隔天数 $X$ 服从期望值等于 13.5 的指数分布.

## 习 题 九

**9.7** $\hat{\beta}_0=0,\hat{\beta}_1=l_{xy}/l_{xx}$.

**9.8** (1) $\hat{y}=13.958+12.55x$. (2) 线性回归显著. (3) $\hat{y}_0=20.33,(19.66,20.80)$.

**9.9** (1) $\hat{y}=40.893+0.548x$. (2) $\hat{y}=38.482+3.441x-0.643x^2$.

**9.12** (1) 无显著差异. (2) 无显著差异. (3) 明显.

**9.13** 因素 $A$ 和 $B$ 的影响高度显著.

# 参 考 文 献

[1] 盛骤,谢式千,潘承毅.概率论与数理统计[M].3版.北京:高等教育出版社,2002.

[2] 刘次华,万建平.概率论与数理统计[M].2版.北京:高等教育出版社,2003.

[3] 叶鹰,李萍,刘小茂.概率论与数理统计[M].2版.武汉:华中科技大学出版社,2004.

[4] 陆璇.概率论与数理统计辅导(经济类)[M].北京:学苑出版社,2001.

[5] 同济大学工程数学教研室.概率统计复习和解题指导[M].2版.上海:同济大学出版社,2002.

[6] 同济大学概率统计教研室.概率统计复习与习题全解(同济三版)[M].上海:同济大学出版社,2005.

[7] 马菊侠,吴云天.概率论与数理统计:题型归类·方法点拨·考研辅导[M].北京:国防工业出版社,2006.

[8] 吴赣昌.概率论与数理统计(理工类)[M].北京:中国人民大学出版社,2006.

[9] 赵选民.概率论与数理统计导教·导学·导考[M].西安:西北工业大学出版社,2001.

[10] 盛骤,谢式千.概率论与数理统计及其应用[M].北京:高等教育出版社,2004.